MATLAB 仿真与应用精品丛书

详解MATLAB/Simulink通信系统建模与仿真（配视频教程）

刘学勇 编著

電子工業出版社
Publishing House of Electronics Industry
北京・BEIJING

内 容 简 介

本书着重讲述 MATLAB/Simulink 通信仿真的应用，通过理论与实例相结合的方式，详细介绍了 MATLAB/Simulink 通信系统建模与仿真设计的方法和技巧。

全书共分12章。第1～2章为 MATLAB/Simulink 基础篇，简要介绍了 MATLAB/Simulink 的使用。第3～8章介绍通信系统常用模块仿真，重点对信号与信道、调制与解调、信道编码/译码等模块的建模与仿真技术进行介绍。第9～12章是通信系统综合仿真实例，深入浅出地剖析了 OFDM 通信系统、CDMA 通信系统、多址接入协议，以及 MIMO 通信系统的建模与仿真设计，这几个案例典型实用，是当前通信系统的研究热点。

本书语言通俗易懂，内容丰富翔实，突出了以实例为中心的特点。随书配有光盘 1 张，包含书中所有实例的程序源代码和相关的教学视频。本书既适合高等院校通信工程、电子信息、自动控制等专业的高年级本科生和研究生使用，也适合相关领域工程技术人员参考。

图书在版编目（CIP）数据

详解 MATLAB、Simulink 通信系统建模与仿真/刘学勇编著. —北京：电子工业出版社，2011.11
（MATLAB 仿真与应用精品丛书）
配视频教程
ISBN 978-7-121-14716-6

Ⅰ. ①详… Ⅱ. ①刘… Ⅲ. ①计算机辅助计算—软件包，Matlab、Simulink—应用—通信系统—系统建模②计算机辅助计算—软件包，Matlab、Simulink—应用—通信系统—系统仿真 Ⅳ.①TP391.75②TN914

中国版本图书馆 CIP 数据核字（2011）第 199940 号

策划编辑：陈韦凯
责任编辑：陈韦凯　　特约编辑：刘海霞
印　　刷：北京虎彩文化传播有限公司
装　　订：北京虎彩文化传播有限公司
出版发行：电子工业出版社
　　　　　北京市海淀区万寿路 173 信箱　邮编：100036
开　　本：787×1 092　1/16　印张：23.25　字数：595 千字
版　　次：2011 年 11 月第 1 版
印　　次：2022 年 8 月第 23 次印刷
定　　价：53.00 元（含 DVD 光盘 1 张）

凡所购买电子工业出版社图书有缺损问题，请向购买书店调换。若书店售缺，请与本社发行部联系，联系及邮购电话：（010）88254888，88258888。

质量投诉请发邮件至 zlts@phei.com.cn，盗版侵权举报请发邮件至 dbqq@phei.com.cn。

本书咨询联系方式：chenwk@phei.com.cn。

前　言

随着科学技术的发展，计算机仿真技术呈现出越来越强大的活力，它大大节省了人力、物力和时间成本，在当今教学、科研、生产等各个领域发挥着巨大的作用。MATLAB 凭借其强大的功能在众多的计算机仿真软件中脱颖而出，成为国际上最流行的科学与工程计算的工具软件。MATLAB 不仅功能强大而且易于操作，使用户能集中精力于所研究的问题上，而不必在编程上花费过多时间。世界各国在通信系统的教学中，均采用 MATLAB 及 Simulink 作为辅助教学软件，一方面可以摆脱繁杂的大规模计算；另一方面还可以使学生有机会自己动手构建模型，所花的代价要远小于实际建模。

目前，系统地介绍 MATLAB/Simulink 通信系统仿真设计的书非常少，很多书的重点都是各种模块的设计和性能分析的基本理论，缺少通过大量实例讲解 MATLAB/Simulink 通信系统建模与仿真设计的内容，本书就是为尝试弥补这方面的不足而编写的。

本书共分 12 章，可分为三大部分。

第 1 部分包括第 1～2 章，主要介绍 MATLAB 的基础知识、MATLAB/Simulink 集成环境、M 语言编程环境，以及 Simulink 模块的使用，使读者对 MATLAB/Simulink 能有一个基本的了解。

第 2 部分包括第 3～8 章，主要介绍使用 MATLAB/Simulink 进行通信系统仿真中各个常用模块使用方法，包括通信信号与系统分析、信道、模拟调制与解调、数字基带传输、数字信号载波传输、信道编码/译码，以及交织等模块。读者通过这些内容的学习，可掌握通信系统常用模块的仿真方法与技术，并能学会搭建简单的系统模型。

第 3 部分包括第 9～12 章，是通信系统的综合仿真实例，包括 OFDM 系统仿真、CDMA 系统仿真、多址接入协议概述及 MIMO 系统仿真。它们都是当前通信界的研究热点，读者通过学习，将会对通信系统有一个更深入的了解，同时对使用 MATLAB/Simulink 进行通信系统仿真的方法会有更大的提高。

本书的最大特点就是将理论与实际紧密结合，内容通俗易懂，使读者对使用 MATLAB/Simulink 进行通信系统仿真应用有一个基本的认识。本书的另一大特色就是注重仿真应用的系统化，书中严格按照各种理论系统进行仿真过程的设计，使所有的仿真内容都可以找到理论根源，从而巩固加深了读者对理论的理解。

本书配有光盘 1 张，包含书中所有实例的程序源代码和相关的教学视频，方便读者学习和使用。所有的程序都用 MATLAB/Simulink 进行了验证。此外，还有大量的上机习题，读者如果能认真分析相应习题，对整个通信系统的工作会获得更加生动、具体的认识。书中的综合案例，读者稍加修改，便可以应用于自己的工作中或者完成自己的课题，可以说是物有所值。

本书主要由刘学勇编著，参与编写的还有张玉兰、李龙、魏勇、王华、李辉、刘峰、徐浩、李建国、马建军、唐爱华、苏小平、朱丽云、马淑娟、周毅等。

由于时间仓促，同时限于作者的水平，书中难免存在一些错误和不足之处，欢迎广大读者批评指正。

编 著 者

2011.8

目 录

第 1 章　MATLAB 基础与通信系统仿真

MATLAB 语言是一种广泛应用于工程计算及数值分析领域的新型高级语言，自 1984 年由美国 MathWorks 公司推向市场以来，历经二十多年的发展与竞争，现已成为国际公认的最优秀的工程应用开发软件。MATLAB 功能强大、简单易学、编程效率高，深受广大科技工作者的欢迎。在欧美各高等院校，MATLAB 已经成为线性代数、自动控制理论、数字信号处理、动态系统仿真、图像处理等课程的基本教学工具，成为本科生、硕士生及博士生必须掌握的基本技能。本章首先对 MATLAB 的基本用法及通信系统仿真做一简单介绍。

1.1　MATLAB 简介

MATLAB 软件系列产品是一套功能强大的数值运算和系统仿真软件，被誉为“巨人肩膀上的工具”。借助于 MATLAB，能够迅速地测试设计构想，综合评测系统性能。

1.1.1　MATLAB 的起源

20 世纪 70 年代，时任美国新墨西哥大学计算机科学系主任的 Cleve Moler 出于减轻学生编程负担的动机，为学生设计了一组调用 LINPACK 和 EISPACK 矩阵软件工具包库程序的“通俗易用”的接口，即用 FORTRAN 编写的萌芽状态的 MATLAB（MATrix LABoratory，矩阵实验室）。1984 年，由 Little、Moler、Steve Bangert 合作成立 MathWorks 公司，并把 MATLAB 正式推向市场。从这时起，MATLAB 的内核采用 C 语言编写，而且除原有的数值计算能力外，还新增了数据图视功能。与大家常用的 FORTRAN 和 C 等高级语言相比，MATLAB 的语法规则更简单，更贴近人的思维方式，被称为“草稿纸式的语言”。它以超群的风格与性能风靡全世界，成功地应用于各工程学科的研究领域。目前，MATLAB 软件版本每年都在不断更新之中，新版本兼容旧版本，旧版本的程序可以不加修改地在新版本中运行。但新版本的程序不一定能在旧版本中运行，这点读者需要注意。本书中所使用的版本为 MATLAB7.0。

1.1.2　MATLAB 的特点

为什么 MATLAB 如此备受青睐？就让我们来看一下 MATLAB 有什么特点吧。

1. 数值计算和符号计算功能

MATLAB 具备强大的数值计算和符号计算功能。数值计算功能包括：矩阵运算、多项式和有理分式运算、数据统计分析、数值积分等。它的数值计算速度快，精度高，收敛性好，函数库功能强大。此外，在解决数学问题的过程中，往往需要继续大量的符号计算和推导，MATLAB 的符号计算可以得到问题的解析。强大的数值计算功能和符号计算功能是 MATLAB 优于其他计算软件的决定因素之一。

2. 强大的 MATLAB 编程语言

MATLAB 除了命令行的交互式操作以外，还可以以程序方式工作。使用 MATLAB 可以很容易地实现 C 或 FORTRAN 语言的几乎全部功能，包括 Windows 图形用户界面的设计。

3. 具有很好的图形功能

MATLAB 可以轻而易举地绘制二维、三维及四维图形，并可进行图形和坐标的标识、视角和光照设计、色彩精细控制等。利用图形用户界面 GUI 制作工具，可以制作用户菜单和控件。使用者可以根据自己的需求编写出满意的图形界面。

4. 可以直接处理声音和图像文件

MATLAB 支持的声音和图像文件格式很多，如 wav、bmp、gif、pcx、tif、jpeg 等文件。在 MATLAB 中只需要简单的命令，就可以将声音文件或图像文件读入系统中并对它们进行相应的处理。而如果使用高级语言，需要程序员自己对文件格式有一定的了解，然后再根据文件格式进行相应的数据读取。

5. 具有功能强大的工具箱

MATLAB 包括基本部分和各种可选的工具箱。基本部分中有数百个内部函数，可以满足一般应用的需要。其工具箱分为两大类：功能性工具箱和学科性工具箱。功能性工具箱主要用来扩充其符号计算功能、可视建模仿真功能及文字处理功能等。学科性工具箱专业性比较强，如控制系统工具箱、信号处理工具箱、通信系统工具箱、神经网络工具箱、最优化工具箱、金融工具箱等，用户可以直接利用这些工具箱进行相关领域的科学研究。

6. 使用方便，具有很好的扩展功能

使用 MATLAB 语言编写的程序可以直接运行，无须编译。通过 MATLAB Compiler 和 C/C++ Math Libraby，用户还可以将 MATLAB 语言编写的 M 文件转变为独立于平台的 EXE 可执行文件。

MATLAB 的应用接口程序 API 是 MATLAB 提供的十分重要的组件，由一系列接口指令组成。用户可在 FORTRAN 或 C 语言中，把 MATLAB 当作计算引擎使用。

7. 强大的 Simulink 仿真工具

Simulink 是 MATLAB 的又一个重要的分支产品，是一个结合了框图界面和交互仿真能力的系统级建模、仿真和分析工具。它以 MATLAB 的核心数学、图形和语言为基础，可以

让用户毫不费力的完成从算法开发、仿真到模型验证的全过程。Simulink lockset 提供了丰富的专业模块库，广泛用于控制、DSP、通信等系统仿真领域。用户也可以利用已有的模块或自己编写的 C 程序或 MATLAB 程序建立自己的模块及模块库。

正是由于以上特点，使 MATLAB 在短时间内获得了广泛的流行。现在从通信、自动控制、航空航天、汽车工业、工业设计，MATLAB 都凭借其强大的功能获得用武之地。广大学生可以使用 MATLAB 来帮助进行信号处理、通信原理、自动控制等课程的学习；科技人员可以使用 MATLAB 进行理论研究、算法开发、产品原型的设计与仿真等。

下面就来介绍一下 MATLAB 的使用。

1.2 MATLAB 程序设计

"工欲善其事，必先利其器"。要熟练使用 MATLAB，必须掌握 MATLAB 程序设计方法。在这一节中，主要介绍 MATLAB 的工作环境，MATLAB 的基本语法及用 MATLAB 进行图形处理和数据可视化的方法，最后介绍 M 文件编程。

1.2.1 MATLAB 工作环境

MATLAB 安装比较简单，与 Windows 下其他软件的安装大同小异，因此，就不再浪费篇幅介绍 MATLAB 的安装。MATLAB 安装完成后，会自动在 Windows 桌面上生成一个快捷方式，它是指向安装目录下\bin\win32\matlab.exe 的链接，双击它即可打开 MATLAB 集成环境的基本窗口，如图 1-1 所示。

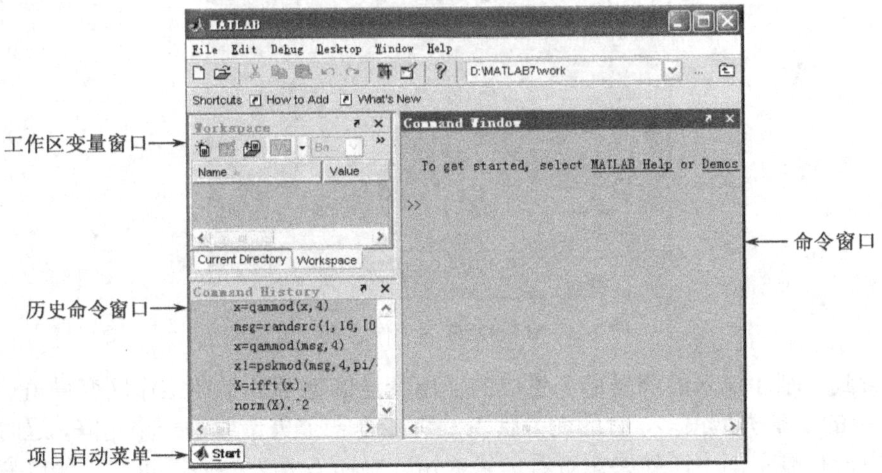

图 1-1 MATLAB 集成环境窗口

在 MATLAB 集成环境窗口中，可以看到，除了标题栏、菜单栏、工具条外，它还包含三个窗口，分别是命令窗口（Command Window）、工作区变量窗口（Workspace）、历史命令窗口（Command History）及一个项目启动菜单（Start）。

1. 命令窗口

命令窗口是 MATLAB 提供的人机交互窗口。任何 MATLAB 自带的命令及函数都可以在此窗口中输入后立即执行。其执行的最终结果也在此窗口中显示。如输入“100+300”，MATLAB 命令窗口显示如下：

```
>> 100+300
ans =
    400
```

其中，第 1 行是输入的命令，第 2～3 行是 MATLAB 执行命令后的输出结果。ans 是 MATLAB 默认的输出结果变量名。如果指定了输出变量名，则 ans 会被指定的变量名代替。

例如：

```
>> x=100+300
x =
    400
```

是不是就像使用计算器一样简单？

2. 工作区变量窗口

工作区变量窗口显示当前工作区中定义的变量及它们的值，例如，在命令窗口中执行完刚才输入的两条命令后，工作区变量窗口中显示的内容如图 1-2 所示。

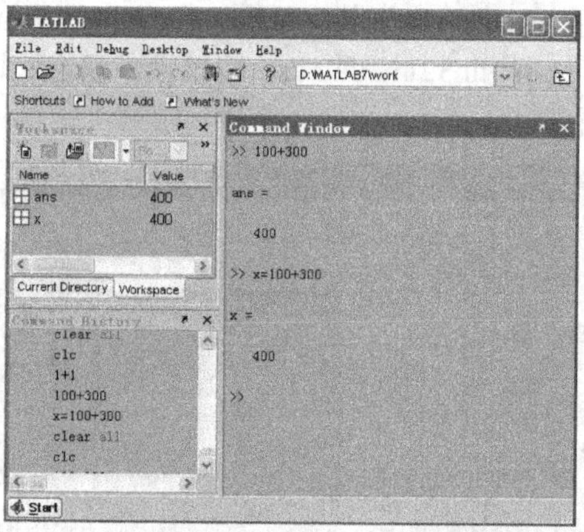

图 1-2　MATLAB 的工作区变量窗口

可以看到，刚才输入的两条命令生成的输出变量的值都显示在工作区变量窗口中。由于 MATLAB 中的变量类型很多，有的变量代表的可能是一个矢量或是一个矩阵，这时在工作区变量窗口中一行显示不下，如果想查看矢量或矩阵中所有元素的值，可在工作区变量窗口中双击代表该矢量或矩阵的变量，MATLAB 会单独显示该变量中的所有元素的值，如图 1-3 所示。与图 1-2 相比，图 1-3 多了一个“Array Editor”窗口，类似于 Excel 表格，如果变量有多个元素，该窗口将显示出变量所有元素的值。由于 ans 变量只有一个元素，因此，窗口中也只显示了一个值。查看完毕后，单击窗口右上角的叉号按钮，即可关闭。

3. 历史命令窗口

在历史命令窗口中，显示 MATLAB 最近执行过的相关命令，用户可以方便地在该窗口中查阅已执行过的命令，在该窗口中双击某条命令，便可重新执行该命令。

4. 项目启动菜单

项目启动菜单类似于 Windows 系统左下角的“开始”菜单，主要帮助用户快速启动相关的内容。

MATLAB 的退出与普通应用程序一样，值得一提的是，它有一个专有的快捷键“Ctrl+Q”。

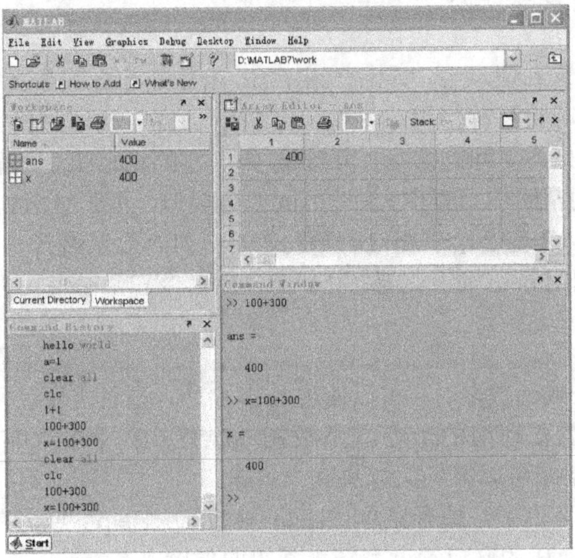

图 1-3 单独查看某个变量所有元素的值

1.2.2 MATLAB 的帮助系统

MATLAB 提供的命令和函数很多，在学习 MATLAB 的过程中，不可避免地要遇到一些不会使用的命令和函数，这时可以通过 MATLAB 提供的帮助系统来了解函数的使用方法。学会使用这些帮助方法，对于快速掌握 MATLAB 是必不可少的。下面介绍一下 MATLAB 的帮助系统。

1. 查看命令或函数帮助

当已知命令或函数名，想了解该命令或函数的具体应用方法是，可以在命令窗口中输入 help 帮助命令，其格式为“help ×××”，其中，×××代表要查询的命令或函数名。例如，如果想了解 sin 函数的应用方法，在命令窗口中输入命令。

```
>> help sin
```

MATLAB 执行后，命令窗口中显示出如下内容：

```
SIN    Sine.
    SIN(X) is the sine of the elements of X.

    See also asin, sind.

    Overloaded functions or methods (ones with the same name in other directories)
        help sym/sin.m

    Reference page in Help browser
        doc sin
```

在以上的 sin 函数帮助信息中，首先介绍了 sin 函数是什么函数及它的功能，接着给出了与 sin 函数相关的其他函数名称，用户可以利用 help 命令查询这些相关函数，最后两行给出了 sin 函数帮助信息的相关文档链接，打开该链接可以更加详细的了解 sin 函数的有关介绍。

其他命令或函数的帮助信息查询方法与 sin 函数类似，只要 MATLAB 自带有用户所查询的命令或函数，MATLAB 都会给出相应的帮助信息，内容显示格式与 sin 函数的帮助信息格式类似。因此，学会利用 help 命令是掌握 MATLAB 命令和函数使用方法的必备技能。

2. 联机帮助系统

当知道相关的命令或函数名时，可以使用 help 命令，当对需要使用的相关命令或函数不甚了解，甚至不知道需要利用的命令或函数在 MATLAB 中的名字是什么时该怎么办？MATLAB 的联机帮助系统可以很好的解决这一问题。

在 MATLAB 集成环境中，选择菜单“Help→Matlab Help”或者单击工具栏中的“？”图标就可以启动 MATLAB 的联机帮助系统，其界面如图 1-4 所示。

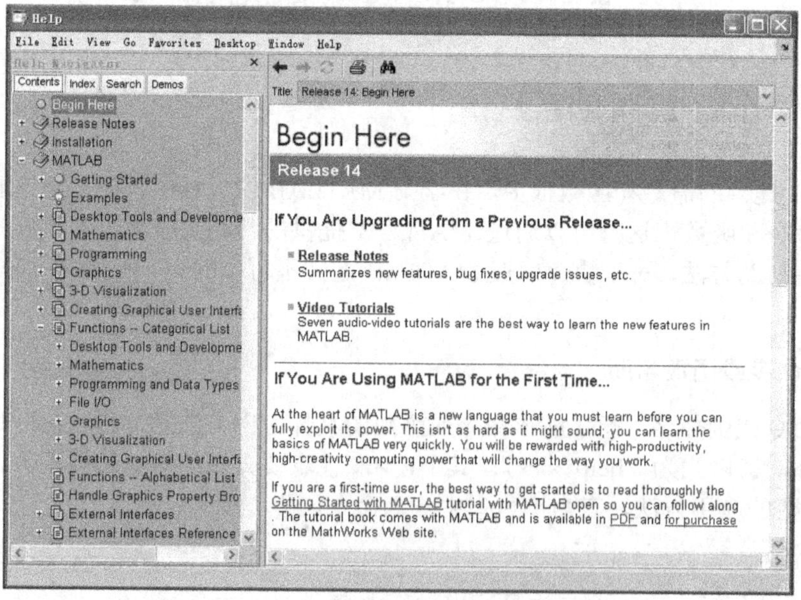

图 1-4　MATLAB 的联机帮助系统

可以看到，MATLAB 联机帮助系统界面主要包括两个主窗口，帮助导航窗口（Help Navigator）和内容显示窗口。帮助导航窗口主要包括内容（Contents）、索引（Indexs）、查询（Search）、演示（Demos）四个标签项。单击相应的标签项可以切换到相应的子窗口。内容显示框用来为用户显示所查询的内容。

例如，假设要对某个数求它的正弦值，但不知道 MATLAB 中的相应的函数名，单击 Search 标签项，切换到查询子窗口，在文本框中输入 sin，回车后 MATLAB 会列出所有包含 sin 字符串的函数名，其中第一个正是要查询的 sin 函数，这时在右边的内容显示窗口显示了有关 sin 函数的说明及使用 sin 函数的例子。

此外，演示子窗口也是一个学习使用 MATLAB 的重要窗口。它里面包含了许多利用 MATLAB 进行处理问题的演示。通过观看这些演示，可以很快了解 MATLAB，高效地寻找到相关问题的解决方法。

总之，熟练掌握 MATLAB 联机帮助系统的使用，可以大大提高 MATLAB 的应用水平。

3. PDF 文件帮助系统

为了方便用户打印，MATLAB 还提供了 PDF 格式的帮助文档，它们在安装文件夹 help\pdf_doc 目录下。如作者的 MATLAB 安装目录为 D:\MATLAB7，PDF 帮助文档在目录 D:\MATLAB7\help\pdf_doc 下。

4. MATLAB 网络资源

MATLAB 的官方网站如下：

http://www.mathworks.com

网站上提供了大量的 MATLAB 的相关资料及源代码，读者可充分利用它们来解决自己学习及科研时遇到的问题。

1.2.3 MATLAB 的基本操作

MATLAB 功能强大，但在实际应用时，大部分都是一些最基本的操作，掌握了这些基本操作，可以解决常见的普通问题。而更复杂的编程，可以通过组合一些基本的操作来实现。

1. 变量

与其他高级语言如 C 语言和 FORTRAN 语言相比，MATLAB 的变量不需要事先声明类型，用 MATLAB 进行数学计算，就像用计算器计算算术一样方便。

1）变量与赋值

MATLAB 中的变量命名以字母开头，后接字母、数字或下画线的字符序列，最多 63 个字符，区分字母的大小写。赋值语句为

```
变量=表达式
```

例如：

```
x=5
```

表示将 5 赋值给 x。

MATLAB 内部有很多预定义变量和常数，用以表达特殊含义。常用的有如下几种。

（1）变量 ans：指示当前未定义变量名的答案。

（2）常数 eps：表示浮点相对精度，其值是从 1.0 到下一个最大浮点数之间的差值。该变量值作为一些 MATLAB 函数计算的相对浮点精度，按 IEEE 标准，eps=2−52,近似为 2.2204e−016。

（3）常数 Inf：表示无穷大。当输入或计算中有除以 0 时产生 Inf。

（4）虚数单位 i、j：表示复数虚部单位，相当于$\sqrt{-1}$。

（5）NaN：表示不定型值，是由 0/0 运算产生的。

（6）常数 pi：表示圆周率π，其值为 3.141 592 653 589 7…。

（7）nargin：函数的输入变量个数。

（8）nagout：函数的输出变量个数。

2）变量的删除与修改

clear 命令用于删除工作空间中的变量，who 和 whos 显示驻留的变量名清单。例如，输入 x=1 和 y=2 后，分别输入 who 和 whos 命令，MATLAB 显示如下：

```
>> who

Your variables are:

x  y
>> whos
  Name      Size                    Bytes  Class

  x         1x1                         8  double array
  y         1x1                         8  double array

Grand total is 2 elements using 16 bytes
```

可见，whos 命令比 who 提供了更详细的关于变量的信息。

3）局部变量和全局变量

局部变量是指那些每个函数体内自己定义的，不能从其他函数和 MATLAB 工作空间访问的变量。

全局变量是指用关键字“global”声明的变量。全局变量名应尽量大写，并能反映它本身的含义。如果需要在工作空间和几个函数中都能访问一个全局变量，必须在工作空间和这几个函数中都声明该变量是全局的。

2．矩阵及其运算

MATLAB 具有强大的矩阵运算和数据处理功能，对矩阵的处理必须遵从代数规则。

1）一般矩阵的生成

对于一般的矩阵 MATLAB 的生成方法有多种。最简单的方法是从键盘直接输入矩阵元素。直接输入矩阵元素时应注意：各元素之间用空格或逗号隔开，用分号或回车结束矩阵行，用中括号把矩阵所有元素括起来。例如，在工作空间产生一个 3×3 矩阵 A。输入如下：

```
>>A=[1 2 3; 4 5 6; 7 8 9]
```

或

```
>>A=[1 2 3
   4 5 6
   7 8 9]
```

运行结果：

```
A =
     1     2     3
     4     5     6
     7     8     9
```

若要显示整行或整列，则可以用冒号(:)来表示。冒号(:)代表矩阵中行(ROWS)或列(COLUMNS)的全部。例如，执行命令

```
>>A(:,2)
```

就会显示第 2 列的全部，结果为

```
ans =
     2
     5
     8
```

2）特殊矩阵的生成

（1）eye (m,n)或 eye (m)产生 m*n 或 m*m 的单位矩阵。例如：

```
>> eye(3,4)
ans =
     1     0     0     0
     0     1     0     0
     0     0     1     0
>> eye(3)
ans =
     1     0     0
     0     1     0
     0     0     1
```

（2）zeros (m,n) 或 zeros (m) 产生 m*n 或 m*m 的零矩阵。例如：

```
>> zeros(3,4)
ans =
     0     0     0     0
     0     0     0     0
     0     0     0     0
zeros(3)
ans =
     0     0     0
     0     0     0
     0     0     0
```

（3）ones (m,n) 或 ones (m) 产生 m*n 或 m*m 的全部元素为 1 的矩阵。例如：

```
>> ones(3,4)
ans =
     1     1     1     1
     1     1     1     1
     1     1     1     1
>> ones(3)
ans =

     1     1     1
     1     1     1
     1     1     1
```

（4）randn (m,n) 或 randn (m) 产生 m*n 或 m*m 的随机矩阵。矩阵中每一行，每一列元素都服从均值为 0，方差为 1 的高斯分布。例如：

```
>> randn(3,4)
ans =
   -0.4326    0.2877    1.1892    0.1746
   -1.6656   -1.1465   -0.0376   -0.1867
    0.1253    1.1909    0.3273    0.7258
>>randn(3)
ans =
   -0.5883    0.1139   -0.0956
    2.1832    1.0668   -0.8323
   -0.1364    0.0593    0.2944
```

（5）rand(m,n) 或 rand (m)产生 m*n 或 m*m 的随机矩阵。矩阵中每一行，每一列元素都服从[0,1]上的均匀分布。例如：

```
>> rand(3,4)
ans =
    0.8811    0.9080    0.5462    0.1807
    0.1481    0.3087    0.7018    0.4898
    0.7603    0.0767    0.3564    0.9676
>> rand(3)
ans =
    0.9463    0.0518    0.3909
    0.9391    0.2810    0.3541
    0.5695    0.3267    0.0782
```

randn 和 rand 函数是通信系统仿真中常用的函数，经常用它们来产生各种不同要求的随机数，例如，产生 8 个噪声功率为 10 的高斯白噪声样值如下：

```
>>sqrt(10)*randn(1,8)
ans =
 2.1820    2.5792    2.251 3 4.0801   2.1143    3.7658   -3.8025   -0.0626
```

其中，sqrt 函数是开方运算。

3）矩阵运算

矩阵的运算有基本运算和函数运算两种类型。基本运算包括矩阵的加、减、乘、除、乘方、求转置、求逆等，其主要特点是通过 MATLAB 提供的基本运算符+、−、*、/（\）、^等即可完成。函数运算主要是通过调用 MATLAB 系统内置的运算函数来求取矩阵的行列式（det(A)），求秩（rank(A)），求特征值和特征矢量（[V，D]＝eig(A)），求 Jordan 标准形（jordan(A)）和矩阵分解等。需要用时可以参阅联机帮助和相关参考书。例如：

```
1.   >> A=[1 2 3;4 5 6];
2.   >> B=[6 5 4;3 2 1];
3.   >> C=A+B             %计算两个矩阵的和
4.   >> D=B'              %求矩阵 B 的转置矩阵
5.   >> E=A*D             %做矩阵乘法,必须要满足矩阵乘法的基本要求
6.   >> F=A.*B            %求矩阵 A 和 B 对应元素的乘积
7.   >> G=A./B            %矩阵 A 的对应元素除以矩阵 B 的对应元素
8.   >> H=det(E)          %求 E 的行列式值
9.   >> I=E^(-1)          %求 E 的逆矩阵
10.  >> J=inv(E)
```

说明：程序的第 1 行定义了矩阵 A，其中语言最后的“;”表示让 MATLAB 在执行后不在命令窗口输出当前运行结果值。在后面讲到的 m 脚本文件编程时，因为有很多结果是中间结果值，让 MATLAB 不显示这些中间结果值可提高程序的执行速度。第 2 行定义了矩阵 B。第 3 行是计算矩阵 A 和 B 的和。最后的“%”表示后面的字符是注释，MATLAB 在执行时会忽略掉本行%后面的内容。在编写 M 文件时，注释可以对程序的功能加深理解。第 4 行是

求矩阵 B 的转置矩阵。需要注意的是如果矩阵 B 是复数矩阵，则 B'求的是 B 的共轭转置矩阵，转置矩阵的命令是 B.'。第 5 行是求矩阵 A 和 D 的乘积，它们之间的运算满足矩阵乘法的要求。此外，MATLAB 还提供了两个维数相同矩阵对应元素乘除运算命令，分别是“.*”和“./”，如第 6 行和第 7 行所示。第 8 行是求矩阵 E 的行列式，第 9 行和第 10 行都是求矩阵 E 的逆矩阵。其中，inv 函数是 MATLAB 提供的专门求方阵的逆矩阵的函数。以上命令的执行结果如下：

```
C =
     7     7     7
     7     7     7
D =
     6     3
     5     2
     4     1
E =
    28    10
    73    28
F =
     6    10    12
    12    10     6
G =
    0.1667    0.4000    0.7500
    1.3333    2.5000    6.0000
H =
    54
I =
    0.5185   -0.1852
   -1.3519    0.5185
J =
    0.5185   -0.1852
   -1.3519    0.5185
```

1.2.4 MATLAB 图形处理和数据可视化

作为一个功能强大的工具软件，MATLAB 具有很强的图形处理功能，提供了大量的二维、三维图形函数。由于系统采用面向对象的技术和丰富的矩阵运算，所以，在图形处理方面非常方便又高效。

1. plot 函数

函数格式：plot(x,y)，其中 x 和 y 为坐标矢量。

函数功能：以矢量 x、y 为轴，绘制曲线。

例 1.1 在区间 $0 \leqslant x \leqslant 2pi$ 内，绘制正弦曲线 $y=\sin(x)$，其程序为

```
1.    x=0:pi/100:2*pi;
2.    y=sin(x);
3.    plot(x,y)
```

说明： 程序的第 1 行表示以 0 为初始值，pi/100 为步长，2*pi 为结束值生成矢量 x。第 2 行表示计算矢量 x 的 sin 值。第 3 行是画出以 x 为横坐标，y 为纵坐标绘制曲线。程序执行后生成的图形如图 1-5 所示。

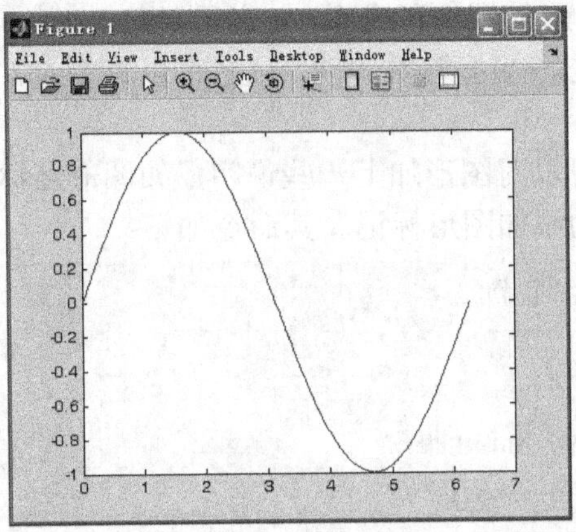

图 1-5 y=sin(x)曲线

plot 函数还可以为 plot(x,y1,x,y2，x,y3,…)形式，其功能是以公共矢量 x 为 x 轴，分别以 y1，y2，y3，…为 y 轴，在同一幅图内绘制出多条曲线。

例 1.2 同时绘制正、余弦两条曲线 $y1=\sin(x)$和 $y2=\cos(x)$，其程序为

```
1.    x=0:pi/100:2*pi;
2.    y1=sin(x);
3.    y2=cos(x);
4.    plot(x,y1,x,y2)
```

程序运行结果如图 1-6 所示。

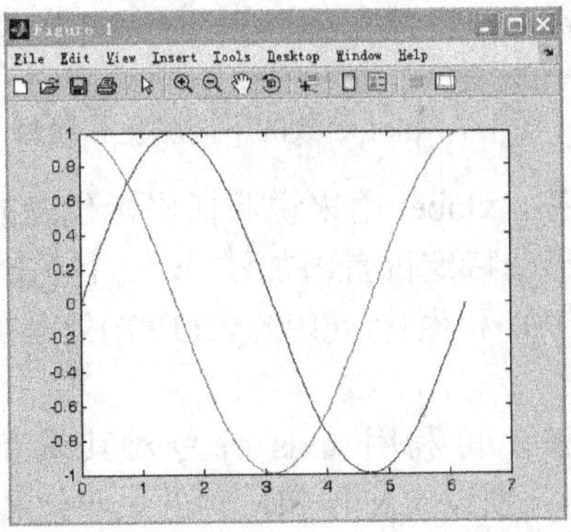

图 1-6 同时绘制 sin(x)和 cos(x)曲线

plot 可以以不同颜色与线形表示不同的曲线，其格式为 plot(x,y1,'cs',…)，其中 c 表示颜色，s 表示线形。

例 1.3 用不同线形和颜色重新绘制例 1.2 图形，其程序为

```
x=0:pi/100:2*pi;
y1=sin(x);
y2=cos(x);
plot(x,y1,'go',x,y2,'b-.')
```

其中，参数'go'和'b-.'表示图形的颜色和线形。g 表示绿色，o 表示图形线形为圆圈；b 表示蓝色，-.表示图形线形为点画线。更多参数说明，读者可以查看 MATLAB 帮助。程序运行结果，如图 1-7 所示。

在绘制图形的同时，可以对图形加上一些说明，如图形名称、图形某一部分的含义、坐标说明等，将这些操作称为添加图形标记。其命令如下：

```
title('sin(x),cos(x)曲线');
xlabel('时间');
ylabel('振幅');
text(x(190),y1(190),'sin(x)曲线');
text(x(190),y2(190),'cos(x)曲线');
```

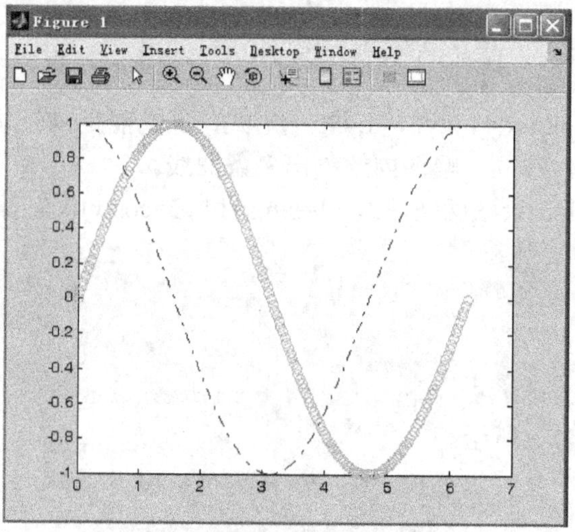

图 1-7　plot 函数的不同颜色和线形

其中，title 用来说明图形的名称，xlabel 用来说明横坐标代表的参数含义，ylabel 说明纵坐标代表的参数含义，text 是在图形的特定位置添加注释，x(190)代表 x 矢量的第 190 个值，因此本例中分别在坐标(x(190),y1(190))和坐标(x(190),y2(190))处添加注释。上述命令执行后，结果如图 1-8 所示。

用户若对坐标系统不满意，可利用 axis 命令对其重新设定。最常用的命令格式为 axis([xmin xmax ymin ymax])，分别设定 x 轴和 y 轴的最小值和最大值。其他的命令格式，读者请参考 MATLAB 帮助。

MATLAB 绘出的图形默认是不显示坐标网格，让图形显示坐标网格的命令是 grid on，不显示坐标网格的命令是 grid off。给图形加图例命令为 legend。该命令把图例放置在图形空白处，用户还可以通过鼠标移动图例，将其放到希望的位置。其命令格式为 legend('曲线 1 图例说明','曲线 2 图例说明',…)。

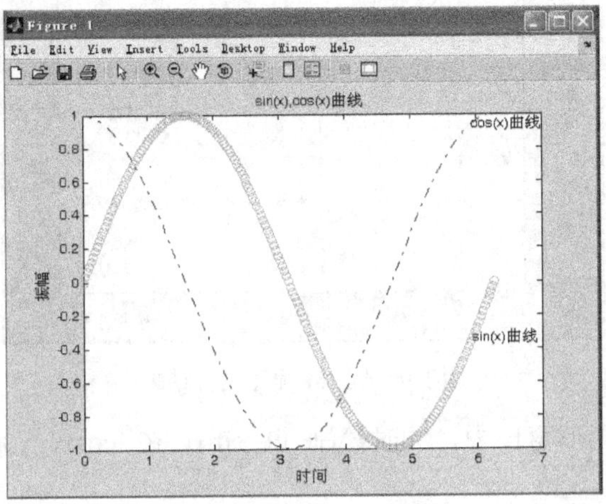

图 1-8　图形添加说明

例 1.4　在坐标范围 $0 \leqslant x \leqslant 2\pi$，$-2 \leqslant y \leqslant 2$ 内重新绘制例 1.3 图形，并显示坐标网格和图例说明。其程序为

```
1.  x=linspace(0,2*pi,200);          %生成含有 200 个数据元素的矢量 x
2.  y1=sin(x);
3.  y2=cos(x);
4.  plot(x,y1,'go',x,y2,'b-.')
5.  title('sin(x),cos(x)曲线');
6.  xlabel('时间');
7.  ylabel('振幅');
8.  text(x(150),y1(150),'sin(x)曲线');
9.  text(x(150),y2(150),'cos(x)曲线');
10. axis ([0 2*pi -2 2]);             %设定坐标轴范围
11. grid on                           %显示坐标网格
12. legend('sin(x)','cos(x)');        %图例说明
```

说明：在本程序中第 1 行用到了 linespace 函数，它的作用是以第 1 个参数和第 2 个参数为区间，生成含有第 3 个参数元素的矢量。本例中就是在[0, 2*pi]生成 200 个数据元素的矢量。程序的第 10 行是设定 x 轴范围为[0,2*pi]，y 轴范围为[−2, 2]。第 11 行是让 MATLAB 在图形上显示坐标网格，最后一行加上图例说明。程序运行结果如图 1-9 所示。

2．subplot 函数

subplot(m,n,p)命令将当前图形窗口分成 m×n 个绘图区，即每行 n 个，共 m 行，区号按行优先编号，且选定第 p 个区为当前绘图区。

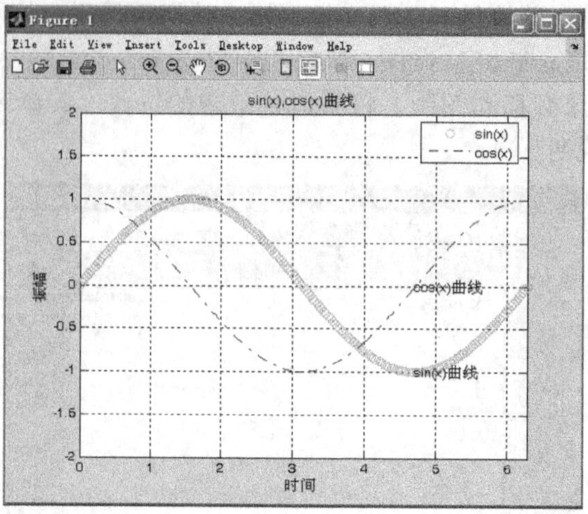

图 1-9　例 1.4 程序运行结果

例 1.5　在同一个图形窗口中，同时绘制 $y1=\sin x$，$y2=\cos x$，$y3=\sin(2x)$，$y4=(\cos 2x)$，$0\leqslant x\leqslant 2\pi$。程序为

```
1.  x=linspace(0,2*pi,60);
2.  y1=sin(x);
3.  subplot(2,2,1);          %整个绘图区分为2×2区域,且当前绘图区位1号绘图区
4.  plot(x,y1);
5.  title('sin(x)')
6.  axis([0 2*pi –1 1]);
7.  y2=cos(x);
8.  subplot(2,2,2);          %指定当前绘图区为2号绘图区
9.  plot(x,y2);
10. title('cos(x)')
11. axis([0 2*pi –1 1]);
12. y3=sin(2*x);
13. subplot(2,2,3);          %指定当前绘图区为3号绘图区
14. plot(x,y3);
15. title('sin(2x)')
16. axis([0 2*pi –1 1]);
17. y4=cos(2*x);
18. subplot(2,2,4);          %指定当前绘图区为4绘图区
19. plot(x,y4);
20. title('cos(2x)')
21. axis([0 2*pi –1 1]);
```

说明：程序的第 3 行把整个绘图区分为 2×2 区域，且指定了当前绘图区为 1，第 8、13、18 行分别指定当前绘图区为 2、3、4。程序运行结果如图 1-10 所示。

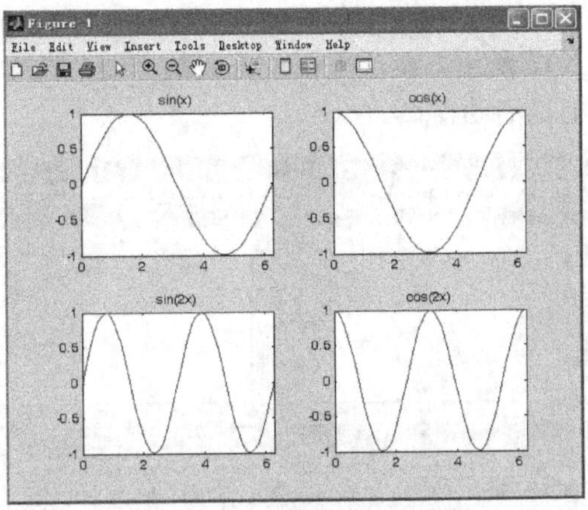

图 1-10　例 1.5 程序运行结果

3．多图形窗口

需要建立多个图形窗口，绘制并保持每一个窗口的图形，可以使用 figure 命令。每执行一次 figure 命令，就创建一个新的图形窗口，该窗口自动为活动窗口，若需要还可以返回该窗口的识别号码，称该号码为句柄。句柄显示在图形窗口的标题栏中，即图形窗口标题。用户可通过句柄激活或关闭某图形窗口，而 axis、xlabel、title 等许多命令也只对活动窗口有效。

例 1.6　用 figure 命令重新绘制例 1.5 中的 y1,y2,y3,y4。

```
x=linspace(0,2*pi,60);
y1=sin(x);
H1=figure;                    %创建新窗口并返回句柄到变量 H1
plot(x,y1);
title('sin(x)')
axis([0 2*pi –1 1]);
y2=cos(x);
H2=figure;                    %创建第 2 个窗口并返回句柄到变量 H2
plot(x,y2);
title('cos(x)')
axis([0 2*pi –1 1]);
y3=sin(2*x);
H3=figure;                    %创建第 3 个窗口并返回句柄到变量 H3
plot(x,y3);
title('sin(2x)')
axis([0 2*pi –1 1]);
y4=cos(2*x);
H4=figure;                    %创建第 4 个窗口并返回句柄到变量 H4
plot(x,y4);
title('cos(2x)')
axis([0 2*pi –1 1]);
```

说明：程序与例 1.5 的不同分别是在第 3、8、13、18 行用 figure 命令代替了 subplot 命令。程序的运行结果如图 1-11 所示。在这里由于排版的需要，把 4 个窗口显示在一起。程序运行结束后，窗口 4 实际上是活动窗口。

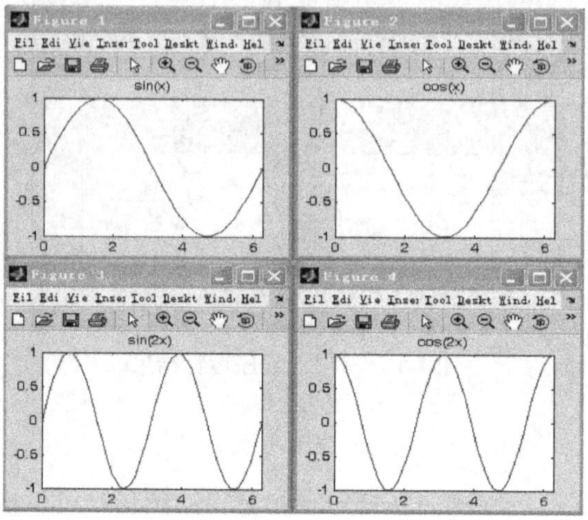

图 1-11　例 1.6 程序运行结果

4．hold 命令

在使用 plot 函数画图时，原有的图形会被新的图形所代替。若想保留原有的图形，并已存在图形窗口中用 plot 命令继续添加新的图形内容，可使用图形保持命令 hold。发出命令 hold on 后，再执行 plot 命令，在保持原有图形或曲线的基础上，添加新绘制的图形。

例 1.7　hold 命令示例如下：

```
1.   x=linspace(0,2*pi,60);
2.   y=sin(x);
3.   z=cos(x);
4.   plot(x,y,'-go');                    %绘制正弦曲线
5.   hold on;                            %设置图形保持状态
6.   plot(x,z,'-.b');                    %保持正弦曲线同时绘制余弦曲线
7.   axis ([0 2*pi-1 1]);                %
8.   legend('sin(x)','cos(x)');
10.  hold off                            %关闭图形保持
```

说明：程序的执行结果与程序例 1.5 的结果基本相似，这里就不再给出。读者可以尝试去掉程序中第 5 行中的 hold on 命令，再次执行程序，可以看出前后两者的不同。

5．对数坐标图形

在通信系统仿真中，很多情况下需要绘制对数坐标图形。例如，各种信道中误码率随信噪比的变化曲线，这时，纵坐标（误码率）一般采用对数坐标。MATLAB 也提供了绘制对数坐标的函数，介绍如下。

（1）loglog(x,y) 双对数坐标，横坐标和纵坐标都采用 x,y 的对数。

（2）semilogx(x,y)：单对数坐标，横坐标采用 x 的对数。

（3）semilogy(x,y)：单对数坐标，纵坐标采用 y 的对数。

例 1.8 绘制 $y=|500\times(\sin(2x)+\cos(x)|+1$ 的双对数坐标图。程序为

```
x=[0:0.1:2*pi];
y=abs(500*(sin(2*x)+cos(x)))+1;
loglog(x,y);                    %双对数坐标绘图命令
```

程序执行结果如图 1-12 所示。

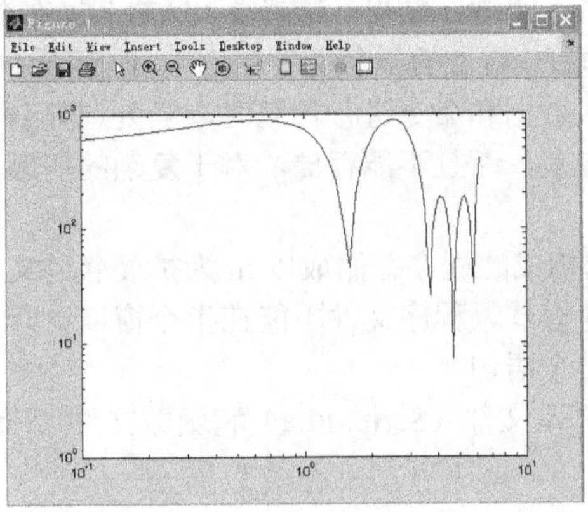

图 1-12 例 1.8 程序运行结果

从图 1-12 可以看出，横坐标和纵坐标都采用了 x,y 的对数值。

例 1.9 分别以 x 轴为对数和以 y 轴为对数重新绘制上述曲线。

```
x=[0:0.1:2*pi];
y=abs(500*(sin(2*x)+cos(x)))+1;
semilogx(x,y);                  %单对数 x 轴绘图命令
title('x 轴对数')
figure                          %创建一个新的绘图窗口
semeilogy(x,y);
title('y 轴对数')
```

程序执行结果如图 1-13 所示。

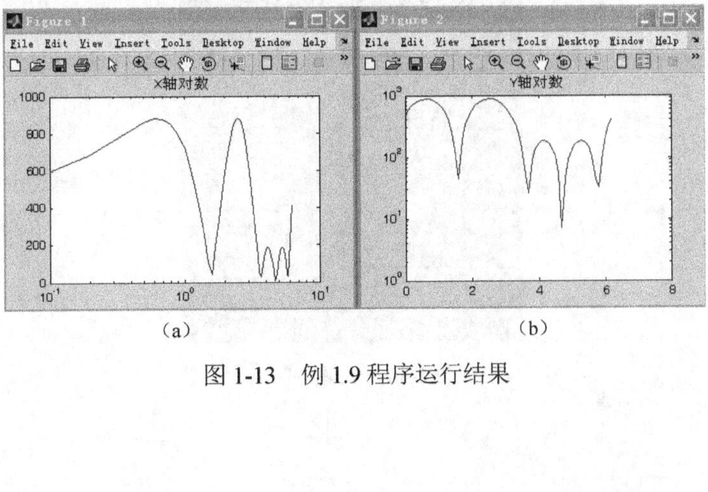

（a）　　　　（b）

图 1-13 例 1.9 程序运行结果

除 plot 等基本绘图命令外，MATLAB 系统还提供了许多其他特殊绘图函数，这里就不再一一举例，更详细的信息用户可随时查阅在线帮助，其对应的 M-file 文件存放在系统\matlab\toolbox\matlab 目录下。

1.2.5 M 文件编程

通常 MATLAB 以指令驱动模式工作，即在 MATLAB 窗口下当用户输入单行指令时，MATLAB 立即处理这条指令，并显示结果，这就是 MATLAB 命令行方式。在命令行操作时，MATLAB 窗口只允许一次执行一行上的一个或几个语句。前面所举的例子都是基于这种方式的。

在 MATLAB 窗口输入数据和命令进行计算时，当处理复杂问题和大量数据时是不方便的。命令行方式程序可读性差，而且不能存储，对于复杂的问题，应编写成能存储的程序文件，即 M 文件。

首先将 MATLAB 语句构成的程序存储成以.m 为扩展名的文件，然后再执行该程序文件，这种工作模式称为程序文件模式。程序文件不能在指令窗口下建立，因为，指令窗口只允许一次执行一行上的一个或几个语句。

M 文件有两种形式：脚本文件（Script File）和函数文件（Function File）。这两种文件的扩展名，均为“. m”。

1. M 脚本文件

对于复杂计算，采用脚本文件最为合适。脚本文件的构成比较简单，只是一串按用户意图排列而成的（包括控制流向指令在内的）MATLAB 指令集合。MATLAB 只是按文件所写的指令执行。脚本文件运行后，所产生的所有变量都驻留在 MATLAB 基本工作空间（Base Workspace）中。只要用户不使用清除指令（Clear），MATLAB 指令窗口不关闭，这些变量将一直保存在基本工作空间中。

M 文件的类型是普通的文本文件，可以使用系统认可的文本文件编辑器来建立 M 文件。其具体创建方法如下：

（1）在 MATLAB 命令窗口选择菜单“file→New→M-file”（或者单击工具栏的□按钮），如图 1-14 所示。这时系统会弹出系统自带的 M 文件编辑器，类似于记事本和写字板，如图 1-15 所示，这时就可以在编辑器中输入相应的命令。

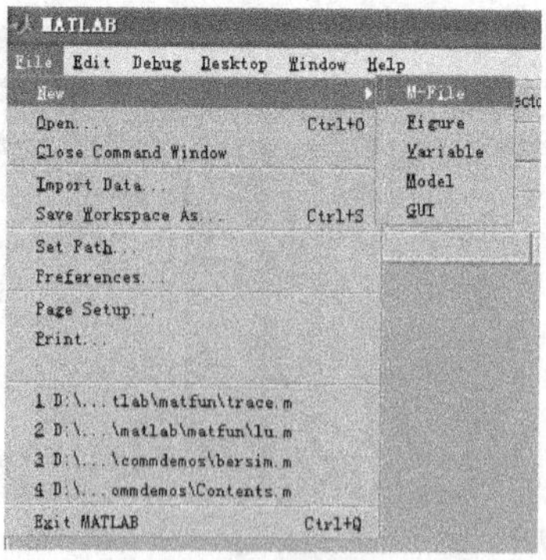

图 1-14 新建 M-file

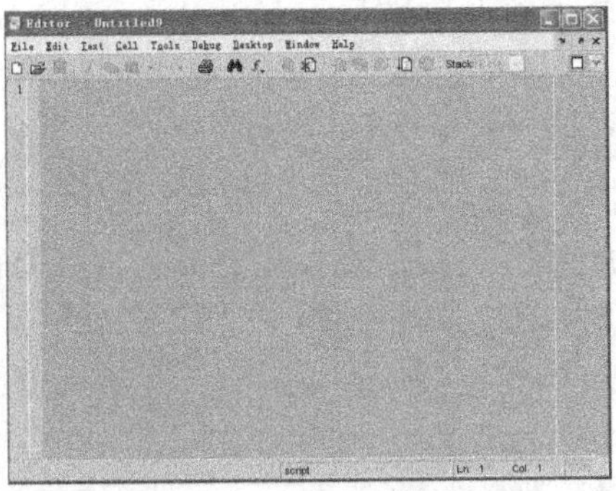

图 1-15　MATLAB 自带的 M-file 编辑器

（2）编辑完成之后，单击工具栏上的按钮，这时系统会提示输入文件名，输入后，单击“确定”按钮即可保存编辑好的 M 文件。

（3）保存完成后，单击工具栏上的按钮，即可运行刚才输入的 M 文件。也可以在 MATLAB 命令窗口中输入 M 文件的名字来运行 M 文件。

2．函数文件

与脚本文件不同，函数文件犹如一个“黑箱”，把一些数据送进并经加工处理，再把结果送出来。MATLAB 提供的函数指令大部分都是由函数文件定义的。M 文件的特点如下：

（1）从形式上看，与脚本文件不同，函数文件的第一行总是以“function”引导的“函数申明行”。

（2）从运行上看，与脚本文件运行不同，每当函数文件运行，MATLAB 就会专门为它开辟一个临时工作空间，称为函数工作空间（Function Workspace）。当执行文件最后一条指令时，就结束该函数文件的运行，同时，该临时函数空间及其所有的中间变量就立即被清除。

（3）函数定义时，一般都定义了输入/输出（I/O）变量的个数，称为“默认数目”。MATLAB 允许使用比“默认数目”较少的输入/输出变量，实现对函数的调用。

典型 M 文件的结构如下：

（1）函数声明行：位于函数文件的首行，以关键字 function 开头，函数名及函数的输入输出变量都在这一行被定义，其格式为

```
function 输出形参表=函数名(输入形参表)
```

其中，函数名的命名规则与变量名相同。输入形参为函数的输入参数，输出形参为函数的输出参数。当输出形参多于 1 个时，则应该用方括号括起来。

（2）第一注释行：紧随函数声明行之后以%为开头第一注释行。该行主要供 lookfor 关键词查询和 help 在线帮助使用。

（3）在线帮助文本区：第一注释行及其之后的连续以%开头的所有注释行构成整个在线帮助文本。

（4）编写和修改记录：与在线帮助文本区相隔一个“空”行，也以%开头，标志编写及修改该 M 文件的作者和日期等 。

（5）函数体：为清晰起见，它与前面的注释以“空”行相隔。

（6）M 文件的文件名必须是“函数名.M”（不包括双引号）。

例 1.10 通过 M-file 编辑器打开安装目录下\toolbox\matlab\matfun\trace.m 文件，可以看到如下内容：

```
1.  function t = trace(a)
2.  %TRACE   Sum of diagonal elements.
3.  %    TRACE(A) is the sum of the diagonal elements of A, which is
4.  %    also the sum of the eigenvalues of A.
5.  %
6.  %    Class support for input A:
7.  %       float: double, single
8.
9.  %    Copyright 1984-2004 The MathWorks, Inc.
10. %    $Revision: 5.8.4.1 $  $Date: 2004/04/10 23:30:11 $
11.
12. t = sum(diag(a));
```

说明：第 1 行是函数的声明行，函数的输出变量为 t，函数名为 trace，输入变量是 a。第 2 行是第一注释行，第 3～7 行是在线文本帮助区，在 MATLAB 命令行窗口中输入 help trace，则第 2～7 行的内容就会显示出来。第 9～10 行是该函数的编写和修改记录。这个函数的函数体只有 1 行，它的功能是计算输入参数矩阵 A 的迹，并把计算结果赋值给输出变量 t。

其他 MATLAB 函数的形式与之相似，感兴趣的读者可以查看有关函数的实现。

3．函数调用和参数传递

1）函数调用

函数文件编制好后，就可调用函数进行计算了。函数调用的一般格式为

[输出参数 1,输出参数 2,…] = 函数名(输入参数 1,输入参数 2,…)

函数调用可以嵌套，一个函数可以调用别的函数，甚至调用它自己（递归调用）。在前面的例子中已经多次演示了函数调用的方法，这里就不再单独举例。

2）局部变量和全局变量

（1）局部变量存在于函数空间内部的中间变量，产生于该函数的运行过程中，其影响范围也仅限于该函数本身。

（2）通过 global 指令，MATLAB 允许几个不同的函数空间及基本工作空间共享同一个变量，这种被共享的变量称为全局变量。

在 MATLAB 中，函数文件的内部变量是局部的，与其他函数文件及 MATLAB 工作空间相互隔离。但是，如果在若干函数中，都把某一变量定义为全局变量，那么这些函数将共用这一个变量。全局变量的作用域是整个 MATLAB 工作空间，即全程有效。所有的函数都可以对它进行存取和修改。因此，定义全局变量是函数间传递信息的一种手段。

例 1.11 全局变量应用示例。先建立函数文件 myfun.m，该函数将计算输入的参数的二次多项式和。

```
function s=myfun(x)
% computer the sum of 2-order polynomial

global A B
s=A*x.^2+B*x+1;
```

在命令窗口中输入

```
global A B
A=1;
B=2;
s=myfun(2)
```

输出为

```
s =
    9
```

4. MATLAB 的程序结构

MATLAB 语言的程序结构与其他高级语言是一致的，分为顺序结构、循环结构、分支结构。

（1）顺序结构 —— 依次顺序执行程序的各条语句。

（2）循环结构 —— 被重复执行的一组语句，循环是计算机解决问题的主要手段。

（3）分支结构 —— 根据一定条件来执行的各条语句。

顺序结构前面的例子已经有了很多，这里就不再说明。下面主要说明一下循环结构和分支结构的语法格式。

1）循环结构

循环结构主要有以下几种。

（1）for-end 语句

语法为

```
for   indx= 循环初始值 : 循环步长 : 循环结束值
      可执行语句组
end
```

其中，indx 代表循环变量，也可以用其他变量代替。后面紧跟的是循环初始值，循环步长，循环结束值。在循环步长为 1 的情况下，也可以省略而代之以：循环初始值：循环结束值。中间是可执行语句组成的集合，在语句的最后要加 end 代表 for 循环的结束。for-end 语句是可以嵌套的，也就是说在一个 for-end 语句中可以嵌套其他的 for-end 语句。下面来看一个例子。

例 1.12 利用 for 循环求 $y=\sin x+\sin 2x+\cdots+\sin 100x, 0\leqslant x\leqslant 2\pi$的值。

```
y=0;
x=0:0.01:2*pi;
for indx=1:100
     y=y+sin(indx*x);
end
```

```
6.    plot(x,y)
7.    titl('y=sinx+sin2x+...+sin100x')e
```

上述程序比较简单，首先是赋值给 y=0，然后生成矢量 x，然后通过第 3～5 行的 for 循环计算 y，最后是输出相应的结果。程序执行结果如图 1-16 所示。

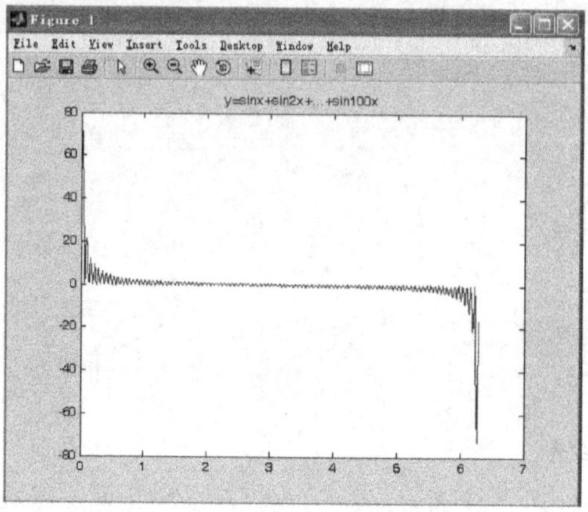

图 1-16　例 1.12 程序运行结果

（2）while-end 循环

while 循环将循环体中的语句循环执行不定次数。语法为

```
while    表达式
   循环体语句
end
```

表达式一般是由逻辑运算和关系运算及一般运算组成的，以判断循环的进行和停止；只要表达式的值非 0，继续循环；直到表达式值为 0，循环停止。

例 1.13　用 while 循环实现例 1.12 程序。

```
y=0;
x=0:0.01:2*pi;
indx=1;
while indx<=100
    y=y+sin(indx*x);
    indx=indx+1;
end
plot(x,y)
```

程序的执行结果与例 1.12 相同，这里就不再给出。

2）分支结构

分支结构的语句有 if 语句和 switch 语句。下面先来看 if 语句。

if 语句的格式有如下几种格式。

格式 1

```
if 条件
  可执行语句组
end
```

格式 2

```
if 条件
  可执行语句组 1
else
  可执行语句组 2
end
```

格式 3

```
if   条件 1
  可执行语句组 1
elseif   条件 2
  可执行语句组 2
⋮
elseif   条件 m
  可执行语句组 m
else
  可执行语句组 m+1
end
```

在格式 1 中，首先判断条件是否满足，如果满足则执行可执行语句组，否则结束。在格式 2 中，首先判断条件是否满足，如果满足则执行可执行语句组 1，若不满足则执行可执行语句组 2。格式 3 是格式 2 的进一步扩展，分别对判断是否满足条件 1,2,⋯,m，然后执行相应的可执行语句组。若所有的条件都不满足，则执行可执行语句组 m+1。可见，格式 3 实现了一种多路选择，比较复杂。可替代下面要讲到的 switch-case-end 语句。

例 1.14　一个三位整数各位数字的立方和等于该数本身则称该数为水仙花数。输出全部水仙花数。程序代码为

```
1.   for indx=100:999
2.        a1=fix(indx/100);              %求 indx 的百位数字
3.        a2=rem(fix(indx/10),10);       %求 indx 的十位数字
4.        a3=rem(indx,10);               %求 indx 的个位数字
5.        if indx= =a1.^3+a2.^3+a3.^3
6.              indx
7.        end
8.   end
```

说明：在程序中，首先是一个 for 循环（第 1 行），在循环体内，分别求出三位整数的百位、十位和个位数字（第 2～4 行），其中，rem(x,y)函数是求 y 除 x 的余数。fix(x)是求 x 的整数部分，它们都是 MATLAB 内置的函数。第 5～7 行用一个 if 语句判所求的三位整数是

否是水仙花数，是则输出该数。

程序执行结果为

```
indx =
    153
indx =
    370
indx =
    371
indx =
    407
```

switch 语句根据变量或表达式的取值不同，分别执行不同的语句。其格式为

```
switch  表达式
case  值 1
  可执行语句组 1
case  值 2
可执行语句组 2
⋮
case  值 m
  可执行语句组 m
otherwise
  可执行语句组 m+1
end
```

说明：switch 语句首先判断表达式的值，如果等于值 1，则执行可执行语句组 1，等于值 2，则执行可执行语句组 2…，如果与判断的值都不相等，则执行可执行语句组 m+1。

例 1.15　switch-case 语句说明。在本例中，首先定义了一个函数 myfun1，它的功能是根据不同的输入值，输出对应的输出值。代码如下：

```
%the example of switch-case
function s=myfun1(x)

switch x
    case 1
        s=2;
    case 2
        s=3;
    case 3
        s=5;
    otherwise
        s=6;
end
```

然后另建 M 文件，代码如下：

```
x=5;
s1=myfun1(x)
x=2;
s2=myfun1(x)
x=1;
s3=myfun1(x)
```

该程序的功能就是分别给 x 赋不同的值，然后调用函数 myfun1 得到输出值。运行结果如下：

```
s1 =
     6
s2 =
     3
s3 =
     2
```

从执行结果可以看出，myfun1 函数根据输入的不同的 x 值，输出了相对应的结果。

3）break 语句与 continue 语句

在循环语句的执行过程中，需要中断循环可以使用 break 语句和 continue 语句。其中，break 语句是终止循环，执行循环体后的语句。而 continue 语句则是终止本次循环，本次循环中的 continue 语句后的循环语句不再执行，而是执行新的循环。break 与 continue 语句经常与 if 语句联合使用。

例 1.16　break 语句与 continue 语句示例。

```
for indx=1:3
    if indx= =2
        break
    else
        indx
    end
end

for indx1=1:3
    if indx1= =2
        continue
    else
        indx1
    end
end
```

说明：程序中分别定义了 2 个循环体，第 1 个循环体（第 1～7 行）判断循环变量是否等于 3，是则跳出循环体，执行循环体下面的语句，而在第 2 个循环体（第 9～15 行）中，如果循环变量等于 3，则结束本次循环，继续执行下一次循环。程序的执行结果为

```
indx =
     1
indx1 =
     1
indx1 =
     3
```

说明：从执行结果可以看到，循环体 1 只执行了 1 次，而循环体 2 则执行了 2 次。读者可以区分两者的不同。

5. 用户参数交互输入

在编制程序的过程中，有时需要在程序的运行过程中输入一些参数，输出一些提示信息，或者暂停程序的运行等。MATLAB 对此提供了相应的函数。

1）input 函数

input 函数用于向计算机输入一个参数。它的调用格式为

```
A=input('提示信息','选项');
```

默认情况下，input 函数输入的是数字，而如果加上选项's'，则允许用户输入一个字符串。例如，想输入一个人的姓名，可采用如下命令。

```
xm=input('What''s your name:','s')
```

例 1.17 求一元二次方程 $ax^2+bx+c=0$ 的根。

```
1.  a=input('a=?');
2.  b=input('b=?');
3.  c=input('c=?');
4.  d=b*b–4*a*c;
5.  x=[(–b+sqrt(d))/(2*a),(–b–sqrt(d))/(2*a)]
```

程序的第 1～3 行分别是输入 a，b，c 的值，第 4 行是根据求根公式求方程的根。第 5 行是把得到的结果按照矢量的形式输出。程序运行结果如下：

```
a=?1
b=?3
c=?2


x =
    –1    –2
```

其中，1，3，2 是输入的数字。读者可以尝试输入其他参数。

2）pause 函数

pause 函数暂停程序的执行。它的调用格式为

```
pause(n)
```

其中，n 是暂停执行的时间秒数，如果省略延迟时间，直接使用 pause，则将暂停程序，直到用户按任一键后程序继续执行。

3）disp 函数

disp 函数是向命令窗口输出提示信息。它的调用格式为

```
disp(输出项)
```

其中，输出项可以为字符串或矩阵。这个函数类似于 C 语言中的 printf 函数。

例如：

```
A='Hello,MATLAB';
disp(A)
```

输出为

```
Hello,MATLAB
```

1.2.6　文件操作

MATLAB 环境下的文件与其他系统一样，也有两类文件组成，一是 M 文件，前面已经进行了介绍。另一类是数据文件。系统除提供了文件的一般管理功能外，还提供了对数据文件进行操作的特殊功能函数。

1．文件的打开与关闭

MATLAB 提供了对数据文件建立、打开、读、写及关闭等一系列函数，数据文件一般存放在磁盘等介质上，用文件名标识，系统对文件名没有特殊要求。文件数据格式有两种形式：一是二进制格式文件；二是 ASCII 文本文件，系统对这两类文件提供了不同的读/写功能函数。

1）fopen 函数

在读/写文件之前，必须先用 fopen 函数打开一个文件，并指定允许对该文件进行的操作。文件操作结束后，应及时关闭文件，以免数据的丢失或误修改。fopen 函数的调用格式为

```
fid= fopen(filename，permission)
```

其中，fid 是 fopen 函数打开的文件句柄，在对文件进行其他操作时要用到它。filename 为文件名，permission 为文件格式，格式选项参见表 1-1。

表 1-1　文件格式选项说明

选　项	说　明
'r'	打开文件，读数据，文件必须存在
'w'	打开文件，写数据，若文件不存在，系统会自动建立
'a'	打开文件，在文件末尾添加数据
'r+'	打开文件，可以读和写数据，文件必须存在
W+	打开文件，供读与写数据用
'a+'	打开文件，供读与添加数据用
'W'	打开文件供写数据用，无自动刷新功能
'A'	打开文件供添加数据用，无自动刷新功能

例如，打开一个名为 test.dat 的数据文件并进行读操作，其命令格式为

```
fid=fopen( 'test.dat', 'r' )
```

上述打开格式均为二进制格式，如果想用 ASCII 文本格式，则必须在格式字符串中加上字符 t，例如，用'r t'表示以 ASCII 格式打开供读操作的数据文件。

2）fclose 函数

文件在进行完读、写等操作后，应及时关闭，以保证文件的安全可靠。关闭文件命令格式为

```
rt=fclose(fid)
```

其中，fid 是用 fopen 打开的文件句柄。rt 表示关闭文件操作的返回代码，若关闭成功，返回 0，否则返回−1。

2．文件的读/写操作

文件的读/写操作主要包括二进制文件的读/写操作和 ASCII 文本文件的读/写操作。

1）fread 函数

fread 用来读取二进制数据文件。其调用格式为

```
[A,count]=fread(fid,size,precision)
```

其中，A 为数据矩阵，count 返回所读取的数据元素个数。size 为可选项，若不选用则读取整个文件内容，若选用则它的值可以是下列值，参见表 1-2。

表 1-2　size 选项说明

选　项	说　明
n	读取 n 个元素到一个列矢量
inf	读取整个文件
[m,n]	读数据到 m×m 的矩阵中，数据按列存放

precision 用于控制所读数据的精度格式，格式种类较多，这里就不再给出，读者可以查阅 MATLAB 帮助。默认格式为 uchar，即无符号字符格式。例如：

```
fid=fopen( 'test.dat', 'r');
A=fread(fid, 1000, 'long');
rt=fclose(fid);
```

以读数据方式打开数据文件 test.dat，并按长整型数据格式读取文件的前 1000 个数据放入矩阵 A，然后关闭文件。

2）fwrite 函数

fwrite 函数以二进制格式向数据文件写数据，其调用格式为

```
count=fwrite (fid, A, precision)
```

例如：

```
fid=fopen('test.dat', 'wb');
count=fwrite(fid, A, 'int32');
```

上述语句将矩阵 A 中的数据写入文件 test.dat 中，数据格式为 32 位整型二进制格式。

例 1.18 建立一数据文件 test.dat，用于存放矩阵 A 的数据。

已知

$$A=[\begin{matrix} -0.4326 & 0.2877 & 1.1892 & 0.1746 \\ -1.6656 & -1.1465 & -0.0376 & -0.1867 \\ 0.1253 & 1.1909 & 0.3273 & 0.7258 \end{matrix}]$$

```
1.  fid=fopen('test.dat', 'w');
2.  count=fwrite(fid, A, 'float');
3.  fclose(fid);
4.  fid=fopen('test.dat', 'r');
5.  [B,count]=fread(fid, [3,inf],'float')
6.  fclose(fid);
```

说明：程序第 1 行首先以写文件方式打开文件 test.dat，第 2 行将矩阵 A 的数据以二进制浮点数格式写入文件 test.dat 中，第 3 行关闭文件。第 4 行以读文件方式重新打开 test.dat 文件，第 5 行以浮点数格式读入 test.dat 的内容并赋值为矩阵 B，第 6 行是关闭文件。

程序执行结果为

```
B =

   -0.4326    0.2877    1.1892    0.1746
   -1.6656   -1.1465   -0.0376   -0.1867
    0.1253    1.1909    0.3273    0.7258
count =
    12
```

3）fscanf 函数

fscanf 函数用来读取 ASCII 文本文件，其调用格式为

```
[A,count]= fscanf (fid, format, size)
```

其中，A 为数据矩阵，用以存放读取的数据，count 返回所读取的数据元素个数。format 用以控制读取的数据格式，由%加上格式符组成，具体的格式符及含义读者请查阅 MATLAB 帮助。

4）fprintf 函数

fprintf 函数用来写 ASCII 数据文件，其调用格式为

```
count = fprintf(fid,format,A)
```

其中，A 为要写入文件的数据矩阵，先按 format 格式化数据矩阵 A，后写入进 fid 所指定的文件。

例 1.19 建立一数据文件 test1.txt，用于用 ASCII 文本方式存放矩阵 A 的数据。

已知

$$A=\begin{bmatrix} -0.4326 & 0.2877 & 1.1892 & 0.1746 \\ -1.6656 & -1.1465 & -0.0376 & -0.1867 \\ 0.1253 & 1.1909 & 0.3273 & 0.7258 \end{bmatrix}$$

```
fid = fopen('data1.txt', 'w');
fprintf(fid,'%12.8f   %12.8f   %12.8f   %12.8f\n',A);
fclose(fid);
fid = fopen('data1.txt', 'r');
B=fscanf(fid,'%g   %g   %g   %g\n',[3 inf])
fclose(fid);
```

这个程序与例 1.18 相似，这里就不再说明。

3. 文件定位

在文件读/写操作中，经常需要定位文件指针位置。MATLAB 提供了文件指针定位函数。

1）fseek 函数

fseek 函数定位文件位置指针，其调用格式为

```
status = fseek(fid,offset,origin)
```

其中，fid 为文件句柄，offset 表示位置指针相对移动的字节数，若为正整数表示向文件尾方向移动，若为负整数表示向文件头方向移动，origin 表示位置指针移动的参照位置，它的取值有三种可能，参见表 1-3。

表 1-3 origin 选项说明

选　项	说　明
'cof'	文件的当前位置
'bof'	文件的开始位置
'eof'	文件的结束位置

若定位成功 status 返回值为 0，否则返回值为–1。

2）ftell 函数

ftell 函数返回文件指针的当前位置。其调用格式为

```
position=ftell (fid)
```

返回值为从文件开始到指针当前位置的字节数。若返回值为 -1 表示获取文件当前位置失败。

例 1.20 下述程序说明了函数 fseek 和 ftell 的使用。

```
1.  x=[1:10];
2.  fid=fopen('exp.dat','w');
3.  fwrite(fid,x);
4.  fclose(fid);
5.  fid=fopen('exp.dat','r');
6.  status=fseek(fid,6,'bof');
7.  x1=fread(fid,1)
8.  position=ftell(fid)
9.  x2=fread(fid,1)
10. fclose(fid);
```

说明：程序第 1 行建立一个矢量 x，第 2 行以写方式打开文件 exp.dat，第 3 行向文件中写入矢量 x，第 4 行关闭文件，第 5 行以读方式打开文件，第 6 行把文件指针定位在 6，第 7 行读写当前文件指针指向的数据赋值给 x1，第 8 行调用 ftell 函数报告当前文件指针位置，第 9 行读当前数据并赋值给 x2，第 10 行关闭文件。

程序的执行结果为

```
x1 =
     7
position =
     7
x2 =
     8
```

以上简要介绍了 MATLAB 及其基本的使用与编程方法，更多的使用方法，读者可以参考其他专门介绍 MATLAB 如何使用的书籍。以上介绍的内容在后面的仿真中可以满足 95% 以上的需要，因此，读者应熟练掌握。

1.3 通信系统仿真

人们认识客观世界的方式多种多样。在计算机没有出现之前，归纳起来主要可分为理论分析与实验验证两大类。随着计算机的出现，利用计算机仿真来对未知的世界进行探索成为越来越重要的手段。举个简单的例子，对现代汽车而言，汽车的安全性相当依赖于防抱死制

动系统（ABS）的性能。在实际条件下，对 ABS 进行实车测试的代价是非常昂贵的，为了进行极限情况下的测试，通常需要寒冷或炎热的环境。在积雪覆盖的路面上进行 ABS 的测试，就只能在冬季有雪的天气进行，这对于测试人员来说很难实现，而且会造成一定的人身安全的威胁。并且，用真实汽车进行测试存在可重复性差、不能复现同一测试条件等缺点。基于上述问题，伴随着计算机仿真技术的发展，在生产过程中可利用仿真的方法对 ABS 进行检验。通过对车辆与道路等的仿真，模拟道路实验的状况，指导 ABS 产品的设计开发，减少路试次数，缩短出厂周期，降低产品费用与实验风险。可以说仿真的方法是 ABS 开发、生产的有力辅助工具。因此，仿真是科学研究和工程建设中不可缺少的方法。

1.3.1 通信仿真的概念

现代的通信系统越来越复杂，对这个系统做出的任何改变，如改变某个参数的设置或系统结构等都可能影响整个系统的性能和稳定。因此，在对原有的通信系统做出改进或建立一个新系统之前，通常需要对这个系统进行建模和仿真，通过仿真结果衡量方案的可行性，从中选择最合理的系统配置和参数设置，然后再应用于实际系统中。这个过程就是通信仿真。

仿真已成为深入理解通信系统特性的有价值的工具，一个开发得好的仿真与在实验室实现一个系统很类似，可以很方便地对要研究的系统产生直观的图形，如时域波形、信号频谱、眼图等。新通信系统的设计中几乎都包括一些信号处理新算法和新硬件技术。在设计的前期阶段，为了验证这些新算法和新硬件技术，仿真提供了极佳的环境。

通信系统的仿真往往涉及较多的研究领域，包括通信原理、数字信号处理、概率论、信号检测与估计、随机过程理论、信号与系统理论等。掌握通信原理是通信系统仿真的关键，而数字信号处理是用于开发构成通信系统仿真模型的算法，现代通信系统的许多新技术都涉及算法，如多天线系统中波束成形算法、信道均衡中的算法等。通信系统的性能指标通常以概率形式表示，如比特差错概率。在许多情况下，仿真要处理的信号和噪声均是随机过程的一个样本，而且，对于无线信道的描述也需要随机过程理论。

1.3.2 通信仿真的基本方法

从本质上讲，仿真方法论是很难系统化的，但除最简单的情况外，所有仿真问题都要涉及一些基本步骤：

（1）将给定问题映射为仿真模型。

（2）把整个问题分解为一组子问题。

（3）选择合适的建模、仿真和估计方法，并将其用于解决这些子问题。

（4）综合各子问题的解决结果以提供对整个问题的解决方案。

对整个通信系统的仿真是一个复杂的问题，往往需要把问题进行分层，不同层次的仿真，其方法与目的不同。可以把仿真分为四个层次：系统级仿真、子系统级仿真、元件级仿真和电路级仿真。越高层次的仿真，抽象越多，涉及的模型细节越少；越低层次的仿真，越与实际硬件相近，涉及的硬件细节和参数越多。对于电路级仿真，人们更多的使用硬件原型来进行验证和测试，在通信系统波形级仿真，很少涉及这一层次。通常情况下，人们用尽可能高的抽象程度来仿真，因为，越高的抽象意味着越少的参数和越高效的仿真。

1．仿真建模

多数通信系统是可以模型化的，仿真模型和分析模型从概念上讲没有什么区别，但模型复杂度不同。在分析方法中，通常使用简化的、理想的模型，而在仿真中通常采用较复杂的模型。无论是分析还是仿真，都需要加入对物理实体的一定程度的近似处理使其便于表示，同时尽可能采用最精确的模型。人们并不需要建立完美的模型，而是建立一个符合要求的模型，即模型的近似处理能满足输出的允许误差。

如前所述，仿真是要分层次的，相对应的，建模也是要分层次的。高层模型往往很少或不依赖于具体的物理模型。例如，对于滤波器，一个高层模型就是滤波器的传递函数，而不考虑其内部的工作方式；而一个低层模型则是电路模型，包含多个部件，应用于基尔霍夫定律，用不同的微分方程代表每个部件。

一般地，可以把建模结构分为三类：系统建模、设备建模和随机过程建模。一个通信系统，这里主要指通信链路，建模的最高形式描述就是用子系统框图表示出来。系统模型是一种拓扑结构，其仿真方框图与真实系统越接近，整个系统的精确性就越高。但出于计算效率的考虑，强调尽可能采用高程模型。因此，通常是对简化了的模型图进行仿真。

2．系统性能评估

仿真的主要目的之一是进行系统性能评估。对于模拟通信系统，主要性能指标是输出信噪比；而对于数字通信系统则是误比特率（BER）或误码率或误帧率，信噪比（SNR）也是数字通信系统的一个重要性能指标。误码元率又称误符号率，是指错误接收的符号（码元）数在传送总符号数中所占的比例。误比特率又称为误信率，是指错误接收的比特数在传送比特总数中所占的比例。

符号或比特差错概率也是描述系统错误率的一个指标，符号差错概率可定义为

$$P_e = \lim_{N\to\infty} N_e / N$$

因为仿真能处理的符号数目是有限的，故只能对符号差错概率做近似计算，一般使用蒙特卡罗方法，即让 N 个符号通过系统，并计算发生差错的个数。如果通过系统的 N 个比特中有 N_e 个差错，则符号差错计算概率估计为

$$\hat{P}_e = \lim_{N\to\infty} N_e / N$$

一般情况下，蒙特卡罗估计是无偏的，N 越小，估计的方差就越大；N 越大，估计的方差就越小。当 $N\to\infty$ 时，则估计值收敛于真实值。通常在仿真精度与仿真运行时间之间存在一个折中问题。

3．通信仿真软件

对系统仿真建模完成之后，下一步就可以通过仿真软件将模型转换成程序并且执行程序。最简单的工具是采用 C 语言等编程工具直接编写仿真程序，这种方法的优点是效率高，缺点则是不够灵活，没有一个易于实现的人机交互界面，不便于对仿真结果进行分析。为此，人们已开发了多种软件包来仿真通信系统，包括波形级仿真和网络层仿真，并得到了广泛的应用。比

较常用的仿真软件包括 MATLAB/Simulink、OPNET、NS2 等。这些软件具有各自不同的特点，适用于不同层次的通信仿真，例如，物理层仿真通常采用 MATLAB/Simulink，而网络层仿真则适用采用 OPNET、NS2。关于 OPNET、NS2 的介绍，读者可以参考其他书籍。

以上简单介绍了通信仿真的一些基本概念，应当指出的是，仿真与理论分析和实验验证并不是孤立的，很多时候在与分析和实验二者联合使用时，仿真的功能才最为强大。

本书在以后的章节中将结合 MATLAB/Simulink，详细介绍通信仿真的方法与技巧。

小　结

本章简单介绍了 MATLAB 的操作与程序设计的基本方法及通信仿真的基本概念，通过本章的学习，读者将对 MATLAB 有一个入门性的了解，应能编写简单的 MATLAB 程序。对通信仿真应有初步的认识，为今后的学习打下基础。第 2 章中，将介绍 Simulink 的使用。

习　题

1. 编写 MATLAB 程序，求[100，1000]之间第一个能被 37 整除的整数。
2. 求[0,1000]以内的全部素数。
3. 建立一个字符串矢量，然后对该矢量做如下处理：

（1）取第 1～5 个字符组成的子字符串。

（2）将字符串倒过来重新排列。

（3）将字符串中的小写字母变成相应的大写字母，其余字符不变。

（4）统计字符串中小写字母的个数。

4. 画出 y=sin2x+cos$x$，0≤x≤2π的曲线。
5. 画出 $f(x)$=x^3−2$x$sin$x$，0≤x≤4 的曲线。
6. 建立一数据文件 ex1.dat，用于存放五阶 Toeplitz 矩阵；再从该二进制文件中取出前 10 个数据到 5×2 矩阵。
7. 生成 2 个 3×4 随机矩阵 ***A***、***B***，求 ***A***'、***B***'、***A***+***B***、***A***−***B***、***A***.****B***、***A***./***B***，***A*******B***'，***B*******A***'。
8. 生成 2 个 3×4 复数矩阵，重复上题操作，并计算 ***A***.'、***B***.'，比较它们与 ***A***'、***B***' 的不同。
9. 编写程序，提示用户输入年份，然后计算该年份是否闰年，并输出结果。
10. 使用 subplot 命令分别绘制 y_1=$x$sin$x$+e^(−x) cos$x$，y_2=sin$x$/(1+x^2)，0≤x≤10 的值。

第 2 章　Simulink 仿真基础

Simulink 是一个用来对动态系统进行建模、仿真和分析的软件包。使用 Simulink 来建模、分析和仿真各种动态系统（包括连续系统、离散系统和混合系统），将是一件非常轻松的事情。它提供了一种图形化的交互环境，只需用鼠标拖动的方法便能迅速地建立起系统框图模型，甚至不需要编写一行代码。利用 Simulink 进行系统的建模仿真，其最大的优点是易学、易用，并能依托 MATLAB 提供的丰富的仿真资源。本章对 Simulink 的强大功能进行简单的介绍。

2.1　Simulink 简介

动态系统是输出信号随时间变化的系统。要描述这种系统的特性，传统的建模方法是先对系统的输入信号和输出信号进行分析，得到它们的系统方程，然后编写程序进行仿真。这种仿真方法有两个缺点。首先是不够直观，缺乏足够的人机交互。由于所有的输入信号和输出信号都被抽象成数值之间的关系，仿真表现为一种计算过程，因此难以对仿真的过程进行控制，也难以对仿真的输出数据进行直观的描述和分析。另外，这种方法缺乏系统性，尤其在对复杂系统的处理过程中，难以采用模块化方法，从而降低了仿真程序的可读性和可扩展性。

1990 年，MathWorks 软件公司为 MATLAB 提供了新的控制系统模型输入与仿真工具，并命名为 Simulab，该工具很快就在控制工程界获得了广泛的认可，但因其名字与当时比较著名的 Simula 软件类似，所以，1992 年正式将该软件更名为 Simulink。顾名思义，该软件的名字表明了该系统的两个主要功能：Simu（仿真）和 Link（连接）。

Simulink 可以用来研究实际的动态系统，包括电子电路、机械系统、汽车动力系统、控制系统及许多其他复杂的动力学系统等。Simulink 的强大功能包括以下方面。

1．交互式、图形化的建模环境

Simulink 提供了丰富的模块库以帮助用户快速地建立动态系统模型。建模时只需使用鼠标拖放不同模块库中的系统模块并将它们连接起来。

2．交互式的仿真环境

Simulink 框图提供了交互性很强的仿真环境，既可以通过下拉菜单执行仿真，也可以通过命令行进行仿真。菜单方式对于交互工作非常方便，而命令行方式对于运行一大类仿真如蒙特卡罗仿真非常有用。

3. 专用模块库（Blocksets）

作为 Simulink 建模系统的补充，MathWorks 公司还开发了专用功能块程序包，如 DSP Blockset 和 Communication Blockset 等。通过使用这些程序包，用户可以迅速地对系统进行建模、仿真与分析。更重要的是用户还可以对系统模型进行代码生成，并将生成的代码下载到不同的目标机上。

4. 提供了仿真库的扩充和定制机制

Simulink 的开放式结构允许用户扩展仿真环境的功能。采用 MATLAB、FORTRAN 和 C 代码生成自定义模块库，并拥有自己的图标和界面。因此，用户可以将使用 FORTRAN 或 C 编写的代码链接进来，或者购买使用第三方开发提供的模块库进行更高级的系统设计、仿真与分析。

5. 与 MATLAB 工具箱的集成

由于 Simulink 可以直接利用 MATLAB 的诸多资源与功能，因而用户可以直接在 Simulink 下完成诸如数据分析、过程自动化、优化参数等工作。工具箱提供的高级的设计和分析能力可以融入仿真过程。

简而言之，Simulink 具有以下特点：

（1）基于矩阵的数值计算。

（2）高级编程语言。

（3）图形与可视化。

（4）工具箱提供面向具体应用领域的功能。

（5）丰富的数据 I/O 工具。

（6）提供与其他高级语言的接口。

（7）支持多平台（PC / Macintosh / UNIX）。

（8）开放与可扩展的体系结构。

2.2 Simulink 工作环境

Simulink 是 MATLAB 下的一个软件包，要使用 Simulink，在安装 MATLAB 时必须选中 Simulink 组件，将其安装。

在 MATLAB 窗口的工具栏中单击图标，或者在 Command Window 窗口中输入以下命令：

```
>> simulink
```

即可启动 Simulink 的模块库浏览器，如图 2-1 所示。

从图 2-1 可以看到，模块库浏览器非常类似于 Windows 的资源管理器，它也是将各种模块组织在不同的目录中，以便于用户选取。Simulink 模块库中的仿真模块组织成一个三级树型结构。左侧子窗口中包含了最上层的模块库集合名称，右侧的子窗口则显示选中模块库中包含的内容。例如，图 2-1 中左侧子窗口显示了 Simulink、Aerospace Blockset、CDMA Reference

Blockset、Communications Blockset 等顶层模块库名称。右侧子窗口则显示了当前选中的顶层模块库 Simulink 中包含的子模块库。Simulink 模块库中包含了 Continuous、Discontinuous、Discrete…等下一级的模型库，其中 Continuous 子模块库又包含微分器（Derivative）、积分器（Integrator）…等若干模块，如图 2-2 所示，这些模块可以直接加入仿真模型中。

建模仿真的一般过程如下：

（1）打开一个空白的编辑窗口；

（2）将模块库中模块复制到编辑窗口里，并依照给定的框图修改编辑窗口中模块的参数；

（3）将各个模块按给定的框图连接起来；

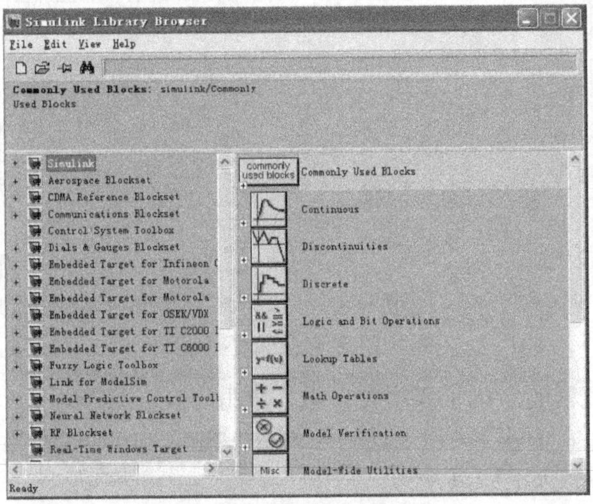

图 2-1 Simulink 的模型浏览器

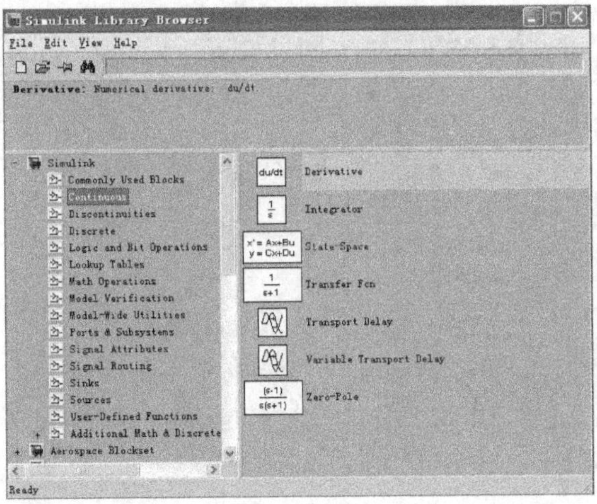

图 2-2 Continuous 模块库包含的模块

（4）用菜单选择或命令窗口输入命令进行仿真分析，在仿真的同时，可以观察仿真结果，如果发现有不正确的地方，可以停止仿真，对参数进行修正；

（5）如果对结果满意，可以将模型保存。

下面通过演示一个 Simulink 的简单模型，来了解建立模型的步骤。

例 2.1 创建一个正弦信号的仿真模型。

步骤如下：

（1）在 MATLAB 的命令窗口运行 Simulink 命令，或单击工具栏中的图标，就可以打开 Simulink 模块库浏览器（Simulink Library Browser）窗口，如图 2-1 所示。

（2）单击模块库浏览器窗口工具栏上的图标或选择菜单“File→New→Model”，新建一个名为“untitled”的空白模型窗口，如图 2-3 所示。

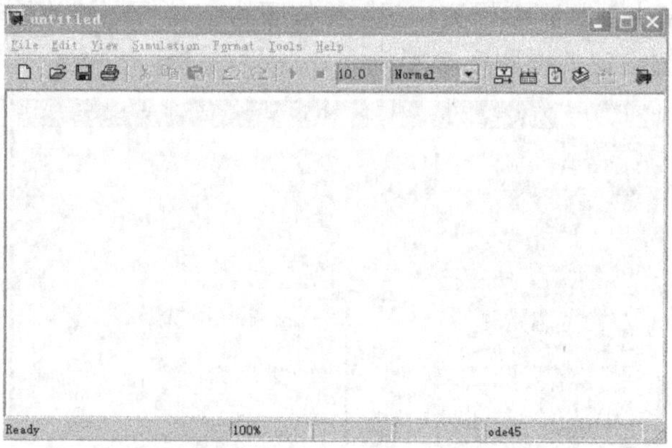

图 2-3 新建空白模型窗口

（3）在模块库浏览器的右侧子模块窗口中，单击“Sources”子模块库前的“+”（或双击“Sources”），或者直接在左侧模块和工具箱栏单击“Simulink”下的“Sources”子模块库，便可看到各种输入源模块，如图 2-4 所示。

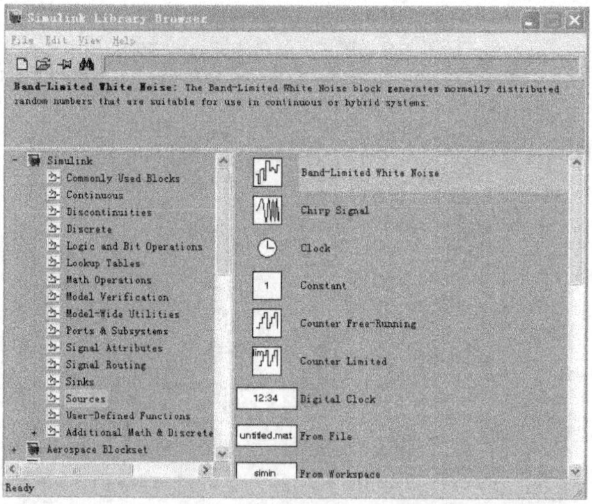

图 2-4 Sources 子模块库

（4）用鼠标单击所需要的输入信号源模块“Sine Wave”（正弦信号），将其拖放到的空白模型窗口“untitled”，则“Sine Wave”模块就被添加到 untitled 窗口；也可以用鼠标选中“Sine Wave”模块，右击鼠标，在快捷菜单中选择“add to 'untitled'”命令，就可以将“Sine Wave”模块添加到“untitled”窗口。

（5）用同样的方法打开接收模块库“Sinks”，选择其中的“Scope”模块（示波器）拖放到“untitled”窗口中。

（6）在“untitled”窗口中，用鼠标指向“Sine Wave”右侧的输出端，当光标变为十字符时，按住鼠标拖向“Scope”模块的输入端，松开鼠标按键，就完成了两个模块间的信号线连接，一个简单模型已经建成，如图 2-5 所示。

（7）开始仿真，单击“untitled”模型窗口工具栏上的▶图标，或者选择菜单“Simulation→Start”，则仿真开始。双击“Scope”模块出现示波器显示屏，可以看到黄色（黑白印刷显示为白色）的正弦波形，如图 2-6 所示。

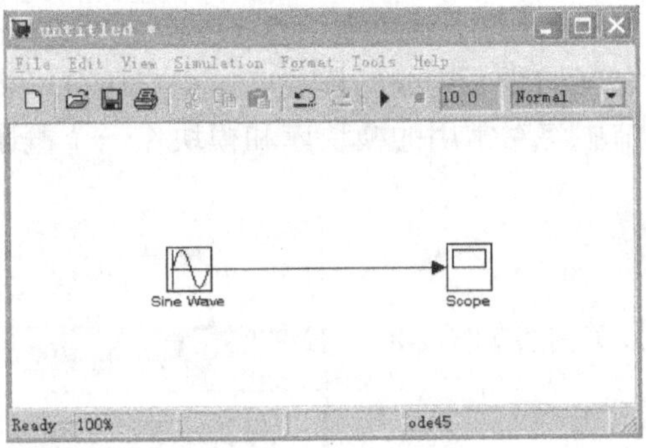

图 2-5　简单的仿真模型

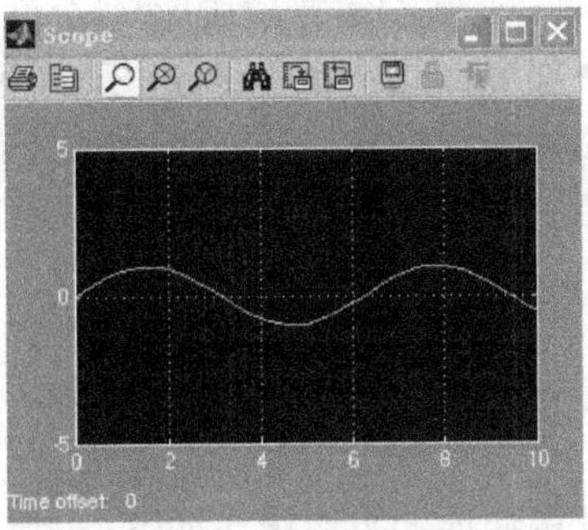

图 2-6　通过 Scope 模块查看波形

（8）保存模型，单击“untitled”模型窗口工具栏上的💾，或者选择菜单“File→Save”即可将刚才建立的模型保存下来，如图 2-7 所示。模型默认的后缀为“.mdl”。

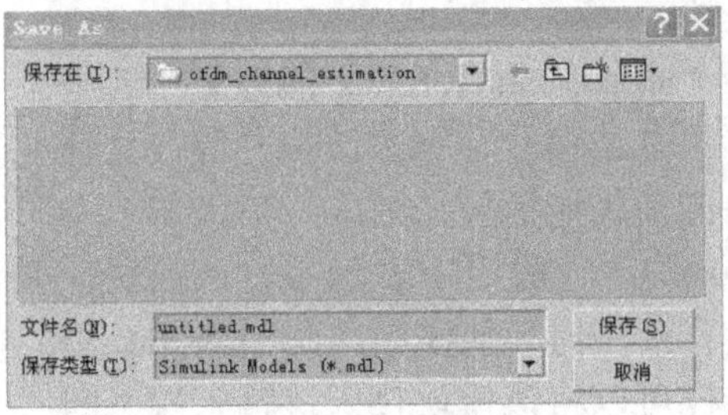

图 2-7　保存模型

以上简单介绍了利用 Simulink 的工作环境及使用方法，下面对 Simulink 仿真的基本方法进行详细介绍。

2.3　Simulink 仿真的基本方法

在 2.2 节中，读者应该掌握了如何启动 Simulink 并新建一个动态系统模型。为便于用户能够快速构建自己所需的动态系统，Simulink 提供了大量以图形方式给出的内置系统模块，使用这些内置模块可以快速方便地设计出特定的动态系统。为了方便用户对 Simulink 内置模块库的认识与使用，本节简单介绍 Simulink 中的模块库的选择、编辑、属性和参数设置、连接及运行等。

2.3.1 Simulink 模块库

Simulink 的模块库能够对系统模块进行有效的管理与组织，使用 Simulink 模块库浏览器可以按照类型选择合适的系统模块，获得系统模块的简单描述及查找系统模块等，并且可以直接将模块库中的模块拖动或者复制到用户的系统模型中以构建动态系统模型。

从图 2-1 可以看出，在标准的 Simulink 模块库中，包括信号源模块库（Sources）、信号输出模块库（Sinks）、连续模块库（Continus）、非连续模块库（Discontinuities）、离散模块库（Discrete）、数学运算模块库（Math Operations）、端口与子系统模块库（Ports & Subsystems）等几个部分，此外还有和各个工具箱与模块库之间的联系构成的模块库，用户还可以将自己编写的模块组挂靠到整个模型库浏览器下。本节中将对常用的模块库和模块作一个概述，在以后遇到相应的模块时再进行详细介绍。

1. 信号源模块库

信号源模块库包括各种各样的常用输入信号，其内容如图 2-8 所示。

该模块库的主要模块如下：

（1）输入端口模块（In1）：用来反映整个系统的输入端子，这样的设置在模型线性化与命令行仿真时是必须的。

（2）常数输入模块（Constant）：此模块以常数作为输入，可以在很多模型中使用该模块。

（3）普通信号源发生器（Signal Generator）：能够生成若干种常用信号，如方波信号、正弦波信号、锯齿波信号等，允许用户自由地调整其幅值、相位及其他信号。

（4）接地线模块（Ground）：一般用于表示零输入模块，如果一个模块的输入端子没有接任何其他模块，在 Simulink 仿真中经常给出错误信息，这样可以将该模块接入该输入端子即可避免错误信息。

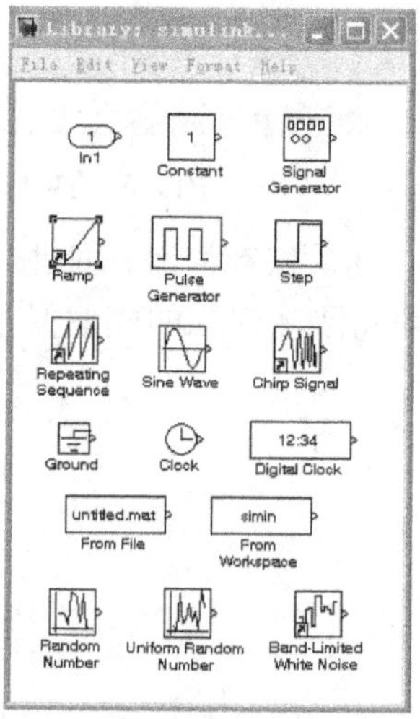

图 2-8　信号源模块库

（5）时间信号模块（Clock）：生成当前仿真时钟，在与时间有关的指标求取中是很有意义的。

（6）读文件模块（From File）和读工作空间模块（From Workspace）：两个模块允许从文件或 MATLAB 工作空间中读取信号作为输入信号。

（7）带宽限幅白噪声（Band-Limited White Noise）：一般用于连续或混杂系统的白噪声信号输入，详细情况后面将介绍。除了这样的白噪声信号外，还有一般随机数发生模块，如正态分布随机数模块（Random Number）和均匀分布随机数模块(Uniform Random Number)等，但需要注意的是，这两个模块不能直接用于仿真连续系统。

（8）各种其他类型的信号输入，如阶跃输入（Step）、斜坡输入（Ramp）、脉冲信号（Pulse Geneator）、正弦信号（Sine Wave）等，还允许由 Repeating Sequence 模块构造可重复的输入信号。

2. 数学运算模块库

数学运算模块库实现了各种各样的数学的运算模块，如图 2-9 所示。

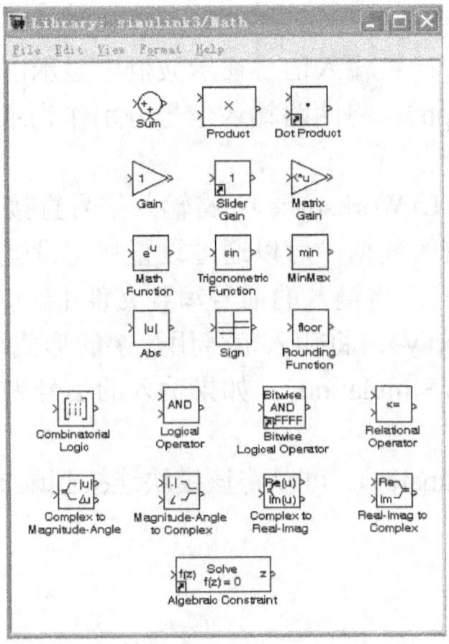

图 2-9 数学运算模块库

（1）增益函数（Gain）：输出信号等于输入信号乘以增益模块中指定的数值。一般地，还有对矩阵进行乘法的矩阵增益模块（Matrix Gain）。

（2）求和模块（Sum）：将输入的多路信号进行求和或求差，则可以计算出输出信号。在组建反馈控制系统框图时必须采用该模块。

（3）代数约束模块（Algebraic Constraint）：可以在 Simulink 模型中引入某些代数方程求解的算法，其功能是约束其输入信号，使其值为零，该模块可以用于微分代数方程的建模。

（4）复数的实部虚部提取模块（Complex to Real and Imag）、复数变换成幅值幅角的模块（Complex to Magnitude-Angle）及其反变换。

（5）一般数学函数，如绝对值函数（Abs）、符号函数（Sign）、三角函数（Trigonometric Function）、取整模块（Rounding Function）等。

（6）数字逻辑模块，如逻辑运算模块（Logic Operator）、组合逻辑模块（Combinational Logic）等，可以用这些模块容易地搭建起数字逻辑电路。

3. 信号输出模块库

信号输出模块库中的模块实际上是包含那些能显示计算结果的模块，如图 2-10 所示。

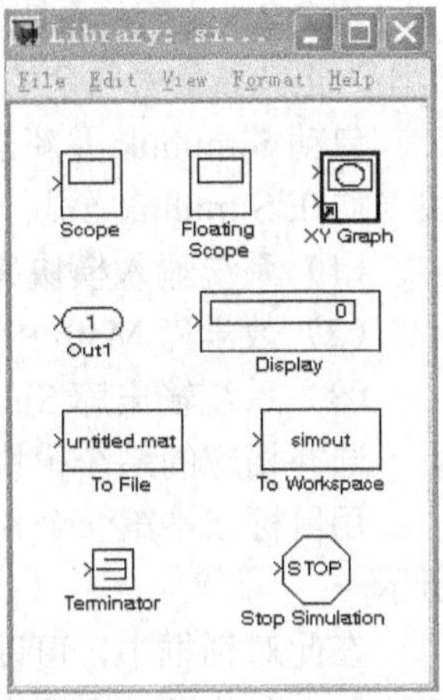

图 2-10 信号输出模块

该模块组包括的模块为如下：

（1）输出端口模块（Out1）：用来反映整个系统的输出端子，这样的设置在模型线性化与命令行仿真时是必须的，另外，系统直接仿真时这样的输出将自动在 MATLAB 工作空间中生成变量。

（2）示波器模块（Scope）：将输入信号在示波器中显示出来。

（3）x-y 示波器（x-y Graph）：将两路输入信号分别作为示波器的两个坐标轴，将信号的相轨迹显示出来。

（4）工作空间写入模块（To Workspace）：将输入信号直接写到 MATLAB 的工作空间中。该模块默认的写法是结构体型的数据，可以通过设置将之设置成矩阵型的。

（5）写文件模块（To File）：将输入的信号写到文件中。

（6）数字显示模块（Display）：将输入信号用数字的形式显示出来。

（7）仿真停止模块（Stop Simulation）：如果输入的信号为非零时，将强行终止正在进行的仿真过程。

（8）信号终结模块（Terminator）：可以将该模块连接到闲置的未连接的模块输出信号上，避免出现警告。

2.3.2 搭建仿真模型

2.3.1 节简单介绍了 Simulink 中的一些比较常用的系统模块。本节将介绍如何使用这些系统模块以构建系统模型。当 Simulink 库浏览器被启动以后，通过鼠标左击模块库的名称可以查看模块库中的模块。模块库中包含的系统模块显示在 Simulink 库浏览器右边的一栏中。下面相继介绍模型的编辑、处理与仿真的方法。

1. 模块选择

这里用一个非常简单的例子介绍如何建立系统模型。

例 2.2 此简单系统的输入为两个不同频率的正弦波和余弦波信号，并且具有不同的振幅，输出为正弦波信号与余弦波信号之和。要求建立系统模型，并以图形方式输出系统运算结果。

启动 Simulink 并新建一个系统模型文件。欲建立此简单系统的模型，需要如下的系统模块（均在 Simulink 公共模块库中）。

（1）系统输入模块库 Sources 中的 Sine Wave 模块：分别产生正弦波和余弦波信号。

（2）数学库 Math 中的加法模块：将两个信号相加。

（3）系统输出库 Sinks 中的 Scope 模块：图形方式显示结果。

选择相应的系统模块并将其复制（或拖动）到新建的系统模型中，如图 2-11 所示。

用鼠标双击第一个 Sine Wave 模块，则弹出“设置 Sine Wave 模块属性”对话框，如图 2-12 所示。

在此对话框中，可以设置正弦波的振幅（Amplitude）、频率（Frequency）、相位（Phase）等信息。在此设定振幅为 2，频率和相位采用默认值。设定完毕后，单击“OK”按钮关闭设置对话框。用同样的方法设定第二个 Sine Wave 模块，频率设置为 2，相位设置为 pi/2。

在完成设置后，按照系统的信号流程将各系统模块正确连接起来，如图 2-13 所示。

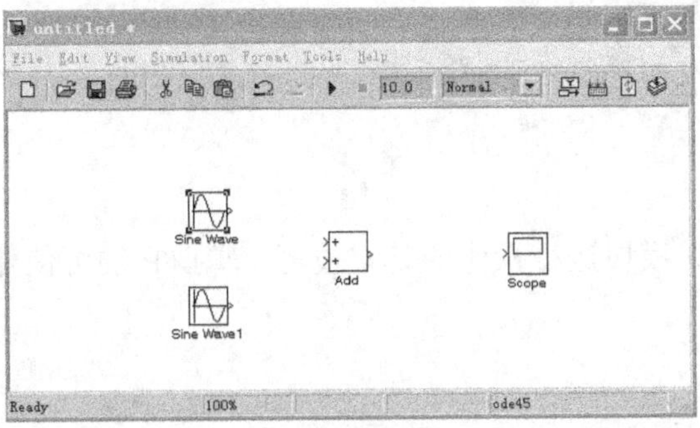

图 2-11　选择系统模块

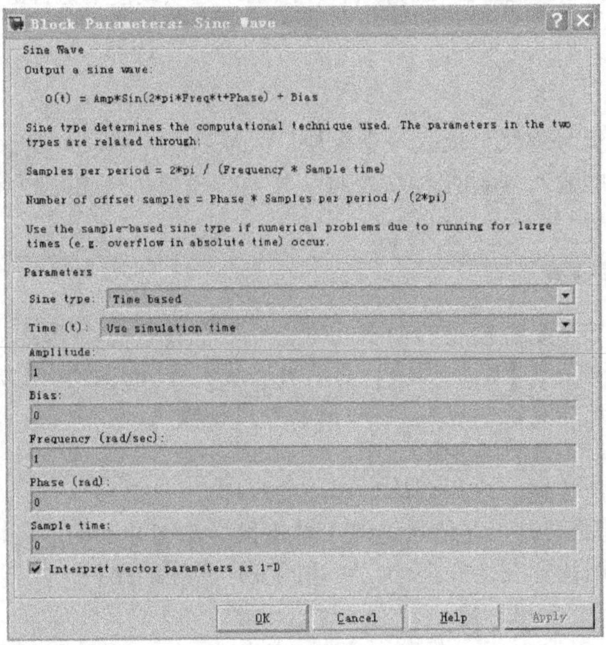

图 2-12　“设置 Sine Wave 模块属性”对话框

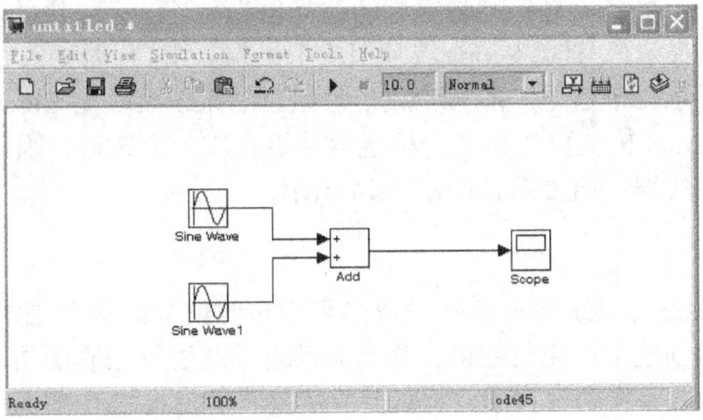

图 2-13　完成系统模块连接

除了前面介绍的模块连接方式外，连接系统模块还有如下更有效的方式：

（1）使用鼠标左击起始模块。

（2）按下 Ctrl 键，并用鼠标左击目标块。此时，Simulink 会自动把起始模块与目标模块进行相连。

2. 模块操作

下面介绍一些对系统模块进行操作的基本技巧，掌握它们可使建立动态系统模型变得更为方便快捷。

1）模块的复制

如果需要几个同样的模块，可以使用鼠标右击并拖动某个块进行复制。也可以在选中所需的模块后，使用“Edit”菜单上的“Copy”和“Paste”选项或使用组合键 Ctrl+C 和 Ctrl+V 完成同样的功能。

2）模块的插入

如果用户需要在信号连线上插入一个模块，只需将这个模块移到线上就可以自动连接。注意这个功能只支持单输入/单输出模块。对于其他的模块，只能先删除连线，放置块，然后再重新连线。

3）连线分支与连线改变

在某些情况下，一个系统模块的输出同时作为多个其他模块的输入，这时需要从此模块中引出若干连线，以连接多个其他模块。对信号连线进行分支的操作方式为使用鼠标右击需要分支的信号连线（光标变成“+”），然后拖动到目标模块。

对信号连线还有以下几种常用的操作：

（1）使用鼠标左击并拖动以改变信号连线的路径。

（2）按下 Shift 键的同时，在信号连线上单击鼠标左键并拖动，可以生成新的节点。

（3）在节点上使用鼠标左击并拖动，可以改变信号连线路径。

4）信号组合

在利用 Simulink 进行系统仿真时，在很多情况下，需要将系统中某些模块的输出信号（一般为标量）组合成一个矢量信号，并将得到的信号作为另外一个模块的输入。例如，使用示波器显示模块 Scope 显示信号时，Scope 模块只有一个输入端口；若输入是矢量信号，则 Scope 模块以不同的颜色显示每个信号。能够完成信号组合的系统模块为 Signal Routing 模块库中的 Mux 模块，使用 Mux 模块可以将多个标量信号组合成一个矢量。因此，使用 Simulink 可以完成矩阵与矢量的传递。信号组合如图 2-14 所示。

3. 运行仿真

系统模块参数设置与系统仿真参数设置当用户按照信号的输入/输出关系连接各系统模块之后，系统模型的创建工作便已结束。为了对动态系统进行正确的仿真与分析，必须设置正确的系统模块参数与系统仿真参数。系统模块参数的设置方法在前面已经进行了介绍。下面说一下系统仿真参数的设置。

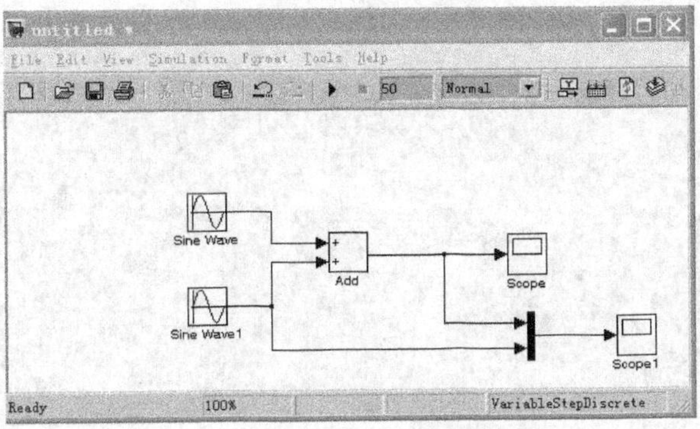

图 2-14　信号组合

选中系统模型窗口中的“Simulation→Configuration Paremeters…”菜单项，或者在窗口空白处按 Ctrl+E 组合键都可以打开“系统仿真参数设置”对话框。如图 2-15 所示。

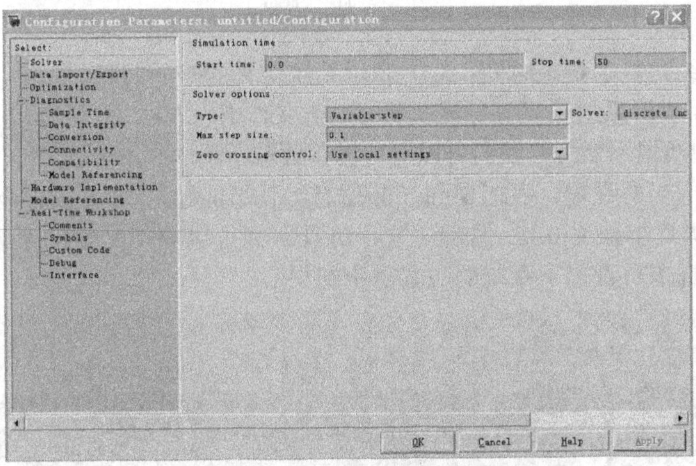

图 2-15　“系统仿真参数设置”对话框

在仿真参数设置对话框的 Solver 的选项卡中可以设置系统仿真时间区间，其中，Start Time 设置仿真的起始时间，Stop Time 设置仿真的结束时间。图 2-15 中，设置系统仿真起始时间为 0，结束时间为 50 s。

在系统模块参数与系统仿真参数设置完毕之后，用户便可开始系统仿真了。当系统仿真结束后，双击系统模型中的 Scope 模块，显示的系统仿真结果如图 2-16 所示。从图 2-16 中可以看出，系统仿真输出曲线非常不平滑；而从对此系统的数学描述进行分析可知，系统输出应该为光滑曲线。这是由于在仿真过程中没有设置合适的仿真步长，而是使用 Simulink 的默认仿真步长设置所造成的。因此，对动态系统的仿真步长需要进行合适的设置。

仿真参数的选择对仿真结果有很大的影响。对于简单系统，由于系统中并不存在状态变量，因此，每一次计算都应该是准确的（不考虑数据截断误差）。在使用 Simulink 对简单系统进行仿真时，影响仿真结果输出的因素有仿真起始时间、结束时间和仿真步长。对于简单系统仿真来说，不管采用何种求解器，Simulink 总是在仿真过程中选用最大的仿真步长。

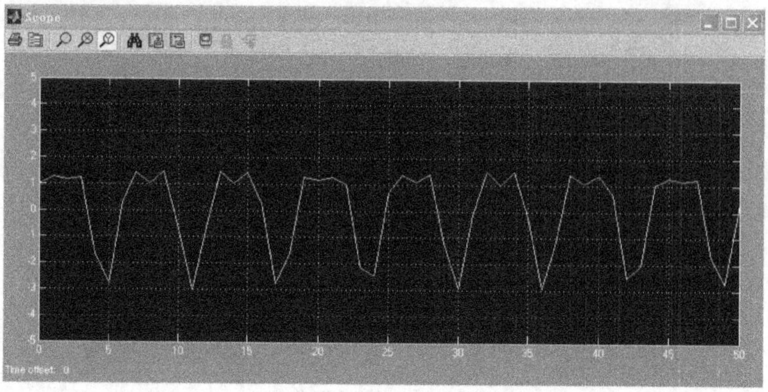

图 2-16　仿真结果

如果仿真时间区间较长，而且最大步长设置采用默认值 auto，则会导致系统在仿真时使用大的步长，因此，Simulink 的仿真步长表达式为

$$\text{step}=\frac{t_{\text{end}}-t_{\text{begin}}}{50}$$

式中，t_{end} 表示系统仿真的结束时间；t_{begin} 表示系统仿真的开始时间。

在此简单系统中，系统仿真开始时刻为 0，结束时刻为 50s，故仿真步长为 1，从而造成了系统仿真输出曲线很不光滑。我们可以对仿真参数对话框的 Solver 选项卡中的 Max step size（最大步长）进行适当的设置，强制 Simulink 仿真步长不能超过 Max step size。例如，设置此简单系统的最大仿真步长为 0.1，然后再进行仿真。则可以获得光滑的系统仿真输出结果。图 2-17 为在此仿真步长设置下系统的仿真输出结果。

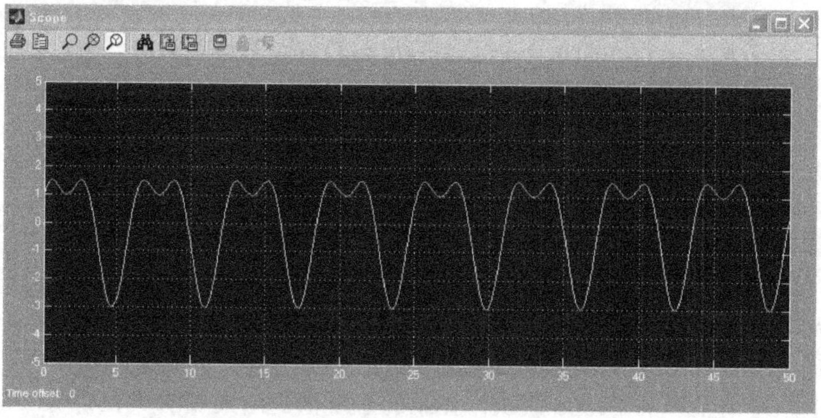

图 2-17　最大仿真步长为 0.1 的仿真结果

2.4　创建自己的模块库

在进行复杂的 Simulink 仿真时，模型窗口上会摆放很多模块，这可能会使模型图变得很复杂，并难以阅读。Simulink 提供了模块合成功能，可以把多个模块组合成一个模块，从而

简化模型图。此外，用户也可以创建一个与 Simulink 已提供的模块库类似的常用模块库，用以存放工作中经常重复使用的模块，这就需要模块创建功能。对于已经合成和创建的模块，还可以将其各项性能标准化以供其他用户使用，这就是模块的封装功能。本节介绍模块的合成、创建和封装的方法。

2.4.1 模块合成

Simulink 允许将若干个模块用一个模块组的形式来表示，首先选中需要创建模块组的模块，如图 2-14 所示，选中模型图中的 Sine Wave、Sine Wave1、Add 三个模块，然后选择模型窗口中的“Edit→Creat Subsystem”菜单项，Simulink 会自动将选中的这些模块构成一个模块组，如图 2-18 所示。这样，此模块以后就可以拿来作为一个公用模块使用了。如果用户希望改变模块组的内容，可以用鼠标双击该模块组的图标，弹出该模块组的子模型窗口，该窗口中显示的是组成该模块的所有模块，如图 2-19 所示。用户可以在这一窗口中修改该模块组的内容。此外，也可以修改模块组的说明文字，如将模块图标下的 Subsystem 说明文字更改为 My Module 等。

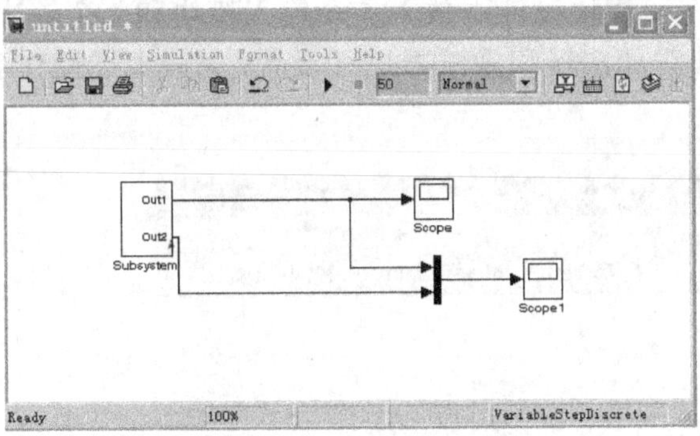

图 2-18　模块合成后的模型图

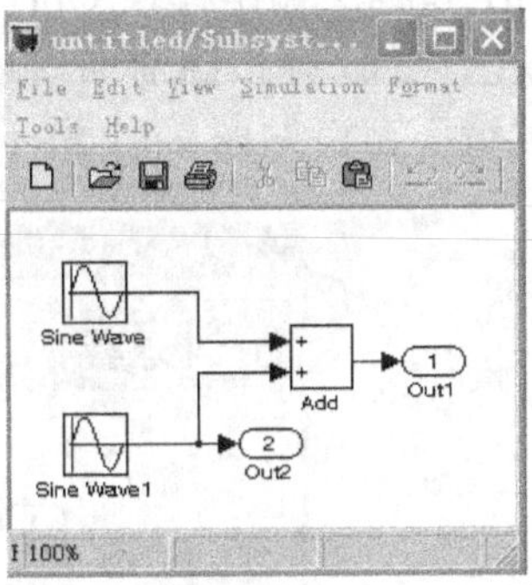

图 2-19　合成模块的子系统模型图

2.4.2 创建新模块

创建新模块是提高 Simulink 工作效率的一项很有效的措施，方法如下：

（1）从“Ports & Subsystem”模块库中选中“Subsystem”模块，将该模块放入模型图中。

（2）双击模型图中“Subsystem”模块的图标，在弹出的空白模型图编辑框上按照需要进行设计。

（3）对模块进行封装。

本节通过一个具体的实例来讨论模块创建的前两个步骤，模块的封装稍后再讨论。

例 2.3　设计一个实现下面函数的模块，即

$$\text{Output} = (\text{input1}\cdot\text{input2} + \text{input3})\cdot\text{input4} - \text{input5}$$

首先在空白的模型编辑窗口中放入一个 Subsystem 模块，如图 2-20 所示。

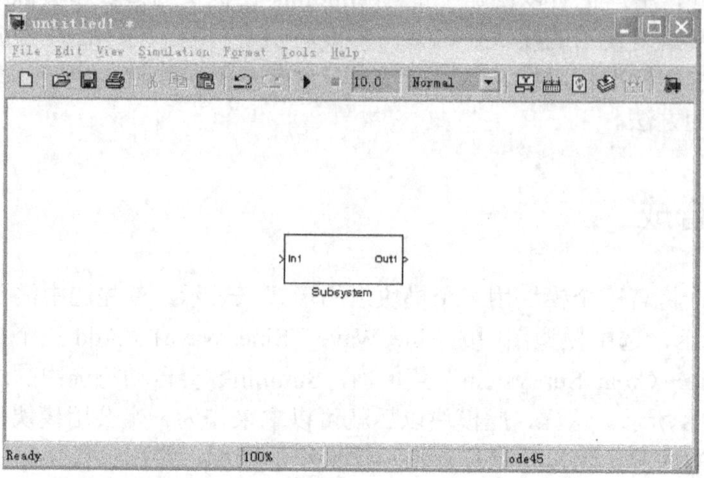

图 2-20　包含 Subsystem 模块的模型窗口

双击“Subsystem”模块后，在弹出的编辑窗口中放入 2 个乘法器、1 个加法器和 1 个减法器，并根据要求进行连线。然后从“Ports & Subsystems”模块库中选出标准输入模块 In1 和标准输出模块 Out1，分别在子模块设计中放入 5 个输入模块和 1 个输出模块，按照要求连线，并按照前面讲述的方法对加法器和乘法器进行设置，完成上述操作后，“子模块编辑”窗口如图 2-21 所示。

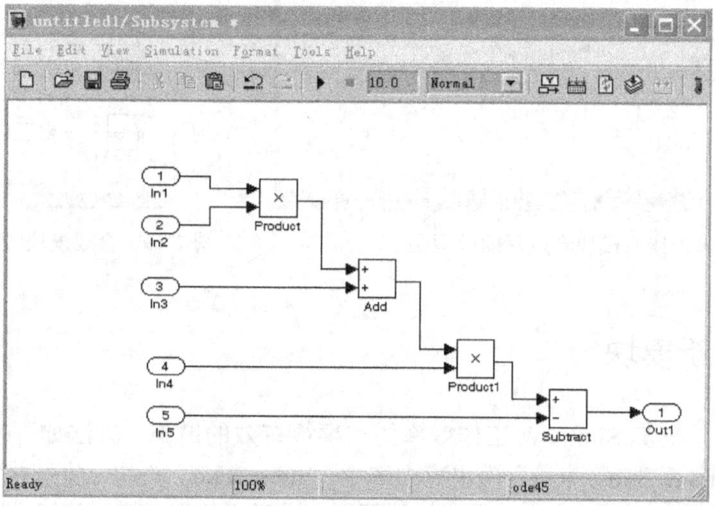

图 2-21　“子模块编辑”窗口

在子模块编辑窗口中改变各输入端和输出端的标识，在模型图中调整模块的大小并优化模型其他性能后，如图 2-22 所示。

这样就创建了一个新的模块，将它保存后，在以后的仿真设计时就可以直接调用该模块。对于一个已经设计好的模块，若要修改该模块，双击模块图标，在弹出的子模块布局图中进行修改。

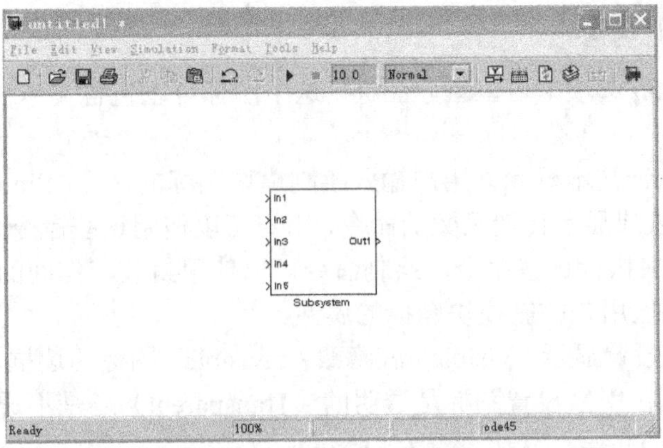

图 2-22 调整好的模型图

2.4.3 模块的封装

对于一个已经设计好的子系统可以通过封装模块的方法来进一步标准化模块的性能，从而达到模块共享的功能。这里介绍模块封装的基本方法。

例 2.4 封装例 2.3 中创建的模块。

首先选中要封装的模块，然后选择“Edit→Mask Subsystem…”菜单项，或者在选中要封装的模块后，按 Ctrl+M 组合键，打开如图 2-23 所示的“封装编辑器”（Mask editor）对话框。

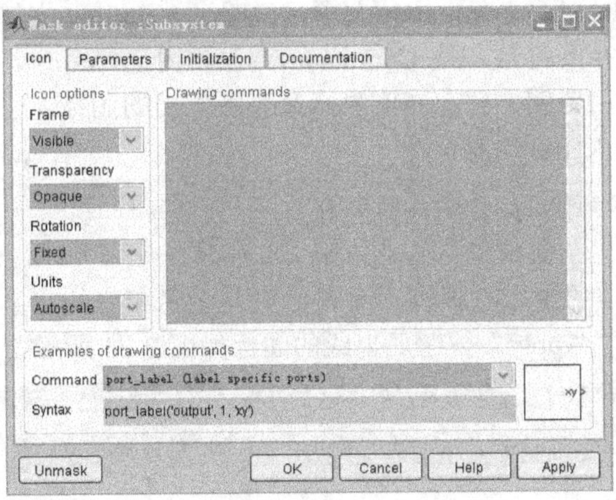

图 2-23 “封装编辑器”对话框

“封装编辑器”对话框可以执行下列功能：

（1）为被封装的子系统创建一个用户图标；

（2）创建允许用户设置子系统选项的参数；

（3）初始化被封装的子系统参数；

（4）为子系统创建在线用户文档。

设置完成后，单击“Apply”按钮或者“OK”按钮对子系统进行封装。

1．Icon 选项卡的设置

封装编辑器的 Icon 选项卡可以创建图标，这个图标可以包含文本说明、状态方程、图像和图形。

Drawing commands 文本框允许用户输入绘制模块图标的命令，Simulink 提供了一组显示文本、一个或多个图表或显示传递函数的命令，用户可以使用这些命令来绘制图标。Simulink 按照文本框内的顺序来执行这些命令，绘制命令可以使用封装工作间的所有变量。

Icon options 选项区用来控制模块图标的属性。

（1）Frame：用来设置显示（Visible）或隐藏（Invisible）图标的边框，默认设置为 Visible。

（2）Transparency：用来设置图标是透明的（Transparent）还是不透明（Opaque）的，也就是隐藏或显示图标的底层，默认设置为 Opaque。

（3）Rotation：当旋转或反转模块时，可以选择是否也旋转或反转图标，其中，Fixed 不旋转，而 Rotate 则使图标旋转。默认设置为 Fixed。

（4）Units：这个选项控制绘制命令使用的坐标系统，它只应用于 plot 和 text 绘制命令，共有三个选项：Autoscale、Normalized 和 Pixel。Autoscale 选项自动缩放图标以适合模块的边框，当调整模块的大小时，图标也进行相应的调整。Normalized 选项在模块边框内绘制图标，模块边框的左下角坐标为（0,0），右上角坐标为（1,1），只有当图标的 X、Y 值为 0 和 1 之间时才显示图标。当调整模块的大小时，图标也进行相应的调整。Pixel 选项以像素为单位绘制图标的 X 和 Y 值，当调整模块的大小时，图标不会自动进行调整，为了迫使图标跟随模块重新进行调整，依据模块的大小定义绘制命令。

（5）Examples of drawing commands 选项区说明了 Simulink 支持的不同图标绘制命令的使用方法，为了确定命令的符号，从 Command 列表框内选择命令，Simulink 会在选项区的底部显示所选命令的使用范例，并在右侧显示命令所生出的图标。

下面在文本框内输入图标绘制命令

```
plot([0.2 0.4 0.6 0.8 0.2],[0.2 0.8 0.8 0.2 0.2])
disp('my function')
```

其中，plot 命令是在指定的坐标点画线，而 disp 则是显示相应的文字内容。

输入完毕后，单击“Apply”按钮后生成的图标如图 2-24 所示。

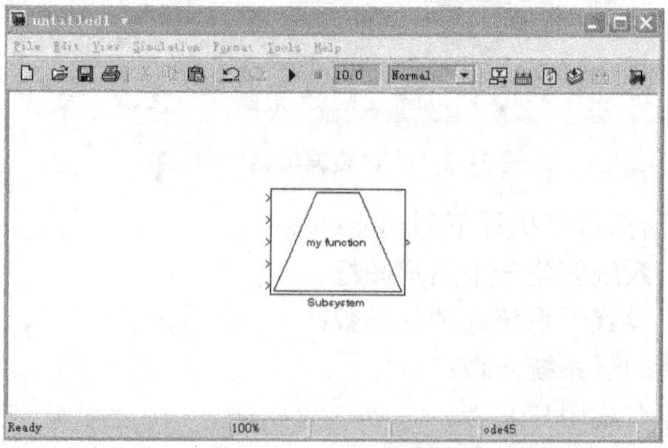

图 2-24　封装后的图标

2. Parameters 选项卡的设置

单击“Mask editor”的“Parameters”选项卡，打开如图 2-25 所示的 Parameters 属性页面。Parameters 页面包含如下设置：

（1）Dialog parameters：对话框参数设置区允许用户选择和改变封装参数的主要属性。Prompt 文本框输入文本，用来标识被封装子系统对话框中的参数；Variables 是存储封装空间中参数值的变量名，用户可以使用这个变量作为被封装子系统内模块的参数值，因此，允许用户通过封装对话框来设置参数。Type 列表框通常用来控制参数值，列表中给出了 Simulink 支持的控制类型，用户可以选择如何输入或选择参数值，可以创建三种风格的控制类型：编辑框（Edit）、复选框（Checkbox）或者下拉列表（Popup）。如果选中 Evaluate 复选框，Simulink 会在为变量赋值前求取用户输入的表达式的值；若不选中该复选框，Simulink 会把表达式作为字符串值赋给变量。如果选中 Tunable 复选框，则该参数的数值可以在仿真过程中动态改变。

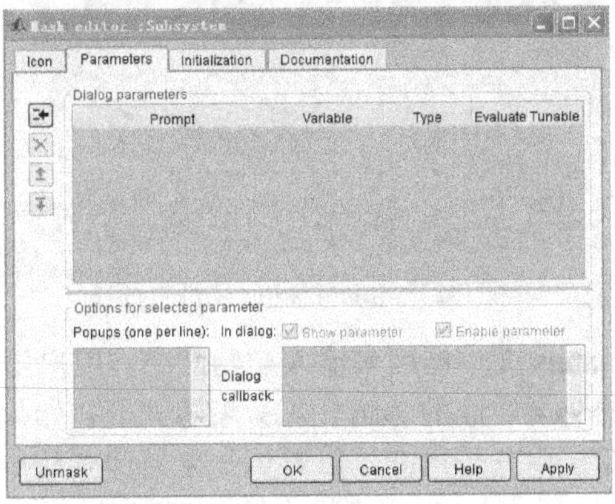

图 2-25 Parameters 属性页面

（2）Options for selected parameter 设置区允许用户为 Dialog parameters 中选择的参数设置附加选项。

在本例中，将模块标识名 In1、In2、In3、In4 和 In5 设计为变量 input1、input2、input3、input4 和 input5，变量输入类型为 Edit，结果如图 2-26 所示。

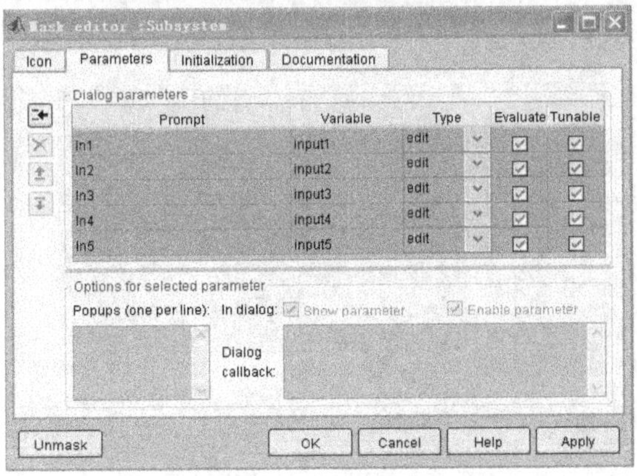

图 2-26 例 2.4 参数设置

3．Initialization 选项卡的设置

图 2-27 是封装编辑器的 Initialization 属性页面，在这里，可以对每个内部变量实施初始化（或执行其他初始化命令）。

（1）Dialog variables 设置区显示了与子系统的封装参数有关的变量名，这些参数在 Parameters 选项卡中设置，可以从这个列表中复制参数名，并将这些参数粘贴到相邻的 Initialization commands 文本框内，也可以在列表中更改封装参数的名称。

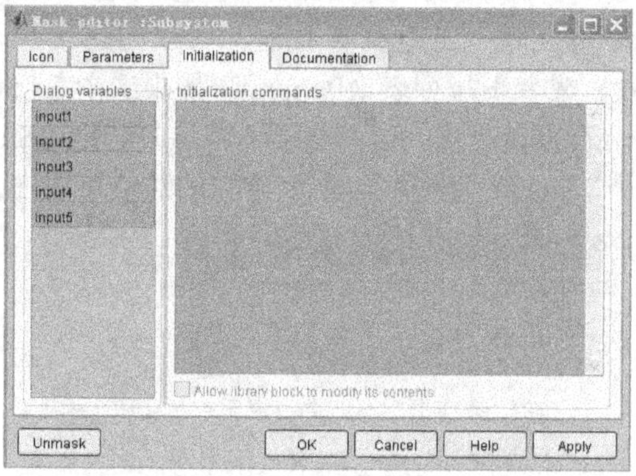

图 2-27　Initalization 属性页面

（2）Initialization commands 文本框用来输入初始命令，用户可以输入由 MATLAB 函数、操作符和封装工作间定义的变量组成的 MATLAB 表达式，初始化命令不能访问基本工作空间的变量。终止初始化命令使用分号“；”，以避免结果返回到命令窗口。

在这里，在 Initialization commands 文本框中输入下列语句：

```
output=(input1*input2+input3)*input4-input5
```

对例 2.4 进行初始化设置，如图 2-28 所示。完成上述操作后，单击“Apply”按钮，这时再双击模型图中的子系统模块图标，将打开如图 2-29 所示的对话框。该对话框将不再显示模块的内部构成，从而既实现了模块设计的保密性，也简化了模块的初始化过程。

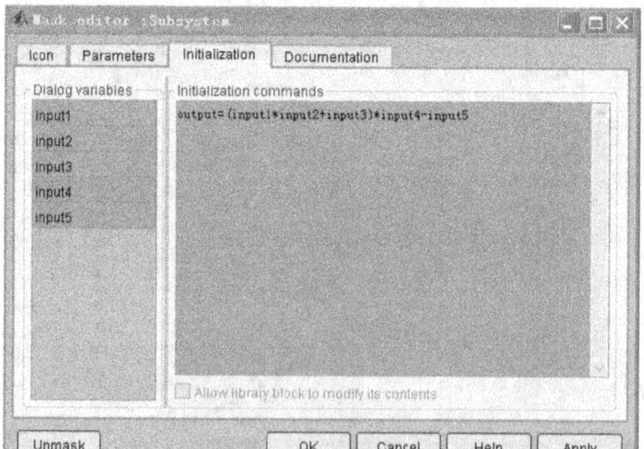

图 2-28　例 2.4 初始化设置

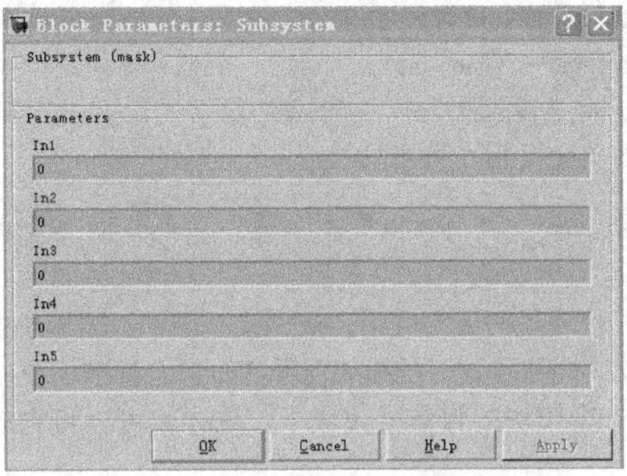

图 2-29　初始化后的模块

4. Documentation 选项卡的设置

图 2-30 是封装编辑器的 Documentation 属性页面。对于每一个封装子系统，可以设置这个子系统的封装类型（Mask type）、封装说明（Mask description）及帮助信息（Mask help）。

（1）Mask type：该文本框用来设置模块的封装类型，封装类型是对模块的分类，它显示在模块对话框的最顶部，可以选择任何名称作为封装类型。当 Simulink 创建该模块对话框时，它会在封装类型后添加"mask"以区别模块库中的封装模块。

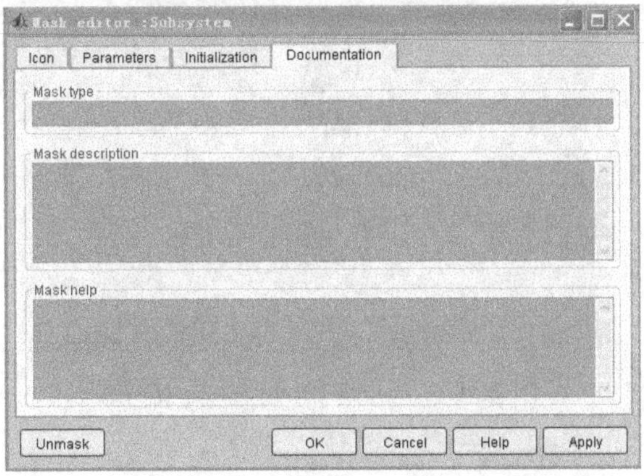

图 2-30　Documentation 属性页面

（2）Mask description：该文本框内的内容可以对封装模块进行说明，文本内容显示在模块对话框中封装类型下的边框中。如果用户为其他的使用用户设计一个系统，那么这个文本框可以很好地描述模块的目的或功能。

（3）Mask help：该文本框用来添加模块的帮助文本，用户在被封装模块的对话框内单击"Help"按钮可以显示帮助文本。在这个文本框内可以解释模块是如何工作的及如何输入模块参数。

对于例 2.4，在 Mask type 文本框内输入 Calculation 类型，在 Mask description 文本框内输入如下说明语句：

本模块的功能为实现下面的函数。

out=(in1*in2+in3)*in4-in5

其中，in1、in2、in3、in4 和 in5 为输入量，out 为输出量。

在 Mask help 文本框内输入以下帮助语句：

这是一个实现计算功能的 Calculation 模块，函数表达式为 out=(in1*in2+in3)*in4-in5；其中，in1、in2、in3、in4 和 in5 为输入量，out 为输出量。

完成上面的操作后，模块说明就完成了，双击模型图中封装模块的图标，将弹出如图 2-31 所示的“Block Parameters”对话框，这时的模块已经完全符合标准模块库中的模块统一化标准了。

经过上面的操作，一个模块的封装就完成了，这样就可以将它放入模块库内以备进一步设计时使用。

如果对于封装效果不满意，可以在如图 2-30 所示的 Documentations 属性页面中单击“Unmask”按钮，这样就可以取消所有的封装了。取消封装后，可以通过双击模块图标的方法对模块的内部进行进一步设计。对于已经封装后的模块可以通过选择“Edit→Look Undermask”菜单项来查看模块的内部设计图。

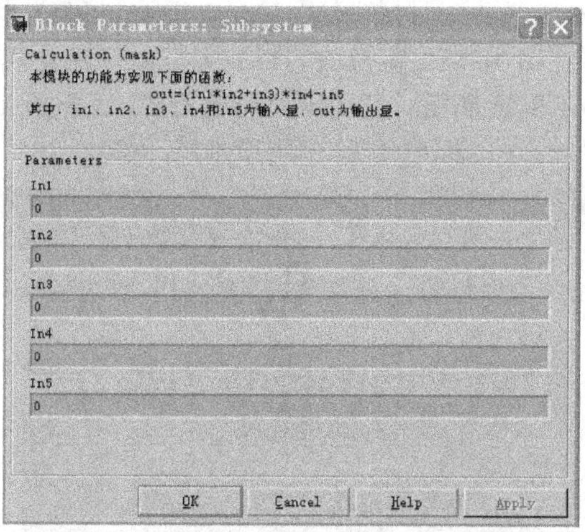

图 2-31 “Block Parameters”对话框

2.5 S-函数的编写

S-函数是系统函数（System-functions）的简称，是指采用非图形化的方式（计算机语言，区别于 Simulink 的系统模块）描述的一个功能块。在很多情况下，Simulink Library 中的模块不能完全满足用户的要求，这时候需要由用户自己来编写相应的代码。用户可以采用 MATLAB 代码，C，C++，FORTRAN 或 Ada 等语言编写 S-函数。S-函数由一种特定的语法构成，用来描述并实现连续系统、离散系统及复合系统等动态系统；S-函数能够接收来自 Simulink 求解器的相关信息，并对求解器发出的命令做出适当的响应，这种交互作用非常类似于 Simulink 系统模块与求解器的交互作用。本节简单介绍一下 S-函数的基本概念与编写方法。

2.5.1 S-函数的工作原理

学过信号与系统的读者都知道，可以采用状态方程来对系统进行建模。Simulink 的工作原理与之基本相同。每个 Simulink 模块都可以表示成输入信号 $\boldsymbol{u}$、输出信号 $\boldsymbol{y}$ 及内部状态矢量 $\boldsymbol{x}$ 之间的关系，如图 2-32 所示。

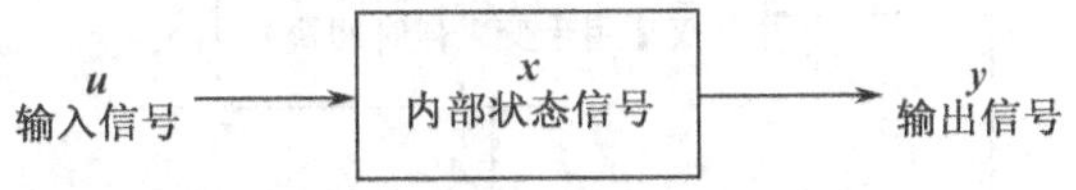

图 2-32 Simulink 模块的表示

$\boldsymbol{u}$，$\boldsymbol{x}$，$\boldsymbol{y}$ 与时间 t 之间满足如下方程：

$$\begin{cases} \text{输出方程：} & \boldsymbol{y} = f_0(t, \boldsymbol{x}, \boldsymbol{u}) \\ \text{连续状态方程：} & \boldsymbol{x}_c' = f_d(t, x, \boldsymbol{u}) \\ \text{离散状态方程：} & \boldsymbol{x}_{d_{k+1}} = f_u(t, \boldsymbol{x}, \boldsymbol{u}) \end{cases}$$

式中，$\boldsymbol{x} = \boldsymbol{x}_c' + \boldsymbol{x}_{d_{k+1}}$。

这实际上正是一个状态方程，描述了输入信号 $\boldsymbol{u}$ 和输出信号 $\boldsymbol{y}$ 之间的微分或差分关系。状态矢量 $\boldsymbol{x}$ 分为两部分：连续实际状态 $\boldsymbol{x}_c'$ 和离散事件状态 $\boldsymbol{x}_{d_{k+1}}$，连续时间状态占据了状态矢量的第一部分，离散状态占据了状态矢量的第二部分。Simulink 根据连续状态方程得到各个连续状态的数值，同时通过离散状态方程计算离散状态的当前值。这样，Simulink 就可以得到各个时刻的状态及其输出信号，实现对仿真结果的求解。

S-函数同样是一个 Simulink 模块。它的以下几个例程函数体现了状态方程所描述的特性。

S-函数中的连续状态方程描述。状态矢量的一阶导数是状态 $\boldsymbol{x}$、输入 $\boldsymbol{u}$ 和时间 t 的函数。在 S-函数中，状态的一阶导数是在 mdlDerivatives 例程中计算的，并将结果返回供求解器积分。

S-函数中的离散状态方程描述。下一步状态的值 $\boldsymbol{x}_{d_{k+1}}$ 依赖于当前的状态 $\boldsymbol{x}_{d_k}$ 输入 $\boldsymbol{u}$ 和时间 t。这是通过 mdlUpdate 例程完成的，并将结果返回供求解器在下一步时使用。

S-函数中的输出方程描述。输出值是状态、输入和时间的函数。这个方程不应当包含任何动态方程。输出值是在 mdlOutputs 中计算的，并通过求解器传递给其他模块。

在仿真过程中，每个 Simulink 模块的执行过程可以分为三个阶段：初始化阶段、仿真循环阶段和仿真结束阶段。在初始化阶段，Simulink 把各个模块调入内存，检查模块的数据类型和长度，设置仿真时间间隔，制定仿真模块的执行顺序，以及内存分配。在仿真循环阶段，Simulink 按照初始化阶段制定的顺序依次执行各个模块，计算当前时刻的离散状态和输出信号，以积分的方式计算各个连续状态的数值及由此产生的输出。这个过程一直持续到仿真结束，然后 Simulink 进入仿真结束阶段，清理各种已经分配的资源，同时保存仿真过程中产生的数据。Simulink 仿真模块的流程图如图 2-33 所示。

对应于仿真流程中的每一个步骤，Simulink 中的 S-函数调用预先设定的函数来实现相应的功能。例如，可以编写一个 mdlInitializeSizes 函数实现 S-函数的初始化操作，通过 mdlDerivatives 和 mdlUpdate 函数在每一个抽样时刻分别计算连续状态变量的导数和更新离散状态的数值，在

mdlOutputs 函数中计算 S-函数的输出信号等。需要指出的是，这些函数的名称都可以由用户自己设定。用户需要在 S-函数的主体部分对这些函数进行注册，Simulink 通过回调函数的方式在不同事件发生的时候调用相应的函数。

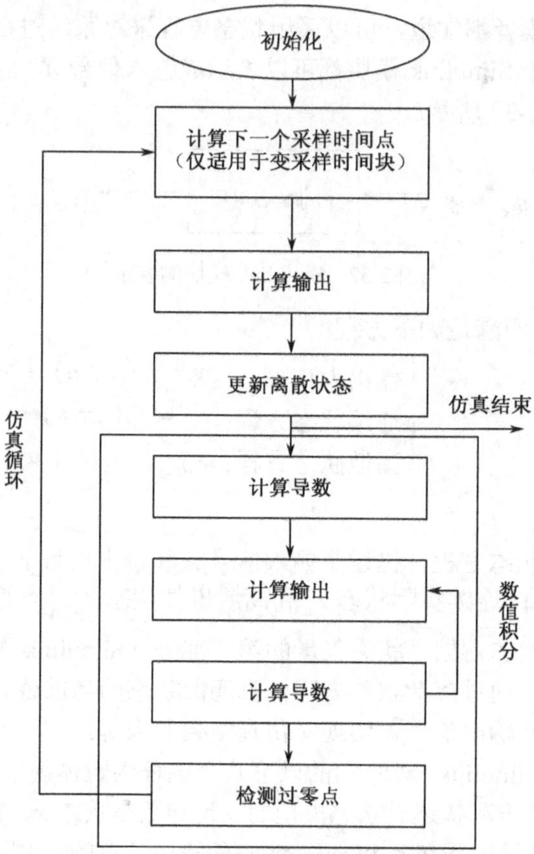

图 2-33　Simulink 仿真模块的流程图

2.5.2　S-函数的基本概念

在编写 S-函数的时候经常涉及的概念有，仿真例程、直接反馈、可变长度输入、采样时间和偏移，它们是编写 S-函数的基础。

1）仿真例程

Simulink 在仿真的特定阶段调用对应的 S-函数功能模块来完成不同的任务，如初始化、计算输出、更新离散状态、计算导数、结束仿真等，这些功能模块称为仿真例程或者回调函数。

2）直接反馈

直接反馈指的是输入信号是否直接影响着输出信号和仿真的抽样时间。在计算 S-函数输出信号的过程中，如果输出信号是输入信号的函数，那么这个 S-函数存在直接反馈。同样地，如果在可变步长的仿真过程中，S-函数的输入信号影响着对下一个仿真时刻的计算，这个 S-函数也存在直接反馈。

正确设置反馈标志是非常重要的，因为这关系到模型中系统模块的执行顺序。

3）可变长度输入

S-函数输入信号的长度既可以是固定的，也可以在仿真过程中根据输入信号的长度动态设定。同时，输入信号长度的动态变化也影响着 S-函数的连续状态、离散状态及输出信号的长度，从而给 S-函数的设计提供了很大灵活性。

对于 M 文件 S-函数构成的模块，它只有一个输入信号端口，只能接收一维输入矢量，但是这个输入矢量的长度可以是动态确定的。C 语言 S-函数则可以有多个输入/输出端口，每个端口的长度都是可变的。

4. 采样时间和偏移

采样时间在离散时间系统内控制采样时间间隔，偏移量用于延迟采样时间点。它们有如下关系，即

$$\text{time} = (n \times \text{sample\_time\_value}) + \text{offset\_time}$$

式中，n 表示第 n 个采样点。

Simulink 在每个采样点上调用 mdlOutput 和 mdlUpdate 例程。对于连续时间系统采样时间和偏移量的值应该设置为 0。

2.5.3 M 文件 S-函数

M 文件 S-函数是采样 MATLAB 语言编写的一种 S-函数，它采用 MATLAB 中的 M 文件的语法结构，编写代码后不需要编译就可以直接使用，因此，与其他形式的 S-函数相比，M 文件 S-函数更加便于编写和使用。本节将对 M 文件 S-函数做一简单介绍。

1. M 文件 S-函数格式

M 文件 S-函数的一般格式为

$$[\text{sys}, x_0, \text{str}, \text{ts}] = f(t, x, u, \text{flag}, p_1, p_2, \cdots)$$

式中，f 是 S-函数的名称。

在 M 文件 S-函数中，输入信号的个数是可以动态变化的，而输出信号的个数则是固定的。M 文件 S-函数根据 Simulink 提供的 flag 参数调用不同的函数，并且向 Simulink 返回相应的结果。

M 文件 S-函数输入信号的个数虽然是可变的，但是前三个参数 t、x、u 及 flag 是必不可少的，它们分别表示仿真时间、仿真模块的内部状态、仿真的输入信号及所需执行的操作。另外，在仿真过程中，Simulink 还可以向 S-函数传递一些额外的参数 p_1、p_2、…，它们可以用于 S-函数的各个计算过程中。

对应于 flag 的不同设置，S-函数执行不同的操作，从而向 Simulink 返回不同的结果。表 2-1 列出了 flag 参数的含义。

表 2-1 flag 参数含义

flag	对应的 S-函数例程	说　明
0	mdlInitializeSizes	S-函数的初始化，包括抽样间隔、连续状态和离散状态的初始设置等
1	mdlDerivatives	计算连续状态变量的导数
2	mdlUpdate	更新离散状态的数值
3	mdlOutputs	计算 S-函数的输出
4	mdlGetTimeOfNextVarHit	计算下一次仿真的时间，只适用于可变步长仿真
9	mdlTerminate	仿真结束

S-函数的输出信号包含 4 个元素，其中，sys 是 S-函数的计算结果，它的含义取决于 flag 的取值。例如，当 flag=3 时，sys 表示 S-函数的输出信号。x_0 表示 S-函数模块的初始状态。当 flag=0 时，x_0 返回 S-函数中各个状态的初始设置；当 flag 不等于 0 时本参数被忽略。如果 S-函数中没有状态，则 x_0 是一个空矢量。str 暂时保留，应该设置为空矢量〔〕。ts 是一个具有两列元素矩阵，其中，第 1 列元素表示抽样时间，第 2 列元素表示时间偏移。

2．M 文件 S-函数模版

Simulink 为编写 S-函数提供了各种模板文件，其中，定义了 S-函数完整的框架结构，用户可以根据自己的需要加以剪裁。编写 M 文件 S-函数时，推荐使用 S-函数模板文件 sfuntmpl.m。这个文件包含了一个完整的 M 文件 S-函数，它包含 1 个主函数和 6 个子函数。在主函数内程序根据标志变量 flag，由一个开关转移结构（Switch-Case）根据标志将执行流程转移到相应的子函数，即例程函数。flag 标志量作为主函数的参数由系统（Simulink 引擎）调用时给出。了解这个模板文件的最好方式莫过于直接打开看看其代码。

sfuntmpl.m 位于 MATLAB 安装目录下的\toolbox\simulink\blocks 中，打开该文件可以看到如下代码（其中省略了若干注释行）：

```
function [sys,x0,str,ts] = sfuntmpl(t,x,u,flag)
%M 文件 S-函数的主体部分
%主要功能根据输入参数 flag 的数值调用相应的函数

switch flag,

  case 0,
    [sys,x0,str,ts]=mdlInitializeSizes;
  case 1,
    sys=mdlDerivatives(t,x,u);
  case 2,
    sys=mdlUpdate(t,x,u);
  case 3,
    sys=mdlOutputs(t,x,u);
```

```
      case 4,
         sys=mdlGetTimeOfNextVarHit(t,x,u);
       case 9,
         sys=mdlTerminate(t,x,u);
      otherwise
         error(['Unhandled flag = ',num2str(flag)]);
   end

   % 主函数结束

   %初始化例程子函数,返回 S-函数的各种信号长度、初始设置和抽样时间设置
   %
   function [sys,x0,str,ts]=mdlInitializeSizes

   sizes = simsizes;

   sizes.NumContStates    = 0;
   sizes.NumDiscStates    = 0;
   sizes.NumOutputs        = 0;
   sizes.NumInputs          = 0;
   sizes.DirFeedthrough = 1;
   sizes.NumSampleTimes = 1;      % at least one sample time is needed

   sys = simsizes(sizes);

   x0    = [];

   str = [];

   ts    = [0 0];

   % end mdlInitializeSizes

   %计算导数例程子函数
   function sys=mdlDerivatives(t,x,u)

   sys = [];

   % end mdlDerivatives
```

```
54.
55.  %
56.  % 状态更新例程子函数
57.
58.  function sys=mdlUpdate(t,x,u)
59.
60.  sys = [];
61.
62.  % end mdlUpdate
63.
64.  %输出例程子函数
65.  function sys=mdlOutputs(t,x,u)
66.
67.  sys = [];
68.
69.  % end mdlOutputs
70.
71.  %计算下一个采样时间例程子函数
72.  function sys=mdlGetTimeOfNextVarHit(t,x,u)
73.
74.  sampleTime = 1;       %    Example, set the next hit to be one second later.
75.  sys = t + sampleTime;
76.
77.  % end mdlGetTimeOfNextVarHit
78.
79.  %仿真结束例程子函数
80.  function sys=mdlTerminate(t,x,u)
81.
82.  sys = [];
83.
84.  % end mdlTerminate
```

说明：在上述代码中第 1～21 行是主函数部分，主函数的主要功能是根据输入参数 flag 的数值调用相应的函数，主函数包含 4 个输出：sys 数组包含某个子函数返回的值，它的含义随着调用子函数的不同而不同；x0 为所有状态的初始化矢量；str 是保留参数，总是一个空矩阵；ts 返回系统采样时间。编写自己的 S-函数时，应该把函数名 sfuntmpl 改为 S-function 块中对应的函数名。

第 27～44 行是初始化例程子函数，它提供状态、输入、输出、采样时间数目和初始状态的值。必须有该子函数。初始化阶段，标志变量首先被置为 0，S-函数被第一次调用时，mdlInitializeSizes 子函数首先被调用。这个子函数应当为系统提供 S-function 块的下列信息：

连续状态的个数（第 31 行）、离散状态的个数（第 32 行）、输出的个数（第 33 行）、输入的个数（第 34 行），是否存在直接反馈（第 35 行）：这是一个布尔量，0 表示没有直接反馈，1 表示存在直接反馈。采样时间的个数（第 36 行）：每个系统至少有一个采样时间。这些信息是通过一个数据结构 sizes 来表示的（第 38 行），设置初始状态（第 40 行），保留变量置空（第 42 行），设置采样时间（第 44 行），格式为[采样周期偏移量]，采样周期为 0 表示为连续系统。

第 49～51 行是计算导数例程子函数：给定 t,x,u, 计算连续状态的导数，用户应该在此给出系统的连续状态方程。该子函数可以不存在。

第 58～60 行是状态更新例程子函数：给定 t,x,u, 计算离散状态的更新。每个仿真步长必然调用该子函数，不管是否有意义。用户除了在此描述系统的离散状态方程外，还可以填入其他每个仿真步长都有必要执行的代码。

第 65～67 行是计算输出例程子函数：给定 t,x,u, 计算输出。该子函数必须存在，用户可以在此描述系统的输出方程。

第 72～75 行是计算下一个采样时间，仅在系统是变采样时间系统时调用。

第 80～82 行是仿真结束时要调用的例程函数，在仿真结束时调用，用户可以在此完成结束仿真所需的必要工作。

2.5.4 M 文件 S-函数的编写示例

前面几节中，简单介绍了 S-函数的工作原理、基本概念及 M 文件的 S-函数模版。读者可能感觉比较抽象。本节，将通过一个示例程序来学习 M 文件 S-函数的设计方法，以加深读者对 S-函数的理解和掌握。

例 2.5 设计加法器的 M 文件 S-函数。

启动 Simulink 并新建一个系统模型文件。从系统模块库（均在 Simulink 公共模块库中）中添加如下模块：

（1）系统输入模块库 Sources 中的 Sine Wave 模块：分别产生正弦波和余弦波信号。

（2）数学库 Math 中的加法模块：将两个信号相加，验证编写的 S-函数的正确性。

（3）系统输出库 Sinks 中的 Scope 模块：图形方式显示结果。

（4）从 User-Defined Functions 库中选择 S-Function 模块。

（5）Signal Routing 中的 Mux 模块。

选择相应的系统模块并将其复制（或拖动）到新建的系统模型中，如图 2-34 所示。模型建立后，存盘，命名为 ex5.mdl。

在这个示例程序中，两个正弦信号发生器分别产生频率为 1Hz 和 2Hz，相位分别是 0 和 pi/2 的正弦和余弦信号，分别通过编写的 S-函数和加法器对这两个信号进行相加，相加后的信号通过两个示波器模块（Scope）显示出来。

双击 Sine Wave1 模块，在参数设置对话框中分别设置频率为 2，相位为 pi/2。打开 M 文件编辑器，新建一个 M 文件，复制 sfuntmpl.m 文件的内容到新文件中，对 M 文件 S-函数的主函数名进行修改。

```
function [sys,x0,str,ts] = myfun(t,x,u,flag)
```

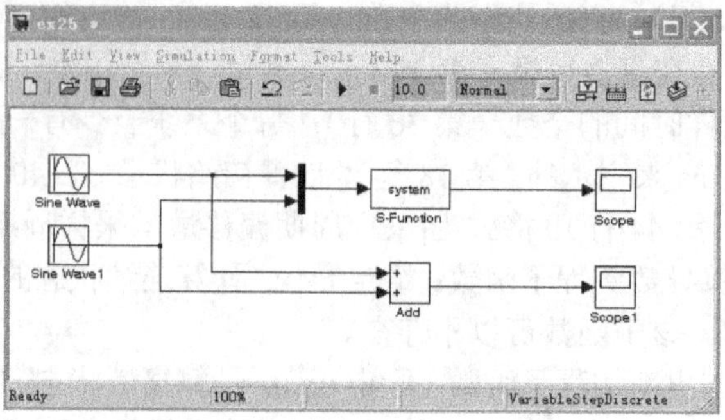

图 2-34　例 2.5 的模型图

修改初始化例程子函数如下：

```
sizes.NumContStates   = 0;
sizes.NumDiscStates   = 1;
sizes.NumOutputs       = 1;
sizes.NumInputs          = 2;
sizes.DirFeedthrough = 1;
sizes.NumSampleTimes = 1;
x0   = [0];
ts    = [0 0];
```

其中，ts=[0 0]表示连续取样。

修改状态更新例程子函数如下：

```
function sys = mdlUpdate(t,x,u)
sys = x;
```

修改输出例程子函数如下：

```
function sys = mdlOutputs(t,x,u)
sys = u(1)+u(2);
```

修改完成后，存盘，命名为 myfun.m，并保存在与 ex5.mdl 相同的文件夹下，否则，在运行仿真时会提示找不到文件。

在图 2-34 的模型图中，双击 system 的 S-function 模块，弹出如图 2-35 所示的对话框。其中，S-Function Name 修改为 myfun，修改完成后，单击“OK”按钮关闭对话框。

以上设置完成后，开始仿真，仿真完成后，分别双击 scope 和 scope1 模块，可以看到仿真输出的波形，如图 2-36 所示。通过观察可以发现，两者的输出结果完全一致，说明 S-函数编写正确无误。

读者可以尝试改变初始化例程里的 ts 参数，仿真步长修改为 0.1、0.01 等，来观察不同步长下对仿真结果的影响。

限于篇幅，此处无法给出更多 S-函数的示例，读者若有兴趣，可以学习一下 Simulink 自带的 Demo 程序。它涵盖了离散状态系统、连续状态系统、混合状态系统及可变仿真步长系统，具有广泛的代表性。这些程序简单明了，是 S-函数初学者的经典素材。

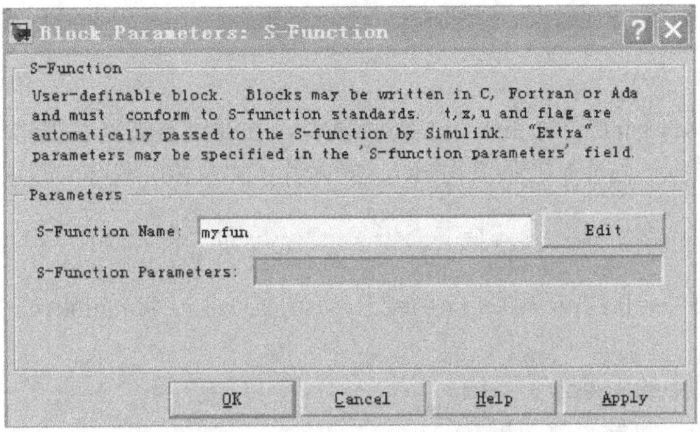

图 2-35　S-function 模块的设置

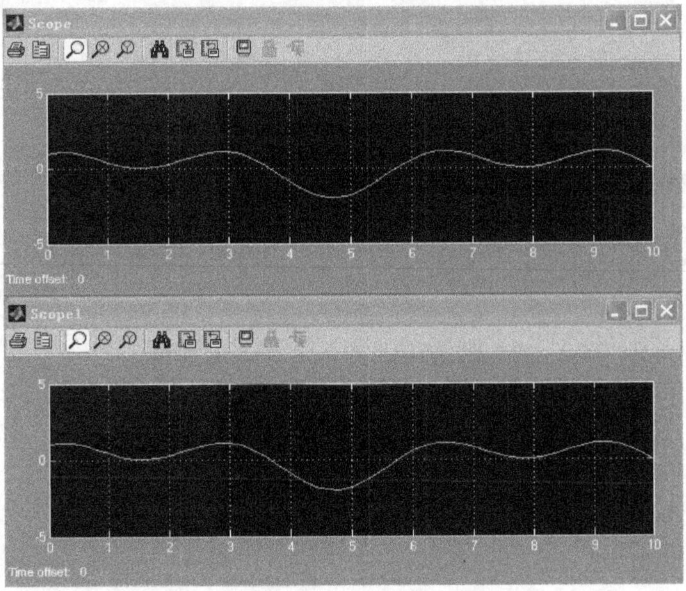

图 2-36　例 2.5 的仿真结果

小　　结

本章简明扼要地介绍了 Simulink 建模和仿真的基本方法。首先介绍了 Simulink 的工作环境和 Simulink 仿真的基本方法，包括常用模块的介绍、模块选择、模块操作，以及运行 Simulink 仿真的整个过程。在 2.4 节介绍了 Simulink 新模块的创建和封装。最后，介绍了 Simulink 中 S-函数的概念及工作原理，并给出了 M 文件 S-函数的编写方法。Simulink 是非常值得读者认真学习和掌握的实用工具，掌握 Simulink 的使用，可以更好地在通信系统设计中提高工作质量与效率。

习　题

1. 搭建 y=5cos$x$+3sin(2x)的 Simulink 仿真模型，并通过示波器输出结果。

2. 设食饵（如鱼，兔等）的数量为$x(t)$，捕食者（如鲨鱼，狼等）数量为$y(t)$，并且满足

$$\begin{pmatrix} x' \\ y' \end{pmatrix} = \begin{pmatrix} r - ay & 0 \\ 0 & -d + bx \end{pmatrix} \begin{pmatrix} x \\ y \end{pmatrix}$$

设 r=1，d=0.5，a=0.1，b=0.02，$x(0)$=25，$y(0)$=2。建立 Simulink 模块，试求 $x(t)$，$y(t)$ 和 $y(x)$的图形。

3. 封装习题 2 中的模型为子系统。

4. 编写 S-函数，重新求解习题 2。

第 3 章　通信信号与系统分析

随着微电子技术、计算机技术、数字信号处理技术的发展，数字通信发展十分迅速。数字通信的研究包括数字形式的信息从产生该信息的信源到一个或多个目的地的传输问题。本章帮助读者回顾一下数字通信系统分析中常用到的一些基本方法和技术。重点不在于理论的详细阐述，而把注意力放在使用 MATLAB 对这些分析方法和技术的实现上。

3.1　离散信号和系统

信号是信息的物理表现形式或说是传递信息的函数，系统定义为处理（或变换）信号的物理设备。在此，主要讨论离散时间信号（序列）的分析和处理。

3.1.1　离散信号

一个信号 $x(t)$可以是连续时间信号（模拟信号），也可以是离散时间信号（数字信号）。若 $x(t)$是离散信号，则 t 仅在时间轴的离散点上取值，这时，应将 $x(t)$改记为 $x(nT_s)$，T_s 表示相邻两个点之间的时间间隔，又称抽样周期，n 取整数，即

$$x(nT_s), n=-N_1,\cdots,-1,0,1,\cdots,N_2 \tag{3-1}$$

式中，N_1，N_2 是 n 的取值范围。一般，可以把 T_s 归一化为 1，则 $x(nT_s)$可简记为 $x(n)$。

这样表示的 $x(n)$仅是整数 n 的函数，所以，又称 $x(n)$为离散时间序列。例如，对一个余弦函数 $\cos 2t$ 以 0.1s 的抽样周期对其进行抽样得到的序列即为离散时间序列。下面画出该信号。

例 3.1　画出 $x=\cos 2t$，$0\leqslant t\leqslant 2\pi$的抽样序列，抽样周期 T_s=0.1。代码如下：

```
1.    t=0:0.1:2*pi;
2.    x=cos(2*t);
3.    stem(t,x);
```

说明：代码第 1 行表示抽样时间，第 2 行是抽样时刻对应的余弦函数值，第 3 行是以抽样时刻为横坐标，抽样值为纵坐标画出该序列。

结果如图 3-1 所示。

序列可以进行各种运算，下面对常用的运算进行简单介绍。

1）信号的相加与相乘

两个信号 $x_1(n)$和 $x_2(n)$，分别对应相加与相乘可得到新的信号，即

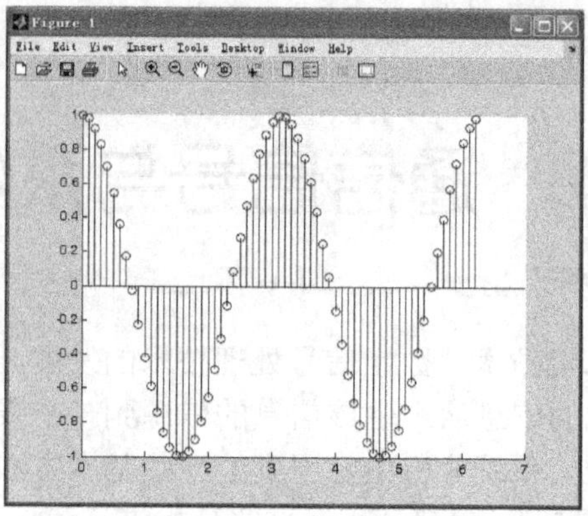

图 3-1　例 3.1 的抽样序列

$$\begin{cases} x(n) = x_1(n) + x_2(n) \\ y(n) = x_1(n)x_2(n) \end{cases} \tag{3-2}$$

上述的相加或相乘表示将 $x_1(n)$,$x_2(n)$在相同时刻 n 时的值对应相加或相乘。

例 3.2　分别画出信号 $x_1(n)$=sin(2π×0.1n)与信号 $x_2(n)$=exp(−0.1n),0≤n≤40 及它们的相加和相乘序列。代码如下：

```
1.   clear all
2.   n=0:40;
3.   x1=sin(2*pi*0.1*n);
4.   x2=exp(−0.1*n);
5.   x=x1+x2;
6.   y=x1.*x2;
7.   subplot(4,1,1);stem(n,x1);title('x1')
8.   subplot(4,1,2);stem(n,x2);title('x2')
9.   subplot(4,1,3);stem(n,x);title('x')
10.  subplot(4,1,4);stem(n,y);title('y')
```

说明：程序的第 2～4 行是产生两个信号序列，第 5 行是求两个信号的相加序列，第 6 行是求相乘序列，第 7～10 行则是画出两个信号序列及它们的相加和相乘序列，结果如图 3-2 所示。

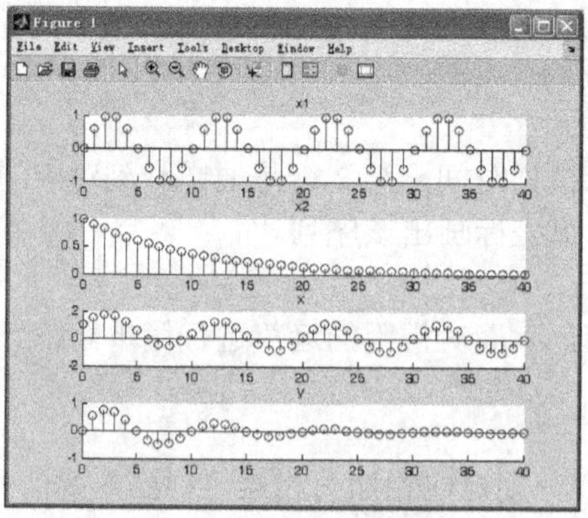

图 3-2　例 3.2 程序结果

2）卷积和

卷积和是求离散线性移不变系统输出响应的主要方法。设两序列 $x(n)$、$h(n)$，则其卷积和定义为

$$y(n)=\sum_{m=-\infty}^{\infty}x(m)h(n-m)=x(n)*h(n) \tag{3-3}$$

式中，“*”表示卷积和。MATLAB 提供了求两个序列卷积和函数 conv(*x*,*y*)。利用它可方便的求出两个序列的卷积和。

例 3.3　求序列 $h(n)$=exp(−0.1n), $x(n)$=exp(−0.2n), 0≤n≤40 的卷积和。代码如下：

```
1.    clear all
2.    n=0:40;
3.    h=exp(-0.1*n);
4.    x=exp(-0.2*n);
5.    y=conv(x,h);
6.    subplot(3,1,1);stem(h);title('h')
7.    subplot(3,1,2);stem(x);title('x')
8.    subplot(3,1,3);stem(y);title('y')
```

说明：程序的第 2～4 行是产生两个信号序列，第 5 行是求两个信号的卷积和，第 6～8 行则是画出两个信号序列及它们的卷积和序列，结果如图 3-3 所示。

需要注意的是，卷积和的长度不等于原始序列的长度，设两个原始序列的长度分别是 n 和 m，则卷积和序列的长度为 $n+m-1$。

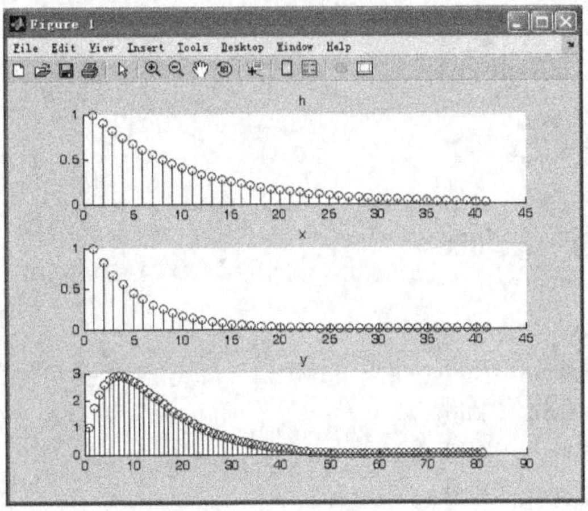

图 3-3　例 3.3 程序结果

3.1.2　离散时间系统

一个离散时间系统，可以抽象为一种变换或是一种影射，即把输入序列 $x(n)$变换为输出序列 $y(n)$，即

$$y(n)=T[x(n)] \tag{3-4}$$

式中，T 代表变换。

这样，一个离散时间系统，既可以是一个硬件装置，也可以是一个数字表达式。总之，一个离散时间系统的输入/输出关系如图 3-4 所示。

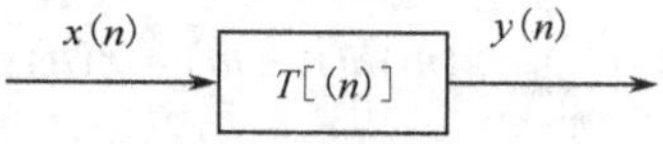

图 3-4　离散时间系统

例 3.4　一个离散时间系统的输入/输出关系为

$$y(n)=ay(n-1)+x(n) \tag{3-5}$$

式中，a 为常数。

该系统表示，现在时刻的输出 $y(n)$等于上一次的输出 $y(n-1)$乘以常数 a 再加上现在的输入 $x(n)$，这是一个一阶的自回归差分方程，若

（1）$x(n)=\begin{cases}1,n=0\\0,n\neq 0\end{cases}$

（2）$x(n)=\begin{cases}\exp(-0.1n),0\leqslant n\leqslant 40\\0,\quad\text{其他}\end{cases}$

且 $a=0.8, y(n)=0, n<0, y(0)=x(0)$，试分别求上述系统在所给输入下的响应。

```
1.  clear all
2.  N=60;
3.  x1=zeros(1,N);
4.  x1(1)=1;
5.  x2=zeros(1,N);
6.  x2(1:41)=exp(-0.1*(0:40));
7.  y1(1)=x1(1);
8.  y2(1)=x2(1);
9.  for n=2:N
10. y1(n)=0.8*y1(n-1)+x1(n);
11. y2(n)=0.8*y2(n-1)+x2(n);
12. end
13. subplot(4,1,1);stem(x1);title('x1')
14. subplot(4,1,2);stem(x2);title('x2')
15. subplot(4,1,3);stem(y1);title('y1')
16. subplot(4,1,4);stem(y2);title('y2')
```

说明：程序的第 2 行是设定要求的 y 序列的长度，第 3～6 行是分别产生的两个输入序列，第 7～8 行是求输出序列的初始值，第 9～12 行是根据输入/输出关系求对应的输出序列，第 13～16 行是分别画出两个输入序列及对应的输出序列，结果如图 3-5 所示。

例 3.5　一个离散时间系统的输入/输出关系为

$$y(n)=\sum_{k=0}^{M-1}b(k)x(n-k) \tag{3-6}$$

式中，$b(0),b(1),\cdots,b(M-1)$为常数。

这一类系统称为“有限冲激响应”系统，简称 FIR 系统。一阶自回归模型中由于包含了由输出到输入的反馈，因此其冲激响应为无限长，这一类系统称为“无限冲激响应”系统，简称 IIR 系统。

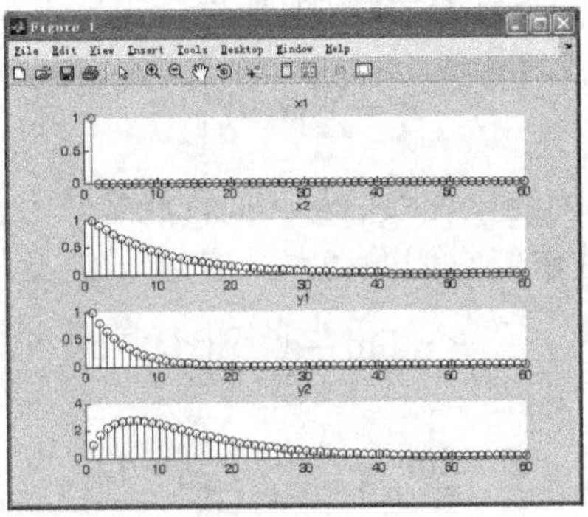

图 3-5　例 3.4 程序结果

在式（3-6）中，设 M=3，$b(0)$=1/2，$b(1)$=1/8，$b(2)$=3/8，$x(n)=\begin{cases}1, 0\leqslant n\leqslant 5\\0, 其他\end{cases}$

试求其输出响应。代码如下：

```
1.    clear all
2.    x=ones(1,6);
3.    b=[1/2 1/8 3/8];
4.    y=conv(x,b);
5.    subplot(3,1,1);stem(x);title('x')
6.    subplot(3,1,2);stem(b);title('b')
7.    subplot(3,1,3);stem(y);title('y')
```

说明：程序的第 2 行是产生输入序列，第 3 行是产生系数 b，第 4 行是求输出序列，在此采用了输入序列与系数 b 进行卷积和的方式，第 5～7 行是分别画出输入序列，系数 b 及对应的输出序列，结果如图 3-6 所示。

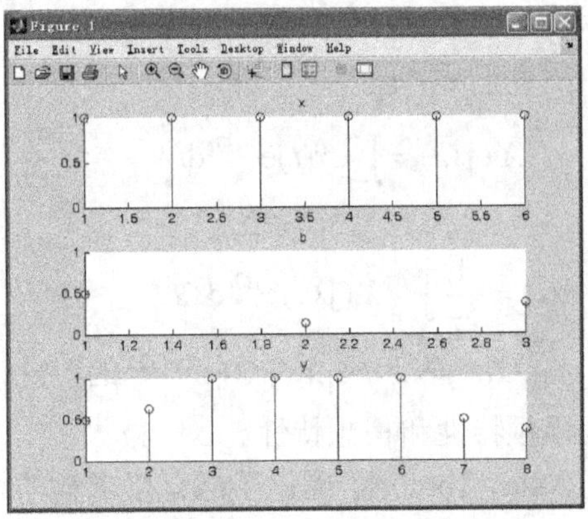

图 3-6　例 3.5 程序输出结果

3.1.3 信号的能量和功率

对连续时间信号 $x(t)$和离散时间信号 $x(n)$，其能量分别定义为

$$E=\int_{-\infty}^{\infty}|x(t)|^2\,\mathrm{d}t \tag{3-7}$$

$$E=\sum_{-\infty}^{\infty}|x(n)|^2 \tag{3-8}$$

如果 $E<\infty$，称 $x(t)$或 $x(n)$为能量有限信号，简称能量信号；$E>\infty$,则称为能量无限信号。若 $x(t)$和 $x(n)$的能量无限，往往研究它们的功率。信号 $x(t)$，$x(n)$的功率分别定义为

$$P=\lim_{T\to\infty}\frac{1}{T}\int_{-T/2}^{T/2}|x(t)|^2\,\mathrm{d}t \tag{3-9}$$

$$P=\lim_{N\to\infty}\frac{1}{2N+1}\sum_{n=-N}^{N}|x(n)|^2 \tag{3-10}$$

若 $P<\infty$，则称 $x(t)$或 $x(n)$为功率有限信号，简称功率信号。

周期信号、准周期信号及随机信号，由于其时间是无限的，所以它们总是功率信号。一般在有限区间内存在的确定性信号是能量信号。例如，$x(n)=1, 0\leqslant n\leqslant 100$ 是能量信号，而 $x(n)=\sin(2\pi n), -\infty\leqslant n\leqslant\infty$，是功率信号。

3.2 Fourier 分析

Fourier 分析包含了连续信号和离散信号的 Fourier 变换和 Fourier 级数，本节简要回顾一下连续时间信号的 Fourier 变换和 Fourier 级数的基本概念，以及数字信号处理中最基本也是最重要的离散 Fourier 变换（DFT）。

3.2.1 连续时间信号的 Fourier 变换

设 $x(t)$为一连续时间信号，若 $x(t)$绝对可积，即

$$\int_{-\infty}^{\infty}|x(t)|\,\mathrm{d}t<\infty \tag{3-11}$$

那么，$x(t)$的 Fourier 变换存在，并定义为

$$X(\mathrm{j}\Omega)=\int_{-\infty}^{\infty}x(t)\mathrm{e}^{-\mathrm{j}\Omega t}\,\mathrm{d}t \tag{3-12}$$

其反变换为

$$x(t)=\frac{1}{2\pi}\int_{-\infty}^{\infty}X(\mathrm{j}\Omega)\mathrm{e}^{\mathrm{j}\Omega t}\,\mathrm{d}\Omega \tag{3-13}$$

式中，$\Omega=2\pi f$，单位为 rad/s，将 $X(\mathrm{j}\Omega)$表示成$|X(\mathrm{j}\Omega)|\mathrm{e}^{\mathrm{j}\varphi(\Omega)}$ 的形式，即可得到$|X(\mathrm{j}\Omega)|$和 $\varphi(\Omega)$随 Ω 变化的曲线，分别称为幅频特性和相频特性。

MATLAB 的 Symbolic Math Toolbox 提供了能直接求解傅里叶变换及其逆变换的函数 fourier 和 ifourier。

F=fourier(f)是符号函数 f 的 Fourier 变换，默认返回是关于 ω的函数。

f=ifourier(F)是函数 F 的 Fourier 逆变换，默认的独立变量是ω，默认返回是关于 x 的函数。

注意：

（1）在调用函数 fourier 和 ifourier 之前，需用 syms 命令对所用到的变量进行说明，即要将这些变量说明成符号变量。

（2）采用 fourier 和 ifourier 得到的返回函数，仍然是符号表达式。如需对返回的函数作图，则应用 ezplot 绘图命令而不是用 plot 命令。如果返回函数中含有如狄拉克函数$\delta(t)$等的项，则用 ezplot 也无法作图。

例 3.6　试绘出连续时间信号 $f(t)=te^{-|t|}$ 的时域波形 $f(t)$ 及相应的副频特性。代码如下：

```
1.  clear all
2.  syms t;
3.  f = t*exp(-abs(t));
4.  subplot(1,2,1);ezplot(f);
5.  F = fourier(f);
6.  subplot(1,2,2);ezplot(abs(F));
```

说明：第 2 行是说明 t 为符号变量，第 3 行是生成函数 f(t) 的符号表达式，第 4 行是绘出函数 f(t) 的图形，第 5 行是求函数 f(t) 的 Fourier 变换，第 6 行是绘出相应的幅频响应曲线。

程序执行结果：

```
F = -4*i/(1+w^2)^2*w
```

图形结果如图 3-7 所示。

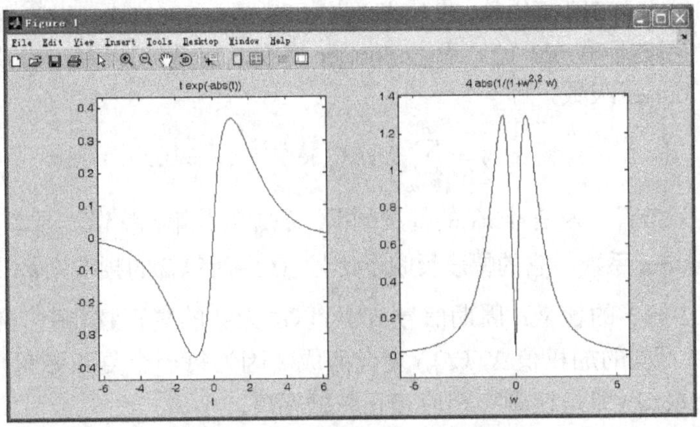

图 3-7　f(t) 及其 Fourier 变换结果

例 3.7　若某信号的 Fourier 变换 $F(\omega)=\pi e^{-|\omega|}$，试绘出该信号的时域波形和频谱图。代码如下：

```
clear all
syms t w;
F=pi*exp(-abs(w));
subplot(1,2,1); ezplot(abs(F));
f=ifourier(F,t)
```

```
6.      subplot(1,2,2); ezplot(f)
```

说明：第 2 行是说明 t, w 为符号变量，第 3 行是生成函数 F(ω) 的符号表达式，第 4 行是绘出函数 F(ω) 的图形，第 5 行是求函数 F(ω) 的 Fourier 反变换，因为 ifourier 默认返回是关于 x 的函数，所以，在此指定改变返回为 t 的函数，第 6 行是绘出相应的时域波形曲线。

程序执行结果：

```
f = 1/(1+t^2)
```

F（ω）及其 Fourier 反变换结果如图 3-8 所示。

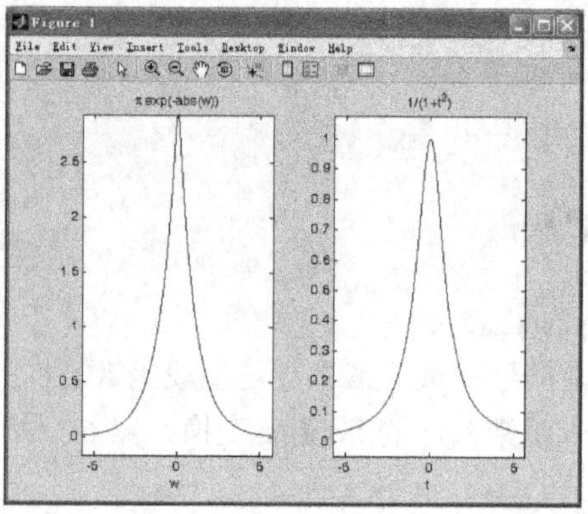

图 3-8　F(ω) 及其 Fourier 反变换结果

满足式（3-11）的 $x(t)$必不是周期信号，因此，严格的说，只有非周期信号才有 Fourier 变换。若 $x(t)$是一连续时间周期信号，设周期为 T_0，即 $x(t)=x(t+nT_0)$。显然，$x(t)$不满足式（3-11）的绝对可积条件，不能由式（3-12）求出 Fourier 变换。但是，如果 $x(t)$满足 Dirichlet 条件，可以将其展开为 Fourier 级数，即

$$x(t)=\sum_{k=-\infty}^{\infty}X(k\Omega_0)\mathrm{e}^{\mathrm{j}k\Omega_0 t},k=0,\pm1,\cdots,\pm\infty \tag{3-14}$$

式中，$\Omega_0=2\pi/T_0=2\pi f_0$，为信号 $x(t)$的基波频率；$k\Omega_0$ 为其第 k 次谐波频率；$X(k\Omega_0)$ 称为 $x(t)$ 在 k 次谐波处的 Fourier 系数，它的幅度反映了信号 $x(t)$中所包含的频率为 $k\Omega_0$ 的成分的大小。

实际上，式（3-14）的含义：周期信号 $x(t)$可以由无数的复正弦 $\{\mathrm{e}^{\mathrm{j}k\Omega_0 t},k=0,\pm1,\cdots,\pm\infty\}$ 作为基本信号再乘以不同的加权值 $X(k\Omega_0)$ 复合而成。因为每一个复正弦只含有单一的频率成分 $k\Omega_0$，自然，$X(k\Omega_0)$ 即是该频率相应复正弦的幅度。

因为 $X(k\Omega_0)$ 仅在 Ω_0 的整数倍上取值，所以，它在频率轴上取离散值。$X(k\Omega_0)$ 可由下式求出，即

$$X(k\Omega_0)=\frac{1}{T}\int_t^{t+T}x(t)\mathrm{e}^{-\mathrm{j}k\Omega_0 t}\mathrm{d}t \tag{3-15}$$

因为 $X(k\Omega_0)$ 是复数，所以

$$X(k\Omega_0)=\left|X(k)\right|\mathrm{e}^{\mathrm{j}\theta_k} \tag{3-16}$$

式中，$\left|X(k)\right|$ 是频率为 nf_0 的分量的振幅；θ_k 是频率为 nf_0 的分量的相位。

需要指出的是，$X(k\Omega_0)$ 和 $X(j\Omega)$ 的物理意义不同：

（1）后者是 Ω 的连续函数，而前者是 Ω 轴上的离散函数。

（2）$X(\mathrm{j}\Omega)$ 是频谱密度的概念，而 $X(k\Omega_0)$ 是谐波幅度的概念。

例 3.8 设一周期性方波的周期为 T，宽度为 τ，幅度为 V，有

$$x(t)=\begin{cases}V,-\tau/2\leqslant t\leqslant\tau/2\\0,\tau/2<t<(T-\tau/2)\end{cases},x(t)=x(t-T),-\infty<t<\infty \tag{3-17}$$

假设：T=4，$\tau=1$，V=1。试求：

（1）该周期信号的 Fourier 系数。

（2）画出 $f(t)$的离散谱。

解：

$$\begin{aligned}(1)\,X(k\Omega_0)&=\frac{1}{T}\int_{-\tau/2}^{\tau/2}V\mathrm{e}^{-\mathrm{j}k\Omega_0 t}\mathrm{d}t=\frac{1}{T}\left[-\frac{V}{\mathrm{j}k\Omega_0}\mathrm{e}^{-\mathrm{j}k\Omega_0 t}\right]_{-\tau/2}^{\tau/2}\\&=\frac{V}{T}\cdot\frac{\mathrm{e}^{\mathrm{j}k\Omega_0\tau/2}-\mathrm{e}^{-\mathrm{j}k\Omega_0\tau/2}}{\mathrm{j}k\Omega_0}=\frac{2V}{k\Omega_0 T}\cdot\sin k\Omega_0\frac{\tau}{2}=\frac{1}{4}\mathrm{sinc}\left(\frac{k}{4}\right)\end{aligned} \tag{3-18}$$

式中，sinc(x)定义为

$$\mathrm{sinc}=\frac{\sin(\pi x)}{\pi x} \tag{3-19}$$

（2）注意到 $X(k\Omega_0)$ 总是实数，因此根据它的符号，相位不是 0，就是 π，$X(k\Omega_0)=\frac{1}{4}\left|\mathrm{sinc}\left(\frac{k}{4}\right)\right|$。

画出信号离散谱的代码如下：

```
1.    clear all
2.    k=-50:50;
3.    X=0.25*sinc(k/4);
4.    stem(k,X)
```

说明：第 2 行是产生代表离散频率处的 k，第 3 行是计算相应离散频率处的频谱，第 4 行是画出相应的离散谱。画出的离散谱如图 3-9 所示。

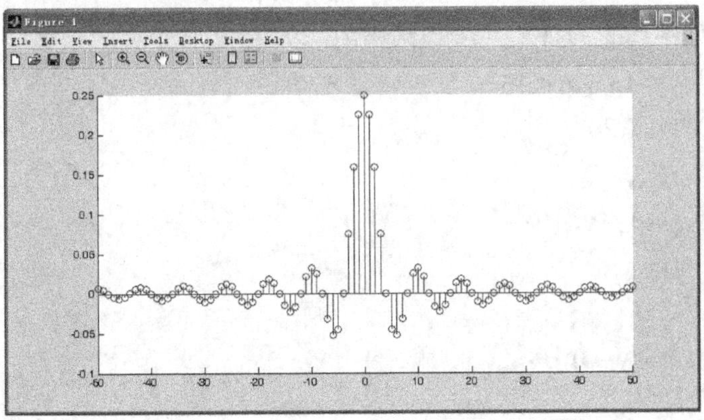

图 3-9　例 3.8 中信号的离散谱

3.2.2 离散时间信号的 Fourier 变换

设 $h(n)$为一线性时不变系统的单位抽样响应，定义

$$H(\mathrm{e}^{\mathrm{j}\omega}) = \sum_{n=-\infty}^{\infty} h(n)\mathrm{e}^{-\mathrm{j}\omega n} \tag{3-20}$$

为系统的频率响应。该式也是离散时间序列的 Fourier 变换（Discrete Time Fourier Transform, DTFT）。$H(\mathrm{e}^{\mathrm{j}\omega})$是$\omega$的连续函数，且是周期的，周期为$2\pi$。其中，$\omega$是用弧度度量的，称为数字频率。比较式（3-20）和式（3-14）可以看出，式（3-20）的 DTFT 也看作是周期信号$H(\mathrm{e}^{\mathrm{j}\omega})$在频域内展成的 Fourier 级数，其 Fourier 系数是时域信号 $h(n)$。

离散信号 $h(n)$的 DTFT 存在的条件是 $h(n)$是绝对可和的，即满足

$$\sum_{n=-\infty}^{\infty} |h(n)| < \infty \tag{3-21}$$

相应的，其 DTFT 反变换（IDTFT）可以表示为

$$h(n) = \frac{1}{2\pi}\int_{-\pi}^{\pi} H(\mathrm{e}^{\mathrm{j}\omega})\mathrm{e}^{\mathrm{j}\omega n}\mathrm{d}\omega \tag{3-22}$$

根据上述 DTFT 的定义，可以利用 MATLAB，由 $h(n)$直接计算$H(\mathrm{e}^{\mathrm{j}\omega})$在频率区间[0，π]的值并绘出它的模和相角。

假设序列 $h(n)$在区间 $n_1 \leqslant n \leqslant n_2$ 有 N 个样本值，要计算其在下述频率点上的$H(\mathrm{e}^{\mathrm{j}\omega})$：

$$\varpi_k = k\frac{\pi}{M},\ k = 0,1,\cdots,M-1 \tag{3-23}$$

首先定义一个$(M+1)\times N$的矩阵，即

$$\boldsymbol{W} = \{W(k,n) = \mathrm{e}^{-\mathrm{j}(\pi/M)kn}, n_1 \leqslant n \leqslant n_2, k = 0,1,\cdots,M-1\} \tag{3-24}$$

如果将$\{k\}$和$\{n\}$写为列矢量，则有

$$\boldsymbol{W} = [\mathrm{e}^{-\mathrm{j}(\pi/M)K^{\mathrm{T}}n}] \tag{3-25}$$

于是，在所求频率点上的$H(\mathrm{e}^{\mathrm{j}\omega})$值可以写为

$$H^{\mathrm{T}} = h^{\mathrm{T}} * \boldsymbol{W} \tag{3-26}$$

例 3.9 求下列序列的 DTFT 并绘制频谱图：

（1）$h(n) = \mathrm{e}^{-|0.1n|}, -15 \leqslant n \leqslant 15$

（2）$h(n) = 1, 0 \leqslant n \leqslant 20$

代码如下：

```
w=-4:0.001:4;
n1=-15:15;
n2=0:20;
h1=exp(-abs(0.1*n1));
h2(n2+1)=1;
Hjw1=h1*(exp(-j*pi).^(n1'*w));
```

```
7.  Hjw2=h2*(exp(–j*pi).^(n2'*w));
8.  subplot(2,1,1);plot(w,abs(Hjw1))
9.  title('H1');xlabel('pi 弧度(w)');ylabel('振幅')
10. subplot(2,1,2);plot(w,abs(Hjw2));
11. title('H2');xlabel(pi'弧度(w)');ylabel('振幅')
```

说明：第 1 行是产生要计算的频率 ω 的范围，相邻数字频率间隔的是 0.001；第 2～5 行是分别产生两个信号序列；第 6～7 行是分别求两个数字序列相应的 DTFT 值；第 8～11 行是绘制相应的频谱图，在绘图时是以 π 弧度为单位的，这样便于读数。结果如图 3-10 所示。

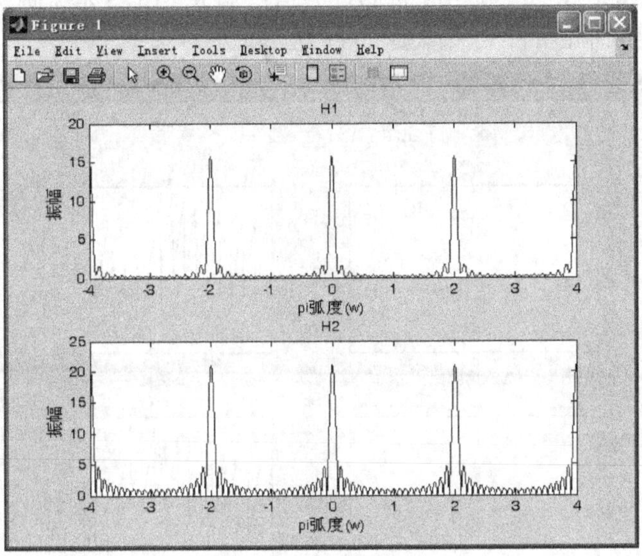

图 3-10 例 3.9 程序结果

离散时间信号的 Fourier 变换有一些十分重要的性质，如卷积性质、频移性质等。

DTFT 的频移性质是指，序列乘以复指数序列对应于频域的频移，即

$$\mathrm{DTFT}(h(n)\mathrm{e}^{\mathrm{j}\omega_1 n}) = H(\mathrm{e}^{\mathrm{j}(\omega-\omega_1)}) \tag{3-27}$$

下面举例分析 DTFT 的频移特性。

例 3.10 给定序列 $h(n)=1, 0\leqslant n\leqslant 20$ 和 $x(n)=h(n)\mathrm{e}^{\mathrm{j}\pi n/4}$，分别计算它们的离散时间 Fourier，并比较结果。程序代码如下：

```
clear all
w=-1:0.001:1;
n=0:20;
h(n+1)=1;
x=h.*exp(j*pi*n/4);
Hjw=h*(exp(–j*pi).^(n'*w));
Xjw=x*(exp(–j*pi).^(n'*w));
subplot(2,2,1);plot(w,abs(Hjw))
title('H');xlabel('pi 弧度(w)');ylabel('振幅')
```

```
10.   subplot(2,2,2);plot(w,angle(Hjw)/pi);
11.   title('H');xlabel('pi 弧度(w)');ylabel('相位')
12.   subplot(2,2,3);plot(w,abs(Xjw));
13.   title('X');xlabel('pi 弧度(w)');ylabel('振幅')
14.   subplot(2,2,4);plot(w,angle(Xjw)/pi);
15.   title('X');xlabel('pi 弧度(w)');ylabel('相位')
```

说明：第 2 行是产生要计算的频率 ω 的范围，相邻数字频率的间隔是 0.001，由于 DTFT 的周期性，在此只计算了[−π，π]范围内的 DTFT 值；第 3～5 行是分别产生两个信号序列；第 6～7 行是分别求两个数字序列相应的 DTFT 值；第 8～15 行是绘制相应的频谱图，在绘图时同样是以 π 弧度为单位的。结果如图 3-11 所示。

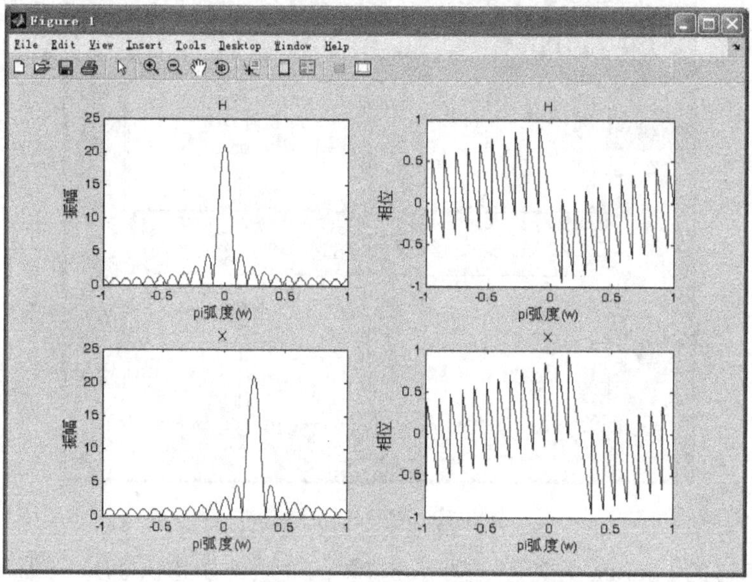

图 3-11　例 3.10 程序结果

从图 3-11 可以看出，序列 $h(n)$和 $x(n)$的频谱的形状是完全相同的，只是 $x(n)$的频谱曲线是 $h(n)$的频谱曲线沿横轴平移了一段距离。这样就验证了 DTFT 的频移特性。

一个单位脉冲响应为 $h(n)$的系统对输入序列 $x(n)$的输出为

$$y(n) = x(n) * h(n) \tag{3-28}$$

根据 DTFT 的卷积性质，有

$$Y(e^{j\omega}) = \mathrm{DTFT}[y(n)] = \mathrm{DTFT}[x(n) * h(n)] = X(e^{j\omega})H(e^{j\omega}) \tag{3-29}$$

可以利用这一性质求系统在输入信号为 $x(n)$时的系统响应。可以先求出 $X(e^{j\omega})$ 和 $H(e^{j\omega})$，进而求出 $Y(e^{j\omega})$，再通过 IDTFT 求出 $y(n)$，这样，就可以绕过求卷积的步骤。

例 3.11　一个系统的单位脉冲响应为 $h(n) = \sin(0.2n)e^{-0.1n}, 0 \leqslant n \leqslant 30$，试求：

（1）该系统的频率响应。

（2）若输入信号为 $x(n) = 2\sin(0.2\pi n) + 3\cos(0.4\pi n), 0 \leqslant n \leqslant 30$，确定该系统的稳态输出响应。

程序代码如下：

```
1.   clear all
2.   w=-1:0.001:1;
3.   n=0:30;
4.   h=sinc(0.2*n);
5.   x=2*sin(0.2*pi*n)+3*cos(0.4*pi*n);
6.   Hjw=h*(exp(-j*pi).^(n'*w));
7.   Xjw=x*(exp(-j*pi).^(n'*w));
8.   Yjw=Xjw.*Hjw;
9.   n1=0:2*length(n)-2;
10.  dw=0.001*pi;
11.  y=(dw*Yjw*(exp(j*pi).^(w'*n1)))/(2*pi);
12.  y1=conv(x,h);
13.  subplot(3,1,1);plot(w,abs(Hjw))
14.  title('H');xlabel('pi 弧度(w)');ylabel('振幅')
15.  subplot(3,1,2);plot(w,abs(Xjw));
16.  title('X');xlabel('pi 弧度(w)');ylabel('振幅')
17.  subplot(3,1,3);plot(w,abs(Yjw));
18.  title('Y');xlabel('pi 弧度(w)');ylabel('振幅')
19.
20.  figure
21.  subplot(2,1,1);stem(abs(y));title('通过 IDTFT 计算出的输出序列 Y');
22.  subplot(2,1,2);stem(abs(y1));title('通过时域卷积计算出的输出序列 Y1')
```

说明：第 2 行是产生要计算的频率 ω 的范围，相邻数字频率的间隔是 0.001，同例 3.10 一样，在此只计算了[$-\pi$，π]范围内的 DTFT 值；第 4～5 行是分别产生系统的脉冲响应序列和输入信号序列；第 6～7 行是分别求脉冲响应和输入信号的 DTFT；第 8 行是计算输出序列的 DTFT；第 9 行是确定输出序列的长度。由于在 IDTFT 的定义中用到了积分，为了在程序中能够实现，我们是用分段求和的方法来代替积分，因此，第 10 行是确定分段求和的步长，它等于相邻频率的间隔；第 11 行是用求和代替积分，求出 IDTFT；第 12 行是用时域序列卷积的方法计算输出序列；第 13～18 行是分别画出系统的频率响应、输入序列的频率响应和输出序列的频率响应；第 20～22 行是分别画出通过 IDTFT 计算出的输出序列和通过时域卷积计算出的输出序列。

程序执行结果如图 3-12、图 3-13 所示。

从图 3-13 可以看出，两种方法的结果是完全一致的。

3.2.3　离散 Fourier 变换

3.2.2 节学习了离散时间信号的 Fourier 变换，它有两个特点：

（1）变换是用于无限长的序列。

（2）变换的结果是自变量 ω 的连续函数。

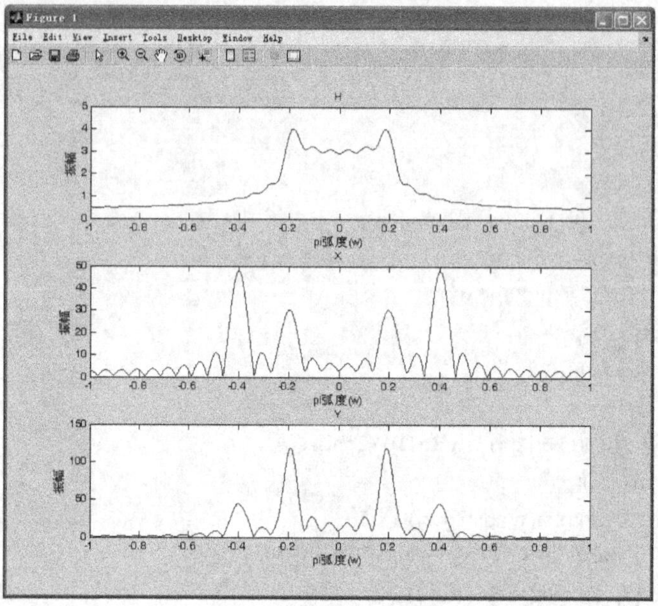

图 3-12　例 3.11 的频率响应

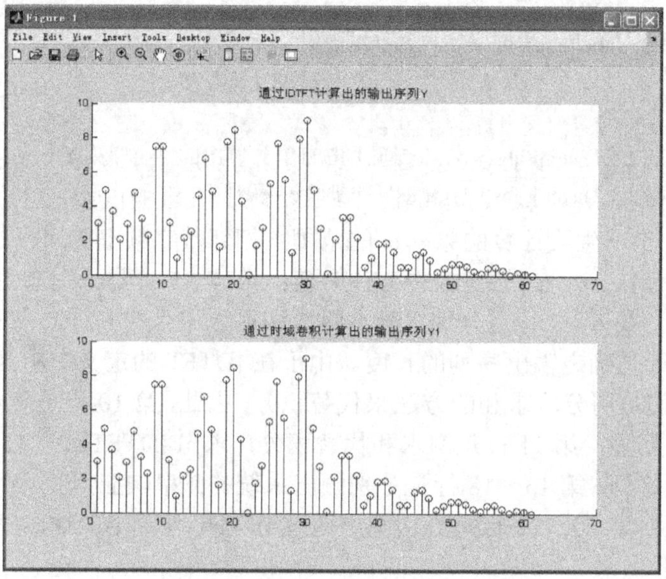

图 3-13　例 3.11 的输出序列

从数值计算的角度来看，第 2 个特点限制了它的应用范围，因为这要求计算序列的无限项和。在前面为了计算无限长序列的 DTFT，是把序列进行截断而得到有限长的近似。换句话说，DTFT 虽然在理论上具有很重要的意义，但在实际中往往难以得到，不适合在计算机上实现。

为了在实际中得到信号的频域变换，需要一种在时域和频域上都是离散的 Fourier 变换对，这就是离散 Fourier 变换（DFT）。由于长序列的 DFT 计算量相当大，因此，出现了几种计算 DFT 的高效方法，统称为快速 Fourier 变换（FFT）。事实上，正是由于 FFT 的出现，才使 DFT 在实际中得到广泛的应用。

给定一个离散序列 $x(n)$，其 DFT 及 IDFT 的公式如下：

$$\begin{cases} X(k)=\sum_{n=0}^{N-1}x(n)\mathrm{e}^{-\mathrm{j}\frac{2\pi}{N}nk}=\sum_{n=0}^{N-1}x(n)W_N^{nk}\ ,k=0,1,\cdots,N-1 \\ x(n)=\frac{1}{N}\sum_{n=0}^{N-1}X(k)\mathrm{e}^{\mathrm{j}\frac{2\pi}{N}nk}=\frac{1}{N}\sum_{n=0}^{N-1}x(n)W_N^{-nk},\ n=0,1,\cdots,N-1 \end{cases} \tag{3-30}$$

式中，$W_N=\mathrm{e}^{-\mathrm{j}\frac{2\pi}{N}}$。DFT 对应的是在时域、频域都是有限长，且又都是离散的。

例 3.12　一个离散序列为 $x(n)=\sin(0.2n)\mathrm{e}^{-0.1n},0\leqslant n\leqslant 30$，试求该序列的 DFT。

程序代码如下：

```
1.  clear all
2.  n=0:30;
3.  x=sin(0.2*n).*exp(-0.1*n);
4.  k=0:30;
5.  N=31;
6.  Wnk=exp(-j*2*pi/N).^(n'*k);
7.  X=x*Wnk;
8.  subplot(2,1,1);stem(n,x);title('序列 x')
9.  subplot(2,1,2);stem(-15:15,[abs(X(17:end)) abs(X(1:16))])
10. title('X 幅度')
```

说明：程序的第 3 行是产生信号序列，第 6～7 行是根据 DFT 的定义计算序列的 DFT 值，第 8 行是画出信号序列，第 9 行是画出序列 DFT 的幅度。在这里，对产生的 DFT 序列进行重新排列。这是因为 DFT 默认的下标范围是[0, N−1]，采取对下标的重新排列，是为了体现序列 DFT 的对称性。

程序运行结果如图 3-14 所示。

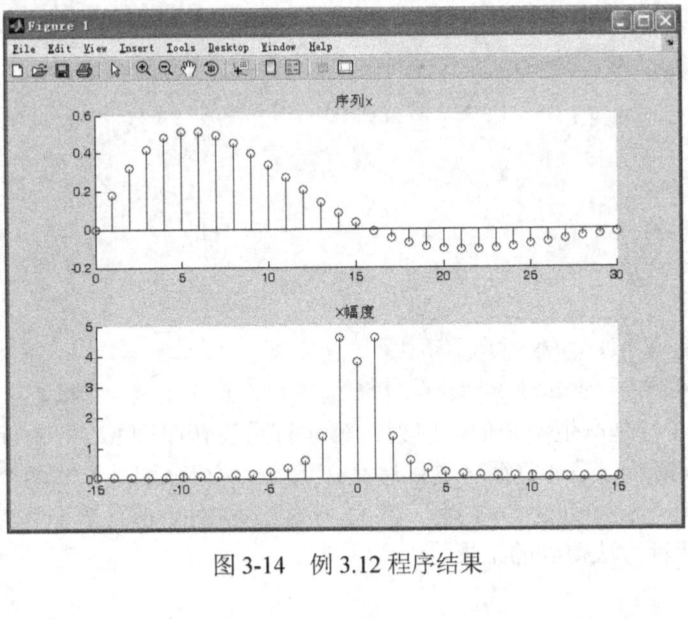

图 3-14　例 3.12 程序结果

事实上，在 MATLAB 中提供了 fft 函数来计算有限离散序列的 DFT。在上面的程序中为了说明 DFT 的计算过程，采用了 DFT 的原始定义。

下面讨论一下 DFT 的循环卷积性质。

设序列 $x(n), h(n)$都是 N 点序列，其 DFT 分别是 $X(k), H(k), Y(k)$，若

$$y(n) = x(n) \circledN h(n) = \sum_{i=0}^{N-1} x(i)h(n-i) \tag{3-31}$$

则

$$Y(k) = X(k)\boldsymbol{H}(k) \tag{3-32}$$

式中，Ⓝ表示做 N 点循环卷积。

一般对两个 N 点序列的循环卷积，其矩阵形式如下：

$$\boldsymbol{y} = \begin{bmatrix} y(0) \\ y(1) \\ \vdots \\ y(N-1) \end{bmatrix} = \begin{bmatrix} h(0) & h(N-1) & \cdots h(1) \\ h(1) & h(0) & \cdots\ h(2) \\ \vdots & \vdots & \vdots \\ h(N-1) & h(\mathrm{N}-2) & \cdots h(0) \end{bmatrix} \cdot \begin{bmatrix} x(0) \\ x(1) \\ \vdots \\ x(N-1) \end{bmatrix} = \boldsymbol{H} \cdot \boldsymbol{x} \tag{3-33}$$

式（3-33）中矩阵 $\boldsymbol{H}$ 称为循环矩阵，由第 1 行开始，依次向右移动一个元素，移出去的元素在下一行的最左边出现，即每一行都是由 $h(0), h(N-1),\cdots, h(1)$这 N 个元素依此法则移动所生成的。故称 $\boldsymbol{H}$ 为循环矩阵，因此，对应的卷积也称循环卷积。

例 3.13 已知序列 $h(n) = \{6,3,4,2,1,-2\}, x(n) = \{3,2,6,7,-1,-3\}$，试分别用直接法和 DFT 求两个序列的循环卷积序列。

程序代码如下：

```
1.  clear all
2.  h=[6 3 4 2 1 -2];
3.  x=[3 2 6 7 -1 -3];
4.  h1=fliplr(h);
5.  H=toeplitz(h,[h(1) h1(1:5)]);
6.  y=H*x';
7.
8.  H=fft(h);
9.  X=fft(x);
10. Y=H.*X;
11. y1=ifft(Y);
12.
13. subplot(2,1,1);stem(y);title('直接计算')
14. subplot(2,1,2);stem(y1);title('DFT 计算')
```

说明：第 2～3 行是产生两个信号序列，第 4 行是反转序列 h，第 5 行是利用 toeplitz 函数生成循环矩阵，第 6 行是计算循环卷积序列，第 8～9 行分别是计算两个序列的 DFT 值，第 10 行是计算循环卷积序列的 DFT 值，第 11 行是根据 DFT 值计算循环卷积序列，第 13～14 行是分别画出两种方法得到的结果。

程序运行结果如图 3-15 所示。

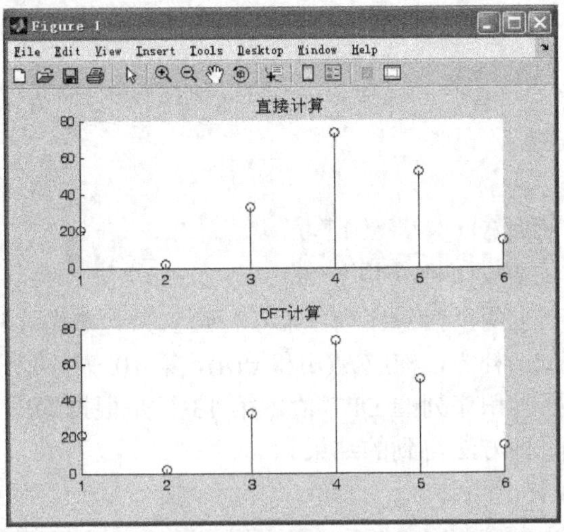

图 3-15 例 3.13 程序结果

从结果中，可以看到两种方法得到的结果是完全一样的。

设 $x(n)$为一 M 点序列，$h(n)$为一 L 点序列，$y(n)=x(n)*h(n)$，即 $y(n)$是 $x(n)$和 $h(n)$的线性卷积，那么 $y(n)$是一$(M+L-1)$点的序列。由上面的讨论可知，DFT 对应循环卷积而不对应线性卷积。如果利用 DFT 计算两个序列的线性卷积，则可以采用以下方法：

1）对 M 点序列 $x(n)$, L 点序列 $h(n)$分别作扩展，构成新序列 $x'(n)$, $h'(n)$,它们的长度都是 $M+L-1$ 点，即

$$x'(n)=\begin{cases}x(n) & ,n=0,1,\cdots,M-1\\ 0 & ,n=M,\cdots,M+L-2\end{cases}$$
$$h'(n)=\begin{cases}h(n) & ,n=0,1,\cdots,L-1\\ 0 & ,n=L,\cdots,M+L-2\end{cases} \quad (3\text{-}34)$$

2）计算 $x'(n)$, $h'(n)$的 DFT 值 $X'(k)$, $H'(k)$，并计算 $Y'(k)$，$Y'(k)=X'(k)H'(k)$。

3）计算输出序列 $y(n)$，$y(n)=y'(n)=\mathrm{IDFT}(Y'(k))=\mathrm{IDFT}(X'(k)H'(k))$

例 3.14 已知序列 $h(n)=\mathrm{sinc}(0.2n), 0\leqslant n\leqslant 20, x(n)=\mathrm{e}^{-0.2n}, 0\leqslant n\leqslant 10$，试分别用直接法和 DFT 法求两个序列的线性卷积序列。

程序代码如下：

```
clear all
n1=0:20;
n2=0:10;
h=sinc(0.2*n1);
x=exp(-0.2*n2);
y=conv(x,h);

h1=[h zeros(1,length(x)-1)];
```

```
9.  x1=[x zeros(1,length(h)-1)];
10. H1=fft(h1);
11. X1=fft(x1);
12. Y1=H1.*X1;
13. y1=ifft(Y1);
14.
15. subplot(2,1,1);stem(y);title('直接计算')
16. subplot(2,1,2);stem(y1);title('DFT 计算')
```

说明：第 4～5 行是产生两个信号序列，第 6 行是直接计算两个序列的线性卷积，第 8～9 行分别是对序列 $h(n)$和 $x(n)$补零，构成 $h'(n)$和 $x'(n)$，第 10～11 行分别是计算补零后序列的 DFT，第 12 行是计算线性卷积序列的 DFT 值，第 13 行是根据 DFT 值计算线性卷积序列，第 15～16 行是分别画出两种方法得到的结果。

程序运行结果如图 3-16 所示。

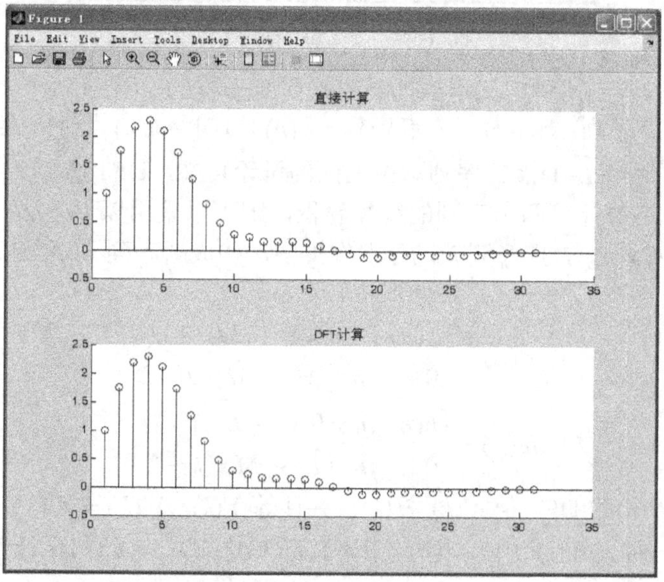

图 3-16　例 3.14 程序结果

从图 3-16 中，可以看到两种方法得到的结果是完全一样的。

有限序列的离散 Fourier 变换是学习信号处理的重要工具，限于篇幅，此处不能给出更多的例子，读者可以参考数字信号处理的相关书籍，利用 MATLAB 求解其中给出的习题，相信会大有收获。

3.3　带通信号的低通等效

许多携带数字信息的信号是由某种类型的载波调制方式发送的。传输信号的信道带宽限制在以载波为中心的一个频段上，如双边带调制。满足带宽远小于载波频率的信号与信道（系统）称为窄带带通信号与信道（系统）。通信系统发送端的调制产生带通信号，而接收端的解调恢复数字信息，两者均包含频率转换。为了分析方便，最好将所有的带通信号与信道简化为等效低通信号与信道。这一节介绍带通信号与系统的等效低通表示。

3.3.1 解析信号与 Hilbert 变换

对于一个带通信号 $x(t)$，考虑构架如下信号，其中仅包含 $x(t)$的正频域部分，该信号可以表示为

$$X_+(f)=2u(f)X(f) \tag{3-35}$$

式中，$X(f)$ 为 $x(t)$的 Fourier 变换；$u(f)$ 为单位阶跃函数。

式（3-35）的等效时域表达式为

$$x_+(t)=\int_{-\infty}^{\infty}X_+(f)\mathrm{e}^{\mathrm{j}2\pi f t}\mathrm{d}f=x(t)+\mathrm{j}\frac{1}{\pi t}x(t) \tag{3-36}$$

信号 $x_+(t)$ 称为解析信号或 $x(t)$的预包络。

定义

$$\hat{x}(t)=\frac{1}{\pi t}x(t)=\frac{1}{\pi}\int_{-\infty}^{\infty}\frac{x(\tau)}{t-\tau}\mathrm{d}\tau \tag{3-37}$$

信号 $\hat{x}(t)$ 可以看作一个滤波器在输入信号 $x(t)$激励下的输出，该滤波器的冲激响应为

$$h(t)=\frac{1}{\pi t}\text{，}-\infty<t<\infty \tag{3-38}$$

这样的滤波器称为 Hilbert 变换器，其频率响应为

$$H(f)=\int_{-\infty}^{\infty}h(t)\mathrm{e}^{-\mathrm{j}2\pi f t}\mathrm{d}t=\begin{cases}-j, f>0\\ 0, f=0\\ j, f<0\end{cases} \tag{3-39}$$

可以看出，$|H(f)|=1$，以及相位响应当 $f>0$ 时为 $\varPhi(f)=-\frac{1}{2}\pi$，而当 $f<0$ 时，为 $\varPhi(f)=\frac{1}{2}\pi$。因此这种滤波器本质上是一个对输入信号所有频率的 90° 移相器。

MATLAB 中提供了 Hilbert 变换函数 hilbert，它产生复序列 $x_+(t)$。$x_+(t)$的实部是原序列 $x(t)$，而它的虚部则是原序列的 Hilbert 变换。

例 3.15 信号 $x(t)=\mathrm{e}^{-10|t-5|}\cos(2\pi\times 20t), 0\leqslant t\leqslant 10$，试求：

（1）画出该信号和它的幅度谱。

（2）求该信号的解析信号，并画出解析信号幅度谱。

程序代码如下：

```
clear all
ts=0.01;
fs=1/ts;
t=0:ts:10;
df=fs/length(t);
```

```
6.  f=-50:df:50-df;
7.  x=exp(-10*abs(t-5)).*cos(2*pi*20*t);
8.  X=fft(x)/fs;
9.
10. xa=hilbert(x);
11. Xa=fft(xa)/fs;
12. subplot(2,1,1);plot(t,x);title('信号 x');xlabel('时间 t')
13. subplot(2,1,2);plot(f,fftshift(abs(X)));title('信号 x 幅度谱');xlabel('频率 f')
14.
15. figure
16. subplot(2,1,1);plot(t,abs(xa));title('信号 xa 包络');xlabel('时间 t')
17. subplot(2,1,2);plot(f,fftshift(abs(Xa)));title('信号 xa 幅度谱');xlabel('频率 f')
```

说明：因为该信号的载波频率为 20Hz，所以，选取采样时间间隔 t_s=0.01s（第 2 行），对应的采样频率 $f_s = 1/t_s = 100\,\text{Hz}$（第 3 行）。第 5 行是确定 DFT 的频率分辨率。第 6 行是生成频率矢量，它用在后面的画图中。第 7 行是生成信号。第 8 行是求信号的频谱，因为原始信号 x(t)是模拟信号，根据抽样定理，需要再计算出的 FFT 值后除以 f_s 才能得到原模拟信号的 Fourier 变换。第 10 行是求 x(t)的解析信号 $x_a(t)$。第 11 行是求 $x_a(t)$的频谱。第 12～13 行分别是画出信号 x(t)及它的幅度谱。第 16～17 行是画出 $x_a(t)$的包络（因为 $x_a(t)$是复数）及幅度谱。

程序运行结果如图 3-17、图 3-18 所示。

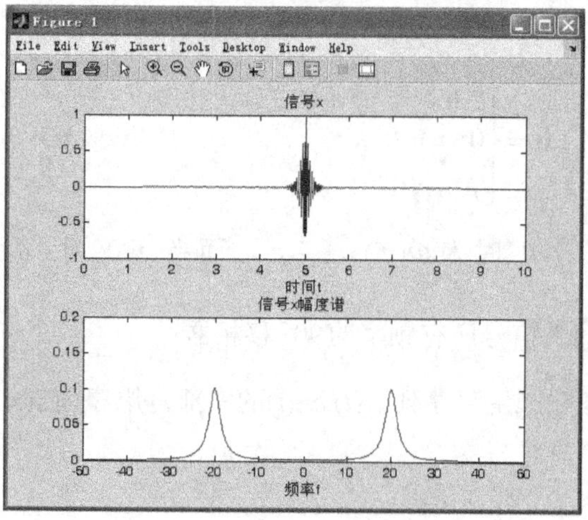

图 3-17　例 3.15 信号及其幅度谱

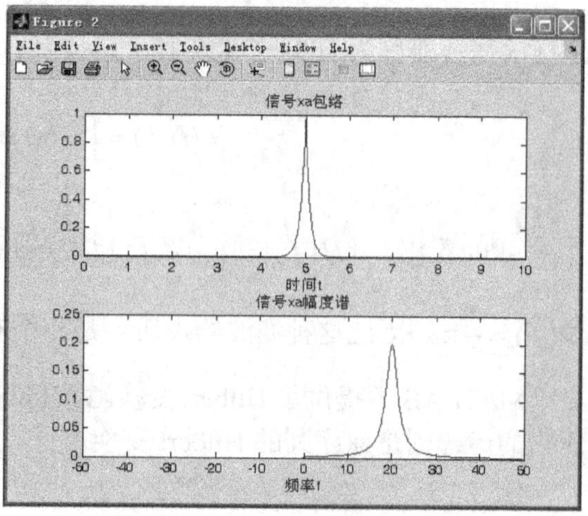

图 3-18　例 3.15 解析信号包络及幅度谱

从图 3-17、图 3-18 可以看出解析信号频谱中只包含正频率部分，且频谱幅度值是原始信号频谱幅度值的两倍。

3.3.2　带通信号的低通表示

由 3.3.1 节知道，解析信号 $x_+(t)$虽然只包含正频率成分，但它仍然是带通信号。由 $X_+(f)$

的频率转换，可以得到等效低通表达式。定义$X_l(f)$为

$$X_l(f) = X_+(f + f_c) \tag{3-40}$$

等效时域关系式为

$$x_l(t) = x_+(t)\mathrm{e}^{-\mathrm{j}2\pi f_c t} = [x(t) + \mathrm{j}\hat{x}(t)]\mathrm{e}^{-\mathrm{j}2\pi f_c t} \tag{3-41}$$

或等价为

$$x(t) + \mathrm{j}\hat{x}(t) = x_l(t)\mathrm{e}^{\mathrm{j}2\pi f_c t} \tag{3-42}$$

一般地，信号$x_l(t)$是复信号，且可以表示为

$$x_l(t) = x_c(t) + \mathrm{j}x_s(t) \tag{3-43}$$

若替换式（3-43）中的$x_l(t)$，并使该式左右两边的实部和虚部相等，可以得到如下关系式，即

$$\begin{aligned} x(t) &= x_c \cos 2\pi f_c t - x_s \sin 2\pi f_c t \\ \hat{x}(t) &= x_c \sin 2\pi f_c t + x_s \cos 2\pi f_c t \end{aligned} \tag{3-44}$$

式（3-44）是带通信号表示的期望形式。低频信号$x_c(t)$和 $x_s(t)$可以看做分别施加在载波分量$\cos 2\pi f_c t$和$\sin 2\pi f_c t$上的幅度调制信号。由于载波分量在相位上是正交的，因此，$x_c(t)$和$x_s(t)$称为带通信号$x(t)$的两个正交分量。其中，$x_c(t)$一般称为同相分量，$x_s(t)$称为正交分量。

式（3-44）中的信号的另一种表示为

$$x(t) = \mathrm{Re}\left\{[x_c + \mathrm{j}x_s]\mathrm{e}^{\mathrm{j}2\pi f_c t}\right\} = \mathrm{Re}\left\{x_l(t)\mathrm{e}^{\mathrm{j}2\pi f_c t}\right\} \tag{3-45}$$

式中，Re表示其后括号中复值量的实部。低通信号$x_l(t)$通常称为实信号$x(t)$的复包络，其本质上是等效低通信号。

$x_l(t)$还可以表示为

$$x_l(t) = a(t)\mathrm{e}^{\mathrm{j}\theta(t)} \tag{3-46}$$

式中

$$a(t) = \sqrt{x_c^2(t) + x_s^2(t)}; \tag{3-47}$$

$$\theta(t) = \arctan\frac{x_s(t)}{x_c(t)}$$

因此

$$\begin{cases} x_c(t) = a(t)\cos(\theta(t)) \\ x_s(t) = a(t)\sin(\theta(t)) \\ x(t) = \mathrm{Re}\left\{x_l(t)\mathrm{e}^{\mathrm{j}2\pi f_c t}\right\} = \mathrm{Re}\left\{a(t)\mathrm{e}^{\mathrm{j}(2\pi f_c t + \theta(t))}\right\} = a(t)\cos(2\pi f_c t + \theta(t)) \end{cases} \tag{3-48}$$

信号$a(t)$称为$x(t)$的包络，$\theta(t)$称为$s(t)$的相位。因此，式（3-44）、式（3-45）和式（3-46）是带通信号的等价表达形式。

例 3.16 假设信号如例3.15所示，求解下列问题：

（1）假设f_c=20Hz，求$x(t)$的低通等效，并画出它的幅度谱和同相分量。

（2）假设f_c=10Hz，求$x(t)$的低通等效，并画出它的幅度谱和同相分量。

程序代码如下：

```
1.  clear all
2.  ts=0.01;
3.  fs=1/ts;
4.  t=0:ts:10;
5.  df=fs/length(t);
6.  f=-50:df:50-df;
7.  x=exp(-10*abs(t-5)).*cos(2*pi*20*t);
8.  xa=hilbert(x);
9.
10. fc1=20;
11. xl1=xa.*exp(-j*2*pi*fc1*t);
12. Xl1=fft(xl1)/fs;
13. subplot(2,1,1);plot(t,real(xl1));title('fc=20Hz 时的低通信号同相分量');xlabel('时间 t')
14. subplot(2,1,2);plot(f,fftshift(abs(Xl1)));title('fc=20Hz 时的低通信号幅度谱');xlabel('频率 f')
15.
16. fc2=10;
17. xl2=xa.*exp(-j*2*pi*fc2*t);
18. Xl2=fft(xl2)/fs;
19. figure
20. subplot(2,1,1);plot(t,real(xl2));title('fc=10Hz 时的低通信号同相分量');xlabel('时间 t')
21. subplot(2,1,2);plot(f,fftshift(abs(Xl2)));title('fc=10Hz 时的低通信号幅度谱');xlabel('频率 f')
```

说明：第 2～8 行是产生信号的解析信号，同例 3.15 一样。第 11 行是根据式（3-41）求当 f_c=20Hz 时的低通信号。第 12 行是求 f_c=20Hz 时低通信号的频谱。第 13～14 行是分别画出 f_c=20Hz 时低通信号的同相分量及幅度谱。第 16～21 行是求 f_c=10Hz 时相应的结果。

程序运行结果如图 3-19、图 3-20 所示。

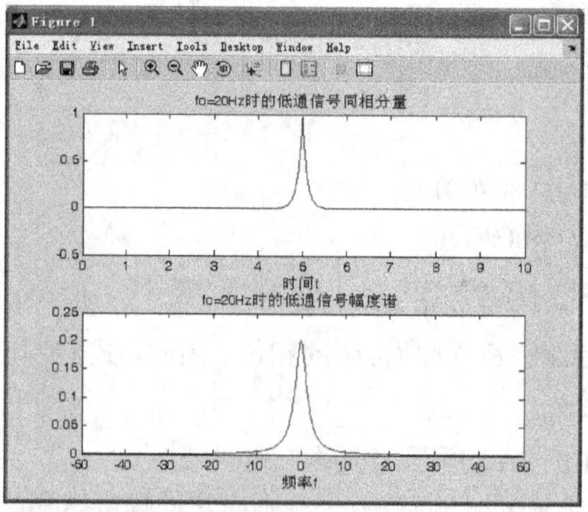

图 3-19　例 3.16 f_c=20Hz 时的结果

如图 3-19 所示，幅度谱在 f_c=20Hz 时是偶函数，因为

$$x(t) = \mathrm{Re}[\mathrm{e}^{-10|t-5|}\mathrm{e}^{\mathrm{j}(2\pi\times 20t)}] \tag{3-49}$$

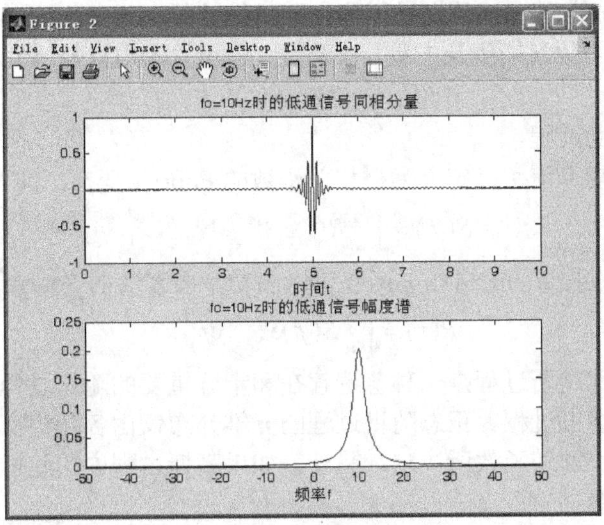

图 3-20 例 3.16 f_c=10Hz 时的结果

将式（3-49）与

$$x(t)=\mathrm{Re}[x_l(t)\mathrm{e}^{\mathrm{j}2\pi f_c t}] \tag{3-50}$$

比较可得：

$$x_l(t)=\mathrm{e}^{-10|t-5|} \tag{3-51}$$

这意味着在这种情况下，低通等效信号是一个实信号，因此，$x_c(t)=x_l(t), x_s(t)=0$。在 f_c=10Hz 时，$x_l(t)$ 是一个复信号，从图 3-20 可以看出，同相分量与 f_c=20Hz 时不相同。

3.4 随机信号分析

信号可以分为确定性信号与随机信号。通信系统中遇到的信号，通常总带有某种随机性，如信源输出的信号，电子设备本身产生的热噪声电压等。通信过程中的随机信号和噪声均可归纳为依赖于时间参数 t 的随机过程。这种过程的基本特征是，它是时间 t 的函数，但在任意时刻上观察到的值却是不确定的，是一个随机变量。这一节简单介绍一下随机信号分析。

3.4.1 平稳随机过程的相关函数与功率谱密度

在通信系统中所遇到的信号及噪声，大多数均可视为平稳的随机过程。平稳随机过程即指它的任何 n 维分布函数或概率密度函数与时间起点无关。也就是说，随机过程 $X(t)$在任意一组时刻$t_1>t_2>t_3>\cdots>t_n$且 n 为任意值时得到的随机变量 $X_{t_i}, i=1,2,\cdots,n$ 的联合概率密度函数满足

$$p(x_{t_1},x_{t_2},\cdots,x_{t_n})=p(x_{t_1+t},x_{t_2+t},\cdots,x_{t_n+t}) \tag{3-52}$$

对所有 t 和 n 都成立时，该随机过程称为严平稳过程。其中，t 是任意时刻。

若平稳随机过程的数学期望及方差与 t 无关，自相关函数只与时间间隔 τ 有关，即

$$R(t_1, t_1 + \tau) = R(\tau) \tag{3-53}$$

这样的过程称为宽平稳过程。

平稳随机过程的功率谱密度定义为自相关函数的 Fourier 变换，即

$$S(f) = \int_{-\infty}^{\infty} R(\tau) \mathrm{e}^{-\mathrm{j}2\pi f \tau} \mathrm{d}\tau \tag{3-54}$$

同样，一个平稳随机过程 $X(t)$的自相关函数可以由功率谱密度的 Fourier 逆变换得到，即

$$R(\tau) = \int_{-\infty}^{\infty} S(f) \mathrm{e}^{\mathrm{j}2\pi f \tau} \mathrm{d}f \tag{3-55}$$

正态随机过程又称高斯过程是一种普遍存在和十分重要的随机过程。在通信信道中的噪声，通常是一种正态随机过程。正态随机过程的 n 维分布仅由各随机变量的数学期望、方差和两两之间的归一化协方差函数所决定。另外，如果高斯过程中的随机变量之间互不相关，则它们也是统计独立的。

对通信系统中的热噪声进行建模的时候，往往假设这样的噪声是白色高斯随机过程，即其功率谱密度 $S(f)$ 对全部 f 是一个常数。热噪声的功率谱密度一般由 $S(f) = N_0/2$ 给出，其自相关函数 $R(\tau) = \dfrac{N_0}{2}\delta(\tau)$，其中 $\delta(\tau)$ 为单位冲激函数。因此 $\tau \neq 0$ 时， $R(\tau) = 0$ 。就是说，对一个白色高斯随机过程任意两个时间点上进行采样，所得的随机变量一定是不相关的，因而也是统计独立的高斯随机变量。

例 3.17 产生 100 个 N=2000 的独立同分布的均值为 0，方差为 1 的高斯分布随机数的离散时间序列，计算序列的自相关估值和功率谱密度的平均值。

程序代码如下：

```
1.  clear all
2.  N1=2000;
3.  N2=100;
4.  x=randn(N2,N1);
5.  for ii=1:N2
6.  [Rx(ii,:),lags]=xcorr(x(ii,:),50,'coeff');
7.  Sf(ii,:)=fftshift(abs(fft(Rx(ii,:))));
8.  end
9.  Rx_av=sum(Rx)/N2;
10. Sf_av=sum(Sf)/N2;
11. subplot(2,1,1);plot(lags,Rx_av);title('自相关函数')
12. subplot(2,1,2);plot(lags,Sf_av);title('功率谱密度')
13. axis([-50 50 0 2])
```

说明：程序第 4 行是产生 100 行 2000 列的高斯分布随机数，其均值为 0，方差为 1。每 1 行代表一个离散时间序列。第 5～8 行是依次计算每一行的自相关函数估值和功率谱密度估值。xcorr 是 MATLAB 提供的用来计算自相关值的函数。第 1 个参数是用来计算自相关值的序列，第 2 个参数是指定计算自相关值的最大时间偏移。在此指定了 50，因此，计算出自相

关值时间偏移是从 R(−50) 到 R(50)。第 9～10 行分别是把计算出的自相关估值和功率谱密度估值进行平均，以得到较为平滑的结果。第 11～13 行是画出所求得的结果。

程序运行结果如图 3-21 所示。

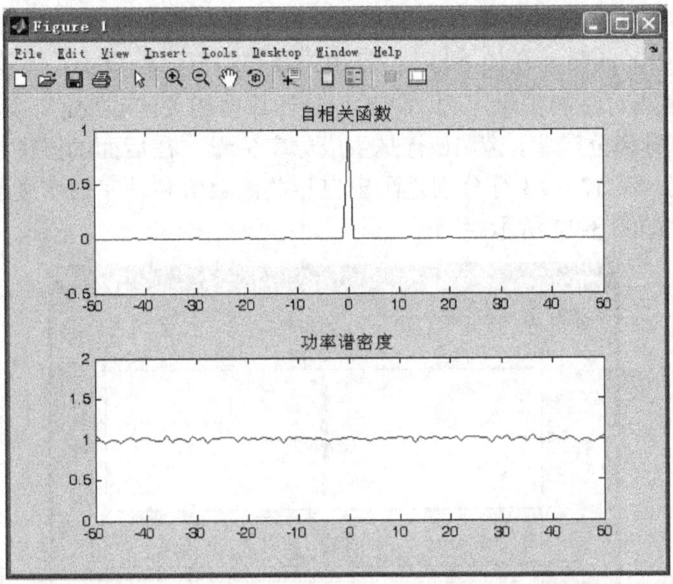

图 3-21　例 3.17 程序结果

从图 3-21 可以看出，所得的自相关函数及功率谱密度估值同理论分析基本一致。

3.4.2　带通随机过程

若随机过程的功率谱在某中心频率 $\pm f_0$ 附近的一个频带内有值，而在该频带之外功率谱密度为 0，就称这个随机过程是带通过程，若通带 $B << f_0$，则称该过程是一个窄带过程。

例 3.18　已知一噪声的自相关函数为 $R(\tau)=\mathrm{sinc}(2B\tau)\cos(2\pi f_0\tau)$，其中，$B=20, f_0=100$，试求该随机过程的功率谱密度。

程序代码如下：

```
clear all
ts=0.002;
tao=-1:ts:1;
B=20;
f0=100;
R=sinc(2*B*tao).*cos(2*pi*f0*tao);

fs=1/ts;
df=fs/length(tao);
f=-fs/2:df:fs/2-df;
```

```
11.  S=fft(R)/fs;
12.  subplot(2,1,1);plot(tao,R);title('自相关函数');xlabel('tao');ylabel('R')
13.  subplot(2,1,2);plot(f,fftshift(abs(S)));title('功率谱密度');xlabel('f');ylabel('S')
```

说明：因为本例中自相关函数是连续函数，在计算时需要对其进行抽样，所以，程序第 2 行是设定抽样间隔，同时，在 $|\tau|>1$ 时，自相关函数的值已经很小，所以，第 3 行设定 τ 的范围是[−1,1]，并生成对应的矢量序列，第 6 行是计算自相关函数的值，第 8 行是计算抽样频率，第 9 行是计算频率分辨率，第 10 行是生成频率矢量，在后面的画图中要用到，第 11 行是计算功率谱密度，第 12～13 行分别是画出自相关函数值和功率谱密度值。

程序执行结果如图 3-22 所示。

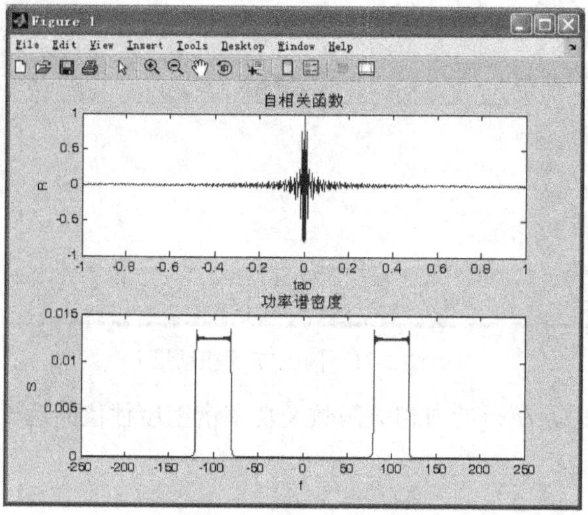

图 3-22　例 3.18 程序结果

从图 3-22 可以看出，该随机过程的功率谱密度在中心频率 ±100 Hz，带宽 40Hz 的范围内有值，而在此频带之外，功率谱密度为 0，所以，此随机过程为带通随机过程。

3.4.3 随机过程通过线性系统

假设一个平稳随机过程 $X(t)$ 通过某个线性时不变滤波器 $h(t)$，则该线性滤波器的输出 $Y(t)$ 是随机过程，即

$$Y(t)=\int_{-\infty}^{\infty}X(\tau)h(t-\tau)\mathrm{d}\tau \tag{3-56}$$

输出过程 $Y(t)$ 的功率谱密度与输入过程 $X(t)$ 的功率谱密度和该线性滤波器的频率响应间的关系为

$$S_y(f)=S_x(f)\left|H(f)\right|^2 \tag{3-57}$$

例 3.19　考虑一个白噪声序列 X_n 通过一个滤波器产生的序列，滤波器的脉冲响应为

$$h(n)=\begin{cases}0.6^n, & n\geqslant 0\\ 0, & n<0\end{cases}$$

输入序列是均值为 0，方差为 1 的高斯分布随机变量的一个独立同分布序列，求输出过程的自相关函数和功率谱密度。

程序代码如下：

```
1.  clear all
2.  N1=2000;
3.  N2=100;
4.  x=randn(N2,N1);
5.  for ii=1:N2
6.      y(ii,1)=x(ii,1);
7.      for jj=2:N1
8.          y(ii,jj)=0.6*y(ii,jj-1)+x(ii,jj);
9.      end
10.     [Ry(ii,:),lags]=xcorr(y(ii,:),50,'coeff');
11.     Sf(ii,:)=fftshift(abs(fft(Ry(ii,:))));
12. end
13. Ry_av=sum(Ry)/N2;
14. Sf_av=sum(Sf)/N2;
15. subplot(2,1,1);plot(lags,Ry_av);title('自相关函数')
16. subplot(2,1,2);plot(lags,Sf_av);title('功率谱密度')
```

说明：程序的第 1～4 行与例 3.17 相同。由滤波器的脉冲响应，可以知道该滤波器的输入/输出递推方程可以表示为 $y(n)=0.6y(n-1)+x(n), n\geqslant 1, y(-1)=0$，因此程序的第 6～9 行是计算输入序列通过滤波器后的输出序列。第 10 行是计算输出序列的自相关函数。第 11 行是计算输出序列的功率谱密度。第 13～14 行分别是把计算出的输出序列的自相关函数和功率谱密度进行平均。第 15～16 行是画出计算得到的结果。

程序运行结果如图 3-23 所示。读者可以与理论计算出的结果进行比较。

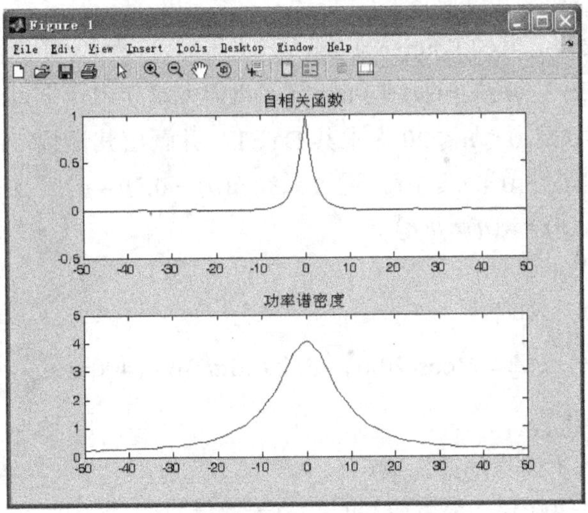

图 3-23　　例 3.19 程序结果

小　结

本章简要介绍了用 MATLAB 进行通信信号与系统分析的方法，包括离散信号和系统的分析，连续时间信号的 Fourier 分析，离散时间信号的 Fourier 变换，以及数字信号处理中比较重要的离散 Fourier 变换，随后介绍了带通信号分析与随机信号分析的方法。给出了大量的分析示例，并对示例进行了说明。限于篇幅，无法给出更多的示例，读者可以参考相关书籍，自己尝试用 MATLAB 求解其中给出的问题，以进一步掌握用 MATLAB 进行信号与系统分析的基本方法。

习　题

1. 给定信号 $x(n)=\cos(0.2\pi n)+\mathrm{e}^{-0.1n}\sin(0.4\pi n), 0\leqslant n\leqslant 100$，画出 $x(n)$。

2. 已知线性移不变系统的输入 $x(n)=\cos(\frac{1}{8}\pi n-\frac{3}{4}\pi), 0\leqslant n\leqslant 50$，系统的单位抽样响应为 $h(n)=\left(\frac{1}{2}\right)^n, 0\leqslant n\leqslant 20$，试求系统的输出并画图。

3. 设有一系统，其输入/输出关系由差分方程确定，即

$$y(n)=0.95y(n-1)+x(n)-0.5x(n-1)$$

（1）求该系统的单位取样响应。

（2）若 $x(n)=0.3^n, n\geqslant 0$，求该系统的输出响应并画图。

4. 若 $x_1(n)=[1,2,3,4], x_2(n)=[0.5,0.3,0.2,0.1]$，试求：

（1）两个序列的和。

（2）两个序列的卷积和，并画图。

5. $x(t)=\mathrm{e}^{-t^2}$，求该信号的 Fourier 变换。

6. 一信号的 Fourier 变换是 $F(\omega)=-\tan^{-1}(\omega-1)+\tan(\omega+1)$，试求该信号的时域表达式。

7. 已知 $x(n)=2-0.5^n, 0\leqslant n\leqslant 20$，求其 DTFT，并画出其幅频特性和相频特性。

8. 设信号 $x(n)=2n-5, 0\leqslant n\leqslant 10$，通过系统 $h(n)=0.3n+\mathrm{e}^{-0.1n}, 0\leqslant n\leqslant 10$，试求：

（1）系统的输出 $y(n)=x(n)*h(n)$。

（2）试用循环卷积计算 $y(n)$。

9. 一个带通信号定义如下：

$$x(t)=6(\cos(20\pi t)-3\sin(30\pi t))\cos(400\pi t+\frac{3}{8}\pi t)$$

（1）画出 $x(t)$的谱函数。

（2）画出该信号解析信号的谱函数。

（3）载波频率为 f=200Hz，求该信号的低通等效信号。

10. 查阅 MATLAB 帮助手册，产生一个在[−0.5, 0.5]内服从均匀分布的随机数序列，求其自相关函数和功率谱密度。

11. 已知一滤波器的单位抽样响应为

$$h(n)=\begin{cases}0.7^n, & n \geqslant 0 \\ 0, & n<0\end{cases}$$

求习题 10 中的序列通过该滤波器后的自相关函数和功率谱密度。

第4章 信　道

信道是通信系统不可缺少的部分之一。信道是将来自发送端的信号传送到接收端的物理媒质，可以分为有线信道和无线信道。信道的质量影响着信号的接收和解调，这种影响表现在两个方面：一方面信号在实际信道中传输时，由于信道特性不理想会引起信号波形的失真；另一方面信道中存在各种噪声会干扰信号的传输。信道通常可以分为加性高斯白噪声信道、多径 Rayleigh 衰落信道和 Rician 衰落信道等。本章将简要介绍 MATLAB 提供的这几种信道模型的使用。

4.1 加性高斯白噪声信道

信号在信道传输的过程中，不可避免地会受到各种干扰，这些干扰统称为“噪声”。加性高斯白噪声（Additive White Gaussian Noise，AWGN）是最常见的一种噪声，它存在于各种传输媒质中，包括有线信道和无线信道。加性高斯白噪声表现为信号围绕平均值的一种随机波动过程。加性高斯白噪声的均值为 0，方差是噪声功率的大小。一般情况下，噪声功率越大，信号的波动幅度就越大，接收端接收到的信号的误比特率就越高。在研究通信系统的误码率与信道质量的关系时，一般先研究它在 AWGN 信道下的性能，然后再把它推广到具有快衰落的复杂情况。

4.1.1 awgn 函数

MATLAB 提供了 awgn 函数来实现在输入信号中叠加一定强度的高斯白噪声信号，噪声信号的强度由输入参数确定。它主要有以下几种形式。

1．awgn(x, snr)

函数 awgn(x, snr)把加性高斯白噪声叠加到输入信号 x 中，snr 以 dB 的形式指定噪声的功率。在这种情况下，信号 x 的功率假设为 0dBW，因此，噪声的功率实际上就等于–snr dBW。如果 x 是复数，那么 awgn 将添加复数噪声。

例 4.1 在正弦信号上叠加功率为–20dBW 的高斯白噪声。程序代码如下：

```
clear all
t=0:0.001:10;
x=sin(2*pi*t);
snr=20;
```

```
5.  y=awgn(x, snr);
6.  subplot(2,1,1);plot(t,x);title('正弦信号 x')
7.  subplot(2,1,2);plot(t,y);title('叠加了高斯白噪声后的正弦信号')
8.
9.  z=y−x;
10. var(z)
```

说明：程序第 2 行是产生时间矢量，第 3 行是生成正弦信号，第 4 行是设定加性高斯白噪声的功率，第 5 行是在正弦信号上叠加高斯白噪声，第 6～7 行是画出原始信号和叠加了噪声后的信号，第 9～10 行是计算噪声的功率（方差）。

程序执行结果如图 4-1 所示。

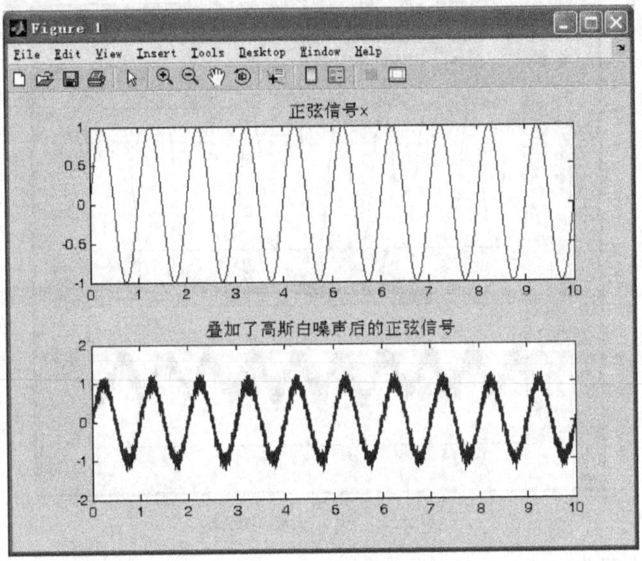

图 4-1　例 4.1 程序结果

计算出的噪声功率为

```
ans =

    0.0100
```

从图 4-1 可以看出，叠加了噪声后的信号与原信号相比有了失真，并且计算出的噪声功率为 0.01，而且这个功率是由 snr 决定的。

2．awgn(x, snr, sigpower)

这种方法与方法 1 不同的是，假设了输入信号的功率为 sigpower（单位：dBW）。

例 4.2　例 4.1 中假设信号功率为 10dBW，snr 保持不变，重新求解。

程序代码如下：

```
clear all
t=0:0.001:10;
```

```
3.  x=sin(2*pi*t);
4.  snr=20;
5.  y=awgn(x, snr,10);
6.  subplot(2,1,1);plot(t,x);title('正弦信号 x')
7.  subplot(2,1,2);plot(t,y);title('叠加了高斯白噪声后的正弦信号')
8.
9.  z=y-x;
10. var(z)
```

说明：例 4.2 与例 4.1 中的程序唯一不同的是第 5 行假设了信号功率为 10dBW。

程序执行结果如图 4-2 所示。

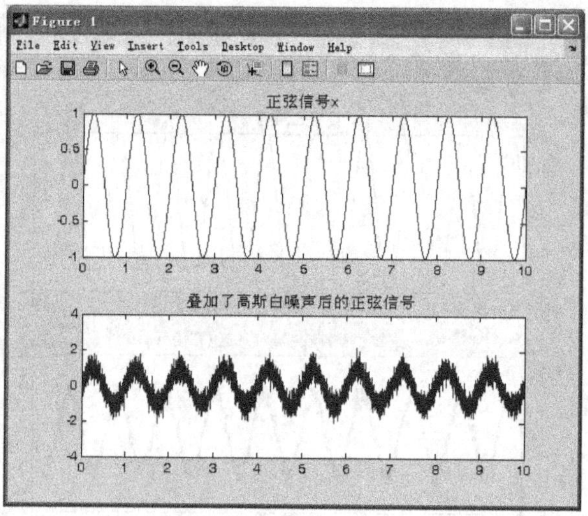

图 4-2　例 4.2 程序结果

计算出的噪声功率为

```
ans =


    0.100
```

比较图 4-2 与图 4-1 可以明显看出，图 4-2 的失真要远大于图 4-1，这是因为输入信号的功率实际上小于 10dBW，因此，虽然 snr 保持不变，但噪声功率实际上增大了，从计算出的噪声功率上也证明了这一点。

3．awgn(x,snr,'measured')

首先计算输入信号 *x* 的功率，然后按照 snr 添加相应功率的高斯白噪声。

例 4.3　计算例 4.1 中输入信号的功率，根据 snr 添加高斯白噪声。

程序代码如下：

```
clear all
t=0:0.001:10;
x=sin(2*pi*t);
```

```
4.  snr=20;
5.  y=awgn(x, snr,'measured');
6.  subplot(2,1,1);plot(t,x);title('正弦信号 x')
7.  subplot(2,1,2);plot(t,y);title('叠加了高斯白噪声后的正弦信号')
8.
9.  z=y−x;
10. var(z)
```

说明：例 4.3 的程序与例 4.2 的程序不同的是第 5 行，awgn 第 3 个参数由 10 改为'measured'。程序执行结果如图 4-3 所示。

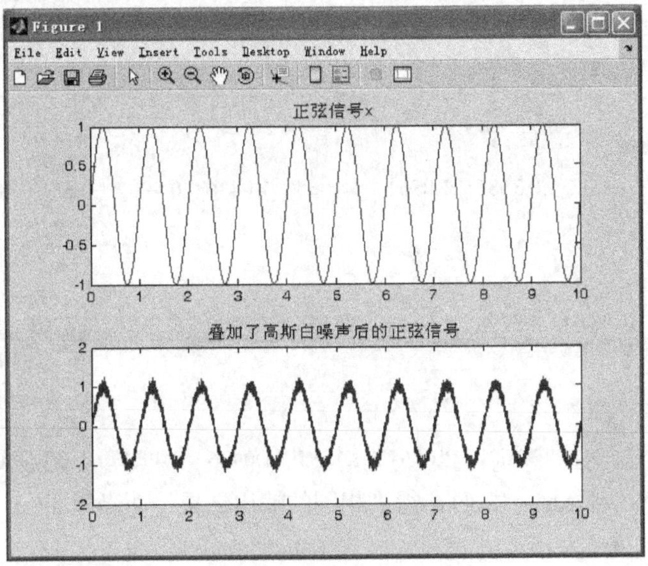

图 4-3　例 4.3 程序结果

计算出的噪声功率为

```
ans =

    0.005
```

从图 4-3 可以看出，添加噪声后的信号失真要小于图 4-1 和图 4-2，这是因为添加的噪声功率根据实际的信号功率计算得到，而实际的信号的功率为 0.5，因此，添加的噪声功率为 0.005，与计算结果一致，并且要小于例 4.1 和例 4.2 的噪声功率。

4．awgn(x,snr,…,state)

在这种调用中，MATLAB 将随机数种子设置为 state，其中"…"可以是 sigpower 或者'measured'。从严格意义上说，MATLAB 中，随机数是根据一定的算法产生的伪随机数。它们虽然不是真正的随机数，但是统计特性与真正的随机数序列基本一致，并且重复产生也比较容易，只要把产生伪随机数的初始条件（俗称随机数种子）设为一致即可。因此，如果前后两次调用的 state 相同，则产生的加性高斯白噪声结果也相同。

例 4.4 分别设 state=10 和 state=5，观察产生的加性高斯白噪声结果。

```
1.  clear all
2.  x=ones(1,10);
3.  snr=10;
4.  y1=awgn(x,snr,'measured',10)
5.  y2=awgn(x,snr,'measured',5)
6.  y3=awgn(x,snr,'measured',10)
```

说明：程序的第 2 行是产生信号矢量。第 3 行是设定 snr。第 4 行是设定 state=10 时，添加高斯白噪声。第 5 行是设定 state=5 时，添加高斯白噪声。第 6 行是重新设定 state=10，以便于与第 4 行产生的结果进行比较。

程序运行结果如下：

```
y1 =

    1.6391    1.1587    0.3681    1.0861    1.1065    1.0436    0.4907    0.6814    0.8373    0.3394

y2 =

    1.3123    1.0819    0.8798    1.0546    0.5165    1.0000    1.3505    0.6703    1.3290    0.8223

y3 =

    1.6391    1.1587    0.3681    1.0861    1.1065    1.0436    0.4907    0.6814    0.8373    0.3394
```

从结果可以看出，当 state=10 时，得到相同的输出结果；而当 state=5 时，结果与 state=10 不同。

4.1.2 randn 函数

randn 函数也可以用来产生加性高斯白噪声，在第 3 章中已经用到过该函数。

1．randn(n)

randn(n)返还一个 *n* 行 *n* 列的随机矩阵，其中每一行和每一列都服从均值为 0、方差为 1 的正态分布。

2．randn(m,n)

randn(m,n)返还一个 *m* 行 *n* 列的随机矩阵，其中每一行和每一列都服从均值为 0、方差为 1 的正态分布。

3．randn('state',seed)

randn('state',seed)把随机数种子设定为 seed，相同的 state 产生相同的随机数序列。

例 4.5 用 randn 函数实现例 4.3。

程序代码如下：

```
1.  clear all;
2.  t=0:0.001:10;
3.  x=sin(2*pi*t);
4.  px=norm(x).^2/length(x);              %计算信号 x 的功率
5.  snr=20;                               %信噪比，dB 形式
6.  pn=px./(10.^(snr./10));               %根据 snr 计算噪声功率
7.  n=sqrt(pn)*randn(1,length(x));        %根据噪声功率产生相应的高斯白噪声序列
8.  y=x+n;                                %在信号上叠加高斯白噪声
9.  subplot(2,1,1);plot(t,x);title('正弦信号 x')
10. subplot(2,1,2);plot(t,y);title('叠加了高斯白噪声后的正弦信号')
11.
12. var(n)
```

说明：程序的第 4 行是计算信号 x 的功率，第 6 行根据 snr 和信号功率计算相应的高斯白噪声功率，第 7 行是根据噪声功率产生相应的高斯白噪声序列，需要注意的是，此处需要对噪声功率进行开方运算。第 8 行是在信号上叠加高斯白噪声，第 9～10 行分别是画出原始信号和叠加高斯白噪声后的信号，第 12 行是计算噪声序列的方差。

程序运行结果如图 4-4 所示。

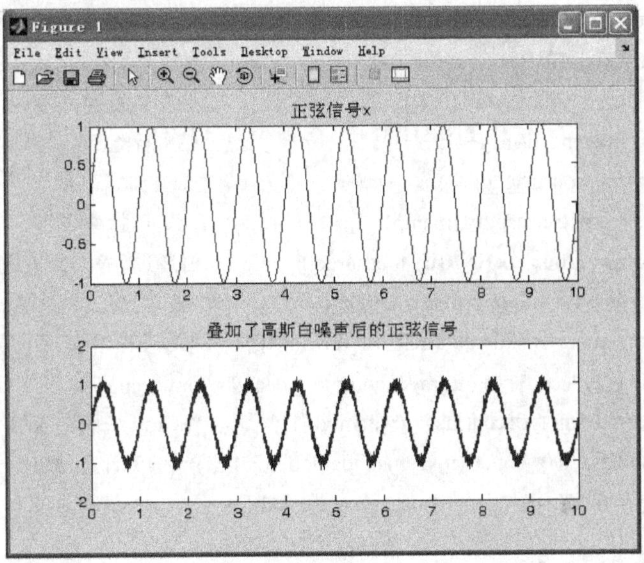

图 4-4 例 4.5 程序结果

计算出的噪声功率为

```
ans =

0.005
```

比较图 4-4 和图 4-3 可以看出，两者的效果是一样的。最后计算出的噪声功率也证明了这一点。

除了 randn 函数外，MATLAB 还提供了 wgn 函数，也可以用来产生高斯白噪声；此外，rand 函数用来产生在[0, 1]上服从均匀分布的白噪声，请与 randn 函数区别开来。它们的用法分别与 awgn 函数和 randn 函数类似，读者可以参考 MATLAB 帮助手册。

4.1.3 AWGN 信道仿真示例

以上介绍的例子比较简单，现在来看一个复杂一点的示例。

例 4.6 仿真正交相移键控（Quarterrary Phase Shift Keying，QPSK）调制的基带数字通信系统通过 AWGN 信道的误符号率（Symbol Error Rate，SER）和误比特率（Bit Error Rate，BER），假设发射端信息比特采用 Gray 编码影射，基带脉冲采用矩形脉冲，仿真时每个脉冲的抽样点数为 8，接收端采用匹配滤波器进行相干解调。

程序代码如下：

```
clear all
nSamp = 8;                                          %矩形脉冲的取样点数
numSymb = 200000;                                   %每种 SNR 下的传输的符号数
M=4;                                                %QPSK 的符号类型数
SNR=-3:3;                                           %SNR 的范围
grayencod=[0 1 3 2];                                %Gray 编码格式
for ii=1:length(SNR)
msg=randsrc(1,numSymb,[0:3]);                       %产生发送符号
msg_gr=grayencod(msg+1);                            %进行 Gray 编码影射
msg_tx=pskmod(msg_gr,M);                            %QPSK 调制
msg_tx=rectpulse(msg_tx,nSamp);                     %矩形脉冲成形
msg_rx=awgn(msg_tx,SNR(ii),'measured');             %通过 AWGN 信道
msg_rx_down = intdump(msg_rx,nSamp);                %匹配滤波相干解调
msg_gr_demod = pskdemod(msg_rx_down,M);             %QPSK 解调
[dummy graydecod] = sort(grayencod); graydecod = graydecod -1;
msg_demod = graydecod(msg_gr_demod+1);              %Gray 编码逆映射
[errorBit BER(ii)] = biterr(msg, msg_demod, log2(M));   %计算 BER
[errorSym SER(ii)] = symerr(msg, msg_demod);            %计算 SER
end
scatterplot(msg_tx(1:100))                          %画出发射信号的星座图
title('发射信号星座图')
xlabel('同相分量')
ylabel('正交分量')
scatterplot(msg_rx(1:100))                          %画出接收信号的星座图
title('接收信号星座图')
```

```
26. xlabel('同相分量')
27. ylabel('正交分量')
28. figure
29. semilogy(SNR,BER,'-r*',SNR,SER,'-r*')                %画出 BER 和 SNR 随 SNR 变化的曲线
30. legend('BER','SER')
31. title('QPSK 在 AWGN 信道下的性能')
32. xlabel('信噪比（dB）')
33. ylabel('误符号率和误比特率')
```

说明：程序的第 2～6 行分别是定义了变量，因为采用 QPSK 调制，每 2 个比特映射为一个发送符号，因此，共有 4 种不同类型的发送符号，为了简便起见，分别用 0～3 代表发送比特 00、01、10、11。第 8 行就是产生每种 SNR 下的发送符号，进行 Gray 编码，进行 QPSK 调制，然后是脉冲成形，通过 AWGN 信道，最后在接收端进行匹配滤波相干解调，并通过 QPSK 解调恢复发送符号。对发送符号进行 Gray 编码逆映射后计算相应的误比特率和误符号率（第 9～18 行）。第 20～27 行分别是画出最后一次发射信号前 100 个点的星座图和接收信号前 100 个点的星座图。第 28～33 行是画出 BER 和 SER 随 SNR 变化的曲线，其中纵坐标采用了对数坐标。

在上面的代码中，pskmod、rectppulse、intdump、pskdemod、biterr、symerr 等函数都是 MATLAB 的内置函数。也可以自己编写代码来实现这些函数实现的功能，但不如使用这些函数来的方便和高效。

程序运行结果如图 4-5、图 4-6 所示。

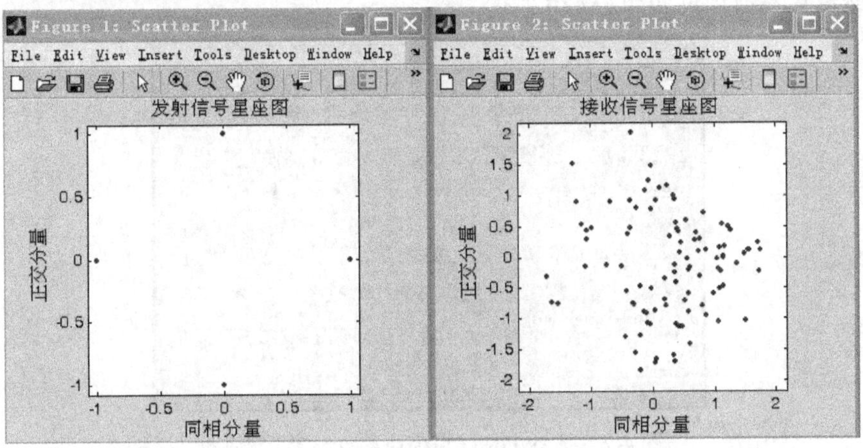

（a）　　　　（b）

图 4-5　例 4.6 发射信号与接收信号星座图

从图 4-5 可以看出，发射信号经过 AWGN 信道后，星座点发生了弥散，在 SNR 较低的情况下，会出现错误判决。

从图 4-6 可以看出随着 SNR 的增加，QPSK 的 BER 和 SER 都降低，并且 BER 要小于相应的 SER，这是与实际情况相符合的。

在本书后面的章节中 AWGN 信道还要经常用到，在此不再赘述。

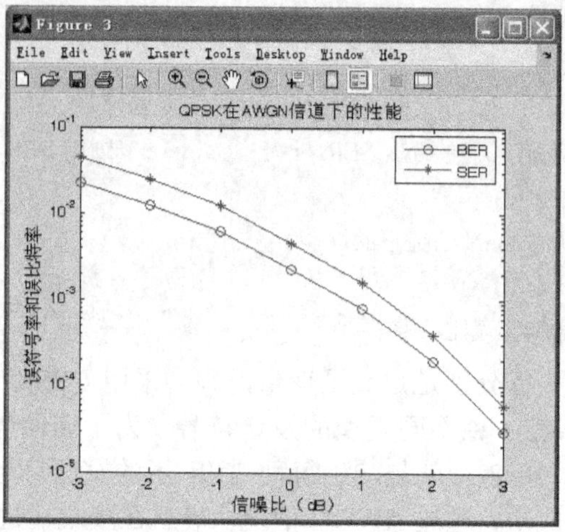

图 4-6　QPSK 在 AWGN 信道下的性能

4.1.4　Simulink 中的 AWGN 模块仿真

AWGN 信道（AWGN Channel）模块位于“Simulink”的“Communications Blockset→Channels”中，它的作用是在输入信号中加入高斯白噪声。

AWGN 信道模块有一个输入端口和一个输出端口，输入信号可以是实信号也可以是复信号。它的参数设置对话框如图 4-7 所示。

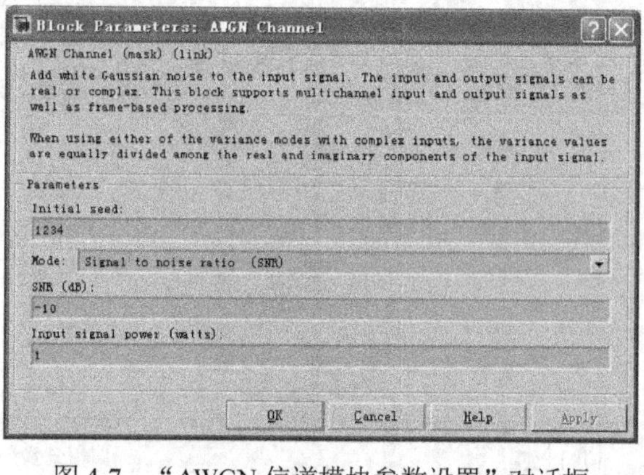

图 4-7　“AWGN 信道模块参数设置”对话框

对话框中有以下几个参数：Initial Seed、Mode、SNR（dB）、Input signal power（watts）。其中 Mode 又有几个不同的选项，在取不同的选项时，还会有其他几个不同的参数。当 Mode 设置为 Signal to Noise Ratio (E_b/N_0)时，这时还需要确定四个参数：E_b/N_0(dB)、每个符号的比特数、输入信号功率、符号持续时间；当 Mode 设置为 Signal to Noise Ratio (E_s/N_0)时，这时还需要确定 3 个参数：E_s/N_0(dB)、输入信号功率、符号持续时间；当 Mode 设置为 Signal to Noise Ratio (SNR)时，这时还需要确定两个参数：SNR(dB)、输入信号功率；当 Mode 设置为 Variance from Mask 时，这时模块根据方差确定 AWGN 的功率，这个方差由 Variance 参数指定，并且必须是正数；当 Mode 设置为 Variance from Port 时，模块有两个输入：一个用于输入信号；另外一个用于确定高斯白噪声的方差。

对于复数形式的输入信号，AWGN 信道模块中的 E_s/N_0 和 SNR 及 E_b/N_0 间具有下列关系：

$$\begin{cases} E_s/N_0 = \mathrm{SNR} \cdot (T_{\mathrm{sym}}/T_{\mathrm{samp}}) \\ E_s/N_0 = E_b/N_0 + 10\lg_{10}(k) \quad (\mathrm{dB}) \end{cases} \tag{4-1}$$

式中，T_{sym} 表示输入信号的符号周期；T_{samp} 表示输入信号的抽样周期；E_s 是符号的平均能量；E_b 是比特平均能量；k 是信息符号承载的比特数。

由于在 AWGN 信道模块中复信号的噪声功率谱密度等于 N_0，而实信号的噪声功率谱密度等于 $N_0/2$，因此对于实数形式的输入信号，有

$$E_s/N_0 = 2\mathrm{SNR} \cdot (T_{\mathrm{sym}}/T_{\mathrm{samp}}) \tag{4-2}$$

下面给出一个使用该模块的示例。

例 4.7 用 Simulink 重新仿真例 4.6。

系统结构框图如图 4-8 所示。

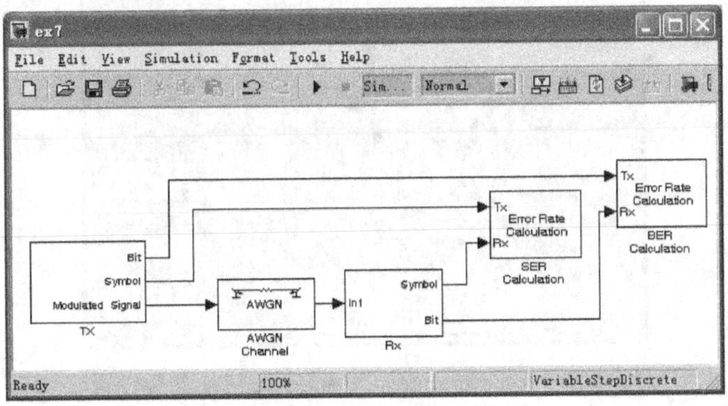

图 4-8 例 4.7 系统框图

在本例中，Tx 模块是一个子系统，它产生信息比特，根据信息比特产生相应的发送符号 Symbol 并且通过 QPSK 调制产生调制信号 Modulated signal，调制信号通过 AWGN 信道模块后输入到 Rx 模块。Rx 模块也是一个子系统，它负责完成信号的 QPSK 相干解调，恢复发送数据比特和符号。最后 Tx 模块产生的比特和符号分别与 Rx 模块解调后的比特和符号进行比较，根据比较的结果计算误比特率和误符号率。下面分别介绍各个模块。

1. Tx 模块

Tx 模块产生原始数据，它的结构框图如图 4-9 所示。

Tx 模块由随机数产生模块（Random Integer Generator）、比特到整数转换模块（Bit to Integer Converter）、数据映射模块（Data Mapper）、QPSK 基带调制模块（QPSK Modulator Baseband）、理想矩形脉冲成形滤波器模块（Ideal Rectangular Pulse Filter）及三个输出端口模块 Bit、Symbol、Modulated Signal 组成。

随机数产生模块，模块产生原始数据比特，它在“Simulink”模块库中的位置是“Communications Blockset→Comm Sources→Random Data Sources”。它的参数设置如图 4-10 所示。

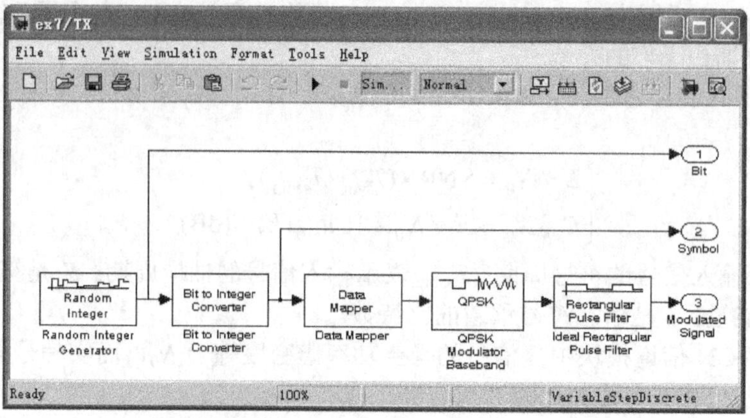

图 4-9　Tx 模块结构框图

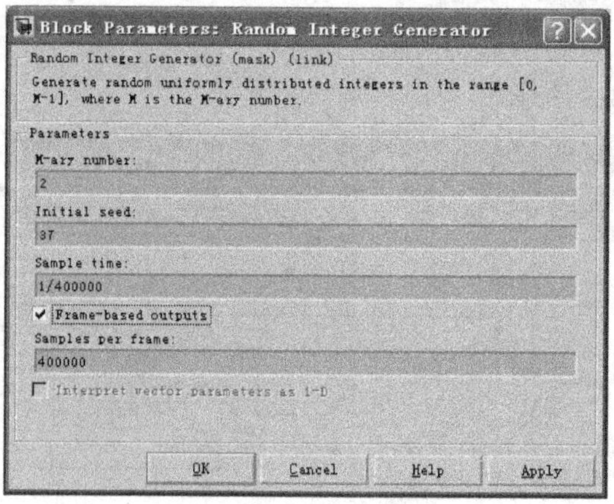

图 4-10　Random Integer Generator 模块参数设置

其中，M-ary number 表示产生的随机整数范围，设为 2，表示产生值为 0、1 的随机整数，它代表信源产生的比特；Initial seed 是产生随机整数的种子；Sample time 表示信源产生数据的时间间隔，设定为 1/400000 表示每 1/400000s 信源产生一个比特；Frame-based outputs 表示产生的比特以帧的形式输出，每一帧包含的比特个数由 Samples per frame 指定，设定 Samples per frame 为 400000，这样每秒内恰好输出一帧数据。

比特到整数转换模块把产生的比特转换成对应的符号。它在“Simulink”模块库中的位置是“Communications Blockset→Utility Blocks”。它只有一个参数 Number of bits per integer 需要设置，在此设置为 2，表示每两比特产生一个相应的符号。

数据映射模块完成原始数据符号向 Gray 编码映射的过程。它在“Simulink”模块库中的位置是“Communications Blockset→Comm Sources→Utility Blocks”。在它的参数设置对话框中把 Mapping mode 设置为“Binary to Gray”，表示产生的数据符号根据 Gray 编码生成；Symbol set size(M)设置为 4。

QPSK 基带调制模块完成 QPSK 调制。它在“Simulink”模块库中的位置是“Communications Blockset→Modulation→Digital Baseband Modulation→Pm”。在它的参数设置对话框中把 Input type 设为“Integer”，Phase offset(rad)为 0，Samples per symbol 为 1。

理想矩形脉冲成形滤波器模块完成矩形脉冲成形。它在“Simulink”模块库中的位置是“Communications Blockset→Comm Filters”。它的参数设置如图 4-11 所示。

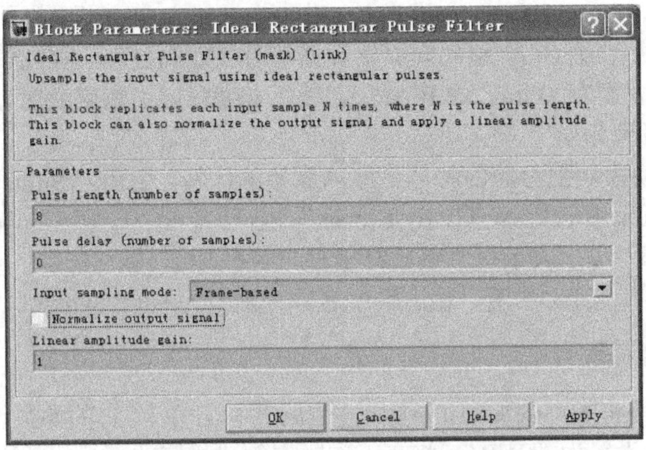

图 4-11　Ideal Rectangular Pulse Filter 模块参数设置

为了清晰起见，把三个输出端口的名称分别改为 Bit、Symbol、Modulated Signal，这样与其他模块连接时，就不会发生混淆。

2. Rx 模块

Rx 模块负责解调通过 AWGN 信道后的数据，它的结构框图如图 4-12 所示。

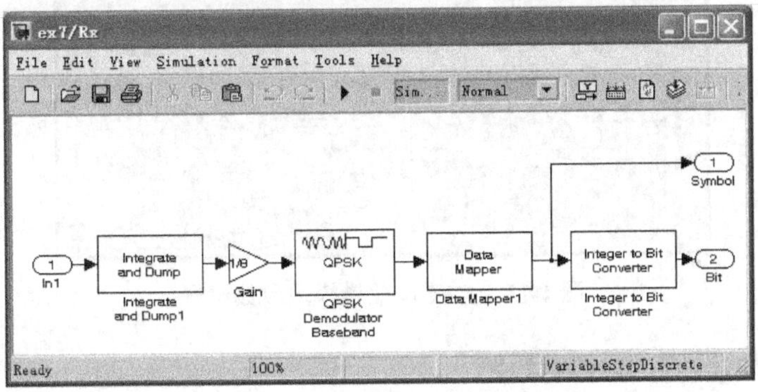

图 4-12　Rx 模块结构框图

Rx 模块由输入端口模块 In1、积分清除模块（Integrate and Dump）、增益模块（Gain）、QPSK 基带解调模块（QPSK Demodulator Baseband）、数据映射模块（Data Mapper）、符号到比特转换模块（Integer to Bit Converter）、输出端口模块 Symbol、Bit 等组成。

积分清除模块完成对一个符号的抽样数据进行累加。它在“Simulink”模块库中的位置是“Communications Blockset→Comm Filters”。其中，参数 Integration period (number of samples) 设定为 8，offset (number of samples)设为 0。

由于积分清除模块只是完成对数据的累加，并没有归一化，所以，需要用增益模块对累加的数据进行归一化。它在“Simulink”模块库中的位置是“Simulink→Commonly Used Blocks”。在 n 参数设置中，只需要设置 Gain 为 1/8，其他参数采用默认值即可。

QPSK 基带解调模块完成 QPSK 解调。它在“Simulink”模块库中的位置是“Communications Blockset→Modulation→Digital Baseband Modulation→Pm”。在它的参数设置对话框中把 Input type 设为“Integer”，Phase offset(rad)设为 0，Samples per symbol 设为 1。

数据逆映射模块完成 Gray 编码向原始数据符号映射的过程。在它的参数设置对话框中把 Mapping mode 设置为“Gray to Binary”，表示根据 Gray 编码映射为原始的数据符号。Symbol set size(M)设置为 4。

符号到比特转换模块把对应的符号还原为原始的比特。它在“Simulink”模块库中的位置是“Communications Blockset→Utility Blocks”。它只有一个参数 Number of bits per integer 需要设置，在此设置为 2，表示每个整数符号对应两个 Bit。

同 Tx 模块一样，把 Rx 的两个输出端口名称分别改为 Bit、Symbol。

3．AWGN 信道模块

AWGN 信道模块将噪声叠加到 Tx 模块产生的调制信号中。它的参数设置如图 4-13 所示。其中，SNR(dB)参数设置为“SNR”，将在工作区中创建相应的变量，并通过脚本程序完成对它的赋值。

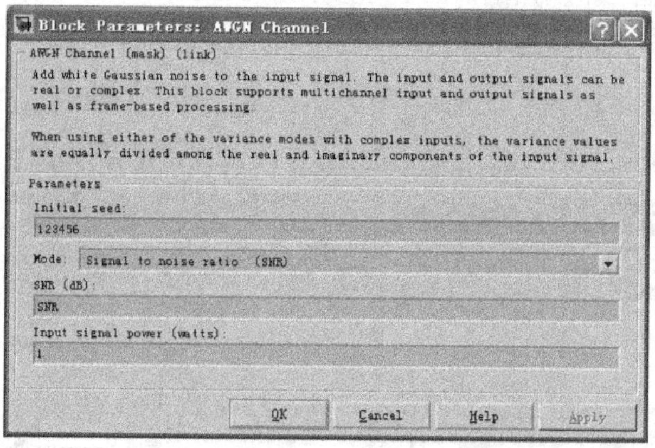

图 4-13　AWGN 信道模块参数设置

4．误比特率与误符号率计算模块

误比特率与误符号率计算模块（Error Rate Calculation）完成解调后的比特、符号与原始数据比特、符号的比较，并计算比较的结果，计算误比特率和误符号率。它在“Simulink”模块库中的位置是“Communications Blockset→Comm Sinks”。为了清晰起见，分别把这两个模块命名为 BER calculation 和 SER calculation。在它们的参数设置中，分别把 Variable name 命名为 BER 和 SER，其他采用默认设置即可。

按照以上设置建立系统模型，建立完成后，在系统总框图中，选择“Simulation→Configurartion Parameters”菜单，将仿真参数中的 Stop time 设置为 SimulationTime，并将模型文件命名为 ex7.mdl 进行保存。

由于程序需要运行多次才能够得到信道的信噪比与信号的误比特率和误符号率之间的关系，为此需编写如下的脚本程序：

```
1.   clear all
2.   snr=-3:3;                          %SNR 的范围
3.   SimulationTime=10;                 %仿真结束时间
4.   for ii=1:length(snr)
5.        SNR=snr(ii);                  %赋值给 AWGN 信道模块中的 SNR
6.        sim('ex7');                   %运行仿真模型
7.        ber(ii)=BER(1);               %保存本次仿真得到的 BER
8.        ser(ii)=SER(1);               %保存本次仿真得到的 SER
9.   end
10.  figure
11.  semilogy(snr,ber,'-ro',snr,ser,'-r*')
12.  legend('BER','SER')
13.  title('QPSK 在 AWGN 信道下的性能')
14.  xlabel('信噪比（dB）')
15.  ylabel('误符号率和误比特率')
```

说明：程序的第 2 行是设定仿真中的 SNR 范围，第 3 行是设定仿真结束时间，它将传递刚才建立的 Simulink 模型。第 5 行是给 AWGN 信道模块中的 SNR 赋值，第 6 行是运行前面编写的 Simulink 仿真模型，第 7～8 行是保存本次仿真得到的 BER 和 SER 值。由于 Simulink 中 Error Rate Calculation 模块输出是一个矢量，各个分量的含义分别是错误率、错误个数和统计的数据个数，因此，只需要保存第一个分量即可。所有的 SNR 都仿真结束后，第 10～15 行是画出 BER 和 SER 随 SNR 变化的曲线，其中，纵坐标采用了对数坐标。

在运行脚本程序之前，要把建立的 Simulink 模型文件同脚本文件放在同一个目录下，程序的运行结果如图 4-14 所示。

比较图 4-6 和图 4-14 可以看出，两者的仿真结果是一致的。当 SNR 比较高时，BER 和 SER 都比较低，这时需要更长时间的仿真才能得到较为准确的统计结果，可以把 SimulationTime 改为更大的数值，并把 SNR 的值增大，再次运行仿真，观察仿真得到的结果。

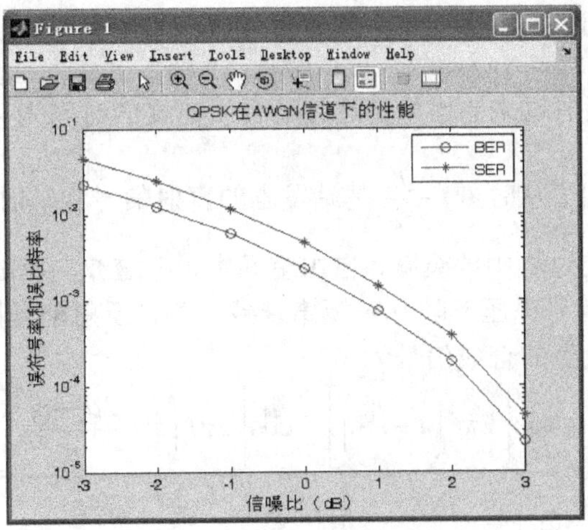

图 4-14　例 4.7 的运行结果

4.2 多径衰落信道

在无线信道中，发送和接收天线之间通常存在多于一条的信号传播路径。多径的存在是因为发射机和接收机之间建筑物和其他物体的反射、绕射、散射等引起的。当信号在无线信道传播时，多径反射和衰减的变化将使信号经历随机波动。因此，无线信道的特性是不确定的、随机变化的。在本节中，首先，通过一个简单的模拟程序来说明多径衰落信道的特点，然后再给出多径衰落信道的仿真方法。

4.2.1 多径衰落信道的特点

关于多径衰落信道，很多通信的书都阐述过，但大多都偏重于理论上的分析，比较抽象，下面通过一个简单的模拟来说明多径衰落信道的两个特点：频率选择性衰落和时间选择性衰落。

首先，先说一下程序模拟多径信道的场景，如图 4-15 所示。

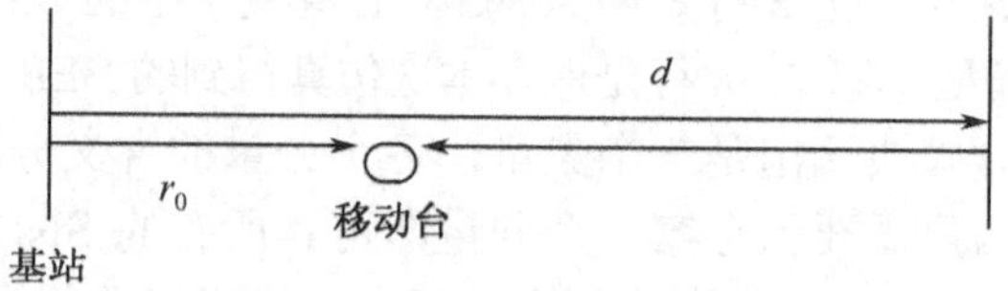

图 4-15　多径信道的模拟

假设在一条笔直的高速公路上一端安装了一个固定的基站，在另一端有一面完全反射电磁波的墙面，基站距反射墙的距离为 d。移动台距基站初始距离为 r_0。基站发射一个频率为 f 的正弦信号，表示为 $\cos(2\pi ft)$。由于墙面的反射，移动台可以接收到 2 径信号，其中之一是从基站直接发射的信号，另一径是从反射墙反射过来的信号。

首先来看移动台静止的情况。显然，从基站发出的直射信号到达移动台需要的时间为 $\frac{r_0}{c}$（c 为光速），从反射墙反射过来的信号到达移动台所需要的时间为 $\frac{2d-r_0}{c}$。换句话说，在时刻 t，移动台分别接收到了从时刻 $t-\frac{r_0}{c}$ 基站发出的直射信号和从时刻 $t-\frac{2d-r_0}{c}$ 基站发出的反射信号。信号在传播的过程中要衰减，自由空间中，电磁波功率随距离 r 按平方规律衰减，相应的电场强度（接收信号电压）随 $1/r$ 规律衰减。并且反射信号同直射信号的相位相反。所以，时刻 t 移动台接收到的合成信号为

$$E(t)=\frac{\cos\left[2\pi f\left(t-\frac{r_0}{c}\right)\right]}{r_0}-\frac{\cos\left[2\pi f\left(t-\frac{2d-r_0}{c}\right)\right]}{2d-r_0} \tag{4-3}$$

式中，减号体现了反射信号与直射信号的相位相反。

在 r_0 处的接收信号会有什么特点？让我们把它画出来。程序代码如下：

```
clear all
f=1;                    %发射信号频率
v=0;                    %移动台速度,静止情况为 0
c=3e8;                  %电磁波速度,光速
r0=3;                   %移动台距离基站初始距离
d=10;                   %基站距离反射墙的距离
t1=0.1:0.0001:10;       %时间
E1=cos(2*pi*f*((1-v/c).*t1-r0/c))./(r0+v.*t1);              %直射径信号
E2=cos(2*pi*f*((1+v/c)*t1+(r0-2*d)/c))./(2*d-r0-v*t1);      %反射径信号
figure
plot(t1,E1,t1,E2,'-g',t1,E1-E2,'-r')                        %画出直射径、反射径和总的接收信号
legend('直射径信号','反射径信号','移动台接收的合成信号')
axis([0 10 -0.8 0.8])
```

代码比较简单，就不再说明。运行程序后，结果如图 4-16 所示（曲线是彩色的，由于印刷的原因，读者可能看不到，请读者在自己的机器上运行代码，即可看到相应的结果）。

从图 4-16 中可以清楚地看出，即使移动台是静止的，由于反射径的存在，使得接收到的合成信号最大值要小于直射径的信号。

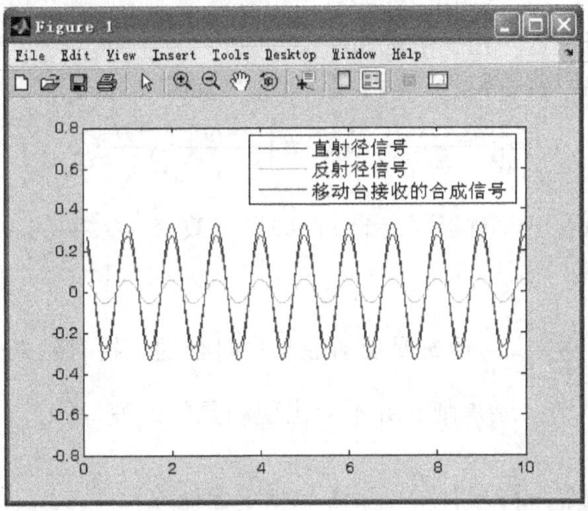

图 4-16　r_0=3 时的直射信号、反射信号与合成信号

下面改一下移动台距离基站的位置，让 r_0=9，使它更靠近反射墙的位置，再次运行程序，结果如图 4-17 所示。

从图 4-17 中可以看出，这次由于靠近反射墙的位置，直射信号要比 r_0=3 处弱一些，反射信号要比 r_0=3 位置处的信号强一些，但移动台接收到的合成信号更弱了，不仅要小于直射径的信号更小于反射径的信号。

以上是发射频率 f=1 的情况，发射其他频率的信号结果会怎样呢？修改 $f=10^8$ 并且 r_0=3，读者会发现，此时移动台接收到的信号得到了增强。

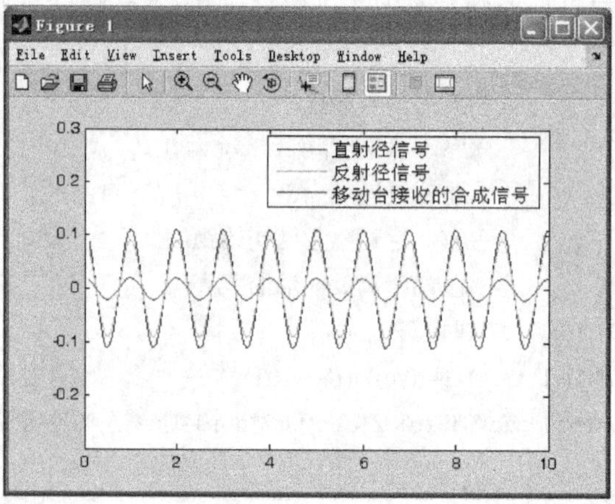

图 4-17　r_0=9 时的直射信号、反射信号与合成信号

至此，可以得出结论，在同一位置，由于反射径信号的存在，发射不同频率的信号时，在接收机处接收到信号有的频率是被增强了，有的频率是被削弱了。频率选择性衰落由此产生。

既然有频率选择性衰落，自然会问，哪些频率会被增强，哪些频率会被削弱呢？

在上面的例子中，如果 f=1，2，3，…，100，…，1000，会发现这些频率基本上都是被削弱的，只有让 f 充分大，如 $f=10^8$，才会看出信号被增强了，那么就把那些受到影响基本一致的频率范围称为相干带宽。相干带宽如何得到呢？

从实验中可以看出，接收信号是两个频率均为 f 的电波的叠加，这两个电波的相位差为

$$\Delta\theta=\left(\frac{2\pi f\cdot(2d-r)}{c}+\pi\right)-\frac{2\pi fr}{c}=\frac{4\pi f}{c}(d-r)+\pi \tag{4-4}$$

从这个公式中可以看出，对于固定的 r，如果 f 改变 $\frac{1}{2}\cdot\frac{1}{\left(\frac{2d-r}{c}-\frac{r}{c}\right)}$，则合成信号从波峰到达波谷，而 $T_d=\frac{2d-r}{c}-\frac{r}{c}$ 恰好是反射径与直射径的传播时延之差。如果频率的改变量远小于 $1/T_d$，则信号是增强还是削弱并不会出现明显的改变。因此，参数 $1/T_d$ 就称为相干带宽。

有了相干带宽的概念，再来看平坦衰落与频率选择性衰落。

假设发射的信号带宽较窄，小于相干带宽，从上面的例子中可以知道，信号的频带内受到的衰落影响基本是一致的。这时称这样的衰落为平坦衰落。由信号系统理论可知，频带较窄，意味着时域的信号脉冲周期较长，当信号带宽恰好等于相干带宽时，可以近似的认为信号脉冲周期近似等于传播时延之差。此时，当移动台恰好接收到直射径的第 2 个脉冲时，从反射径到达的第 1 个脉冲也同时到达，因此，合成信号就是直射径的第 2 个脉冲和反射径的第 1 个脉冲。看到这里，就会明白码间干扰是如何产生的了。如果增大信号脉冲周期，相应的信号频带变窄，这时码间干扰会变小。也就是说反射径第 1 个脉冲到达时，直射径的第 1 个脉冲还没有结束。脉冲周期越长，则直射径和反射径的脉冲重合的部分越多，码间干扰就

越轻。当脉冲周期远大于时延差时，完全可以近似地把直射径的信号与反射径的信号看做是同一径信号。当然，信号的脉冲幅度会发生变化。在存在更多反射径的情况下，各反射径的到达方向不一样，相位不一样，可以看做服从同一分布的随机变量。由概率论的知识，多个独立同分布随机变量的和服从高斯分布。由于实际的信号一般是通过 I、Q 两路传输，因此 I 路服从高斯分布，Q 路服从高斯分布，包络则服从瑞利（Rayleigh）分布。

上面讨论了信号脉冲周期大于传播时延的情况，下面再讨论信号脉冲周期小于传播时延的情况。根据时频关系可以知道，脉冲周期短，意味着信号频带变宽，大于相干带宽。上面已经说过大于相干带宽后，频率受到的影响是不一样的。所以，这时的衰落就是频率选择性衰落。再考虑时域的情况，脉冲周期变短。假设变为 1/2 传播时延差，当移动台接收到直射径的第 3 个脉冲时，反射径的第 1 个脉冲才到达。很明显，反射径的第 1 个脉冲对直射径的第 3 个脉冲产生了干扰。这时不能认为直射径和反射径的信号为同一径的信号。当脉冲周期进一步缩短，从而相应的信号频带进一步增大时，频率选择性衰落更加严重。可想而知，在更多反射径存在的情况下，码间干扰将更加严重。

到此，应该了解了多径信道与瑞利衰落和频率选择性衰落的关系。下面再来看信道的时变性。

上面讨论了移动台静止的情况。现在让移动台向反射墙运动，速度为 v。则在时刻 t，移动台距离基站的位置 $r = r_0 + vt$。把式（4-3）中的 r_0 用 r 代替：

$$E(t) = \frac{\cos\left[2\pi f\left(t - \frac{r_0}{c}\right)\right]}{r_0 + vt} - \frac{\cos\left[2\pi f\left(t - \frac{2d - r_0}{c}\right)\right]}{2d - r_0 - vt} \tag{4-5}$$

程序代码同上面的一样，不过为了让时变性体现得更直观一些，让 c=10，这样改动并不会影响讨论问题的实质，但可以帮助我们更直观地观察。同时，v 不再是 0，v=1，f=2，r_0=3，d=15，t_1=0.1:0.001:12，axis([0 12 –0.5 0.5])，运行程序后，将看到如图 4-18 所示的结果。

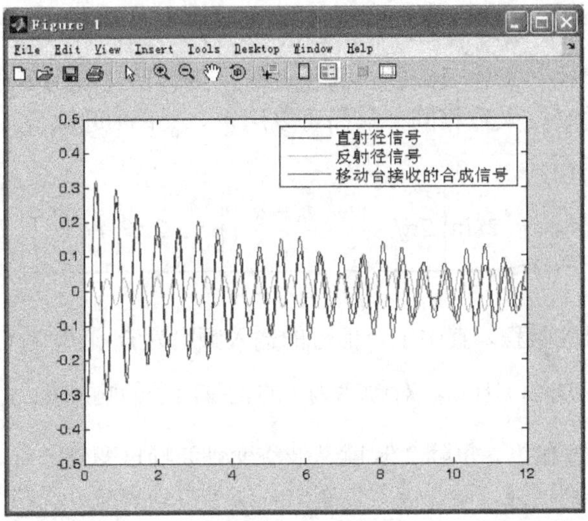

图 4-18　移动台运动时的直射信号、反射信号与合成信号

再把接收信号单独画出来，结果如图 4-19 所示。

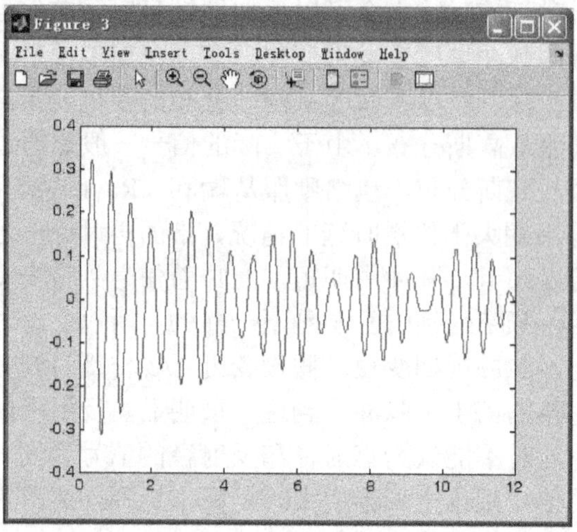

图 4-19　移动台运动时的合成信号

从前面的程序中可知多径导致了频率选择性。当移动台运动起来后，发现即使同一频率，在不同的时间点，合成信号的强度也是不一样的。在图 4-19 中，可以看到在 t=2s，4.5s，7s，9.5s 时，接收信号的强度相对处于波谷位置，特别是在 t=9.5s 时，接收的合成信号几乎为 0，而对照 t=9.5s 时的直射信号和反射信号，它们都比合成信号大很多。而在 t=3s，5.5s，8s，10.5s 时，接收信号的强度相对处于波峰位置。这种由于移动台运动而导致的信号增强或削弱的情况就是时间选择性衰落。运动为什么会产生时间选择性衰落呢？

我们来看式（4-5）。第 1 项直射波是频率为 $f\left(1-\dfrac{v}{c}\right)$ 的正弦波，经历的多普勒频移为 $D_1=-\dfrac{v}{c}f$；第 2 项是频率为 $f\left(1+\dfrac{v}{c}\right)$ 的正弦波，经历的多普勒频移为 $D_2=\dfrac{v}{c}f$，参数 $D_s=D_2-D_1$ 称为多普勒扩展。例如，在上面的程序中，f=2，v=1，c=10，所以 D_s=0.4。当移动台与反射墙的距离比与发射天线的距离更近时，最容易观察到多普勒扩展的作用。在这种情况下，两条路径的衰减大致相同，从而可以用 $r=r_0+vt$ 近似公式中第 2 项的分母，于是合并两个正弦信号后得

$$E(t)\approx\frac{2\sin\left[2\pi f\left(\dfrac{vt}{c}+\dfrac{r_0-d}{c}\right)\right]\sin\left[2\pi f\left(t-\dfrac{d}{c}\right)\right]}{r_0+vt}\tag{4-6}$$

这是两个正弦信号的乘积，其中 1 个信号的输入频率为 f，通常为 GHz 数量级，另一个信号频率是 $\dfrac{v}{c}f=\dfrac{D_s}{2}$ $fv/c=D_s/2$，因此，对频率为 f 的正弦信号的响应是另一个频率为 f 的正弦信号，该正弦信号具有时变包络，每隔 2.5s 就从波谷变到波峰再变到波谷。当移动台处于波峰位置时，接收到的信号得到增强，而在波谷位置时，信号得到衰减。现在可以明白，为什么可以部分忽略式（4-6）中的分母项。当两条路径长度之差变化 1/4 波长时，这两条路径的响应信号的相位差改变 $\dfrac{\pi}{2}$，从而导致总的接收幅度出现非常严重的变化。由于载波波长相对于路径长度

非常小，所以，由这种相位效应导致幅度严重变化的时间远远小于由分母项导致幅度严重变化的时间。以图 4-19 为例，在 t=9.5s 到 t=12s 的这段时间内，可以看到直射信号和反射信号幅度没有发生很大变化，但是由于直射信号和反射信号相位的改变导致了接收到的合成信号幅度发生严重起伏。因此，在 t=9.5s 到 t=12s 的这段时间内，可以认为式（4-6）中的分母是恒定的。

再来看图 4-19，虽然从 t=9.5s 到 t=12s 时，接收信号幅度经历了从波谷到波峰再到波谷的转变，但是，如果观察 t=10.5s 到 t=11.5s 这段时间内，可以发现，信号幅度基本也是不变的。我们就把信道基本保持不变的时间段称为信道的相干时间，该时间段约等于 $\frac{1}{2D_s}$。至此，可以明白为什么信道的相干时间与多普勒频移有关，多普勒越大，信道的相干时间就越短。可以让 f=4，再次运行程序，这次会发现，合成信号包络变化更快了，信道的相干时间也相应地变小。相干时间只是说信道在这段时间内特性基本不变，至于这段时间内是增强信号还是消弱信号则没有体现。

在数字通信中，接收端是周期性的对接收符号进行判决从而恢复信息的，1 个符号脉冲的周期可大可小，因此，根据相干时间与符号脉冲周期的相对长短，可以把信道分为慢变信道和快变信道。在图 4-19 中，如果发送符号的周期小于 1.25s，就可以认为这是慢变信道（或者准静态信道），如果发送符号周期大于 1.25s，在发送符号的过程中，信道特性发生了显著变化，就认为这是快变信道。所以，信道是快变还是慢变也是相对于发送符号的周期长短来说的。

至此，讨论了信道的时变性，结合前面讨论的频率选择性，无线信道大体可以分为 4 种：慢变瑞利衰落信道、快变瑞利衰落信道、慢变频率选择性信道、快变频率选择性信道。

以上介绍了多径衰落信道的特点，下面对它进行简单的理论分析。

在 N 条路径的情况下，信道的输出为

$$y(t)=\sum_{n=1}^{N}a_n(t)x[t-\tau_n(t)] \tag{4-7}$$

式中，$a_n(t)$ 和 $\tau_n(t)$ 表示与第 N 条多径分量相关的衰减和传播延迟，延迟和衰减都表示为时间的函数。

前面已经说明，由于大量散射分量导致接收机输入信号的复包络是一个复高斯过程。在该过程均值为 0 的情况下，幅度满足瑞利分布。如果存在直射路径，幅度则变为莱斯（Ricean）分布。

现在来确定接收信号的复包络。假设信道的输入是一个经过调制的信号，其形式为

$$x(t)=A(t)\cos[2\pi f_c t+\phi(t)] \tag{4-8}$$

通常采用低通等效信号来完成波形仿真，所以，下面确定 $x(t)$和 $y(t)$的低通复包络。发送信号的复包络为

$$\tilde{x}(t)=A(t)\mathrm{e}^{\mathrm{j}\phi(t)} \tag{4-9}$$

将式（4-8）代入到式（4-7）中，得

$$\begin{aligned}y(t)&=\sum_{n=1}^{N}a_n(t)A(t-\tau_n(t))\cos(2\pi f_c(t-\tau_n(t))+\phi(t-\tau_n(t)))\\&=\sum_{n=1}^{N}a_n(t)A(t-\tau_n(t))\cdot\mathrm{Re}\left\{\mathrm{e}^{\mathrm{j}\phi(t-\tau_n(t))}\cdot\mathrm{e}^{-\mathrm{j}2\pi f_c\tau_n(t)}\cdot\mathrm{e}^{\mathrm{j}2\pi f_c t}\right\}\end{aligned} \tag{4-10}$$

因为$a_n(t)$和$A(t)$都是实函数，式（4-10）可以写为

$$y(t)=\mathrm{Re}\left\{\sum_{n=1}^{N}a_n(t)A(t-\tau_n(t))\mathrm{e}^{\mathrm{j}\phi(t-\tau_n(t))}\cdot\mathrm{e}^{-\mathrm{j}2\pi f_c\tau_n(t)}\cdot\mathrm{e}^{\mathrm{j}2\pi f_c t}\right\} \tag{4-11}$$

由式（4-9）可以得到

$$\tilde{x}(t-\tau_n(t))=A(t-\tau_n(t))\mathrm{e}^{\mathrm{j}\phi(t-\tau_n(t))} \tag{4-12}$$

因此

$$y(t)=\mathrm{Re}\left\{\sum_{n=1}^{N}a_n(t)\tilde{x}(t-\tau_n(t))\cdot\mathrm{e}^{-\mathrm{j}2\pi f_c\tau_n(t)}\cdot\mathrm{e}^{\mathrm{j}2\pi f_c t}\right\} \tag{4-13}$$

复路径衰减可以定义为

$$\tilde{a}_n(t)=a_n(t)\cdot\mathrm{e}^{-\mathrm{j}2\pi f_c\tau_n(t)} \tag{4-14}$$

所以

$$y(t)=\mathrm{Re}\left\{\sum_{n=1}^{N}\tilde{a}_n(t)\tilde{x}(t-\tau_n(t))\cdot\mathrm{e}^{\mathrm{j}2\pi f_c t}\right\} \tag{4-15}$$

因此，接收机输入的复包络为

$$\tilde{y}(t)=\sum_{n=1}^{N}\tilde{a}_n(t)\tilde{x}(t-\tau_n(t)) \tag{4-16}$$

式（4-16）定义的信道输入/输出关系对应于一个线性时变系统，其冲激响应应为

$$\tilde{h}(\tau,t)=\sum_{n=1}^{N}\tilde{a}_n(t)\delta(t-\tau_n(t)) \tag{4-17}$$

在式（4-17）中，$\tilde{h}(\tau,t)$是假设在时间$t-\tau$时刻加上脉冲后在时刻t测得的信道冲激响应。因此τ表征了传播延迟。如果传播媒介中，不存在运动或其他改变，即使出现了多径，输入/输出关系还是非时变的。在这种情况下，第n条传播路径的传输延迟和路径衰减都是常数，此时，信道可以在时域内表示为一个冲激响应，其形式为

$$\tilde{h}(\tau)=\sum_{n=1}^{N}\tilde{a}_n\delta(t-\tau_n) \tag{4-18}$$

可以看到，对时不变的情况，信道简单地扮演了一个作用于发送信号的滤波器的角色。

4.2.2 多径衰落信道的仿真

有大量的文献论述了多径衰落信道的建模和分析，在此不再详述。在仿真衰落信道时，两个最重要的参数是多径扩展和多普勒带宽。

1. 多径扩展

如果信道没有频率选择性，则最大的时延扩展$T_{\max}$要远远小于符号周期$T_s(T_{\max}\ll T_s)$。在这种情况下，所有的延迟多径分量到达的时段仅为一个符号时间的一小部分。在这种情况下，信道可以用单一路径来建模，输入/输出关系可以表示为乘法，即

$$\tilde{y}(t)=\tilde{a}(t)\tilde{x}(t) \tag{4-19}$$

对于频率选择性信道（$T_{\max} >> T_s$），输入/输出关系为

$$\tilde{y}(t)=\tilde{h}(\tau,t)\tilde{x}(t) \tag{4-20}$$

虽然时延扩展对系统的性能有显著的影响，但系统的性能对多径强度曲线的形状并不是很敏感。最常见的假设是多径强度曲线为均匀分布和指数分布。

2．多普勒带宽

多普勒带宽或多普勒扩展，指示了信道特性作为时间的函数变化（衰落）多快。多普勒频移与运动速度和方向有关，它的计算公式为

$$f_d=\frac{v}{c}f_c\cos\theta \tag{4-21}$$

式中，v 是发送端和接收端的相对运动速度；θ 是运动方向和发送端与接收端连线之间的夹角。

对于单径瑞利衰落信道，信道增益是具有 0 均值的复高斯随机过程，它的功率谱密度称为多普勒功率谱。对于多径的情况，通常假设径与径之间是不相关的，每一径的多普勒功率谱形状相同，但功率（方差）不同。

由以上的分析可以看出，多径衰落信道的仿真最重要的是产生特定多普勒功率谱密度的瑞利过程。实际中常用的多普勒功率谱密度是 Jakes 功率谱，其他谱形状包括高斯和均匀分布。

下面介绍改进的 Jakes 模型产生瑞利衰落信道的方法。

例 4.8 利用改进的 Jakes 模型来产生单径的平坦型瑞利衰落信道。

程序代码如下：

```
function [h]=rayleigh(fd,t)
%该程序利用改进的 jakes 模型来产生单径的平坦型瑞利衰落信道
%Yahong R.Zheng and Chengshan Xiao "Improved Models for
%the Generation of Multiple Uncorrelated Rayleigh Fading Waveforms"
%IEEE Commu letters, Vol.6, NO.6, JUNE 2002
%输入变量说明:
%   fd:信道的最大多普勒频移,单位 Hz
%   t :信号的抽样时间序列
%   h 为输出的瑞利信道函数,是一个时间函数复序列

    %假设的入射波数目
    N=40;

    wm=2*pi*fd;
    %每象限的入射波数目即振荡器数目
    N0=N/4;
    %信道函数的实部
    Tc=zeros(1,length(t));
```

```
    %信道函数的虚部
    Ts=zeros(1,length(t));
    %归一化功率系数
    P_nor=sqrt(1/N0);
    %区别个条路径的均匀分布随机相位
    theta=2*pi*rand(1,1)-pi;
    for ii=1:N0
        %第 i 条入射波的入射角
          alfa(ii)=(2*pi*ii-pi+theta)/N;
          %对每个子载波而言在(-pi,pi)之间均匀分布的随机相位
          fi_tc=2*pi*rand(1,1)-pi;
          fi_ts=2*pi*rand(1,1)-pi;
          %计算冲激响应函数
          Tc=Tc+cos(cos(alfa(ii))*wm*t+fi_tc);
          Ts=Ts+cos(sin(alfa(ii))*wm*t+fi_ts);
    end;
    %乘归一化功率系数得到传输函数
  h=P_nor*(Tc+j*Ts );
```

例 4.9 分别产生最大多普勒频移为 10 和 20 的单径瑞利衰落信道，假设信号的抽样时间间隔为 1/1000，并画出信道的功率随时间的变化曲线。

程序代码如下：

```
clear all
fd=10;                      %多普勒频移为 10
ts=1/1000;                  %信号抽样时间间隔
t=0:ts:1;                   %生成时间序列
h1=rayleigh(fd,t);          %产生信道数据

fd=20;                      %多普勒频移为 20
h2=rayleigh(fd,t);          %产生信道数据
subplot(2,1,1),plot(20*log10(abs(h1(1:1000))))
title('fd =10Hz 时的信道功率曲线')
xlabel('时间');ylabel('功率')
subplot(2,1,2),plot(20*log10(abs(h2(1:1000))))
title('fd=20Hz 时的信道功率曲线')
xlabel('时间');ylabel('功率')
```

程序的代码比较简单，读者参考注释即可。

程序运行结果如图 4-20 所示。

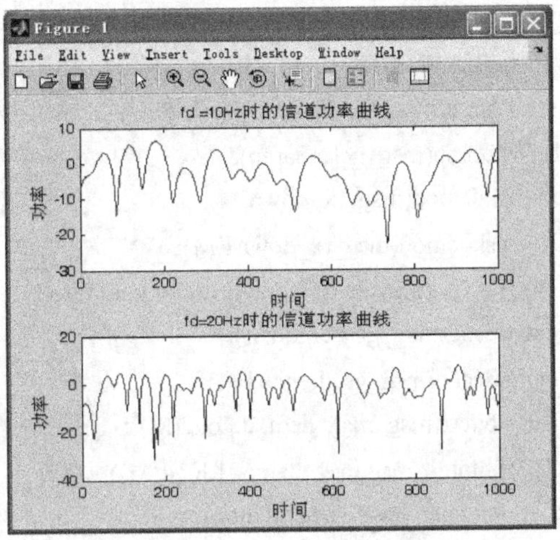

图 4-20 例 4.9 程序运行结果

以上程序产生的信道功率为 1，如果需要产生其他功率的信道，只需要在产生的数据序列乘以相应的功率的开方值即可。

需要注意的是，信号经过瑞利衰落信道后，信号不仅受到信道衰落的影响，同时还要受到信道中噪声的影响。前者对信号的作用是乘性干扰，而后者是加性干扰。因此，在仿真中通过瑞利衰落信道后还要加入高斯白噪声。

下面看一下例 4.6 中的信号通过瑞利衰落信道传输后的结果。

例 4.10 仿真例 4.6 中的 QPSK 信号通过瑞利衰落信道后的误比特率和误符号率，并与 AWGN 信道下的误比特率和误符号率进行对比。其中，多普勒频移为 100Hz，经过矩形脉冲成形后的信号抽样时间间隔为 1/800000s。

程序代码如下：

```
clear all
nSamp = 8;                                    %矩形脉冲的取样点数
numSymb = 10000;                              %每种 SNR 下的传输的符号数
ts=1/(numSymb*nSamp);
t=(0:numSymb*nSamp-1)*ts;

M=4;                                          %QPSK 的符号类型数
SNR=-3:3;                                     %SNR 的范围
grayencod=[0 1 3 2];                          %Gray 编码格式
for ii=1:length(SNR)
msg=randsrc(1,numSymb,[0:3]);                 %产生发送符号
msg_gr=grayencod(msg+1);                      %进行 Gray 编码影射
msg_tx=pskmod(msg_gr,M);                      %QPSK 调制
msg_tx=rectpulse(msg_tx,nSamp);               %矩形脉冲成形
h=rayleigh(10,t);                             %生成瑞利衰落
msg_tx1=h.*msg_tx;                            %信号通过瑞利衰落信道
```

```
17. msg_rx=awgn(msg_tx,SNR(ii));                %通过 AWGN 信道
18. msg_rx1=awgn(msg_tx1,SNR(ii));
19. msg_rx_down = intdump(msg_rx,nSamp);        %匹配滤波相干解调
20. msg_rx_down1 = intdump(msg_rx1,nSamp);
21. msg_gr_demod = pskdemod(msg_rx_down,M);                  %QPSK 解调
22. msg_gr_demod1 = pskdemod(msg_rx_down1,M);
23. [dummy graydecod] = sort(grayencod); graydecod = graydecod−1;
24. msg_demod = graydecod(msg_gr_demod+1);                   %Gray 编码逆映射
25. msg_demod1 = graydecod(msg_gr_demod1+1);
26. [errorBit BER(ii)] = biterr(msg, msg_demod, log2(M));     %计算 BER
27. [errorBit1 BER1(ii)] =biterr(msg,msg_demod1,log2(M));
28. [errorSym SER(ii)] = symerr(msg, msg_demod);              %计算 SER
29. [errorSym SER1(ii)] = symerr(msg, msg_demod1);
30. end
31. figure
32. %画出BER和SNR随SNR变化的曲线semilogy(SNR,BER,'−ro',SNR,SER,'−r*',SNR,BER1,'−r.',
    SNR,SER1,'−r^')
33. legend('AWGN 信道 BER','AWGN 信道 SER','Rayleigh 衰落+AWGN 信道 BER','Rayleigh 衰落
    +AWGN 信道 SER')
34. title('QPSK 在 AWGN 和 Rayleigh 衰落信道下的性能')
35. xlabel('信噪比（dB）')
36. ylabel('误符号率和误比特率')
```

说明：与例 4.6 的程序相比，程序在第 4～5 行生成了以矩形脉冲成形后的抽样时间间隔的时间序列，第 15 行生成了相应的瑞利衰落数值，第 16 行把发射信号加上了瑞利衰落的作用，第 18 行加上 AWGN 的影响。然后分别对只经过 AWGN 信道的信号和经过瑞利衰落和 AEGN 信道的信号进行解调，最后画出各自的误比特率和误符号率。

程序的执行结果如图 4-21 所示。

从图 4-21 可以看出，QPSK 经过瑞利衰落信道后，误比特率和误码率要大大高于 AWGN 信道下的误比特率和误码率。因此，在这种情况下，如果不对衰落进行补偿，是无法进行可靠通信的。对衰落进行补偿的方法是通过发送已知的导频信号对信道进行估计，利用估计出的信道值对接收信号进行校正，然后进行解调，或者是采用其他的调制方式如 DQPSK、MFSK 等，它们对信道衰落引起的相位变化不敏感。

在上面的程序中，读者可以尝试去掉通过瑞利衰落信道后的白噪声进行仿真，可以发现此时误比特率和误符号率没有根本变化。说明在瑞利衰落信道中，衰落是引起 QPSK 错误判决的重要原因。

MATLAB 中提供了实现瑞利衰落的函数 rayleighchan。它的用法如下。

1）chan = rayleighchan(ts,fd)

chan = rayleighchan(ts,fd)构造一个单一路径的瑞利衰落信道。ts 是输入信号的取样时间间

隔，单位是 s；fd 是最大多普勒频移，单位是 Hz。信道对信号的作用可以通过 y= filter(chan,x) 来实现。例如，在例 4.10 中，把第 15 行改为 h=rayleighchan(ts,10)，把第 16 行改为 msg_tx1= filter(h,msg_tx);就可以得到相同的结果。

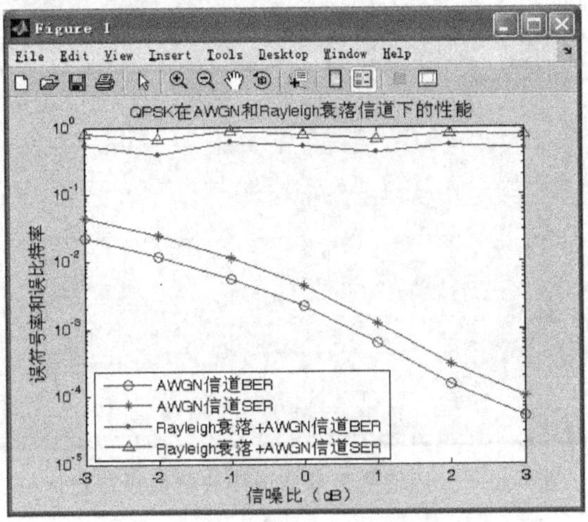

图 4-21　例 4.10 程序结果

2）chan = rayleighchan(ts, fd, tau, pdb)

chan = rayleighchan(ts,fd, tau, pdb)生成一个频率选择性（多径）衰落信道。每径是一个独立的瑞利衰落过程，tau 是每个径相对于第 1 径的时延，单位是 s；pdb 是各径相对第一径的平均增益，单位是 dB。

关于多径信道的仿真，本书后面的章节中还要用到，此处就不再给出示例。

4.2.3　Simulink 中的多径衰落信道模块仿真

多径瑞利衰落信道（Multipath Rayleigh Fading Channel）模块位于“Simulink”的“Communications Blockset→Channels”中，它的作用是实现基带信号的多径瑞利衰落信道仿真，它的输入信号是复信号。在多径瑞利衰落信道模块中，输入信号被延迟一定的时间之后形成多径信号，这些多径信号分别乘以相应的增益，叠加之后就形成了瑞利衰落信号。

多径瑞利衰落信道模块参数设置对话框如图 4-22 所示。

它主要包括以下几个参数：最大多普勒频移（Maximum Doppler shift (Hz)），单位是 Hz；模块输入信号的抽样间隔（Sample time），单位是 s；各个路径相对第一径的时延（Delay vector(s)），单位是 s；各个路径相对第一径的增益（Gain vector(dB)），单位是 dB；增益矢量归一化（Normalize gain vector to 0 dB overall gain），当选择本参数前面的复选框后，多径瑞利衰落信道模块把参数 Gain vector 乘以一个系数作为增益矢量，使得所有路径的接收信号强度之和等于 0dB。假设 Gain vector 是[0 –3]，则可以知道第 2 径的增益是第 1 径增益的 1/2，归一化后，第 1 径功率是 2/3，第 2 径功率是 1/3，整个信道功率为 1（0dB）。Initial seed 是模块的初始化种子。

下面给出一个使用该模块的示例。

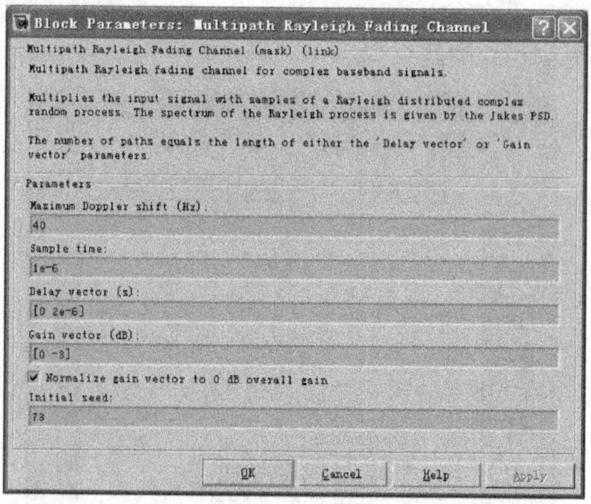

图 4-22　多径瑞利衰落信道模块参数设置对话框

例 4.11　在例 4.6 中加入多径瑞利衰落信道模块，重新运行仿真，并与 AWGN 信道下的误比特率和误符号率进行对比。假设信源产生比特的时间间隔为 1/20000s，多径信道多普勒频移为 100Hz，时延分别是[0 1/10000]，增益分别是[0 –3]，经过矩形脉冲成形后的信号抽样时间间隔为 1/80000s。

打开例 4.7 的系统模型图，在其中加入多径瑞利衰落信道模块，如图 4-23 所示。

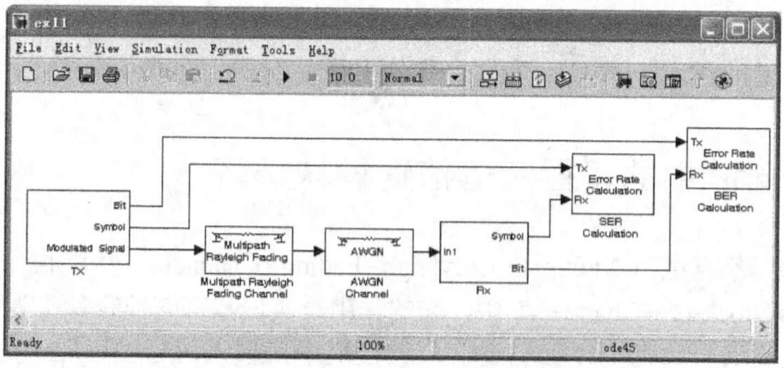

图 4-23　例 4.11 系统模型图

打开 Tx 模块中的随机整数产生模块，把 Sample time 设为 1/20000，Samples per fram 设为 20000，例 4.7 中的随机整数产生模块也做同样修改。

在多径瑞利衰落信道模块参数设置中，把 Maximum Doppler shift 设为 100，Sample time 为 1/80000，Delay vector 为[0 1e–4]，Gain vector 为[0 –3]，其他的不变。修改完成后，存盘，命名为 ex11.mdl。

同例 4.7 一样，本示例也需要编写如下脚本程序：

```
clear all
snr=-3:3;                  %SNR 的范围
SimulationTime=0;          %仿真结束时间
```

```
4.  ex7main;                          %运行示例 4.7
5.  ser1=ser;ber1=ber;                %保存示例 4.7 的结果
6.  for ii=1:length(snr)
7.      SNR=snr(ii);                  %赋值给 AWGN 信道模块中的 SNR
8.      sim('ex11');                  %运行仿真模型
9.      ber(ii)=BER(1);               %保存本次仿真得到的 BER
10.     ser(ii)=SER(1);               %保存本次仿真得到的 SER
11. end
12. semilogy(snr,ber,'-rs',snr,ser,'-r^',snr,ber1,'-ro',snr,ser1,'-r*')
13. legend('Rayleigh 衰落+AWGN 信道 BER','Rayleigh 衰落+AWGN 信道 SER','AWGN 信道
    BER','AWGN 信道 SER')
14. title('QPSK 在 AWGN 和多径 Rayleigh 衰落信道下的性能')
15. xlabel('信噪比（dB）')
16. ylabel('误符号率和误比特率')
```

说明：程序与例 4.7 脚本程序相似，不同的是在第 4 行先运行例 4.7 的脚步程序；第 5 行是保存例 4.7 的程序结果；在第 12～16 行中把两个程序得到的结果一起画出来。

程序的运行结果如图 4-24 所示。

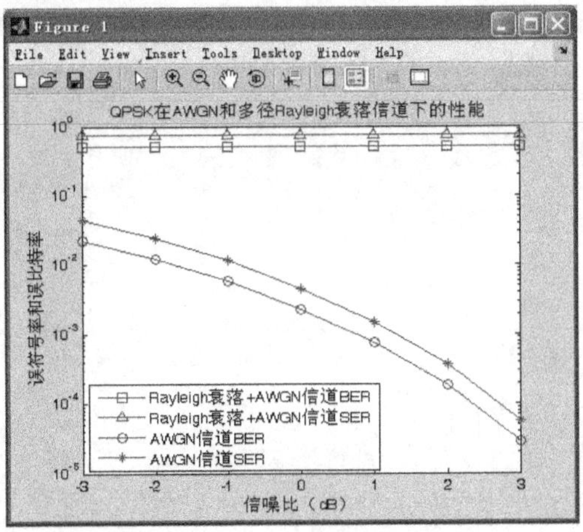

图 4-24　例 4.11 与例 4.7 仿真结果

比较图 4-24 和图 4-21 可以发现，两者得到的结果是基本一致的。

除了 AWGN 信道模块和多径瑞利衰落信道模块外，MATLAB 和 Simulink 中还提供了对称二进制信道和莱斯衰落信道模块，它们在通信仿真中用得比较少，限于篇幅，本书不再详细介绍，感兴趣的读者可以查阅帮助手册掌握它们的使用。

小　　结

信道是通信系统中的重要环节，信道质量影响着通信的可靠性和有效性。本章首先介绍

了通信系统中常见的加性高斯白噪声信道的仿真方法，并分别给出了用 MATLAB 和 Simulink 仿真加性高斯白噪声信道的方法。然后介绍了多径衰落信道，先用一个简单的程序说明了多径衰落信道的特点，随后介绍了用 MATLAB 和 Simulink 仿真多径瑞利衰落信道的方法，并与 AWGN 信道下得到的仿真结果进行了比较。

习　题

1．产生一个均值为 1，方差为 0.2 的高斯白噪声。

2．仿真一个三角波信号通过 AWGN 信道后的结果，分别用 randn 函数和 awgn 函数实现。

3．修改例 4.7 中的 Tx 模块采用 BPSK 基带调制，重新仿真，观察仿真结果与例 4.7 有何不同？

4．产生最大多普勒频移为 120 的多径瑞利衰落信道，假设信号的抽样时间间隔为 1/100000s，多径延迟为[0　6e−5　11e−5]，各径增益为[0 −3 −6]，所有路径的接收信号强度之和为 0，画出信道的功率随时间的变化曲线。

5．用习题 4 中的多径信道重新仿真例 4.10

6．用习题 4 中的多径信道重新仿真例 4.11。

第5章 模拟调制

调制是指按调制信号（基带信号）的变化规律去改变载波某些参数的过程。调制在通信系统中具有十分重要的作用。通过调制，不仅可以进行频谱搬移，把调制信号的频谱搬移到所希望的位置上，从而将调制信号转换成适合于信道传输的已调信号，而且它对系统的传输有效性和可靠性有很大的影响。本章讨论各种模拟调制解调系统的性能，包括幅度调制（AM）和角度调制（包括频率调制（FM）和相位调制（PM））。

5.1 幅度调制

幅度调制是用调制信号去控制高频载波的振幅，使其按调制信号的规律而变化的过程。幅度调制器的一般模型如图 5-1 所示。

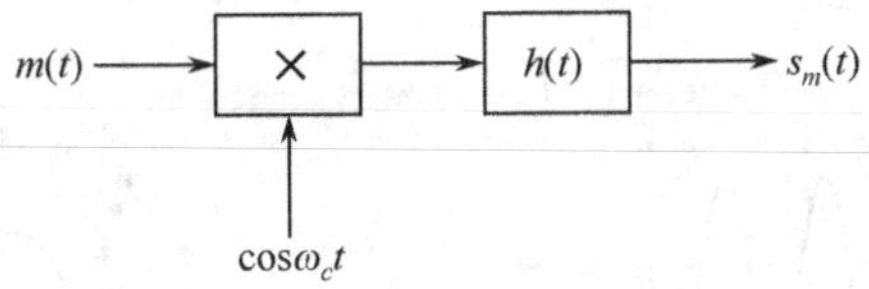

图 5-1 幅度调制器的一般模型

设调制信号 $m(t)$的频谱为 $M(\omega)$，冲激响应为 $h(t)$的滤波器特性为 $H(\omega)$，则该模型输出已调信号的时域和频域一般表示式为

$$\begin{cases} s_m(t) = [m(t)\cos\omega_c t]h(t) \\ S_m(\omega) = \dfrac{1}{2}\left[M(\omega+\omega_c) + M(\omega-\omega_c)\right]H(\omega) \end{cases} \tag{5-1}$$

式中，ω_c 为载波角频率；$H(\omega) \leftrightarrow h(t)$。

由式（5-1）可见，对于幅度调制信号，在波形上，它的幅度随基带信号规律而变化；在频谱结构上，它的频谱完全是基带信号频谱结构在频域内的简单搬移（精确到常数因子）。由于这种搬移是线性的，因此，幅度调制通常又称为线性调制。

图 5-1 之所以称为调制器的一般模型，是因为在该模型中，适当选择滤波器的特性 $H(\omega)$，便可以得到各种幅度调制信号，例如，调幅、双边带、单边带及残留边带信号等。

5.1.1 调幅（AM）

在图 5-1 中，假设 $h(t)=\delta(t)$，即滤波器 $H(\omega)=1$ 为全通网络，调制信号 $m(t)$叠加直流

A_0后与载波相乘（图 5-2），就可形成 AM 信号。

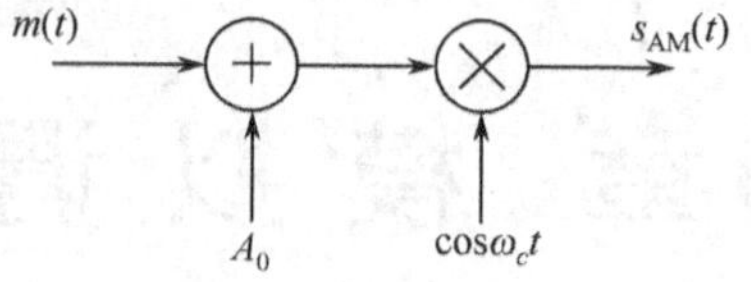

图 5-2　AM 调制器模型

其时域和频域表示式分别为

$$\begin{cases} s_{AM}(t)=\left[A_0+m(t)\right]\cos\omega_c t=A_0\cos\omega_c t+m(t)\cos\omega_c t \\ S_{AM}(\omega)=\pi A_0\left[\delta(\omega+\omega_c)+\delta(\omega-\omega_c)\right]+\left[M(\omega+\omega_c)+M(\omega-\omega_c)\right] \end{cases} \tag{5-2}$$

式中，A_0为外加的直流分量；$m(t)$可以是确知信号，也可以是随机信号（此时，已调信号的频域表示必须用功率谱描述），但通常认为其平均值 $\overline{m(t)}=0$。其波形和频谱如图 5-3 所示。

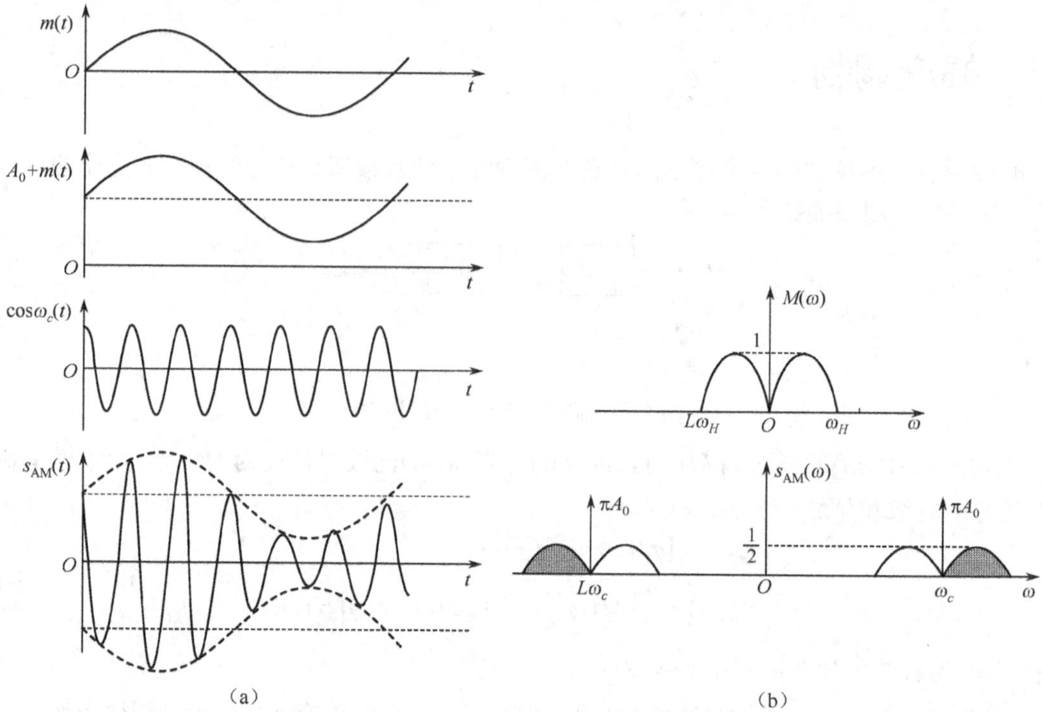

图 5-3　AM 信号的波形和频谱

由图 5-3（b）的频谱图可知，AM 信号的频谱 $S_{AM}(\omega)$ 由载频分量和上、下两个边带组成，上边带的频谱结构与原调制信号的频谱结构相同，下边带是上边带的镜像。因此，AM 信号是带有载波的双边带信号，它的带宽是基带信号带宽 f_H 的两倍，即 $B_{AM}=2f_H$。

AM 信号在 1Ω电阻上的平均功率应等于 $s_{AM}(t)$的均方值。当 $m(t)$为确知信号时，$s_{AM}(t)$的均方值即为其平方的时间平均，即

$$\begin{aligned} P_{AM}&=\overline{s_{AM}^2(t)}=\overline{[A_0+m(t)]^2\cos^2\omega_c t} \\ &=\overline{A_0^2\cos^2\omega_c t}+\overline{m^2(t)\cos^2\omega_c t}+\overline{2A_0 m(t)\cos^2\omega_c t} \end{aligned} \tag{5-3}$$

通常假设调制信号没有直流分量，即 $\overline{m(t)}=0$ ，因此

$$P_{\mathrm{AM}}=\frac{A_0^2}{2}+\frac{\overline{m^2(t)}}{2}=P_c+P_s \tag{5-4}$$

式中，$P_c=A_0^2/2$ 为载波功率；$P_s=\overline{m^2(t)}/2$ 为边带功率。

由此可见，AM 信号的总功率包括载波功率和边带功率两部分。用于传送消息的功率与已调信号总功率的比称为调制效率。只有边带功率才与调制信号有关。也就是说，载波分量不携带信息。即使在“满调幅”（$|m(t)|_{\max}=A_0$ 时，也称为 100%调制）条件下，载波分量仍占据大部分功率，而含有用信息的两个边带占有的功率较小。因此，从功率上讲，AM 信号的功率利用率比较低。

1. AM 信号的仿真

下面给出一个用 MATLAB 仿真调幅信号的示例。

例 5.1 消息信号是[−3,3]均匀分布的随机整数，产生的时间间隔为 1/10s，用 AM 方法调制载波 $\cos 2\pi f_c t$ 。假设 $f_c=100$ ，A_0=4， $0\leqslant t\leqslant 10$ ，试求：

（1）消息信号和已调信号的频谱。

（2）已调信号的功率和调制效率。

程序代码如下：

```
clear all
ts=0.0025;                               %信号抽样时间间隔
t=0:ts:10-ts;                            %时间矢量
fs=1/ts;                                 %抽样频率
df=fs/length(t);                         %fft 的频率分辨率
msg=randint(100,1,[ -3,3],123);          %生成消息序列,随机数种子为 123
msg1=msg*ones(1,fs/10);                  %扩展成取样信号形式
msg2=reshape(msg1.',1,length(t));
Pm=fft(msg2)/fs;                         %求消息信号的频谱
f=-fs/2:df:fs/2-df;
subplot(2,1,1)
plot(f,fftshift(abs(Pm)))                %画出消息信号频谱
title('消息信号频谱')

A=4;
fc=100;                                  %载波频率
Sam=(A+msg2).*cos(2*pi*fc*t);            %已调信号
Pam=fft(Sam)/fs;                         %已调信号频谱
subplot(2,1,2)
plot(f,fftshift(abs(Pam)))               %画出已调信号频谱
title('AM 信号频谱')
```

```
22.  axis([-200 200 0 23])
23.
24.  Pc=sum(abs(Sam).^2)/length(Sam)             %已调信号功率
25.  Ps=Pc-A^2/2;                                %消息信号功率
26.  eta=Ps/Pc                                   %调制效率
```

说明：程序第 2 行首先定义了信号抽样时间间隔，第 3 行生成时间矢量，第 4～5 行是根据抽样时间间隔求抽样频率和做 fft 时的频率分辨率。第 6 行是生成消息序列，因为消息产生的时间间隔是 1/10s，共持续 10s，所以，共产生 100 个消息信号。在产生时，用的随机数种子为 123。第 7～8 行是根据抽样频率扩展成取样信号的形式，第 9～13 行是求消息信号的频谱并画出来，第 17 行是生成已调信号，第 18～22 行是求已调信号频谱并把它画出。第 24～26 行是求已调信号的功率和调制效率。

程序运行结果如图 5-4 所示。

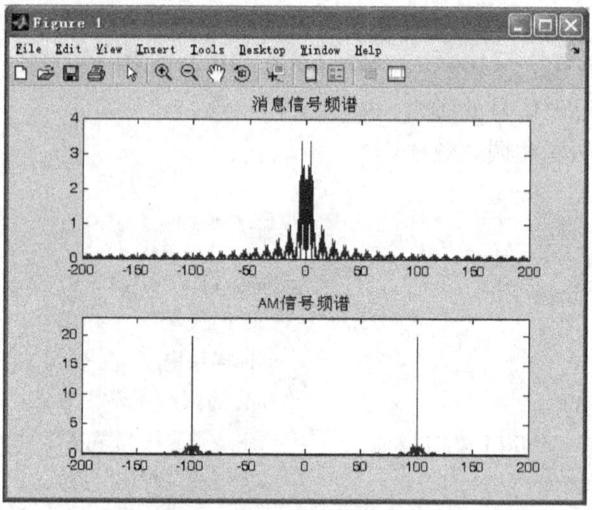

图 5-4　例 5.1 程序运行结果

从图 5-4 中，可以看出在已调信号的频谱上明显有两个冲激函数存在。最后求得到的已调信号功率，边带功率和调制效率分别为

```
Pc =
     9.5100
Ps =
     1.5100
eta =
     0.1588
```

Simulink 中也提供了调幅模块（DSB AM Modulator Passband），它位于“Communications Blockset→Modulation→Analog Passband Modulation”模块库中。它的参数设置对话框如图 5-5 所示。

对话框中有如下几个参数：

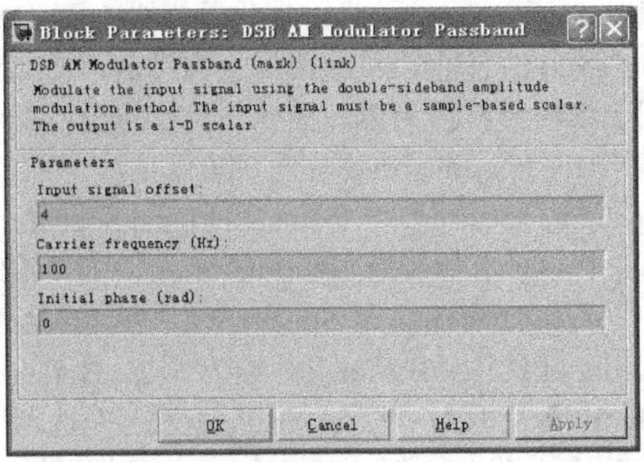

图 5-5　调幅模块设置对话框

（1）Input signal offset：调幅信号的直流信号 A_0 大小；

（2）Carrier frequency(Hz)：调幅信号的载波频率；

（3）Initial phase(rad)：调幅信号载波的初始相位。

下面给出使用该模块的实例。

例 5.2　用 Simulink 重新仿真例 5.1。

系统模型框图如图 5-6 所示。

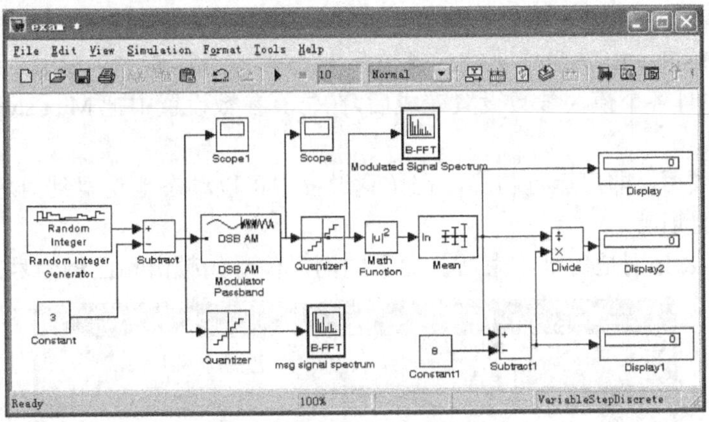

图 5-6　例 5.2 系统模型框图

在该系统模型中，主要包含以下模块：

（1）随机整数产生器模块（Random Integer Generator），用它来产生消息信号，它的参数设置：M-ary number 设为 7，Initial seed 设为 1234，Sample time 设为 1/10，Fram-based outputs 不选中。

（2）减法器模块（Subtract、Subtract1），因为消息信号产生的信号范围是[0,6]，所以用 Subtract 减去 3，将信号范围转换为[−3,3]。与 Subtract 减法端口相连的常数模块（Constant）位于“Simulink→Commonly Used Blocks”模块库中，其值设为 3。Subtract1 用来求已调信号中的消息信号功率，与 Subtract1 减法端口相连的常数模块（Constant1）设为 8（载波功率）。

（3）调幅模块（DSB AM Modulator Passband），它的参数设置为 Input signal offset 设为 4，其他参数采用默认值。

（4）量化器模块（Quantizer、Quantizer1）。量化器模块位于“Simulink→Commonly Used Blocks”模块库中。因为要观察消息信号和已调信号的频谱，而频谱分析器要求的输入是离散量，所以需要量化器把连续信号转换为离散信号。两个量化器的参数设置是相同的，其中 Quantization interval 设为 0.001，Sample time 设为 0.001。

（5）频谱分析器（msg signal spectrum、Modulated Signal Specturm）位于“Signal Processing Blockset→DSP Sinks”模块中，原始名字为 Spctrum Scope。为了清晰起见，我们把名字分别改为 msg signal spectrum、Modulated Signal Specturm.。它们的参数设置分别是：在“Scope Properties”选项中，Buffer input 选中，Buffer size 设为 512，Buffer overlap 设为 256；Specify FFT length 选中，FFT length 设为 512。在“Axis Properties”选项中，Frequency range 选为 [–Fs/2 … Fs/2]。Minimum Y-limit 设为–50，Maximum Y-limit 设为 50。

（6）数学函数模块（Math Function），用它来计算已调信号振幅的平方。在它的参数设置中 Function 要选为 magnitude^2。

（7）求均值模块（Mean），它位于“Signal Processing Blockset→Statistics”模块库中，它用来求已调信号的均值。在它的参数设置中要选中 Running mean，这样它输出的是整个仿真时间内得到的功率均值。

（8）除法器模块（Divide），它用来计算调制效率。在参数设置中，把 Number of inputs 设为/*。

（9）显示模块，包括显示消息信号时域波形（Scope1），已调信号时域波形（Scope），已调信号功率值（Display），消息信号在已调信号中的功率（Display1）和调制效率（Display2）。

模型建好，并且各个模块参数设置完成后，在仿真参数设置中把 Max step size 设为 0.001，Stop time 设为 10。

所有设置完成后，即可运行仿真，在仿真过程中可以动态地观察到消息信号和已调信号的波形以及它们的频谱。

图 5-7、图 5-8 分别是仿真结束后，显示的消息信号的频谱和已调信号的频谱。

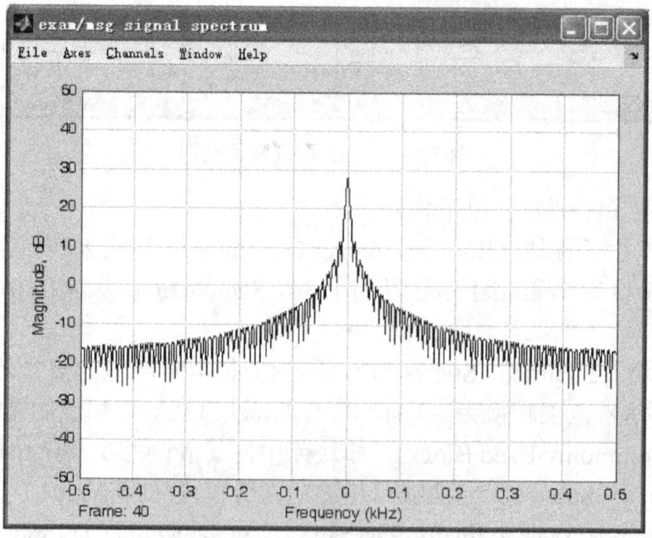

图 5-7　消息信号频谱

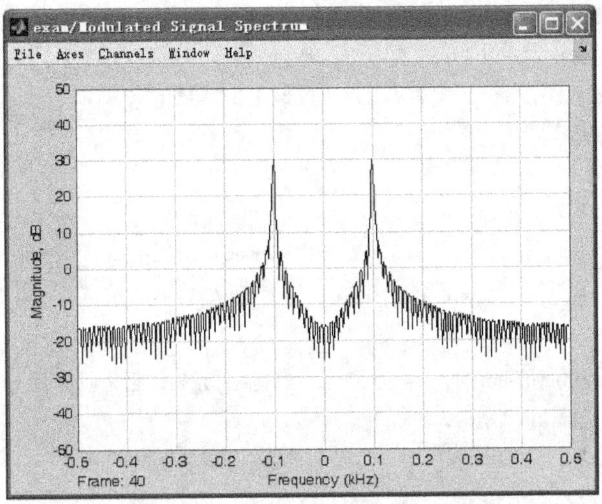

图 5-8　已调信号的频谱

最后计算出的已调信号功率为10.3，已调信号中消息信号功率为2.301，调制效率为0.2234。读者可以改变参数，再次运行仿真，观察相应的结果。

2．AM 信号的解调

由图 5-3 的时间波形可知，当满足条件 $|m(t)|_{\max} \leqslant A_0$ 时，AM 信号的包络与调制信号成正比，所以，用包络检波的方法很容易恢复出原始的调制信号，否则，将会出现过调幅现象而产生包络失真。这时不能用包络检波器进行解调，为保证无失真解调，可以采用同步检波器。在第 3 章中已经讨论过，一个带通信号的包络可以表示成它的低通等效信号的幅度。因此，如果 $s_{\mathrm{AM}}(t)$ 是一个带通信号，其载波为 f_c，那么 $s_{\mathrm{AM}}(t)$ 的包络 $s(t)$ 可以表示为

$$s(t)=\sqrt{s_{\mathrm{AM}_c}^2(t)+s_{\mathrm{AM}_s}^2(t)} \tag{5-5}$$

式中，$s_{\mathrm{AM}_c}(t)$ 和 $s_{\mathrm{AM}_s}(t)$ 代表带通信号 $s_{\mathrm{AM}}(t)$ 的同相和正交分量。

为了得到这个包络，只要求得该带通信号的低通等效信号就足够了，这个包络就是带通信号的低通等效的幅度。

例 5.3　消息信号是[−3,3]均匀分布的随机整数，产生的时间间隔为 1/2s，用 AM 方法调制载波 $\cos 2\pi f_c t$。假设 $f_c=100$，A_0=4，$0 \leqslant t \leqslant 5$，试求：

（1）用包络检波器解调该信号，画出原始信号和解调信号。

（2）假设调制信号通过 AWGN 信道，信噪比为 20dB，画出解调后的信号与原始信号。

程序代码如下：

```
clear all
ts=0.0025;                          %信号抽样时间间隔
t=0:ts:5-ts;                        %时间矢量
fs=1/ts;                            %抽样频率
msg=randint(10,1,[-3,3],123);       %生成消息序列,随机数种子为 123
msg1=msg*ones(1,fs/2);              %扩展成取样信号形式
```

```
7.  msg2=reshape(msg1.',1,length(t));
8.  subplot(3,1,1)
9.  plot(t,msg2)                          %画出消息信号
10. title('消息信号')
11.
12. A=4;
13. fc=100;                               %载波频率
14. Sam=(A+msg2).*cos(2*pi*fc*t);         %已调信号
15.
16. dems=abs(hilbert(Sam))-A;             %包络检波,并且去掉直流分量
17. subplot(3,1,2)
18. plot(t,dems)                          %画出解调后的信号
19. title('无噪声的解调信号')
20.
21. y=awgn(Sam,20,'measured');            %调制信号通过 AWGN 信道
22. dems2=abs(hilbert(y))-A;              %包络检波,并且去掉直流分量
23. subplot(3,1,3)                        %画出解调信号
24. plot(t,dems2)
25. title('信噪比为 20dB 时的解调信号')
```

说明：程序的前面与例 5.1 相似，第 16 行是采用包络检波的方法求消息信号，并且去掉了直流分量。第 17～19 行是画出解调后的信号，第 21 行是把调制信号通过 AWGN 信道，第 22～25 行是画出通过 AWGN 信道后的解调信号。

程序运行结果如图 5-9 所示。

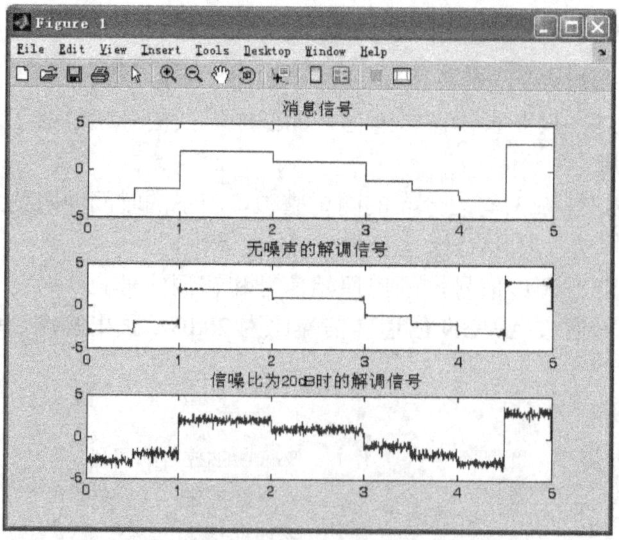

图 5-9　例 5.3 程序运行结果

从图 5-9 可以看出，信号通过 AWGN 信道后的解调信号与原始信号相比有了较大失真。

Simulink 中也提供了调幅信号的解调模块（DSB AM Demodulator Passband），它位于"Communications Blockset→Modulation→Analog Passband Modulation"模块库中。它的参数设置对话框如图 5-10 所示。

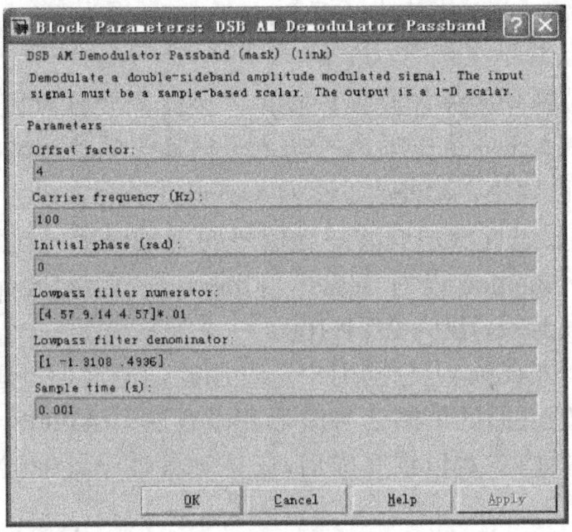

图 5-10　调幅信号解调模块设置对话框

对话框中有如下几个参数：

（1）Offset factor：调幅信号的直流信号 A_0 大小；

（2）Carrier frequency(Hz)：调幅信号的载波频率；

（3）Initial phase(rad)：调幅信号载波的初始相位；

（4）Lowpass filter numerator：解调模块本身的低通滤波器分子系数，它用来产生包络；

（5）Lowpass filter denominator：解调模块本身的低通滤波器的分母系数；

（6）Sample time(s)：抽样时间间隔。

下面给出使用该模块的示例。

例 5.4　用 Simulink 重新仿真例 5.3。

系统模型框图如图 5-11 所示。

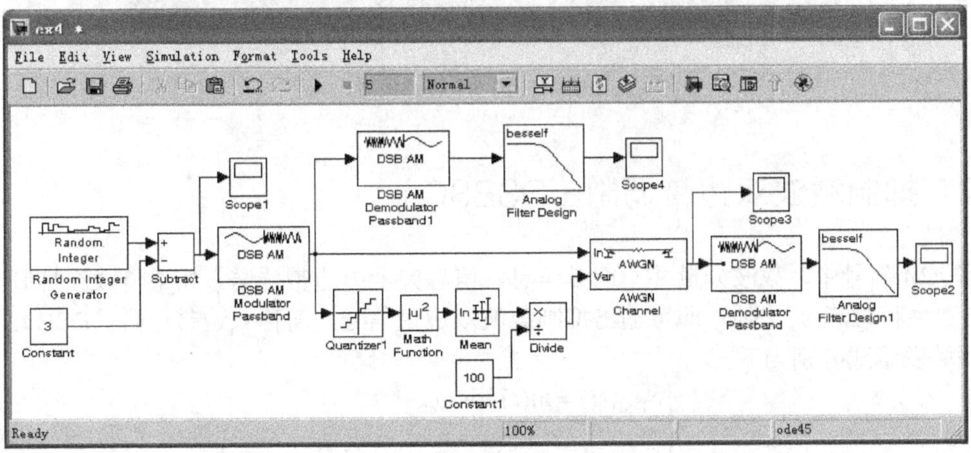

图 5-11　例 5.4 系统模型框图

它与图 5-6 相比，多了调幅信号解调模块（DSB AM Demodulator Passband）、低通滤波器模块（Analog Filter Design）、AWGN 信道模块。其中一个解调模块是解调没有噪声的调制信号，另一个则是解调通过 AWGN 信道后的调制信号。

在 Random Integer Generator 模块中，把 Sample time 设为 1/2，在两个调幅信号解调模块中把 Offset factor 设为 4，其他采用默认值。

由于要根据调制信号的功率添加高斯白噪声，因此需要计算调制信号的功率，计算出调制信号的功率后，根据信噪比计算出噪声的功率，把噪声的功率输入到 AWGN 信道模块中。在 AWGN 信道模块参数设置中，Mode 要设为 Variance from port。

在解调出信号后，需要进行低通滤波滤除信号的高频分量，这里采用 Bessel 低通滤波器，在参数设置中，把 Design method 设为 Bessel，Filter type 设为 Lowpass，Filter order 设为 8，Passband edge frequency(rads/sec)设为 2*pi*100。

4 个示波器（Scope1～Scope4）分别用来查看原始信号波形，通过 AWGN 信道后的解调信号波形，通过 AWGN 信道后的调制信号波形和没有通过 AWGN 信道的解调信号波形。

模型建好，并且各个模块参数设置完成后，在仿真参数设置中把 Max step size 设为 0.001，Stop time 设为 5。

所有设置完成后，即可运行仿真，在仿真过程中可以动态地观察到消息信号和相应的解调信号波形。

图 5-12 分别是没有通过 AWGN 信道的解调信号和通过 AWGN 信道后的解调信号，读者可以比较它们的差异。

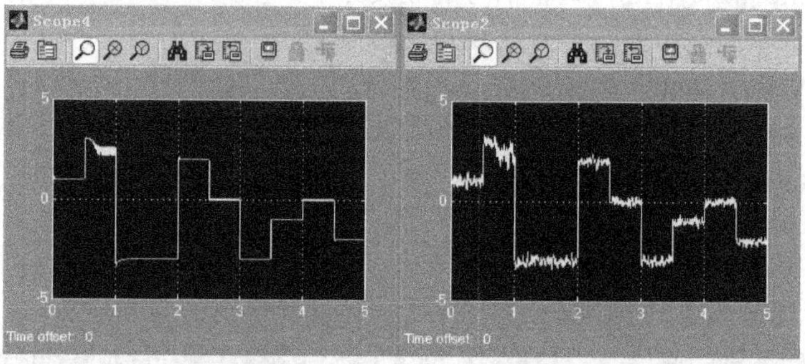

（a）　　（b）

图 5-12　例 5.4 解调信号

5.1.2　抑制载波双边带调制（DSBSC）

在 AM 信号中，载波分量并不携带信息，信息完全由边带传送。如果将载波抑制，只需在图 5-2 中将直流 A_0 去掉，即可输出抑制载波双边带信号，简称双边带信号（DSB）。其时域和频域表示式分别为

$$\begin{cases} S_{\mathrm{DSB}}(t) = m(t)\cos\omega_c t \\ S_{\mathrm{DSB}}(\omega) = \dfrac{1}{2}\left[M(\omega+\omega_c) + M(\omega-\omega_c)\right] \end{cases} \tag{5-6}$$

其波形和频谱如图 5-13 所示。

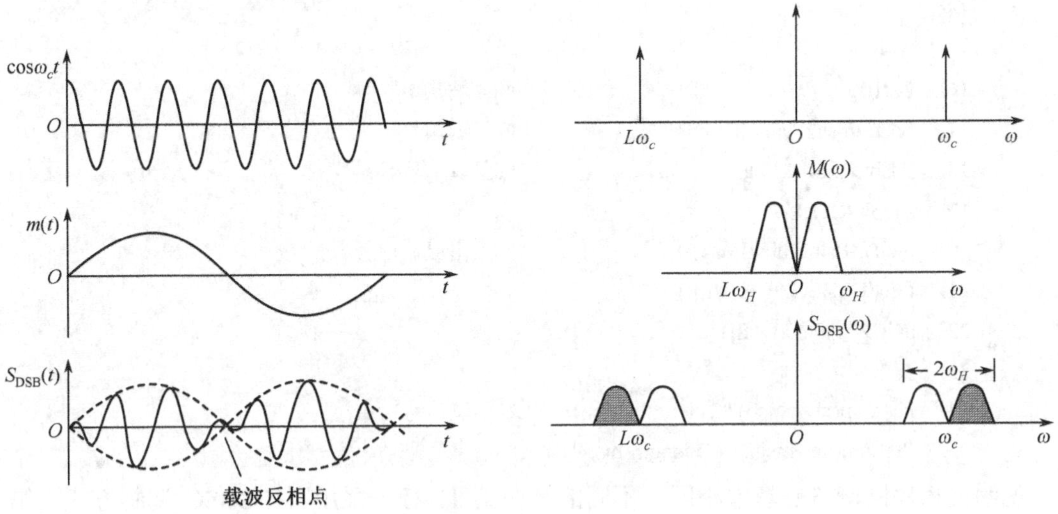

（a）　　　　（b）

图 5-13　DSB 信号的波形和频谱

同 AM 信号一样，DSBSC 信号的带宽是基带信号带宽 f_H 的两倍，即 $B_{DSB}=2f_H$。DSBSC 信号功率为 $P_{DSB}=\frac{1}{2}P_s$，其中，P_s 为消息信号功率。

1．DSBSC 信号的仿真

下面给出一个用 MATLAB 仿真 DSBSC 信号的示例。

例 5.5　消息信号是[−3,3]均匀分布的随机整数，产生的时间间隔为 1/10s，用 DSBSC 方法调制载波 $\cos 2\pi f_c t$。假设 $f_c=100$，$0\leqslant t\leqslant 10$，试求：

（1）消息信号和已调信号的频谱。

（2）已调信号的功率和消息信号的功率。

程序代码如下：

```
clear all
ts=0.0025;                                  %信号抽样时间间隔
t=0:ts:10−ts;                               %时间矢量
fs=1/ts;                                    %抽样频率
df=fs/length(t);                            %fft 的频率分辨率
msg=randint(100,1,[−3,3],123);              %生成消息序列,随机数种子为 123
msg1=msg*ones(1,fs/10);                     %扩展成取样信号形式
msg2=reshape(msg1.',1,length(t));
Pm=fft(msg2)/fs;                            %求消息信号的频谱
f=−fs/2:df:fs/2−df;
subplot(2,1,1)
plot(f,fftshift(abs(Pm)))                   %画出消息信号频谱
```

```
13.  title('消息信号频谱')
14.
15.  A=4;
16.  fc=100;                                  %载波频率
17.  Sdsb=msg2.*cos(2*pi*fc*t);               %已调信号
18.  Pdsb=fft(Sdsb)/fs;                       %已调信号频谱
19.  subplot(2,1,2)
20.  plot(f,fftshift(abs(Pdsb)))              %画出已调信号频谱
21.  title('DSBSC 信号频谱')
22.  axis([-200 200 0 2])
23.
24.  Pc=sum(abs(Sdsb).^2)/length(Sdsb)        %已调信号功率
25.  Ps=sum(abs(msg2).^2)/length(msg2)        %消息信号功率
```

说明：程序同例 5.1 基本相同，不同的是在第 17 行，采用了 DSBSC 调制方式，第 25 行是求消息信号功率。

程序运行结果如图 5-14 所示。

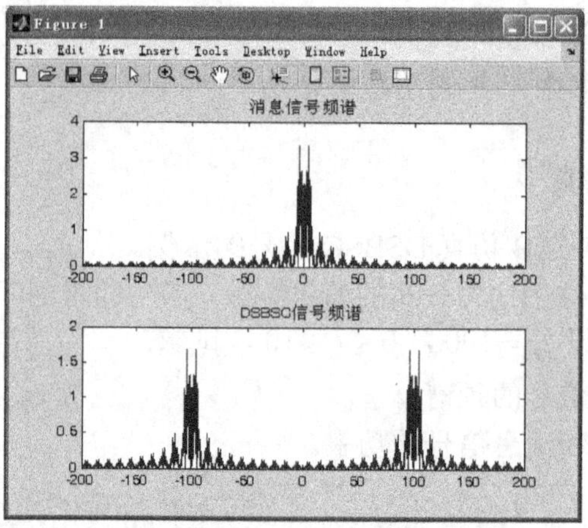

图 5-14　例 5.5 程序运行结果

比较图 5-14 和图 5-4 可以看出，DSBSC 信号频谱中没有冲激函数。

最后求得的调制信号和消息信号功率分别为

```
Pc =
    1.7500
Ps =
    3.5000
```

与理论结果相一致。

Simulink 中提供了抑制载波双边带调制模块（DSBSC AM Modulator Passband），它位于“Communications Blockset→Modulation→Analog Passband Modulation”模块库中。它的参数设置对话框如图 5-15 所示。

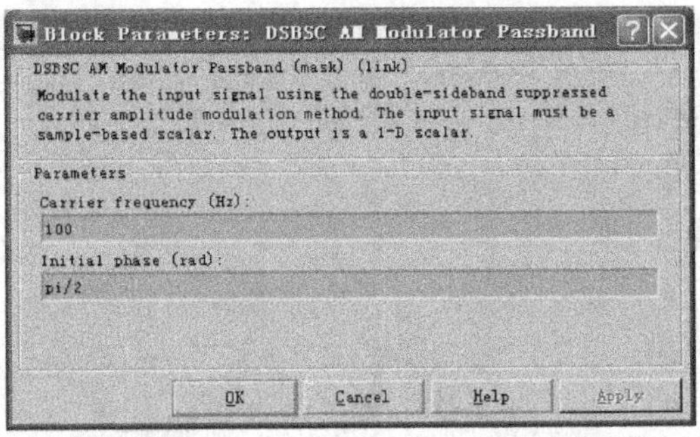

图 5-15　抑制载波双边带调制模块设置对话框

对话框中有如下两个参数：

（1）Carrier frequency(Hz)：调幅信号的载波频率；

（2）Initial phase(rad)：信号载波的初始相位。

下面给出使用该模块的示例。

例 5.6　用 Simulink 重新仿真例 5.5。

系统模型框图如图 5-16 所示。

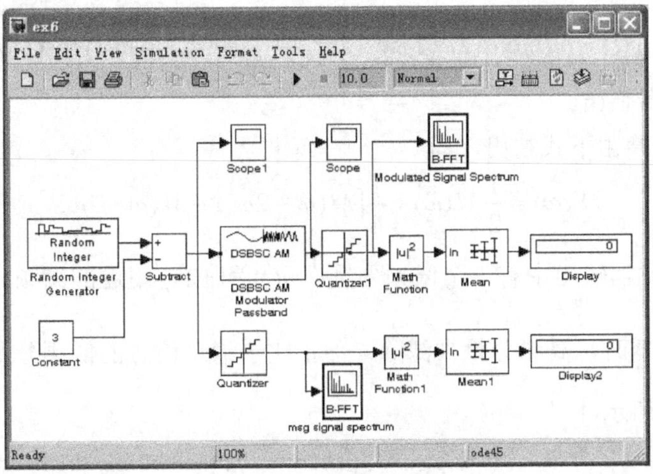

图 5-16　例 5.6 系统模型框图

系统模型与例 5.2 基本相同，不过需要把图 5-6 中的 DSB AM Modulator Passband 模块换成相应的 DSBSC AM Modulator Passband 模块。并且计算消息信号的功率方式也不相同。其他设置（包括仿真参数）保持不变。

运行仿真，调制信号的频谱如图 5-17 所示。与图 5-8 相比，调制信号频谱在载波频率处的值要小于图 5-8 中的结果。

仿真结束后，计算的调制信号功率和消息信号功率分别是 2.22 和 4.44，与理论分析一致。

2．DSBSC 信号的解调

由时间波形可知，DSB 信号的包络不再与调制信号的变化规律一致，因而不能采用简单的包络检波来恢复调制信号，需采用相干解调（同步检波）。

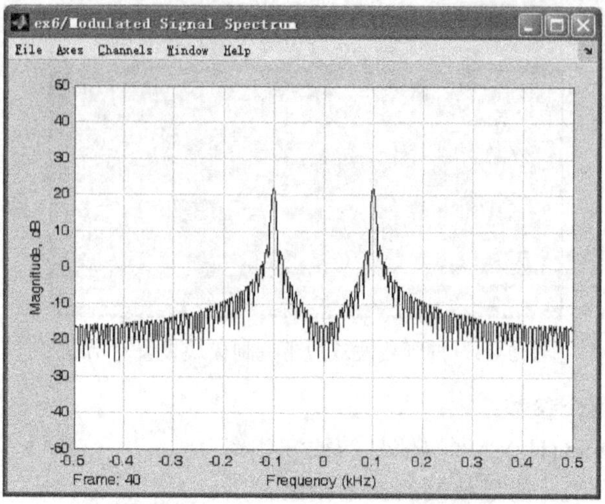

图 5-17　例 5.6 DSBSC 调制信号频谱

在 DSBSC 信号中，已调信号由 $m(t)\cos(2\pi f_c t)$ 给出，当将它乘以 $\cos(2\pi f_c t)$ 或者说与 $\cos(2\pi f_c t)$ 混频以后，得

$$y(t)=m(t)\cos(2\pi f_c t)\cos(2\pi f_c t)=\frac{1}{2}m(t)+\frac{1}{2}m(t)\cos(4\pi f_c t) \tag{5-7}$$

式中，$y(t)$ 为混频器输出。

它的 Fourier 变换由下式给出，即

$$Y(\omega)=\frac{1}{2}M(\omega)+\frac{1}{4}\left[M(\omega-2\omega_c)+M(\omega+2\omega_c)\right] \tag{5-8}$$

由上可知，混频器输出中有一个低频分量 $\frac{1}{2}m(t)$ 和 $\pm 2f_c$ 附近的高频分量。当 $y(t)$ 通过带宽为 W 的低通滤波器时，高频分量被滤除，而正比于消息信号的低频分量 $\frac{1}{2}m(t)$ 被解调出。这个过程如图 5-18 所示。

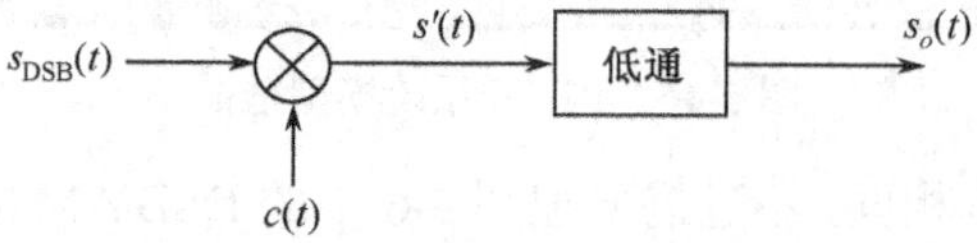

图 5-18　DSBSC 信号的解调

例 5.7　消息信号是[−3,3]均匀分布的随机整数，产生的时间间隔为 1/2s，用 DSBSC 方法调制载波 $\cos 2\pi f_c t$。假设 $f_c = 100$，$0 \leqslant t \leqslant 5$，试求：

（1）用同步检波解调该信号，设低通滤波器的截止频率为 100Hz，增益为 2，画出原始信号和解调信号。

（2）假设调制信号通过 AWGN 信道，信噪比为 20dB，画出解调后的信号与原始信号。

程序代码如下：

```
clear all
```

```
2.  ts=0.0025;                          %信号抽样时间间隔
3.  t=0:ts:5-ts;                        %时间矢量
4.  fs=1/ts;                            %抽样频率
5.  df=fs/length(t);                    %fft 的频率分辨率
6.  f=-fs/2:df:fs/2-df;
7.  msg=randint(10,1,[-3,3],123);       %生成消息序列,随机数种子为 123
8.  msg1=msg*ones(1,fs/2);              %扩展成取样信号形式
9.  msg2=reshape(msg1.',1,length(t));
10.
11. subplot(3,1,1)
12. plot(t,msg2)                        %画出消息信号
13. title('消息信号')
14.
15. fc=100;                             %载波频率
16. Sdsb=msg2.*cos(2*pi*fc*t);          %已调信号
17. y=Sdsb.*cos(2*pi*fc*t);             %相干解调
18. Y=fft(y)./fs;                       %解调后的频谱
19. f_stop=100;                         %低通滤波器的截止频率
20. n_stop=floor(f_stop/df);
21. Hlow=zeros(size(f));                %设计低通滤波器
22. Hlow(1:n_stop)=2;
23. Hlow(length(f)-n_stop+1:end)=2;
24. DEM=Y.*Hlow;                        %解调信号通过低通滤波器
25. dem=real(ifft(DEM))*fs;             %最终得到的解调信号
26. subplot(3,1,2)
27. plot(t,dem);
28. title('无噪声的解调信号')
29.
30. y1=awgn(Sdsb,20,'measured');        %调制信号通过 AWGN 信道
31. y2=y1.*cos(2*pi*fc*t);              %相干解调
32. Y2=fft(y2)./fs;                     %解调信号的频谱
33. DEM1=Y2.*Hlow;                      %解调信号通过低通滤波器
34. dem1=real(ifft(DEM1))*fs;           %最终得到的解调信号
35. subplot(3,1,3)
36. plot(t,dem1)
37. title('信噪比为 20dB 时的解调信号')
```

说明：程序的第 1～13 行是生成消息信号，并将它画出。第 16 行是将消息信号进行 DSBSC 调制，第 17 行是将调制信号进行相干解调。第 18 行是求相干解调后的信号频谱。第 19～23 行是设计低通滤波器。第 24 行是将解调后的信号通过低通滤波器。第 25 行是通过低

通滤波器后最终得到的解调信号。第 26～28 行是画出解调后的消息信号。第 30 行是把调制信号通过 AWGN 信道。第 31～37 行是把通过 AWGN 信道后的调制信号进行相干解调，并通过低通滤波器滤波，得到解调的消息信号，并将它画出。

程序运行结果如图 5-19 所示。

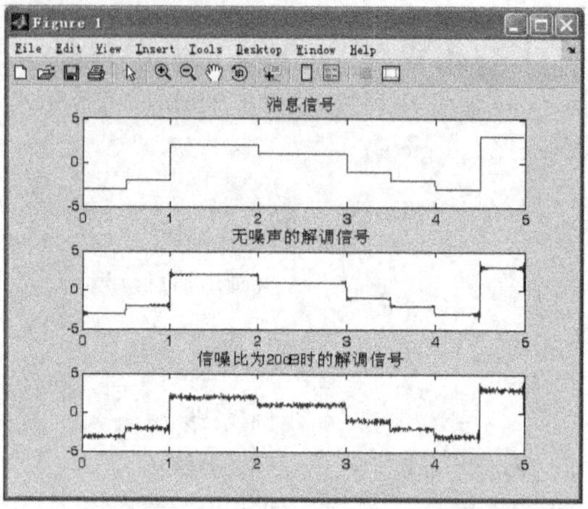

图 5-19　例 5.7 程序运行结果

从图 5-18 可以看出，同 AM 信号一样，DSBSC 信号通过 AWGN 信道后的解调信号与原始信号相比也有了失真。但同样的信噪比下，DSBSC 解调信号的失真程度要小于 AM 解调信号，这是因为 DSBSC 调制的制度增益为 2，而 AM 调制的制度增益最大为 2/3，因此，DSBSC 调制的抗噪声性能要优于 AM。

Simulink 中提供了 DSBSC 信号的解调模块（DSBSC AM Demodulator Passband），它位于“Communications Blockset→Modulation→Analog Passband Modulation”模块库中。它的参数设置对话框如图 5-20 所示。

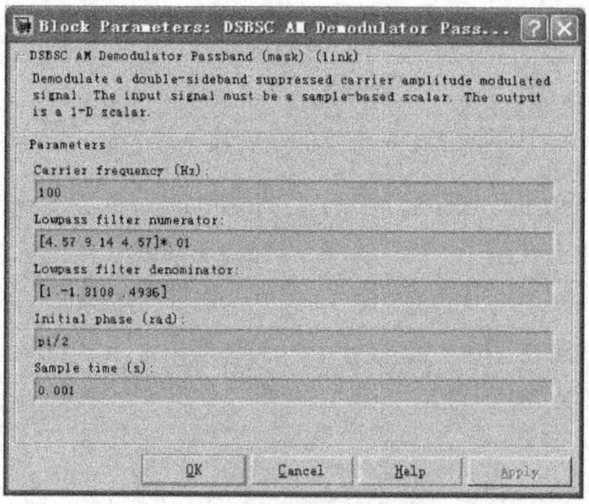

图 5-20　DSBSC 信号解调模块设置对话框

对话框中有如下几个参数：

（1）Carrier frequency(Hz)：DSBSC 信号的载波频率；

（2）Lowpass filter numerator：解调模块本身的低通滤波器分子系数，注意这个系数不是解调模块后的低通滤波器的系数；

（3）Lowpass filter denominator：解调模块本身的低通滤波器的分母系数；

（4）Initial phase(rad)：DSBSC 信号载波的初始相位；

（5）Sample time(s)：抽样时间间隔。

下面给出使用该模块的示例。

例 5.8 用 Simulink 重新仿真例 5.7。

系统模型框图如图 5-21 所示。

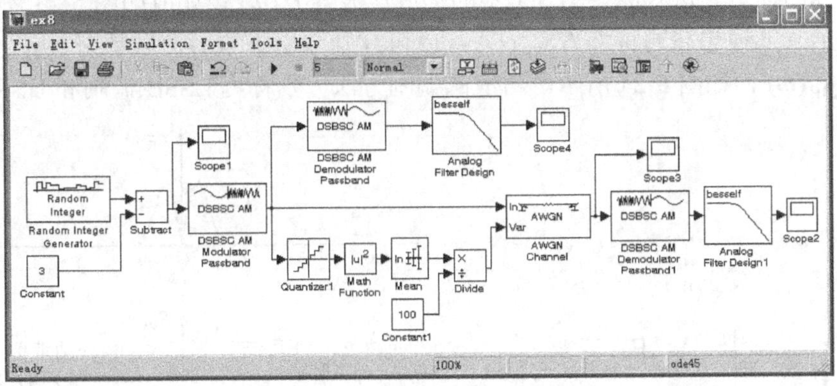

图 5-21　例 5.8 系统模型框图

该系统模型只需要把例 5.4 中的 DSB AM Modulator Passband 和 DSB AM Demodulator Passband 分别替换为 DSBSC AM Modulator Passband 和 DSBSC AM Demodulator Passband 即可，其他模块不需要任何改动。

在仿真参数设置中把 Max step size 设为 0.001，Stop time 设为 5 后，即可运行仿真，在仿真过程中可以动态地观察到消息信号和相应的解调信号波形。

图 5-22 分别是没有通过 AWGN 信道的解调信号和通过 AWGN 信道后的解调信号，读者可以比较它们的差异，并与图 5-12 进行比较。

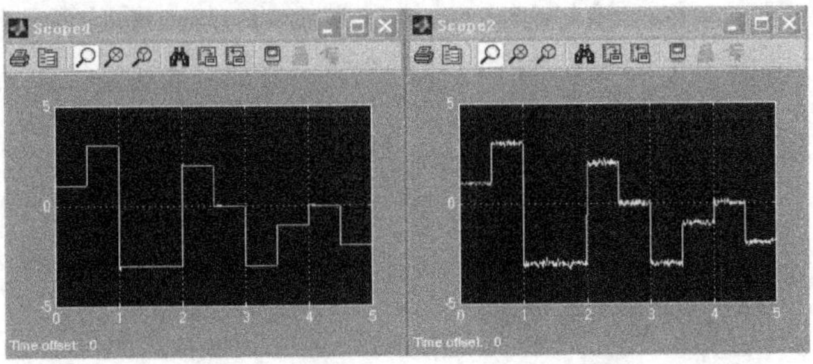

（a）　　　　　　（b）

图 5-22　例 5.8 解调信号

5.1.3　单边带调制（SSB）

由频谱图可知，DSB 信号虽然节省了载波功率，功率利用率提高了，但它的频带宽度仍是调制信号带宽的两倍，与 AM 信号带宽相同。由于 DSB 信号的上、下两个边带是完全对称的，它们都携带了调制信号的全部信息，因此仅传输其中一个边带即可，这就是单边带调制能解决的问题。这种只传输一个边带的通信方式称为单边带通信。单边带信号的产生方法通常有滤波法和相移法。

1．用滤波法形成单边带信号

产生 SSB 信号最直观的方法是让双边带信号通过一个边带滤波器，保留所需要的一个边带，滤除不要的边带。这只需将图 5-1 中的形成滤波器 $H(\omega)$ 设计成如图 5-23 所示的理想低通特性 $H_{\mathrm{LSB}}(\omega)$ 或理想高通特性 $H_{\mathrm{USB}}(\omega)$，就可分别取出下边带信号频谱 $S_{\mathrm{LSB}}(\omega)$ 或上边带信号频谱 $S_{\mathrm{USB}}(\omega)$，如图 5-24 所示。对应的调制方法分别称为 LSSB 调制和 USSB 调制。

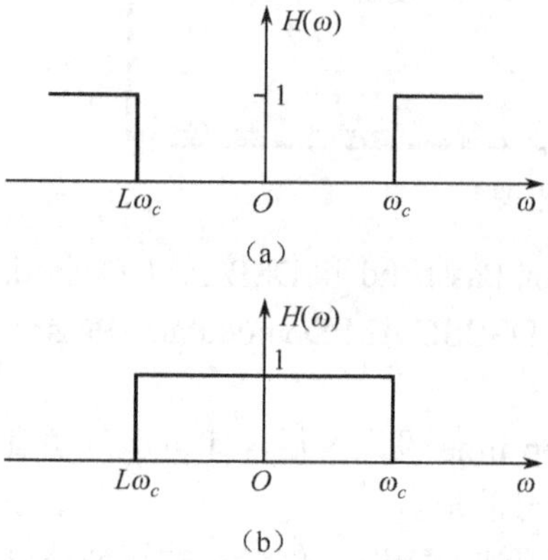

图 5-23　形成 SSB 信号的滤波特性

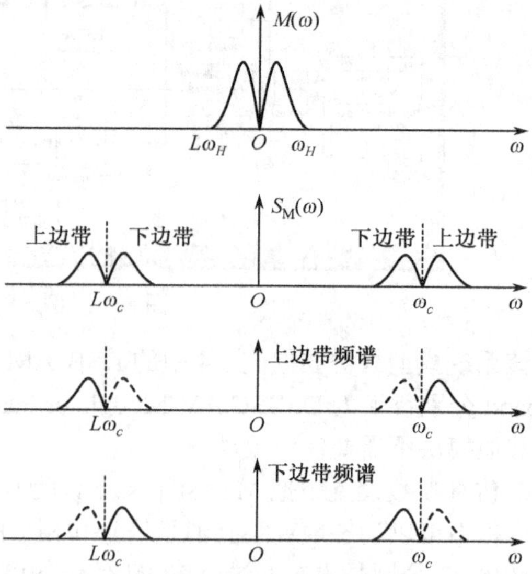

图 5-24　SSB 信号的频谱

SSB 信号的带宽是 DSBSC 信号和 AM 信号带宽的 1/2，所以等于消息信号的带宽，即 $B_{\mathrm{SSB}}=f_H$，SSB 信号的功率为 $P_{\mathrm{SSB}}=\frac{1}{4}P_s$，其中，$P_s$ 为消息信号功率。

例 5.9　消息信号是[−3,3]均匀分布的随机整数，产生的时间间隔为 1/10s，用 LSSB 方法调制载波 $\cos 2\pi f_c t$。假设 $f_c=100$，$0\leqslant t\leqslant 10$，试求：

（1）消息信号和已调信号的频谱。

（2）已调信号的功率和消息信号的功率。

程序代码如下：

```
clear all
ts=0.0025;                          %信号抽样时间间隔
t=0:ts:10-ts;                       %时间矢量
fs=1/ts;                            %抽样频率
df=fs/length(t);                    %fft 的频率分辨率
```

```
6.  msg=randint(100,1,[-3,3],123);           %生成消息序列,随机数种子为 123
7.  msg1=msg*ones(1,fs/10);                  %扩展成取样信号形式
8.  msg2=reshape(msg1.',1,length(t));
9.  Pm=fft(msg2)/fs;                         %求消息信号的频谱
10. f=-fs/2:df:fs/2-df;
11. subplot(2,1,1)
12. plot(f,fftshift(abs(Pm)))                %画出消息信号频谱
13. title('消息信号频谱')
14.
15. fc=100;                                  %载波频率
16. Sdsb=msg2.*cos(2*pi*fc*t);               %DSB 信号
17. Pdsb=fft(Sdsb)/fs;                       %DSB 信号频谱
18.
19. f_stop=100;                              %低通滤波器的截止频率
20. n_stop=floor(f_stop/df);
21. Hlow=zeros(size(f));                     %设计低通滤波器
22. Hlow(1:n_stop)=1;
23. Hlow(length(f)-n_stop+1:end)=1;
24. Plssb=Pdsb.*Hlow;                        %LSSB 信号频谱
25. subplot(2,1,2)
26. plot(f,fftshift(abs(Plssb)))             %画出已调信号频谱
27. title('已调信号频谱')
28. axis([-200 200 0 2])
29.
30. Slssb=real(ifft(Plssb))*fs;
31. Pc=sum(abs(Slssb).^2)/length(Slssb)      %已调信号功率
32. Ps=sum(abs(msg2).^2)/length(msg2)        %消息信号功率
```

说明：第 1～17 行的代码与例 5.5 的相同，第 19～23 行是设计低通信号滤波器，第 24 行是产生 LSSB 信号的频谱，第 25～28 行是画出 LSSB 信号的频谱，第 30～32 行是计算调制信号功率和消息信号功率。

程序运行结果如图 5-25 所示。

最后求得的调制信号和消息信号功率分别为

```
Pc =
    0.8745
Ps =
    3.5000
```

与理论结果相一致。

下面给出使用 Simulink 通过滤波法生成单边带信号的示例。

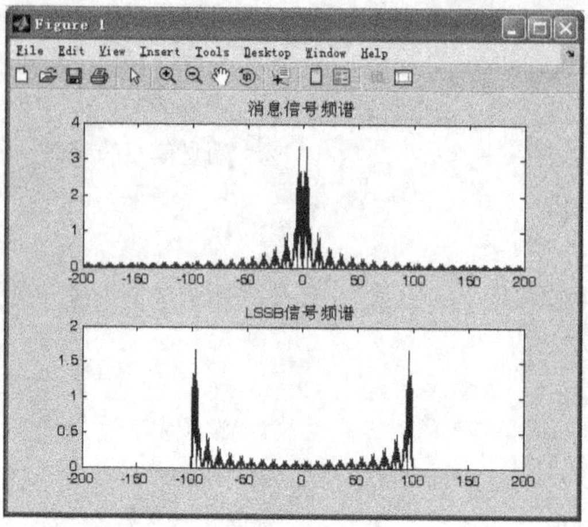

图 5-25　例 5.9 程序运行结果

例 5.10　消息信号是[−3,3]均匀分布的随机整数，产生的时间间隔为 1/2s，用 LSSB 方法调制载波 $\cos(2\pi f_c t)$。假设 $f_c = 300$，$0 \leqslant t \leqslant 10$，用 Simulink 试求：

（1）消息信号和已调信号的频谱。

（2）已调信号的功率和消息信号的功率。

系统模型框图如图 5-26 所示。它在例 5.6 系统模型框图的基础上添加了一个模拟滤波器模块(Analog Filter Design)。

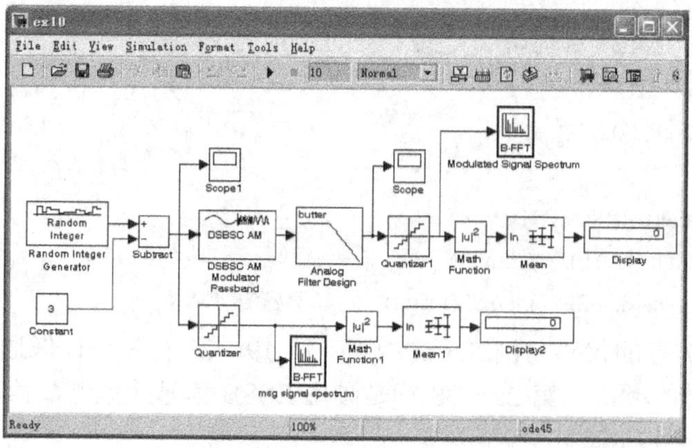

图 5-26　例 5.10 系统模型框图

在参数设置中，把 Random Integer Generator 模块中的 Sample time 设为 1/2；DSBSC AM Modulator Passband 模块的 Carrier frequency(Hz)设为 300；Analog Filter Design 模块中的 Design method 设为 Butterworth，Filter type 设为 Lowpass，Filter order 设为 8，Passband edge frequency (rads/sec)设为 2*pi*300；其他模块参数设置同例 5.6 相同。

各个模块参数设置完成后，在仿真参数设置中把 Max step size 设为 0.001，Stop time 设为 10。

设置完成后，运行仿真，得到的消息信号频谱和 LSSB 信号的频谱如图 5-27、图 5-28 所示。

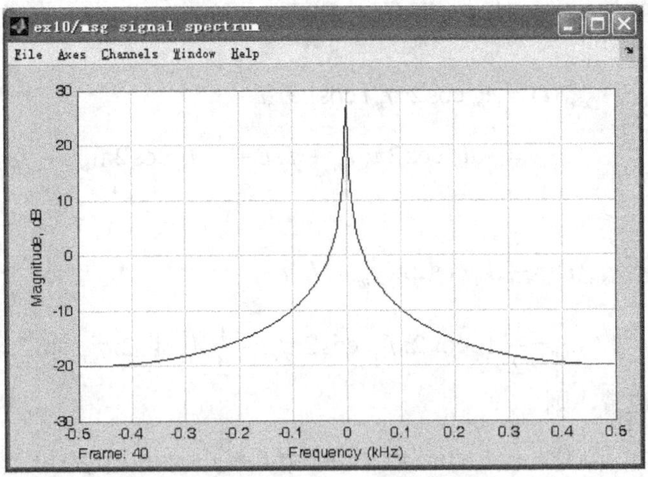

图 5-27　例 5.10 消息信号频谱

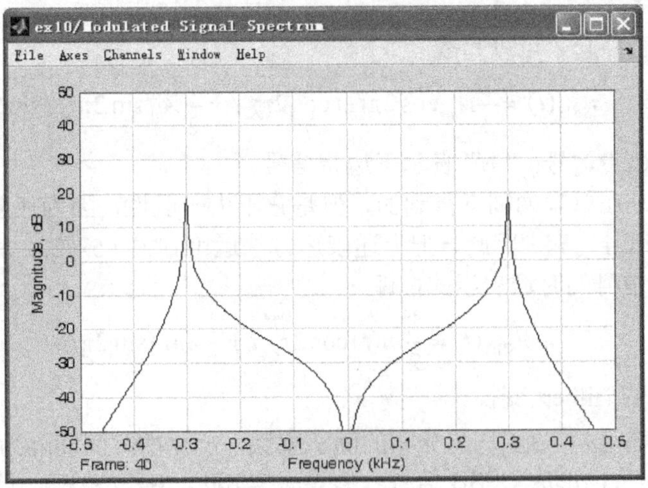

图 5-28　例 5.10 LSSB 调制信号频谱

从图 5-26 可以看出，由于实际的滤波器不是完全理想的，因此，在大于 300Hz 频率处的频谱值不等于 0，在小于 300Hz 处的频谱值也不完全等于消息信号的频谱值。读者可以尝试改变量化步长和取样时间间隔及滤波器的类型，观察所得的 LSSB 信号的频谱情况。

用滤波法形成 SSB 信号的技术难点是，由于一般调制信号都具有丰富的低频成分，经调制后得到的 DSB 信号的上、下边带之间的间隔很窄，这就要求单边带滤波器在 f_c 附近具有陡峭的截止特性，才能有效地抑制无用的一个边带。这就使滤波器的设计和制作很困难，有时甚至难以实现，从图 5-27 中也可以验证这一点。为此，在工程中往往采用多级调制滤波的方法。限于篇幅，这里不做介绍。

2．用相移法形成单边带信号

SSB 信号的时域表示式的推导比较困难，一般需借助希尔伯特变换来表述。但可以从简单的单频调制出发，得到 SSB 信号的时域表示式，然后再推广到一般表示式。

设单频调制信号为$m(t)=A_m\cos 2\pi f_m t$，载波为$c(t)=\cos 2\pi f_c t$，两者相乘得 DSB 信号的时域表示式为

$$\begin{aligned} s_{\mathrm{DSB}}(t) &= A_m\cos 2\pi f_m t\cos 2\pi f_c t \\ &= \frac{1}{2}A_m\cos 2\pi(f_m+f_c)t+\frac{1}{2}A_m\cos 2\pi(f_c-f_m)t \end{aligned} \tag{5-9}$$

保留上边带，则

$$\begin{aligned} s_{\mathrm{USSB}}(t) &= \frac{1}{2}A_m\cos 2\pi(f_m+f_c)t \\ &= \frac{1}{2}A_m\cos 2\pi f_m t\cos 2\pi f_c t-\frac{1}{2}A_m\sin 2\pi f_m t\sin 2\pi f_c t \end{aligned} \tag{5-10}$$

同理，保留下边带，则

$$s_{\mathrm{LSSB}}(t)=\frac{1}{2}A_m\cos 2\pi f_m t\cos 2\pi f_c t+\frac{1}{2}A_m\sin 2\pi f_m t\sin 2\pi f_c t \tag{5-11}$$

$\sin 2\pi f_m t$ 可看做$\cos 2\pi f_m t$ 移相$\frac{\pi}{2}$（或称 Hilbert 变换）。

把上、下边带合并起来可以写成

$$s_{\mathrm{SSB}}(t)=\frac{1}{2}A_m\cos 2\pi f_m t\cos 2\pi f_c t\pm\frac{1}{2}A_m\sin 2\pi f_m t\sin 2\pi f_c t \tag{5-12}$$

式中，“−”表示上边带信号；“+”表示下边带信号。

上述关系虽然是在单频调制下得到的，但是它不失一般性，因为任意一个基带波形总可以表示成许多正弦信号之和。因此，把上述表述方法运用到式（5-12），就可以得到调制信号为任意信号的 SSB 信号的时域表示式，即

$$s_{\mathrm{SSB}}(t)=\frac{1}{2}m(t)\cos 2\pi f_c t\pm\frac{1}{2}\hat{m}(t)\sin 2\pi f_c t \tag{5-13}$$

式中，$\hat{m}(t)$ 是 $m(t)$ 的 Hilbert 变换。

例 5.11 消息信号是[−3,3]均匀分布的随机整数，产生的时间间隔为 1/10s，用移相法方法调制载波$\cos(2\pi f_c t)$，形成 USSB 信号。假设 $f_c=100$，$0\leqslant t\leqslant 10$，试求：

（1）消息信号和已调信号的频谱。

（2）已调信号的功率和消息信号的功率。

程序代码如下：

```
clear all
ts=0.0025;                              %信号抽样时间间隔
t=0:ts:10-ts;                           %时间矢量
fs=1/ts;                                %抽样频率
df=fs/length(t);                        %fft 的频率分辨率
msg=randint(100,1,[-3,3],123);          %生成消息序列,随机数种子为 123
msg1=msg*ones(1,fs/10);                 %扩展成取样信号形式
msg2=reshape(msg1.',1,length(t));
Pm=fft(msg2)/fs;                        %求消息信号的频谱
f=-fs/2:df:fs/2-df;
```

```
11. subplot(2,1,1)
12. plot(f,fftshift(abs(Pm)))                      %画出消息信号频谱
13. title('消息信号频谱')
14.
15. fc=100;                                        %载波频率
16. s1=0.5*msg2.*cos(2*pi*fc*t);                   %USSB 信号的同相分量
17. hmsg=imag(hilbert(msg2));                      %消息信号的 Hilbert 变换
18. s2=0.5*hmsg.*sin(2*pi*fc*t);                   %USSB 信号的正交分量
19. Sussb=s1-s2;                                   %完整的 USSB 信号
20. Pussb=fft(Sussb)/fs;                           %USSB 信号频谱
21. subplot(2,1,2)
22. plot(f,fftshift(abs(Pussb)))                   %画出已调信号频谱
23. title('USSB 信号频谱')
24. axis([-200 200 0 2])
25.
26. Pc=sum(abs(Sussb).^2)/length(Sussb)            %已调信号功率
27. Ps=sum(abs(msg2).^2)/length(msg2)              %消息信号功率
```

说明：程序的第 16 行是生成 USSB 信号的同相分量，第 17 行是求消息信号的 Hilbert 变换。因为函数 hilbert 返回的是一个复数序列，其实部是原序列，而虚部才是要求的 Hilbert 变换。所以，采用 image(hilbert(msg2))得到消息信号的 Hilbert 变换。第 18 行是求 USSB 信号的正交分量，第 19 行是得到完整的 USSB 信号，第 20～24 行是画出 USSB 信号的频谱，第 26～27 行是计算调制信号功率和消息信号功率。

程序运行结果如图 5-29 所示。

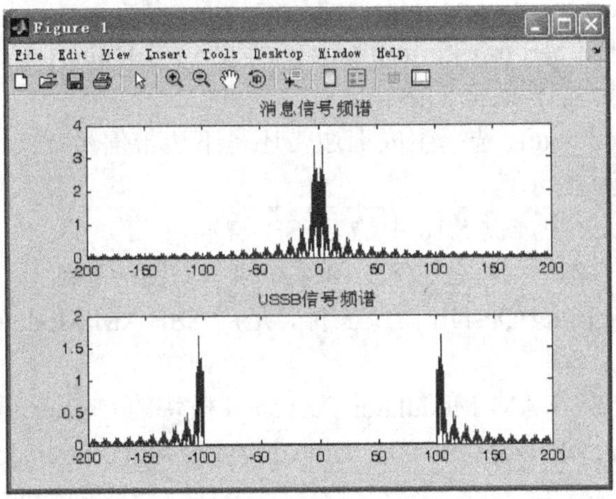

图 5-29　例 5.11 程序运行结果

最后求得的调制信号和消息信号功率分别为

```
Pc =
     0.8746
```

```
Ps =

    3.5000
```

与理论结果相一致。

Simulink 中提供了相移法单边带调制模块（SSB AM Modulator Passband），它位于“Communications Blockset→Modulation→Analog Passband Modulation”模块库中。它的参数设置对话框如图 5-30 所示。

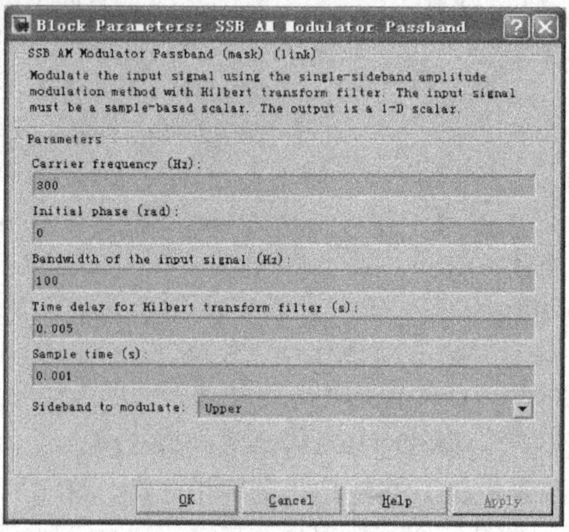

图 5-30　单边带调制模块设置对话框

对话框中有如下几个参数。

（1）Carrier frequency(Hz)：SSB 信号的载波频率；

（2）Initial phase(rad)：SSB 信号载波的初始相位；

（3）Bandwidth of the input signal(Hz)：消息信号的带宽；

（4）Time delay for Hilbert transform filter(s)：消息信号 Hilbert 变换的延迟时间；

（5）Sample time(s)：抽样时间间隔；

（6）Sideband to modulate：选择生成上边带还是下边带信号。

下面给出使用该模块的示例。

例 5.12　用 Simulink 生成例 5.10 中的 USSB 信号。

系统模型框图如图 5-31 所示。它在例 5.10 系统模型框图的基础上把 DSBSC AM Modulator Passband 模块和 Analog Filter Design 模块去掉，是用 SSB AM Modulator Passband 模块替换生成的。

在参数设置中，把 SSB AM Modulator Passband 模块的 Carrier frequency(Hz)设为 300，Bandwidth of the input signal(Hz)设为 100，Time delay for Hilbert transform filter(s)设为 0.005，其他参数采用默认值。

各个模块参数设置完成后，在仿真参数设置中把 Max step size 设为 0.001，Stop time 设为 10。

设置完成后，运行仿真，得到的 USSB 调制信号的频谱如图 5-32 所示。

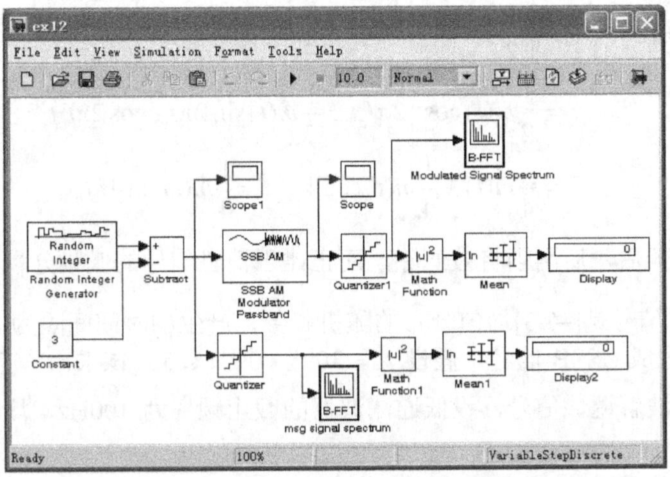

图 5-31 例 5.12 系统模型框图

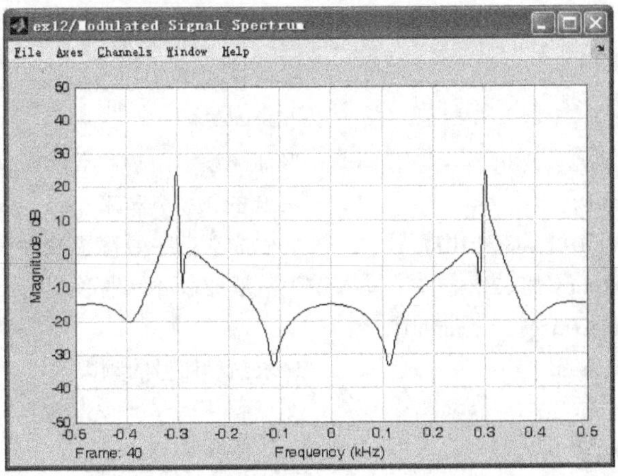

图 5-32 例 5.12 USSB 调制信号频谱

需要注意的是，由于 Simulink 在进行 SSB 调制时，对功率进行了补偿，因此，最后计算得到的调制信号功率不再等于消息信号功率。

读者可以尝试改变量化步长和取样时间间隔及输入信号带宽，观察所得到的 USSB 信号的频谱情况。

相移法形成 SSB 信号的困难在于宽带相移网络的制作，该网络要对调制信号 $m(t)$的所有频率分量严格相移π/2，这一点即使近似达到也是困难的。为解决这个难题，可以采用混合法（也称维弗法）。限于篇幅，这里也不做进一步介绍。

3. SSB 信号的解调

SSB 信号的解调和 DSB 一样不能采用简单的包络检波，因为 SSB 信号也是抑制载波的已调信号，它的包络不能直接反映调制信号的变化，所以，仍需采用相干解调。它的解调过程同图 5-17 相同。

在 SSB 信号中，当已调信号乘以 $\cos(2\pi f_c t)$ 以后，得

$$
\begin{aligned}
s_{\mathrm{SSB}}(t)\cdot c(t) &= \left[\frac{1}{2}m(t)\cos 2\pi f_c t \pm \frac{1}{2}\hat{m}(t)\sin 2\pi f_c t\right]\cos 2\pi f_c t \\
&= \frac{1}{2}m(t)\cos^2 2\pi f_c t \pm \frac{1}{2}\hat{m}(t)\sin 2\pi f_c t\cos 2\pi f_c t \\
&= \frac{1}{4}m(t) + \frac{1}{4}m(t)\cos 4\pi f_c t \pm \frac{1}{4}\hat{m}(t)\sin 4\pi f_c t
\end{aligned} \tag{5-14}
$$

通过低通滤波器后，后两项将被滤除，而正比于消息信号的低频分量$\frac{1}{4}m(t)$被解调出。

例 5.13 消息信号是[−3,3]均匀分布的随机整数，产生的时间间隔为 1/2 s，用相移法调制载波$\cos(2\pi f_c t)$生成 USSB 信号。假设$f_c = 300$，$0 \leqslant t \leqslant 5$，试求：

（1）用同步检波解调该信号，设低通滤波器的截止频率为 100Hz，增益为 4，画出原始信号和解调信号。

（2）假设调制信号通过 AWGN 信道，信噪比为 20dB，画出解调后的信号与原始信号。

程序代码如下：

```
clear all
ts=0.0025;                              %信号抽样时间间隔
t=0:ts:5-ts;                            %时间矢量
fs=1/ts;                                %抽样频率
df=fs/length(t);                        %fft 的频率分辨率
msg=randint(10,1,[-3,3],123);           %生成消息序列,随机数种子为 123
msg1=msg*ones(1,fs/2);                  %扩展成取样信号形式
msg2=reshape(msg1.',1,length(t));
Pm=fft(msg2)/fs;                        %求消息信号的频谱
f=-fs/2:df:fs/2-df;
subplot(3,1,1)
plot(t,msg2)                            %画出消息信号
title('消息信号')

fc=300;                                 %载波频率
s1=0.5*msg2.*cos(2*pi*fc*t);            %USSB 信号的同相分量
hmsg=imag(hilbert(msg2));               %消息信号的 Hilbert 变换
s2=0.5*hmsg.*sin(2*pi*fc*t);            %USSB 信号的正交分量
Sussb=s1-s2;                            %完整的 USSB 信号

y=Sussb.*cos(2*pi*fc*t);                %相干解调
Y=fft(y)./fs;                           %解调后的频谱
f_stop=100;                             %低通滤波器的截止频率
n_stop=floor(f_stop/df);
Hlow=zeros(size(f));                    %设计低通滤波器
Hlow(1:n_stop)=4;
```

```
27. Hlow(length(f) –n_stop+1:end)=4;
28. DEM=Y.*Hlow;                          %解调信号通过低通滤波器
29. dem=real(ifft(DEM))*fs;               %最终得到的解调信号
30. subplot(3,1,2)
31. plot(t,dem);
32. title('无噪声的解调信号')
33.
34. y1=awgn(Sussb,20,'measured');         %调制信号通过 AWGN 信道
35. y2=y1.*cos(2*pi*fc*t);                %相干解调
36. Y2=fft(y2)./fs;                       %解调信号的频谱
37. DEM1=Y2.*Hlow;                        %解调信号通过低通滤波器
38. dem1=real(ifft(DEM1))*fs;             %最终得到的解调信号
39. subplot(3,1,3)
40. plot(t,dem1)
41. title('信噪比为 20dB 时的解调信号')
```

说明：程序的第 15～19 行是生成 USSB 信号，第 21～32 行是对 USSB 信号进行解调并画图，第 34～41 行是对通过 AWGN 信道后的 USSB 信号进行解调并画图。

程序运行结果如图 5-33 所示。

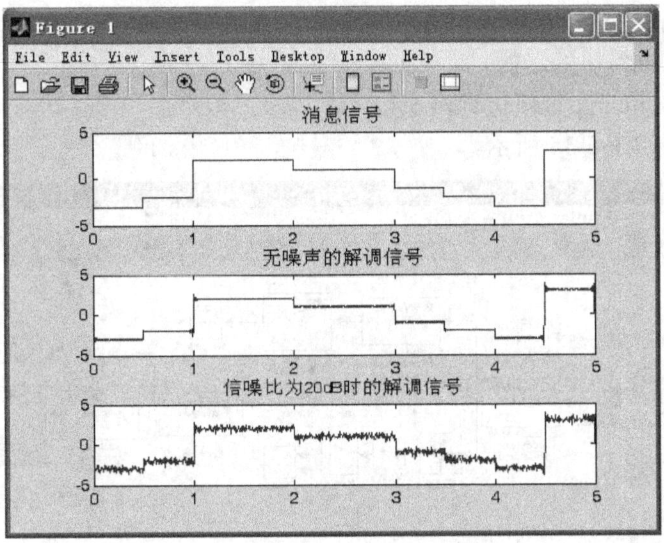

图 5-33　例 5.13 程序运行结果

从图 5-32 可以看出，同 AM、DSBSC 信号一样，SSB 信号通过 AWGN 信道后的解调信号与原始信号相比同样存在失真。SSB 调制的制度增益为 1，因此，它的抗噪声性能优于 AM 调制而差于 DSBSC 调制。

Simulink 中提供了 SSB 信号的解调模块（SSB AM Demodulator Passband），它位于“Communi cations Blockset→Modulation→Analog Passband Modulation”模块库中。它的参数设置对话框如图 5-34 所示。

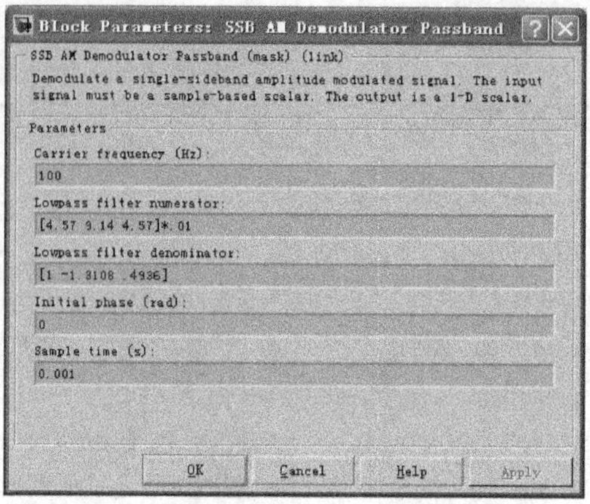

图 5-34　SSB 信号解调模块设置对话框

对话框中有如下几个参数：

（1）Carrier frequency(Hz)：SSB 信号的载波频率；

（2）Lowpass filter numerator：解调模块本身的低通滤波器分子系数，注意这个系数不是解调模块后的低通滤波器的系数；

（3）Lowpass filter denominator：解调模块本身的低通滤波器的分母系数；

（4）Initial phase(rad)：SSB 信号载波的初始相位；

（5）Sample time(s)：抽样时间间隔。

下面给出使用该模块的示例。

例 5.14　用 Simulink 重新仿真例 5.13。

系统模型框图如图 5-35 所示。

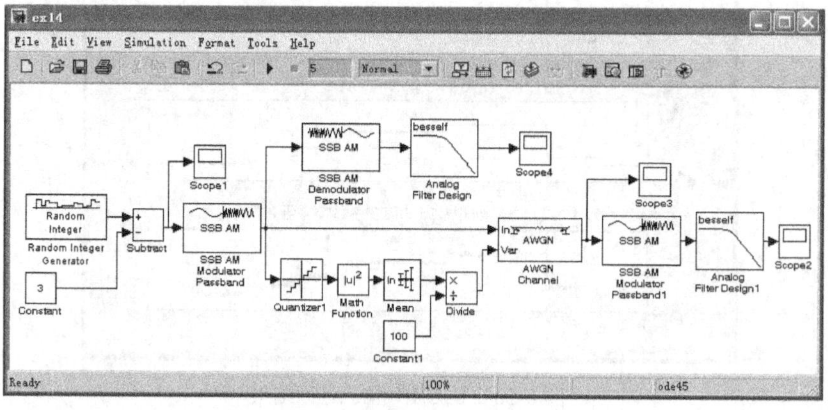

图 5-35　例 5.14 系统模型框图

该系统模型只需要把例 5.8 中的 DSBSC AM Modulator Passband 和 DSBSC AM Demodulator Passband 分别替换为 SSB AM Modulator Passband 和 SSB AM Demodulator Passband 即可，其他模块不需要任何改动。

在参数设置中，把 SSB AM Modulator Passband 模块的 Carrier frequency(Hz)设为 300，Bandwidth of the input signal(Hz)设为 100，Time delay for Hilbert transform filter(s)设为 0.005，

其他参数采用默认值；SSB AM Demodulator Passband 模块的 Carrier frequency(Hz)设为 300，其他参数采用默认值。

在仿真参数设置中，把 Max step size 设为 0.001，Stop time 设为 5 后，即可运行仿真，在仿真过程中可以动态的观察到消息信号和相应的解调信号波形。

图 5-36 分别是没有通过 AWGN 信道的解调信号和通过 AWGN 信道后的解调信号，读者可以比较它们的差异，并与图 5-12、图 5-21 进行比较。

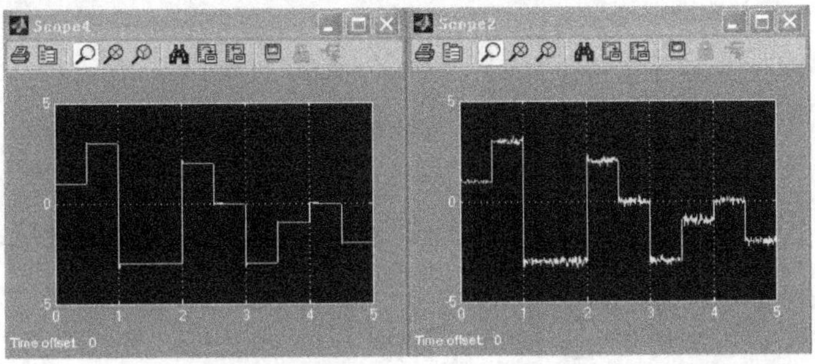

(a) (b)

图 5-36 例 5.14 解调信号

5.2 角度调制

幅度调制属于线性调制，它是通过改变载波的幅度，以实现调制信号频谱的平移及线性变换的。一个正弦载波有幅度、频率和相位三个参量，因此，不仅可以把调制信号的信息寄托在载波的幅度变化中，还可以寄托在载波的频率或相位变化中。这种使高频载波的频率或相位按调制信号的规律变化而振幅保持恒定的调制方式，称为频率调制（FM）和相位调制（PM），分别简称为调频和调相。因为频率或相位的变化都可以看作是载波角度的变化，故调频和调相又统称为角度调制。

角度调制与线性调制不同，已调信号频谱不再是原调制信号频谱的线性搬移，而是频谱的非线性变换，会产生与频谱搬移不同的新的频率成分，故又称为非线性调制。由于频率和相位之间存在微分与积分的关系，故调频与调相之间存在密切的关系，即调频必调相，调相必调频。可见，调频与调相并无本质区别，两者之间可相互转换。在实际应用中多采用调频波，限于篇幅，只讨论频率调制，相位调制的内容，读者可自行完成。

5.2.1 调频（FM）

若使瞬时频率直接随调制信号线性地变化，则称为频率调制。这时，瞬时角频率为

$$\omega_i(t) = \omega_c + 2\pi k_f m(t) \tag{5-15}$$

式中，k_f 是调频器的灵敏度，单位是 Hz/V。瞬时相位为

$$\varphi(t) = \int \omega_i(t)\mathrm{d}t + \varphi_0 = \omega_c t + 2\pi k_f \int_{-\infty}^{t} m(\tau)\mathrm{d}\tau + \varphi_0 \tag{5-16}$$

这时，已调信号的表示式为

$$s_f(t)=A\cos\left[\omega_c t+2\pi k_f\int_{-\infty}^{t}m(\tau)\mathrm{d}\tau+\varphi_0\right] \tag{5-17}$$

式（5-17）表明，载波相位随调制信号的积分线性地变化。由于调制方法的非线性，角调制的频域表示很复杂，只讨论消息信号 $m(t)$是正弦信号的情况。假设 $m(t)=A_m\cos 2\pi f_m t$，用其对载波作频率调制，已调信号表示式为

$$s_f(t)=A\cos[\omega_c t+\beta_f\cos\omega_m t] \tag{5-18}$$

设 $\beta_f=\dfrac{k_f A_m}{f_m}$ 为 FM 的调制指数。一般情况下，对非正弦的 $m(t)$，调制指数定义为 $\beta_f=\dfrac{k_f\max|m(t)|}{W}$，其中 W 是消息信号 $m(t)$的带宽。将式（5-18）展开成级数形式，即

$$s_f(t)=\sum_{n=-\infty}^{\infty}AJ_n(\beta_f)\cos[(\omega_c+n\omega_m)t] \tag{5-19}$$

式中，$J_n(\beta_f)$为 n 阶的第 I 类 Bessel 函数。

式（5-19）的 Fourier 变换为

$$S_f(\omega)=\sum_{n=-\infty}^{\infty}\frac{AJ_n(\beta_f)}{2}\delta\big(\omega-(\omega_c+n\omega_m)\big)+\frac{AJ_n(\beta_f)}{2}\delta\big(\omega+(\omega_c+n\omega_m)\big) \tag{5-20}$$

由式（5-20）可见，调频波的频谱包含无穷多个分量。由于调频波的频谱包含无穷多个频率分量，因此，理论上调频波的频带宽度为无限宽。然而实际上边频幅度 $J_n(\beta_f)$随着 n 的增大而逐渐减小，因此，只要取适当的 n 值使边频分量小到可以忽略的程度，调频信号可近似认为具有有限频谱。根据经验认为当 $\beta_f\geqslant 1$ 以后，取边频数 $n=\beta_f+1$ 即可。因为 $n>\beta_f+1$ 以上的边频幅度 $J_n(\beta_f)$均小于 0.1，相应产生的功率均在总功率的 2%以下，可以忽略不计。根据这个原则，调频波的带宽为

$$B_{\mathrm{FM}}=2(\beta_f+1)W \tag{5-21}$$

式中，B_{FM}为调频信号的带宽。

式（5-21）说明调频信号的带宽取决于最大频偏和调制信号的频率，该式称为卡森公式。

FM 信号功率的表达式很简单，因为 FM 信号是正弦的，具有变化的瞬时频率和恒定的幅度，它的功率是常数，与消息信号无关。其信号功率为

$$P_{\mathrm{FM}}=\frac{A^2}{2} \tag{5-22}$$

例 5.15 消息信号是[−3,3]之间均匀分布的随机整数，产生的时间间隔为 1/10s，用 FM 方法调制载波 $\cos(2\pi f_c t)$。假设 $k_f=50$，$f_c=250$，$0\leqslant t\leqslant 10$，消息信号的带宽 $W=50\text{Hz}$，试求：

（1）画出消息信号和已调信号的频谱。

（2）已调信号的功率、消息信号的功率、调制指数及调制信号的带宽。

程序代码如下：

```
1.  clear all
2.  ts=0.001;                                 %信号抽样时间间隔
3.  t=0:ts:10-ts;                             %时间矢量
4.  fs=1/ts;                                  %抽样频率
5.  df=fs/length(t);                          %fft 的频率分辨率
6.  msg=randint(100,1,[ -3,3],123);           %生成消息序列,随机数种子为 123
7.  msg1=msg*ones(1,fs/10);                   %扩展成取样信号形式
8.  msg2=reshape(msg1.',1,length(t));
9.  Pm=fft(msg2)/fs;                          %求消息信号的频谱
10. f=-fs/2:df:fs/2-df;
11. subplot(2,1,1)
12. plot(f,fftshift(abs(Pm)))                 %画出消息信号频谱
13. title('消息信号频谱')
14.
15. int_msg(1)=0;                             %消息信号积分
16. for ii=1:length(t) -1
17. int_msg(ii+1)=int_msg(ii)+msg2(ii)*ts;
18. end
19.
20. kf=50;
21.
22. fc=250;                                   %载波频率
23. Sfm=cos(2*pi*fc*t+2*pi*kf*int_msg);
24. Pfm=fft(Sfm)/fs;                          %FM 信号频谱
25. subplot(2,1,2)
26. plot(f,fftshift(abs(Pfm)))                %画出已调信号频谱
27. title('FM 信号频谱')
28.
29. Pc=sum(abs(Sfm).^2)/length(Sfm)           %已调信号功率
30. Ps=sum(abs(msg2).^2)/length(msg2)         %消息信号功率
31.
32. fm=50;
33. betaf=kf*max(msg)/fm                      %调制指数
34. W=2*(betaf+1)*fm                          %调制信号带宽
```

说明：程序的第 15～18 行是求消息信号的积分，第 23 行是得到 FM 信号，第 24～27 行是画出 FM 信号的频谱，第 29～34 行分别计算相关参数。

程序运行结果如图 5-37 所示。

从图 5-37 可以看出，与 AM 不同，在 FM 情况下的消息信号和已调信号频谱之间不存在明显的相似性。

最后求得的调制信号和消息信号功率，以及调制指数和调制信号带宽分别为

```
Pc =
    0.5000
Ps =
    3.5000
betaf =
     3
W =
   400
```

与理论结果相一致。

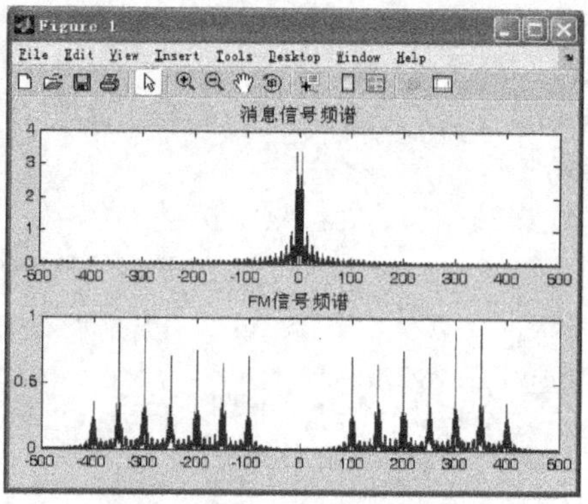

图 5-37　例 5.15 程序运行结果

Simulink 中提供了 FM 调制模块（FM Modulator Passband），它位于“Communications Blockset→Modulation→Analog Passband Modulation”模块库中。它的参数设置对话框如图 5-38 所示。

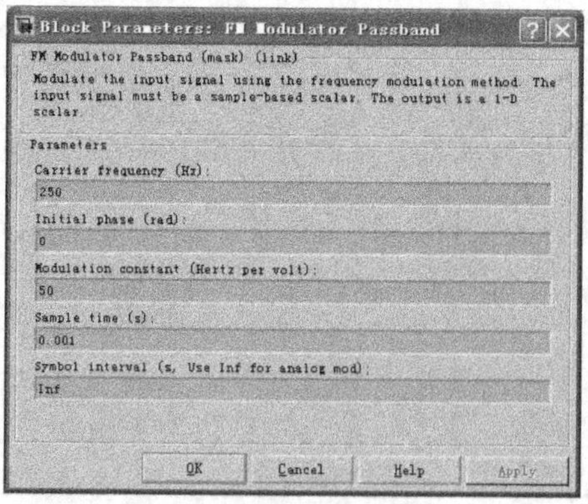

图 5-38　“FM 调制模块设置”对话框

对话框中有如下几个参数：

（1）Carrier frequency(Hz)：FM 信号的载波频率；

（2）Initial phase(rad)：FM 信号载波的初始相位；

（3）Modulation constant(Hertz per volt)：调频器的灵敏度；

（4）Sample time(s)抽样时间间隔；

（5）Symbol interval：符号间隔，Inf 代表模拟信号。

下面给出使用该模块的示例。

例 5.16 用 Simulink 生成例 5.15 中的 FM 信号。

系统模型框图如图 5-39 所示。它在例 5.12 系统模型框图的基础上把 SSB AM Modulator Passband 模块去掉，是用 FM Modulator Passband 模块替换生成的。

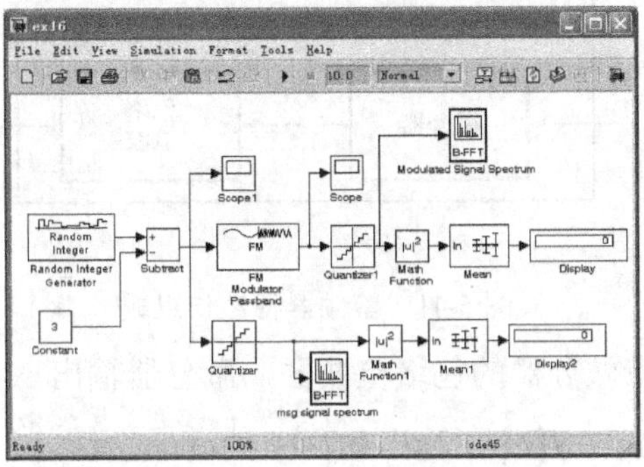

图 5-39 例 5.16 系统模型框图

在参数设置中，把 Random Integer Generator 模块中的 Sample time(s)设为 1/10，FM Modulator Passband 模块的 Carrier frequency(Hz)设为 250，Modulation constant(Hz/V)设为 50，其他参数采用默认值。

各个模块参数设置完成后，在仿真参数设置中把 Max step size 设为 0.001，Stop time 设为 10。

设置完成后，运行仿真，得到的 FM 信号的频谱如图 5-40 所示。

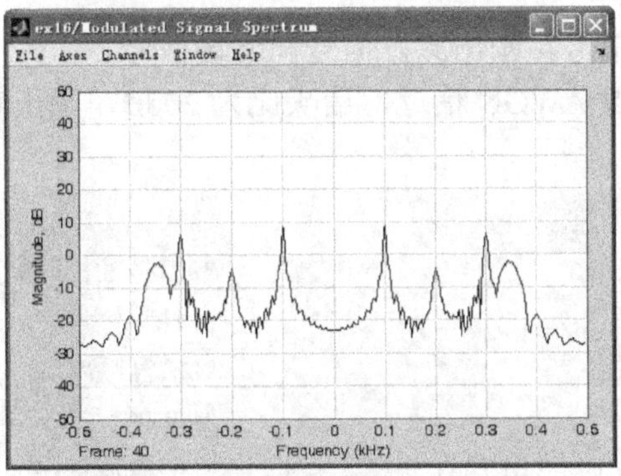

图 5-40 例 5.16 FM 调制信号频谱

5.2.2 FM 信号的解调

由于调频信号的瞬时频率正比于调制信号的幅度，因而调频信号的解调器必须能产生正比于输入频率的输出电压。最简单的解调器是具有频率-电压转换特性的鉴频器。图 5-41 给出了理想鉴频特性和鉴频器的方框图。

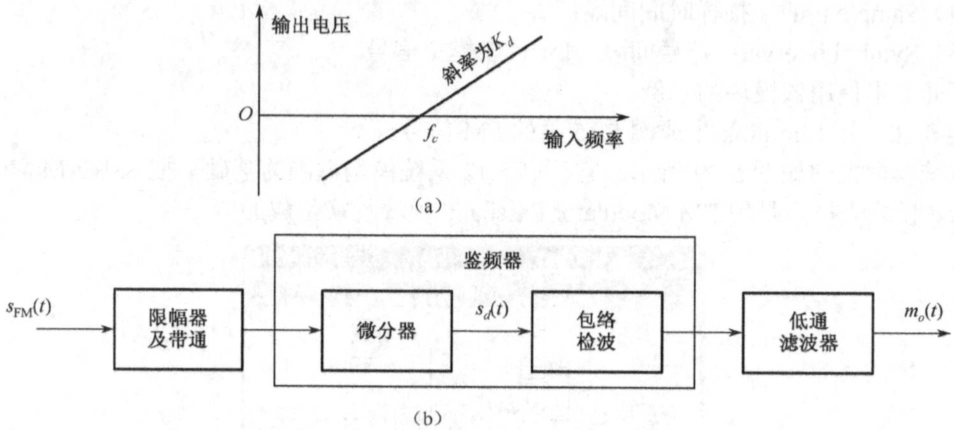

图 5-41　鉴频器特性与组成

理想鉴频器可看作是带微分器的包络检波器，微分器输出

$$s_d(t) = -A\left(\omega_c + 2\pi k_f m(t)\right)\sin\left[\omega_c t + 2\pi k_f \int_{-\infty}^{t} m(\tau)\mathrm{d}\tau\right] \tag{5-23}$$

这是一个幅度、频率均含调制信息的调幅调频信号，因此用包络检波器将其幅度变化取出，并滤去直流后输出，即

$$m_o(t) = K_d K_f m(t) \tag{5-24}$$

式中，K_d 称为检频器灵敏度。

鉴频器的种类很多，详细叙述可参考高频电子线路教材，在此不再赘述。

例 5.17　消息信号是[−3,3]之间均匀分布的随机整数，产生的时间间隔为 1/2s，消息信号采用 FM 调制载波 $\cos 2\pi f_c t$。假设 $f_c = 300$，$0 \leqslant t \leqslant 5$，$k_f = 50$，试求：

（1）用鉴频法解调该信号，画出原始信号和解调信号。

（2）假设调制信号通过 AWGN 信道，信噪比为 20dB，画出解调后的信号与原始信号。

程序代码如下：

```
clear all
ts=0.001;                                   %信号抽样时间间隔
t=0:ts:5-ts;                                %时间矢量
fs=1/ts;                                    %抽样频率
df=fs/length(t);                            %fft 的频率分辨率
msg=randint(10,1,[ -3,3],123);              %生成消息序列,随机数种子为 123
msg1=msg*ones(1,fs/2);                      %扩展成取样信号形式
msg2=reshape(msg1.',1,length(t));
subplot(3,1,1)
plot(t,msg2)                                %画出消息信号
title('消息信号')

int_msg(1)=0;                               %消息信号积分
for ii=1:length(t) -1
```

```
15.  int_msg(ii+1)=int_msg(ii)+msg2(ii)*ts;
16.  end
17.
18.  kf=50;
19.  fc=300;                                             %载波频率
20.  Sfm=cos(2*pi*fc*t+2*pi*kf*int_msg);                 %调频信号
21.
22.  phase=angle(hilbert(Sfm).*exp(-j*2*pi*fc*t));      %FM 调制信号相位
23.  phi=unwrap(phase);
24.  dem=(1/(2*pi*kf)*diff(phi)/ts);                     %求相位微分，得到消息信号
25.  dem(length(t))=0;
26.  subplot(3,1,2)
27.  plot(t,dem);
28.  title('无噪声的解调信号')
29.  y1=awgn(Sfm,20,'measured');                         %调制信号通过 AWGN 信道
30.  y1(find(y1>1))=1;                                   %调制信号限幅
31.  y1(find(y1<-1))= -1;
32.  phase1=angle(hilbert(y1).*exp(-j*2*pi*fc*t));      %信号解调
33.  phi1=unwrap(phase1);
34.  dem1=(1/(2*pi*kf)*diff(phi1)/ts);
35.  dem1(length(t))=0;
36.  subplot(3,1,3)
37.  plot(t,dem1);
38.  title('信噪比为 20dB 时的解调信号')
```

说明：程序的第 1～20 行是生成 FM 信号，第 22 行是求 FM 信号的相位，第 23 行是为了恢复相位，需要将相位卷绕解开，使用 unwrap 函数。第 24 行是求相位微分，得到消息信号，第 25～28 行是画出解调后的信号，第 29～38 是解调通过 AWGN 信道后的 FM 信号，并将它画出。

程序运行结果如图 5-42 所示。

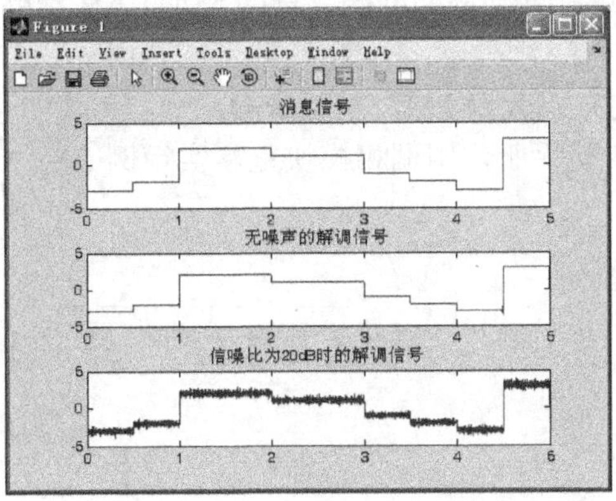

图 5-42　例 5.17 程序运行结果

Simlink 中也提供了 FM 信号的解调模块，它的使用与前面讲的几个解调模块的使用方法类似，限于篇幅，这里就不再给出例子，读者可自行搭建系统模型，完成 FM 信号的解调。

小　结

本章介绍了模拟调制系统中的幅度调制和角度调制方法。幅度调制包括调幅、抑制载波双边带调制、单边带调制。角度调制包括调频与调幅。对各种调制方式，通过示例介绍了使用 MATLAB 和 Simulink 进行仿真的方法。通过本章的学习，读者应该对运用 MATLAB 和 Simulink 仿真的方法有了更好的理解。

习　题

1．给定消息信号 $x(t)=\cos(2\pi t)+\mathrm{e}^{-t}\sin(4\pi t), 0\leqslant t\leqslant 10$，使用该信号以 AM 方式调制一个载波频率为 300Hz，幅度为 1 的正弦载波，试求：

（1）消息信号的频谱和已调信号的频谱。

（2）消息信号的功率与已调信号的功率。

2．用 Simulink 重做习题 1。

3．用 DSBSC 调制方式重做习题 1。

4．用 Simulink 重做习题 3。

5．用相移法生成例 5.9 中的 LSSB 信号，比较所得结果与例 5.9 的区别。

6．给定消息信号 $x(t)=\sin c(t-10), 0\leqslant t\leqslant 20$，用滤波法调制调制一个载波频率为 250Hz，幅度为 1 的正弦载波，试求：

（1）消息信号的频谱和已调信号的频谱。

（2）已调信号分别通过信噪比为 15dB、20dB、25dB 的 AWGN 信道，求解调后的信号频谱，并与原始消息信号频谱进行对比。

7．用 Simulink 重做习题 6。

8．MATLAB 提供了调制函数 Modulate，查阅 MATLAB 帮助手册，用 Modulate 函数重做习题 1。

9．把习题 6 中的调制方式改为 FM，重新求解。

10．查阅 MATLAB 帮助手册，用调相模块重新实行例 5.8。

第 6 章　数字基带传输

来自数据终端的原始数据信号往往包含丰富的低频分量，甚至直流分量，因而称为数字基带信号。在某些具有低通特性的有线信道中，特别是传输距离不太远的情况下，数字基带信号可以直接传输，称为数字基带传输。而大多数信道，如各种无线信道和光信道，则是带通型的，数字基带信号必须经过载波调制，把频谱搬移到高载处才能在信道中传输，这种传输称为数字频带（调制或载波）传输。

任何一个采用线性调制的频带传输系统可等效为基带传输系统来研究，因此，本章先介绍数字基带传输，数字频带传输将在下一章介绍。

6.1　概述

数字基带传输系统的基本结构如图 6-1 所示。它主要由信道信号形成器、信道、接收滤波器和抽样判决器组成。为了保证系统可靠有序地工作，还应有同步系统。

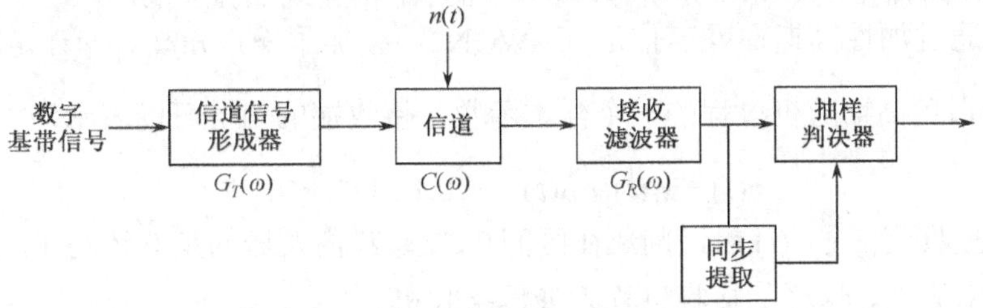

图 6-1　数字基带传输系统

图 6-1 中各部分的作用简述如下。

1）信道信号形成器

基带传输系统的输入是由终端设备或编码器产生的脉冲序列，它往往不适合直接送到信道中传输。信道信号形成器的作用就是把原始基带信号变换成适合于信道传输的基带信号，这种变换主要是通过码型变换和波形变换来实现的，其目的是与信道匹配，便于传输，减小码间串扰，利于同步提取和抽样判决。

2）信道

它是允许基带信号通过的媒质，通常为有线信道，如市话电缆、架空明线等。信道的传输特性通常不满足无失真传输条件，甚至是随机变化的。另外信道还会进入噪声。在通信系统的分析中，常常把噪声 $n(t)$ 等效，集中在信道中引入。

3）接收滤波器

它的主要作用是滤除带外噪声，对信道特性均衡，使输出的基带波形有利于抽样判决。

4）抽样判决器

它是在传输特性不理想及噪声条件下，在规定时刻（由位定时脉冲控制）对接收滤波器的输出波形进行抽样判决，以恢复或再生基带信号。而用来抽样的位定时脉冲则依靠同步提取电路从接收信号中提取，位定时的准确与否将直接影响判决效果。

首先讨论理想情况下的数字基带传输，假设信道除了引入噪声外，不会对传输信号造成其他影响。

6.2 二进制基带信号传输

在二进制基带通信系统中，由 0 和 1 的序列组成的二进制数据分别用 $s_0(t)$和 $s_1(t)$来传输。假设信息速率为 R(bit/s)，每个比特就按照如下规则影射为对应的信号波形，即

$$\begin{cases} 0 \to s_0(t),\ \ 0 \leqslant t \leqslant T_b \\ 1 \to s_1(t),\ \ 0 \leqslant t \leqslant T_b \end{cases} \tag{6-1}$$

式中，$T_b = 1/R$ 定义为比特时间区间。

假设数据比特流中的 0 和 1 是等概率的，而且是相互统计独立的。

传输信号通过加性高斯白噪声信道（AWGN），叠加了噪声 $n(t)$ 。$n(t)$ 是功率谱密度为 $\dfrac{N_0}{2}(W/\text{Hz})$ 的白色高斯随机过程的一个样本函数。接收端的信号可以表示为

$$r(t) = s_i(t) + n(t)\,, i = 0,1\,; 0 \leqslant t \leqslant T_b \tag{6-2}$$

接收端在接收到信号 $r(t)$ 后，判断在区间 $0 \leqslant t \leqslant T_b$ 内发送的是 0 还是 1。接收机总要设计为使差错概率最小。这样的接收机称为最佳接收机。

6.2.1 二进制基带信号的最佳接收

对于 AWGN 信道的最佳接收机，接收滤波器应该是信号相关器或匹配滤波器。信号相关器和匹配滤波器在采样瞬时 $t = T_b$ 输出是一样的，因此，下面只以相关器为例进行分析，对匹配滤波器的分析，读者可以参阅其他数字通信的书籍。

信号相关器将接收到的信号 $r(t)$ 与两个可能的发送信号 $s_0(t)$ 和 $s_1(t)$ 做互相关，如图 6-2 所示。

相关器计算在区间 $0 \leqslant t \leqslant T_b$ 内的两个输出，即

$$\begin{cases} r_0(t) = \int_0^t r(\tau) s_0(\tau)\mathrm{d}\tau \\ r_1(t) = \int_0^t r(\tau) s_1(\tau)\mathrm{d}\tau \end{cases} \tag{6-3}$$

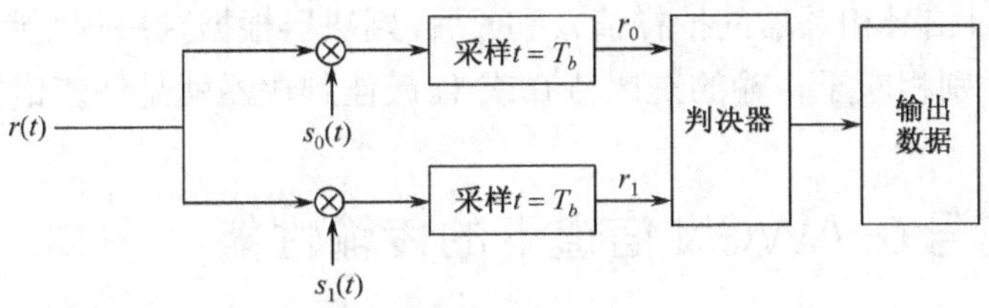

图 6-2　接收信号与发送信号的互相关

在 $t=T_b$ 时对这两个输出采样，并将已采样输出送给判决器，经判决器判决后输出数据。假设 $s_0(t)$ 是已发送信号，在采样瞬时 $t=T_b$ 的输出 r_0 和 r_1 分别为

$$\begin{cases} r_0=\int_0^{T_b} r(\tau)s_0(\tau)\mathrm{d}\tau=\int_0^{T_b} s_0^2(\tau)\mathrm{d}\tau+\int_0^{T_b} n(\tau)s_0(\tau)\mathrm{d}\tau=E_b+n_0 \\ r_1=\int_0^{t} r(\tau)s_1(\tau)\mathrm{d}\tau=\int_0^{T_b} s_0(\tau)s_1(\tau)\mathrm{d}\tau+\int_0^{T_b} n(\tau)s_1(\tau)\mathrm{d}\tau \\ \quad=\int_0^{T_b} s_0(\tau)s_1(\tau)\mathrm{d}\tau+n_1 \end{cases} \tag{6-4}$$

式中，n_0 和 n_1 为信号相关器输出端的噪声分量；E_b 为脉冲信号 $s_0(t)$ 的能量（在本例中，它等于比特能量）。

若 $s_0(t)$ 和 $s_1(t)$ 是正交的，即 $\int_0^{T_b} s_0(\tau)s_1(\tau)\mathrm{d}\tau=0$，则 $r_1=n_1$。同理，当 $s_1(t)$ 是已发送信号，在采样瞬时 $t=T_b$ 的输出 $r_1=E_b+n_1$ 而 $r_0=n_0$。

因为，$n(t)$ 是功率谱为 $\frac{N_0}{2}$ 的白色高斯随机过程的一个样本函数，所以，噪声分量 n_0 和 n_1 是零均值高斯型的，即

$$\begin{cases} E(n_0)=\int_0^{T_b} s_0(\tau)E\left[n(\tau)\right]\mathrm{d}\tau=0 \\ E(n_1)=\int_0^{T_b} s_1(\tau)E\left[n(\tau)\right]\mathrm{d}\tau=0 \end{cases} \tag{6-5}$$

方差 σ_i^2，$i=0,1$ 的表达式为

$$\begin{aligned} \sigma_i^2=E(n_i^2)&=\int_0^{T_b}\int_0^{T_b} s_i(t)s_i(\tau)E\left[n(t)n(\tau)\right]\mathrm{d}t\mathrm{d}\tau \\ &=\frac{N_0}{2}\int_0^{T_b}\int_0^{T_b} s_i(t)s_i(\tau)\delta(t-\tau)\mathrm{d}t\mathrm{d}\tau \\ &=\frac{N_0}{2}\int_0^{T_b} s_i^2(t)\mathrm{d}t \\ &=\frac{E_bN_0}{2} \end{aligned} \tag{6-6}$$

因此，当 $s_0(t)$ 是已发送信号时，r_0 均值为 E_b，方差为 $\frac{E_bN_0}{2}$ 的高斯随机变量，r_1 是均值为 0，方差为 $\frac{E_bN_0}{2}$ 的高斯随机变量。而当 $s_1(t)$ 是已发送信号时，r_0 均值为 0，方差为 $\frac{E_bN_0}{2}$ 的高斯随机变量，r_1 均值为 E_b，方差为 $\frac{E_bN_0}{2}$ 的高斯随机变量。

在得到 $t=T_b$ 时信号相关器的抽样值 r_0 和 r_1 后，判决器根据判决规则判断所发送的信号是 $s_0(t)$ 还是 $s_1(t)$，分别相应于传输的是比特 0 或 1。最佳判决器就是使差错概率最小的判决器。

6.2.2 正交信号在 AWGN 信道下的传输性能

考虑 $s_0(t)$ 和 $s_1(t)$ 是正交信号时情形，得

$$\begin{cases} s_0(t)=1, 0\leqslant t\leqslant T_b \\ s_1(t)=\begin{cases} 1, & 0\leqslant t< T_b/2 \\ -1, & T_b/2\leqslant t\leqslant T_b \end{cases} \end{cases} \quad (6\text{-}7)$$

就是一对正交信号。判决器将比较 r_0 和 r_1，并按如下规则判决：当 $r_0>r_1$ 时，传输的是 0。当 $r_0<r_1$ 时传输的是 1。

当 $s_0(t)$ 是发送信号时，差错概率为

$$P_e=P(r_0<r_1)=P(E_b+n_0<n_1)=P(n_1-n_0>E_b) \quad (6\text{-}8)$$

因为，n_0 和 n_1 是零均值高斯随机变量，它们的差 $w=n_1-n_0$ 也是零均值高斯随机变量，方差为

$$E(w^2)=E\left[(n_1-n_0)^2\right]=E(n_1^2)+E(n_0^2)-2E(n_1n_0) \quad (6\text{-}9)$$

因为 $s_0(t)$ 和 $s_1(t)$ 是正交的，所以，$E(n_1n_0)=0$，得

$$E(w^2)=2\frac{E_bN_0}{2}=E_bN_0 \quad (6\text{-}10)$$

所以，差错概率为

$$P_e=\frac{1}{\sqrt{2\pi\sigma_w^2}}\int_{E_b}^{\infty}\mathrm{e}^{-\frac{x}{2\sigma_w^2}}\mathrm{d}x=\frac{1}{\sqrt{2\pi}}\int_{\sqrt{E_b/N_0}}^{\infty}\mathrm{e}^{-\frac{x^2}{2}}\mathrm{d}x=Q\left(\sqrt{\frac{E_b}{N_0}}\right) \quad (6\text{-}11)$$

比值 $\dfrac{E_b}{N_0}$ 称为信噪比。

当 $s_1(t)$ 是发送信号时，差错概率与发送 $s_0(t)$ 时相同；当发送的 0 和 1 等概率时，平均差错概率等于式（6-11）。

例 6.1 仿真二进制正交信号通过 AWGN 信道后的误比特率性能。发送信号见式（6-7），每个信号周期取样 10 次，接收端采用相关器，画出误比特率随 E_b/N_0 的变化情况，E_b/N_0 的范围是 0～12dB，并与理论值进行比较。

程序代码如下：

```
clear all
nsamp=10;                                   %每个脉冲信号的抽样点数

s0=ones(1,nsamp);                           %基带脉冲信号
s1=[ones(1,nsamp/2) -ones(1,nsamp/2)];
nsymbol=100000;                             %每种信噪比下的发送符号数
```

```
7.
8.  EbN0=0:12;                                        %信噪比，E/N0
9.  msg=randint(1,nsymbol);                           %消息比特
10. s00=zeros(nsymbol,1);
11. s11=zeros(nsymbol,1);
12. indx=find(msg= =0);                               %比特 0 在发送消息中的位置
13. s00(indx)=1;
14. s00=s00*s0;                                       %比特 0 影射为发送波形 s0
15. indx1=find(msg= =1);                              %比特 1 在发送消息中的位置
16. s11(indx1)=1;
17. s11=s11*s1;                                       %比特 1 映射为发送波形 s1
18. s=s00+s11;                                        %总的发送波形
19. s=s.';                                            %数据转置，方便接收端处理
20.
21. for indx=1:length(EbN0)
22.     decmsg=zeros(1,nsymbol);
23.     r=awgn(s,EbN0(indx)-7);                       %发送信号通过 AWGN 信道
24.     r00=s0*r;                                     %与 s0 相关
25.     r11=s1*r;                                     %与 s1 相关
26.     indx1=find(r11>=r00);
27.     decmsg(indx1)=1;                              %判决
28.     [err,ber(indx)]=biterr(msg,decmsg);
29. end
30. semilogy(EbN0,ber,'-ko',EbN0,qfunc(sqrt(10.^(EbN0/10))));
31. title('二进制正交信号误比特率性能')
32. xlabel('EbN0');ylabel('误比特率 Pe')
33. legend('仿真结果','理论结果')
```

说明：程序的第 4～5 行分别定义了基带脉冲信号波形 $s_0(t)$ 和 $s_1(t)$，第 9 行是产生消息比特，第 10～17 行分别是把比特 0 和 1 映射为发送波形 $s_0(t)$ 和 $s_1(t)$，第 18 行是得到总的发送波形。第 23 行是把发送信号通过 AWGN 信道，需要注意的是，awgn 的第 2 个参数是信号功率与噪声功率的比值（SNR），而题目中给出的是 $\frac{E_b}{N_0}$，二者需要换算。因为

$$\mathrm{SNR} = E_b R_b \bigg/ \left(\frac{N_0}{2} B\right) \tag{6-12}$$

式中，R_b 为每秒传输的比特数，本例中假设为 1；B 为噪声带宽，它等于取样频率，本例中取样频率为 10，因此，$\mathrm{SNR} = \frac{1}{5}\frac{E_b}{N_0}$，转换成 dB 形式为 $\mathrm{SNR(dB)} = E_b / N_0 - 7\mathrm{(dB)}$。

第 24～25 行是接收信号分别与 $s_0(t)$ 和 $s_1(t)$ 做互相关，第 26～27 行是根据相关值结果

进行最佳判决，第 28 行是得到误比特率。第 30～33 行是画出仿真结果和理论推导得到的误比特率结果。

程序运行结果如图 6-3 所示。

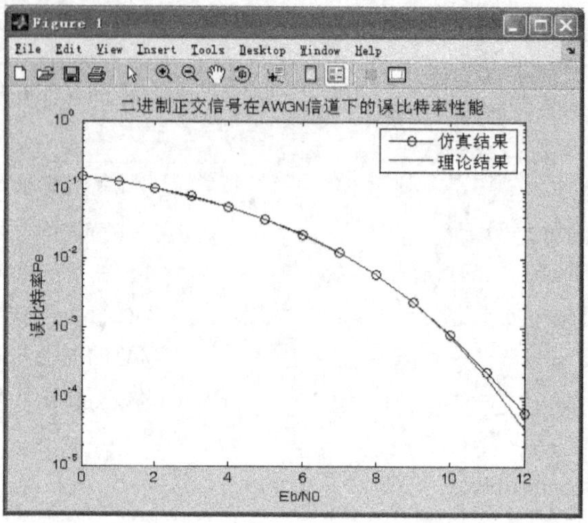

图 6-3　例 6.1 程序运行结果

从图 6-3 可以看出，仿真结果与式（6-11）给出的理论值 P_e 非常吻合。还应该注意到 nsymbol=100000 个数据比特的仿真能够可靠的估计出差错概率在 $P_e=10^{-4}$ 以下；换句话说，用 nsymbol=100000 个数据比特，在对 P_e 的可靠估计下应该至少有 10 个差错。

以上从波形级仿真的角度给出了二进制正交信号基带通信系统在 AWGN 信道下的性能。这种方法需要仿真的数据量较大，仿真时间较长，同时还受发送信号波形的影响。还可以换一种思路，直接以相关器的输出，检测器的输入作为考察的对象。根据前面的分析，两个相关器的输出分别是两个高斯随机变量，可以根据信源比特产生相应的相关器的输出，然后根据判决器输出与二进制发送序列进行比较而得出相应的比特差错数。这种方法可以不用考虑发送信号波形的影响，只要满足正交的条件即可。

例 6.2　用检测器的输入作为考察对象，重新仿真例 6.1。

程序代码如下：

```
clear all

nsymbol=100000;                                   %发送符号数
EbN0=0:12;                                        %信噪比
msg=randint(1,nsymbol);                           %消息数据
E=1;                                              %比特能量
r0=zeros(1,nsymbol);
r1=zeros(1,nsymbol);
indx=find(msg= =0);
r0(indx)=E;                                       %相关器的均值
indx1=find(msg= =1);
```

```
12.  r1(indx1)=E;
13.
14.  for indx=1:length(EbN0)
15.        dec=zeros(1,length(msg));
16.        snr=10.^(EbN0(indx)/10);                          %dB 转换为线性值
17.        sigma=1/(2*snr);                                  %噪声方差
18.        r00=r0+sqrt(sigma)*randn(1,length(msg));          %相关器的输出
19.        r11=r1+sqrt(sigma)*randn(1,length(msg));
20.        indx1=find(r11>=r00);                             %判决
21.        dec(indx1)=1;
22.        [err,ber(indx)]=biterr(msg,dec);
23.  end
24.  semilogy(EbN0,ber,'-ko',EbN0,qfunc(sqrt(10.^(EbN0/10))));
25.  title('二进制正交信号误比特率性能')
26.  xlabel('EbN0');ylabel('误比特率 Pe')
27.  legend('仿真结果','理论结果')
```

说明：程序的第 9～12 行分别是根据消息比特设置相应抽样时刻相关器的均值，第 18～19 行是在相关器的均值上叠加加性高斯噪声分量 n_0 和 n_1，它们的均值是 0，方差是 $\frac{E_b N_0}{2}$。为了方便，把信号能量 E_b 归一化到 1（第 6 行），这样 $E_b / N_0 = 1/(2\sigma^2)$，根据 E_b / N_0 的不同，相应的改变高斯噪声的方差，然后进行判决（第 20～21 行），最后得到相应的误比特率（第 22 行）。第 24～27 行是画出仿真结果和理论推导得到的误比特率结果。

程序运行结果如图 6-4 所示。

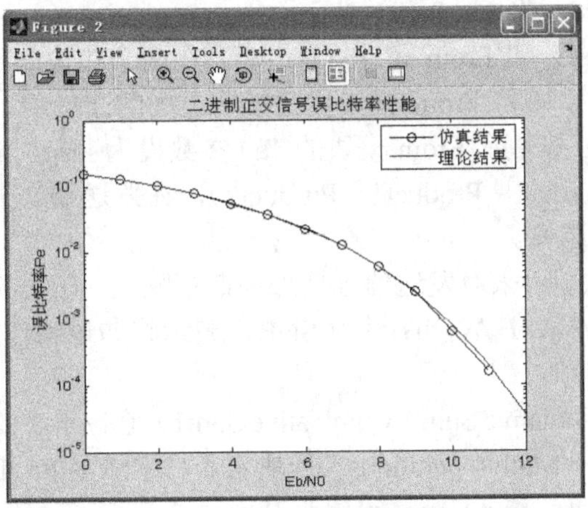

图 6-4　例 6.2 程序运行结果

从图 6-4 可以看出，与图 6-3 一样，仿真结果与式（6-11）给出的理论值 P_e 也非常吻合。

下面介绍通过 Simulink 仿真二进制正交基带信号通过 AWGN 信道传输的性能。

例 6.3　用 Simulink 重新仿真例 6.1。

系统模型框图如图 6-5 所示。

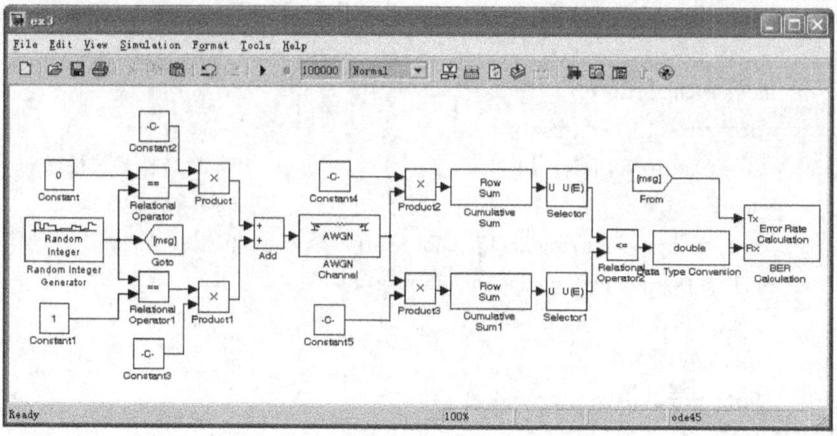

图 6-5　例 6.3 系统模型框图

在该系统模型中，主要包含以下模块：

（1）随机整数产生器模块（Random Integer Generator），用它来产生消息比特，它的参数设置为 M-ary number 设为 2，Initial seed 设为 1234，Sample time 设为 1，Fram-based outputs 不选中。

（2）关系比较模块（Relational Operator、Relational Operator1），它位于“Simulink→Commonly Used Blocks”模块库中。该模块用来判断消息比特是 0 还是 1。它的参数设置中，Relational Operator 要设为= =。

（3）常数模块（Constant、Constant1～Constant5），它位于“Simulink→Commonly Used Blocks”模块库中。Constant、Constant1 分别设为 0 和 1，Constant2、Constant4 设为[1 1 1 1 1 1 1 1 1 1]，代表 $s_0(t)$，Constant3、Constant5 设为[1 1 1 1 1–1–1–1–1–1]代表 $s_1(t)$。Constant2 和 Constant3 的 Sample time 要设为 0.1。

（4）Goto 模块（Goto）和 From 模块（Form）。在两个模块间隔较远时，为了使模型比较清晰，可以使用 Goto 模块和 From 模块代替模块之间的连接线。位于“Simulink→Signal Routing”模块库中。Goto 模块和 From 模块的 Tag 参数设为 msg，表示它们是配对信号。

（5）乘法器模块（Porduct、Product1～Product3），在发送端产生 $s_0(t)$和 $s_1(t)$，在接收端则与 $s_0(t)$和 $s_1(t)$进行相关运算。

（6）AWGN 信道模块，用来对发送信号叠加高斯白噪声。在它的参数设置中，Initial seed 设为 345，Mode 设为 E_b/N_0，E_b/N_0(dB)设为 SNR，表示将通过工作区变量 SNR 传递参数给它。其他参数采用默认值。

（7）累加器模块（Cumulative Sum、Cumulative Sum1）它位于“Simulink→Signal Processing Blockset→Math Functions→Math Operations”模块中。与乘法器 Product2、Product3 一起完成相关运算。它们的参数 Sum input along 设置为 Rows。

（8）选择器模块（Selector、Selector1）在累加器完成相关值运算后，把相关结果从累加器中取出。它位于“Simulink→Signal Routing”模块库中。在它的参数设置中 Element 设为[10]，Input port width 设为 10。

（9）关系操作模块（Relational Operator2）用来对相关器的输出进行判决，它的 Relational Operator 设为≤。

（10）数据类型转换模块（Data Type Conversion），用来将 Relational Operator2 的判决结果转换为 double，以便与后面的误比特率统计模块的输入相匹配。它的参数设置中，Output data type mode 要设为 double。

（11）误比特率统计模块（BER Calculation），对发送比特和解调比特进行比较，计算误比特率。它的参数设置采用默认值即可。

所有模块的参数设置完成后，把仿真时间设为 100000。

由于程序需要运行多次才能够得到信噪比与误比特率之间的关系，为此需编写如下的脚本程序：

```
1.  clear all
2.  EbN0=0:12                               %SNR 的范围
3.
4.  for ii=1:length(EbN0)
5.      SNR=EbN0(ii);                       %赋值给 AWGN 信道模块中的 SNR
6.      sim('ex3');                         %运行仿真模型
7.      ber(ii)=BER(1);                     %保存本次仿真得到的 BER
8.  end
9.  figure
10. semilogy(EbN0,ber,'-ko',EbN0,qfunc(sqrt(10.^(EbN0/10))));
11. title('二进制正交信号误比特率性能')
12. xlabel('EbN0');ylabel('误比特率 Pe')
13. legend('仿真结果','理论结果')
```

说明：程序的第 2 行是设定仿真中的 SNR 范围，第 5 行是给 AWGN 信道模块中的 SNR 赋值，第 6 行是运行前面编写的 Simulink 仿真模型，第 7～8 行是保存本次仿真得到的 BER，第 10～13 行是画出仿真结果和理论推导得到的误比特率结果。

程序运行结果如图 6-6 所示。

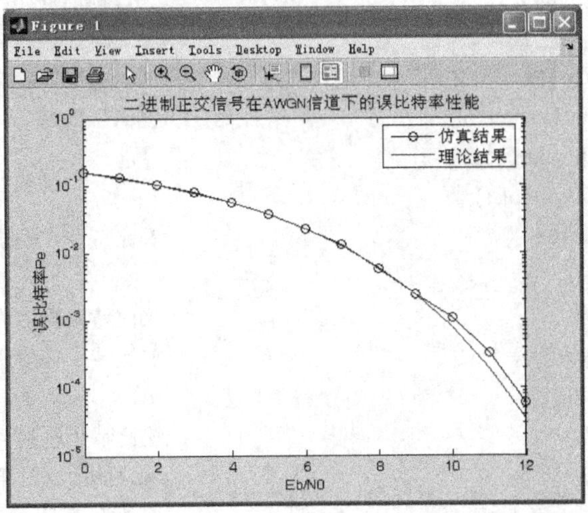

图 6-6　例 6.3 程序运行结果

从图 6-6 可以看出，仿真结果与理论值吻合。

以上讨论了 $s_0(t)$ 和 $s_1(t)$ 是正交信号时在 AWGN 信道的传输性能，下面讨论一下 $s_0(t)$ 和 $s_1(t)$ 是双极性信号时的性能。

6.2.3 双极性信号在 AWGN 信道下的传输性能

在 $s_0(t)$ 和 $s_1(t)$ 是双极性信号时，有 $s_1(t)=-s_0(t)$。此时，接收端只需要一个相关器即可。假设相关器与 $s_0(t)$ 做互相关。当发送的是 $s_0(t)$ 时，相关器的输出 $r=E_b+n$，当发送的是 $s_1(t)$ 时，相关器的输出 $r=-E_b+n$，噪声分量 n 的方差 $\sigma=\dfrac{E_b N_0}{2}$，最佳判决器与阈值 0 相比较，若 $r>0$，则判决 $s_0(t)$ 被发送，若 $r<0$，则判决 $s_1(t)$ 被发送。

误比特率推导结果为

$$P_e=Q\left(\sqrt{\frac{2E_b}{N_0}}\right) \tag{6-13}$$

例 6.4 仿真双极性信号通过 AWGN 信道后的误比特率性能。发送信号 $s_0(t)$ 与例 6.1 相同，每个信号周期取样 10 次，接收端采用相关器，画出误比特率随 E_b/N_0 的变化情况，E_b/N_0 的范围是 0～10dB，并与理论值和正交信号误比特率理论值进行比较。

程序代码如下：

```
clear all
nsamp=10;                               %每个脉冲信号的抽样点数

s0=ones(1,nsamp);                       %基带脉冲信号
s1=-s0;

nsymbol=100000;                         %每种信噪比下的发送符号数

EbN0=0:10;                              %信噪比，E/N0
msg=randint(1,nsymbol);                 %消息数据
s00=zeros(nsymbol,1);
s11=zeros(nsymbol,1);
indx=find(msg= =0);                     %比特 0 在发送消息中的位置
s00(indx)=1;
s00=s00*s0;                             %比特 0 影射为发送波形 s0
indx1=find(msg= =1);                    %比特 1 在发送消息中的位置
s11(indx1)=1;
s11=s11*s1;                             %比特 1 映射为发送波形 s1
s=s00+s11;                              %总的发送波形
s=s.';                                  %数据转置，方便接收端处理
```

```
22. for indx=1:length(EbN0)
23.     decmsg=zeros(1,nsymbol);
24.     r=awgn(s,EbN0(indx)–7);                       %通过 AWGN 信道
25.     r00=s0*r;                                     %与 s0 相关
26.     indx1=find(r00<0);
27.     decmsg(indx1)=1;                              %判决
28.     [err,ber(indx)]=biterr(msg,decmsg);
29. end
30. semilogy(EbN0,ber,'–ko',EbN0,qfunc(sqrt(10.^(EbN0/10))),'–k*',EbN0,qfunc(sqrt(2*10.^(EbN0/10))));
31. title('双极性信号误比特率性能')
32. xlabel('EbN0');ylabel('误比特率 Pe')
33. legend('仿真结果','正交信号误理论误比特率','双极性信号误理论误比特率')
```

说明：程序与例 6.1 类似，不同的是在接收端仅与 s_0 进行相关（25 行）。

程序运行结果如图 6-7 所示。

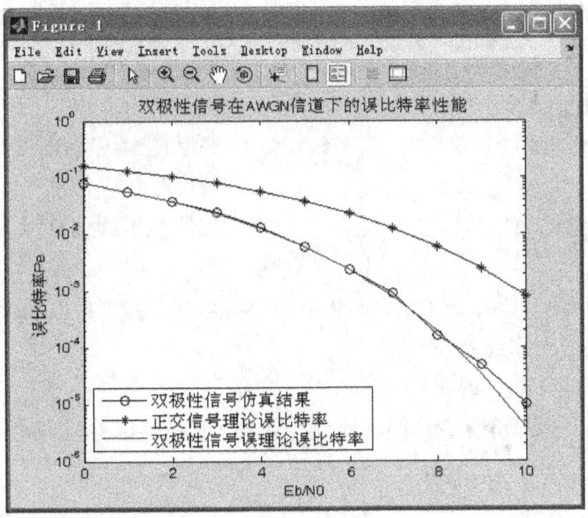

图 6-7　例 6.4 程序运行结果

从图 6-7 可以看出，对同样的发送信号能量 E_b，双极性信号具有更好的性能。换句话说，在相同的性能（相同差错概率下），双极性信号只需要使用正交信号一半的能量，所以，双极性信号比正交信号在效率上高出 3dB。同例 6.1，对于 100000 个比特，仿真估计的 P_e 在 10^{-4} 以下估计不太准确。

例 6.4 也可以直接采用检测器输入作为仿真对象进行仿真，这里就不再给出，请读者自行完成。

下面给出使用 Simulink 仿真双极性基带信号通过 AWGN 信道传输的性能。

例 6.5　用 Simulink 重新仿真例 6.4。

系统模型框图如图 6-8 所示。

与图 6-5 相比，图 6-8 中的模型图只采用了一个相关器与 $s_0(t)$ 相关，最后的判决器与 0 进行比较。仿真时间同样设为 100000。

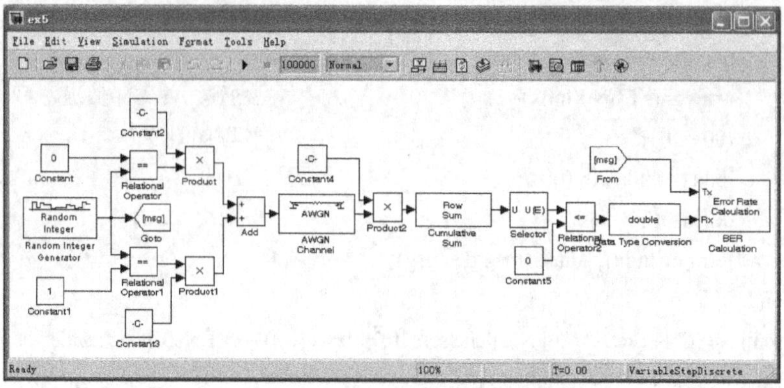

图 6-8　例 6.5 系统模型框图

由于程序需要运行多次才能够得到信噪比与误比特率之间的关系，为此需编写如下的脚本程序：

```
clear all
EbN0=0:10;                                  %SNR 的范围

for ii=1:length(EbN0)
    SNR=EbN0(ii);                           %赋值给 AWGN 信道模块中的 SNR
    sim('ex5');                             %运行仿真模型
    ber(ii)=BER(1);                         %保存本次仿真得到的 BER
end
semilogy(EbN0,ber,'-ko',EbN0,qfunc(sqrt(10.^(EbN0/10))),'-k*',EbN0,qfunc(sqrt(2*10.^(EbN0/10))));
title('双极性信号误比特率性能')
xlabel('EbN0');ylabel('误比特率 Pe')
legend('仿真结果','正交信号误理论误比特率','双极性信号误理论误比特率')
```

代码同例 6.3 类似，就不再说明。

程序运行结果如图 6-9 所示。

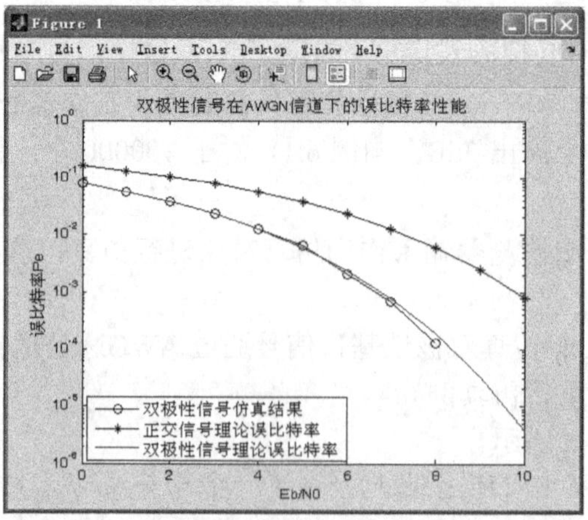

图 6-9　例 6.5 程序运行结果

从图 6-9 可以看出，仿真结果与理论值吻合。

6.2.4 单极性信号在 AWGN 信道下的传输性能

二进制序列也可以用单极性信号来传送。若信息比特为 0，则不传送任何信号；若信息比特是 1，则发送信号波形 $s(t)$。因此，接收到的信号波形可以表示为

$$r(t)=\begin{cases} n(t), & \text{发送比特 0} \\ s(t)+n(t), & \text{发送比特 1} \end{cases} \tag{6-14}$$

与双极性信号一样，最佳接收机由一个相关器或匹配滤波器，一个判决器组成。它将相关器的采样输出与阈值 $E_b/2$ 进行比较，其中，E_b 是信号波形 $s(t)$ 的能量。若 $r>E_b/2$，则判决比特 1 被发送，若 $r<E_b/2$，则判决比特 0 被发送。

理论误比特率为

$$P_e=Q\left(\sqrt{\frac{E_b}{2N_0}}\right) \tag{6-15}$$

例 6.6 仿真单极性信号通过 AWGN 信道后的误比特率性能。发送比特为 1 时，发送信号与例 6.1 中的 $s_0(t)$ 相同，每个信号周期取样 10 次，接收端采用相关器，画出误比特率随 E_b/N_0 的变化情况，E_b/N_0 =0～10dB，并与理论值和正交信号以及双极性信号误比特率理论值进行比较。

程序代码如下：

```
clear all
nsamp=10;                                %每个脉冲信号的抽样点数

s0=zeros(1,nsamp);                       %基带脉冲信号
s1=ones(1,nsamp);

nsymbol=100000;                          %每种信噪比下的发送符号数

EbN0=0:10;                               %信噪比，E/N0
msg=randint(1,nsymbol);                  %消息数据
s00=zeros(nsymbol,1);
s11=zeros(nsymbol,1);
indx=find(msg= =0);                      %比特 0 在发送消息中的位置
s00(indx)=1;
s00=s00*s0;                              %比特 0 影射为发送波形 s0
indx1=find(msg= =1);                     %比特 1 在发送消息中的位置
s11(indx1)=1;
s11=s11*s1;                              %比特 1 映射为发送波形 s1
s=s00+s11;                               %总的发送波形
```

```
20.  s=s.';                                                    %数据转置，方便接收端处理
21.
22.  for indx=1:length(EbN0)
23.      decmsg=zeros(1,nsymbol);
24.      r=awgn(s,EbN0(indx)-7);                               %通过 AWGN 信道
25.      r00=s1*r;                                             %与 s1 相关
26.      indx1=find(r00>5);
27.      decmsg(indx1)=1;                                      %判决
28.      [err,ber(indx)]=biterr(msg,decmsg);
29.  end
30.  semilogy(EbN0,ber,'-ko',EbN0,qfunc(sqrt(10.^(EbN0/10)/2)),EbN0,qfunc(sqrt(10.^(EbN0/10))),'-k*',
      EbN0,qfunc(sqrt(2*10.^(EbN0/10))));
31.  title('单极性信号在 AWGN 信道下的误比特率性能')
32.  xlabel('Eb/N0');ylabel('误比特率 Pe')
33.  legend('单极性信号仿真结果','单极性信号误理论误比特率','正交信号理论误比特率','双极性
      信号误理论误比特率')
```

说明：程序代码与例 6.4 类似，不过这里把 $s_0(t)$ 设为全 0（第 4 行），在最后判决时，需要注意的是，因为，对相关的结果没有归一化，所以，比较的阈值应该是 5（第 26 行），其他代码说明请参考注释。

程序运行结果如图 6-10 所示。

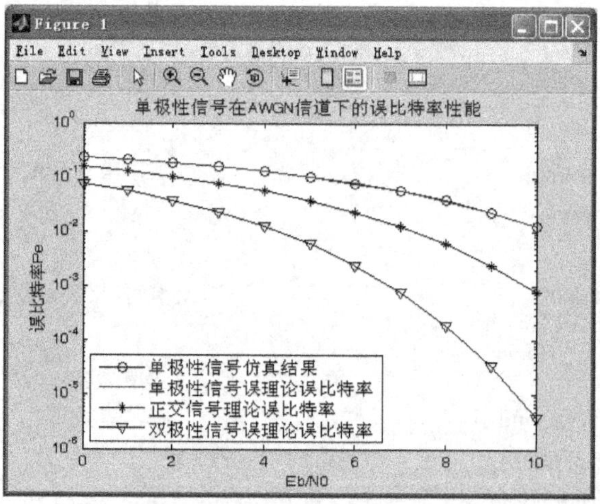

图 6-10　例 6.6 程序运行结果

从图 6-10 可以看出，使用单极性信号时的误比特率性能不如双极性信号的好。与双极性信号似乎相差 6dB，与正交信号相差 3dB。但是，需要注意的是，使用单极性信号，其平均发送的能量比双极性信号和正交信号要少 3dB。因此，单极性信号与正交信号性能是相同的，与双极性信号相差 3dB。

单极性信号的 Simulink 仿真与双极性信号是类似的，在最后判决时，判决门限不再是 0。此处就不再给出 Simulink 的仿真例子，请读者自行完成。

6.3 基带 PAM 信号传输

在上一节中，讨论了二进制基带信号传输在 AWGN 信道下的性能。在二进制信号波形的情况下，每个信号波形仅传输一个比特信息，效率相对较低。这一节讨论采用多个幅度电平的信号波形（基带 PAM）进行传输的情形，在这种情况下，每个信号波形可以传输多个比特信息。

6.3.1 基带 4-PAM 的信号波形

考虑一组信号波形形式为

$$s_m(t) = A_m g(t), 0 \leqslant t \leqslant T, \quad m = 0,1,2,3 \tag{6-16}$$

式中，A_m 为第 m 个波形的幅度；$g(t)$ 为矩形脉冲，定义为

$$g(t) = \sqrt{1/T}, 0 \leqslant t \leqslant T \tag{6-17}$$

因此，脉冲 $g(t)$ 的能量归一化为 1。考虑信号幅度取 4 种可能的等间隔值的情况，即 $\{A_m\} = \{-3d, -d, d, 3d\}$ 或等效为

$$A_m = (2m-3)d, \quad m = 0,1,2,3 \tag{6-18}$$

式中，$2d$ 为两个相邻幅度电平之间的欧几里得距离。称这组信号波形为脉冲幅度调制（PAM）信号。

因为共有 4 种 PAM 信号波形，所以，每个波形可用来传输 2 比特的信息，按照 Gray 编码规则把信息比特对影射为 4 种信号波形，即

$$00 \to s_0(t), 01 \to s_1(t), 11 \to s_2(t), 10 \to s_3(t)$$

每个信息比特对称为一个符号，脉冲持续时间 T 称为符号区间。因此，如果比特率为 $R_b = 1/T_b$，则符号区间就是 $T = 2T_b$。

与二进制信号的情况一样，PAM 信号通过加性高斯白噪声信道（AWGN），叠加了噪声 $n(t)$。$n(t)$ 是功率谱密度为 $\frac{N_0}{2}(\mathrm{W/Hz})$ 的白色高斯随机过程的一个样本函数。接收端的信号可表示为

$$r(t) = s_i(t) + n(t), i = 0,1,2,3, \ 0 \leqslant t \leqslant T_b \tag{6-19}$$

接收端在接收到信号 $r(t)$ 后，判断在区间 $0 \leqslant t \leqslant T_b$ 内发送的是 4 种信号波形中的哪一个。最佳接收机设计是符号差错概率最小。

6.3.2 基带 4-PAM 信号在 AWGN 信道下的最佳接收

与二进制基带信号一样，基带 4-PAM 信号在 AWGN 信道下的最佳接收机也是由相关器或匹配滤波器再加上一个幅度检测器来实现。

信号相关器将接收到的信号 $r(t)$ 与信号脉冲 $g(t)$ 做互相关，并将它的输出，在 $t=T$ 采样，因此，信号相关器的输出为

$$r=\int_0^T r(\tau)g(\tau)\mathrm{d}\tau=\int_0^T A_i g^2(\tau)\mathrm{d}\tau+\int_0^T n(\tau)g(\tau)\mathrm{d}\tau=A_i+n \tag{6-20}$$

式中，n 代表噪声分量，它是一个均值为 0 的高斯随机变量。

方差为

$$\begin{aligned}\sigma^2=E(n^2)&=\int_0^T\int_0^T g(t)g(\tau)E\left[n(t)n(\tau)\right]\mathrm{d}t\mathrm{d}\tau\\&=\frac{N_0}{2}\int_0^T\int_0^T g(t)g(\tau)\delta(t-\tau)\mathrm{d}t\mathrm{d}\tau\\&=\frac{N_0}{2}\int_0^T g^2(t)\mathrm{d}t=\frac{N_0}{2}\end{aligned} \tag{6-21}$$

检测器将根据相关器的输出 r，判决发送的是 4 种 PAM 信号波形中的哪一个。因为，接收到的信号幅度 A_i 能够取 $\pm d$ 和 $\pm 3d$，所以，最佳幅度检测器要将相关器输出 r 与 4 种可能的传输电平进行比较，并选择在欧氏距离上最接近于 r 的幅度电平。因此，最佳检测器计算距离为

$$D_i=\left|r-A_i\right|,\quad i=0,1,2,3 \tag{6-22}$$

并选取对应于最小距离的幅度。

4-PAM 信号误符号率为

$$P_e=\frac{3}{2}Q\left(\sqrt{\frac{2d^2}{N_0}}\right) \tag{6-23}$$

误符号率还可以用信号能量来表示。因为 4 种幅度电平是等概率的，所以，每个符号的平均能量为

$$E_s=\frac{1}{4}\sum_{i=0}^{3}\int_0^T s_i^2(t)\mathrm{d}t=5d^2 \tag{6-24}$$

所以

$$P_e=\frac{3}{2}Q\left(\sqrt{\frac{2E_s}{5N_0}}\right) \tag{6-25}$$

因为每个传输符号有两个信息比特组成，所以，每个比特的平均能量是 $E_b=\frac{1}{2}E_s$。

6.3.3 基带 4-PAM 信号在 AWGN 信道下的传输性能

MATLAB 提供了 PAM 调制与解调的函数，pammod 和 pamdemod。下面给出基带 4-PAM 信号在 AWGN 信道下的传输性能仿真的例子。

例 6.7 仿真 4-PAM 信号通过 AWGN 信道后的误比特率性能。比特映射采用 Gray 编码，接收端采用相关器，画出误比特率和误符号率随 E_s/N_0 的变化情况，E_s/N_0 的范围是 0～15 dB，并与理论值进行比较。

程序代码如下：

```
clear all
```

```
2.  nsymbol=100000;                                  %每种信噪比下的发送符号数
3.  nsamp=10;                                        %每个脉冲信号的抽样点数
4.
5.  M=4;                                             %4-PAM
6.  graycode=[0 1 3 2];                              %Gray 编码规则
7.  EsN0=0:15;                                       %信噪比，E/N0
8.  msg=randint(1,nsymbol,4);                        %消息数据
9.  msg1=graycode(msg+1);                            %Gray 映射
10. msg2=pammod(msg1,M);                             %4-PAM 调制
11. s=rectpulse(msg2,nsamp);                         %矩形脉冲成形
12. for indx=1:length(EsN0)
13.     decmsg=zeros(1,nsymbol);
14.     r=awgn(real(s),EsN0(indx) -7,'measured');    %通过 AWGN 信道
15.     r1=intdump(r,nsamp);                         %相关器输出
16.     msg_demod=pamdemod(r1,M);                    %判决
17.     decmsg=graycode(msg_demod+1);                %Gray 逆映射
18.     [err,ber(indx)]=biterr(msg,decmsg,log2(M));  %求误比特率
19.     [err,ser(indx)]=symerr(msg,decmsg);
20. end
21. semilogy(EsN0,ber,'-ko',EsN0,ser,'-k*',EsN0,1.5*qfunc(sqrt(0.4*10.^(EsN0/10))));
22. title('4-PAM 信号在 AWGN 信道下的性能')
23. xlabel('Es/N0');ylabel('误比特率和误符号率')
24. legend('误比特率','误符号率','理论误符号率')
```

说明：程序的第 10 行是进行 4-PAM 调制，第 11 行是进行矩形脉冲成形，第 14 行是通过 AWGN 信道，需要注意的是 awgn 函数默认对 PAM 信号添加的是复数噪声，因此，此处用 real 函数说明添加的是实数噪声。第 15 行是求相关器的输出，其他部分参见代码注释。

程序运行结果如图 6-11 所示。

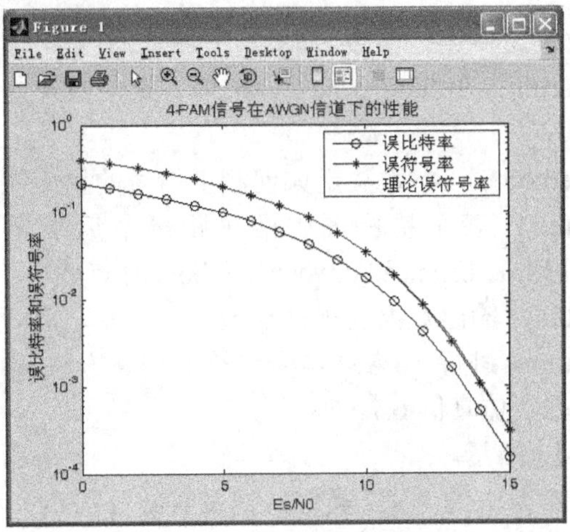

图 6-11　例 6.7 程序运行结果

从图 6-11 可以看出仿真结果与理论值的一致性。

Simulink 中也提供了基带 PAM 调制（M-PAM Modulator Baseband）和解调（M-PAM Demodulator Baseband）模块，位于“Communications Blockset→Modulation→Digital Baseband Modulation→AM”模块库中。它们的参数设置对话框是一样的，如图 6-12 所示。

它有如下几个参数：

（1）M-ary number：信号星座图的点数，该参数必须是偶数。

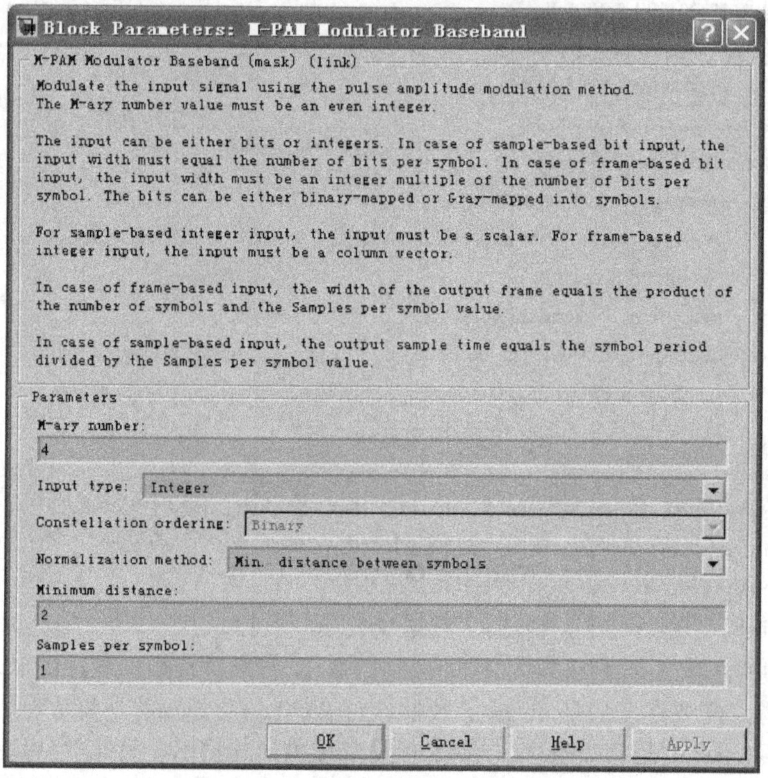

图 6-12　基带 PAM 调制解调模块设置对话框

（2）Input type：输入是比特还是整数。

（3）Constellation ordering：在 Input type 是 Bit 时，该参数决定如何将输入的比特映射成相应的整数。

（4）Normalization method：该参数决定如何测量信号的星座图。

（5）Minimum distance：表示星座图中两个距离最近点之间的距离。本项只有当 Normalization method 选为 Min. distance between symbols 时有效。

（6）Samples per symbol：输出数据的采样点数。

下面看一下使用 Simulink 进行 4-PAM 信号传输的仿真方法。

例 6.8　用 Simulink 重新仿真例 6.7。

系统模型框图如图 6-13 所示。

该系统模型框图与第 4 章中的例 4.7 类似，把发射部分（Tx）和接收部分（Rx）封装成一个子系统，它们的内部结构分别如图 6-14、图 6-15 所示。

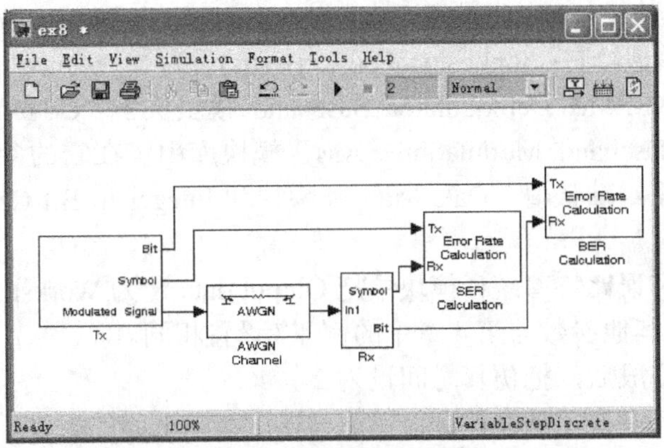

图 6-13　例 6.8 系统模型框图

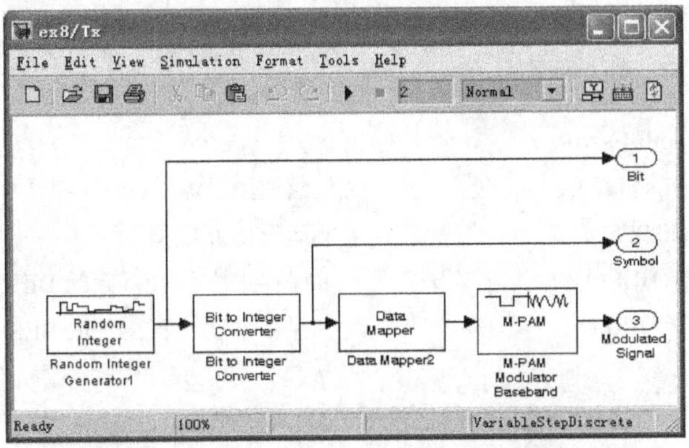

图 6-14　例 6.8 Tx 子系统模型框图

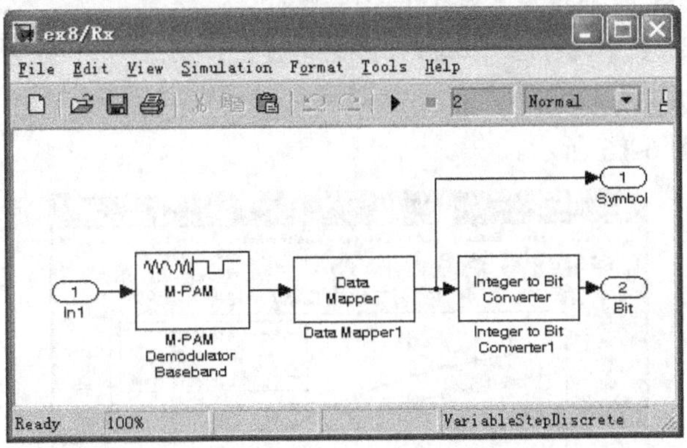

图 6-15　例 6.8 Rx 子系统模型框图

在 Tx 模块中，Random Integer Generator 的 M-ary number 设为 2，Sample time 设为 1/200000，选中 Frame-based outputs，Sample per frame 设为 200000。Bit to Integer Converter 和 Data Mapper 模块与第 4 章中的例 4.7 设置相同，M-PAM Modulator Baseband 模块位于“Communications Blockset→Modulation→Digital Baseband Modulation→AM”模块库中，在它的参数设置中，把 M-ary number 设为 4，其他采用默认值。

在 AWGN 信道模块中，Mode 设为 Signal to noise ratio(Es/No)；Es/No（dB）设为 SNR，表示将从工作区传递数值给它；Input signal power(watts)设为 5；Symbol period 设为 1/100000。

在 Rx 模块中，M-PAM Demodulator Baseband 模块位于“Communications Blockset→Modulation→Digital Baseband Modulation→AM”模块库中，在它的参数设置中，把 M-ary number 设为 4，其他采用默认值。Data Mapper 模块和 Integer to Bit Converter 模块与第 4 章中的例 4.7 设置相同。

最后的误符号率和误比特率统计模块中把 Output data 设为 Workspace，Variable name 分别设为 SER 和 BER，其他参数与第 4 章中的例 4.7 设置相同。

各模块参数设置完成后，把仿真时间设为 2。

由于程序需要运行多次才能够得到信噪比与误比特率之间的关系，为此需编写如下的脚本程序：

```
clear all
EsN0=0:15;                                    %SNR 的范围

for ii=1:length(EsN0)
    SNR=EsN0(ii);                             %赋值给 AWGN 信道模块中的 SNR
    sim('ex8');                               %运行仿真模型
    ber(ii)=BER(1);                           %保存本次仿真得到的 BER
    ser(ii)=SER(1);                           %保存本次仿真得到的 SER
end
semilogy(EsN0,ber,'-ko',EsN0,ser,'-k*',EsN0,1.5*qfunc(sqrt(0.4*10.^(EsN0/10))));
title('4-PAM 信号在 AWGN 信道下的性能')
xlabel('Es/N0');ylabel('误比特率和误符号率')
legend('误比特率','误符号率','理论误符号率')
```

代码同例 6.5 相似，就不再说明。

程序运行结果如图 6-16 所示。

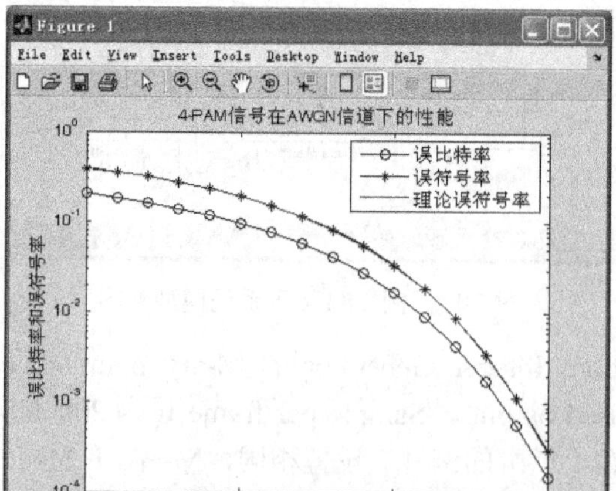

图 6-16　例 6.8 程序运行结果

从图 6-16 可以看到，仿真结果与理论值非常吻合。

以上讨论了基带 4-PAM 信号在 AWGN 信道下的传输性能，除 4-PAM 外，可以构造更多 8-PAM、16-PAM 等多电平幅度信号。在 AWGN 信道下的传输性能及仿真，读者可以自行完成。

6.4 带限信道的信号传输

在前几节中研究了数字基带信号通过加性高斯白噪声信道的传输，并且假设信道除了叠加高斯噪声外，不会对信号产生其他失真。然而，实际的信道总是不理想的，除了叠加高斯噪声外，还会使信号产生畸变。这一节讨论一下带限信道的信号传输。

6.4.1 带限信道

许多通信信道一般都可以用带限线性滤波器来表征，等效低通频率响应为$C(f)$，其等效低通冲激响应记为$c(t)$。那么，如果信号

$$s(t) = \mathrm{Re}(v(t)\mathrm{e}^{\mathrm{j}2\pi f_c t}) \tag{6-26}$$

在带限信道上传输，等效低通接收信号为

$$r_l(t) = \int_{-\infty}^{\infty} v(\tau)c(t-\tau)\mathrm{d}\tau + n(t) \tag{6-27}$$

信号项在频域可以表示为$V(f)C(f)$，如果信道带宽限于W Hz 内，那么；$|f| > W$ 时，$C(f) = 0$。结果$V(f)$中，高于$|f| = W$的任何频率分量都不能通过该信道。因此，发送信号的带宽也需要限定为W Hz。

在信道带宽内，频率响应的表达式为

$$C(f) = A(f)\mathrm{e}^{\mathrm{j}\theta(f)} \tag{6-28}$$

式中，$A(f)$为幅度响应；$\theta(f)$为相位响应。

此外，包络延时特性定义为

$$\tau(f) = -\frac{1}{2\pi}\frac{\mathrm{d}\theta(f)}{\mathrm{d}f} \tag{6-29}$$

如果对所有$|f| \leqslant W$，$A(f)$为常数，并且$\theta(f)$为频率的线性函数，即$\tau(f)$是一个常数，则称这种信道是无失真的或理想的。若$A(f)$和$\tau(f)$不是常数，那么信道就会使信号产生失真。若$A(f)$不是常数，这个失真称为幅度失真；若$\tau(f)$不是常数，称为延时失真。

非理想信道频率响应$C(f)$引起的幅度和延时失真的结果是，在传输信号的速度与信道带宽相比拟的情况下，连续传输的脉冲波形会受到破坏，使得接收端前后脉冲不再能清晰的分开，产生了码间干扰（ISI）。

6.4.2 带限信道信号无 ISI 的条件

数字调制的等效低通发送信号具有下列形式，即

$$v(t)=\sum_{n=0}^{\infty}I_n g(t-nT) \tag{6-30}$$

式中，$\{I_n\}$ 表示离散信息符号序列；$g(t)$ 是一个脉冲且假设在本讨论中具有带限的频率响应特性 $G(f)$，即当 $|f|>W$ 时，$G(f)=0$。

这个信号通过信道传输，信道的频率响应也限于 $|f|\leqslant W$ 范围。因此，接收信号可以表示为

$$r_l(t)=\sum_{n=0}^{\infty}I_n h(t-nT)+n(t) \tag{6-31}$$

式中

$$h(t)=\int_{-\infty}^{\infty}g(\tau)c(t-\tau)\mathrm{d}\tau \tag{6-32}$$

且 $n(t)$ 表示加性高斯白噪声。

假设接收机信号首先通过一个滤波器，然后以 $1/T$ 的符号速率抽样。由信号检测的观点，最佳滤波器是与接收脉冲匹配的滤波器，也就是说，接收滤波器的频率响应是 $H^*(f)$。把接收滤波器的输出表示为

$$y(t)=\sum_{n=0}^{\infty}I_n x(t-nT)+z(t) \tag{6-33}$$

式中，$x(t)$ 表示接收滤波器对输入脉冲 $h(t)$ 的响应；$z(t)$ 是接收滤波器对噪声 $n(t)$ 的响应。

那么，若在 $t=kT+t_0, k=0,1,\cdots$ 时刻，对 $y(t)$ 抽样，则有

$$y(kT+t_0)=y_k=\sum_{n=0}^{\infty}I_n x(kT-nT+t_0)+z(kT+t_0) \tag{6-34}$$

或等价为

$$y_k=\sum_{n=0}^{\infty}I_n x_{k-n}+z_k \tag{6-35}$$

式中，t_0 为信道的传输延时。

抽样值可以表示为

$$y_k=x_0\left(I_k+\frac{1}{x_0}\sum_{\substack{n=0\\n\neq k}}^{\infty}I_n x_{k-n}\right)+z_k \tag{6-36}$$

把 x_0 看作一个任意的标尺因子，为方便计算令它等于 1，则

$$y_k=I_k+\sum_{\substack{n=0\\n\neq k}}^{\infty}I_n x_{k-n}+z_k \tag{6-37}$$

式中，I_k 项表示在第 k 个抽样时刻的期望信息符号；$\sum_{\substack{n=0\\n\neq k}}^{\infty} I_n x_{k-n}$ 表示符号间干扰（ISI）；z_k 为在第 k 个抽样时刻的加性高斯白噪声变量。

下面讨论在抽样时刻不存在 ISI 的条件下的信号设计。在此，假设信道是理想的，即当 $|f| \leqslant W$ 时，$C(f)=1$。因此，脉冲 $x(t)$ 具有谱特性 $X(f)=|G(f)|^2$。满足没有 ISI 的条件是 Nyquist 定理。

一个信号 $x(t)$ 具有零 ISI 的充要条件为

$$x(nT)=\begin{cases}1, & n=0\\ 0, & n\neq 0\end{cases} \tag{6-38}$$

它的 Fourier 变换满足，即

$$\sum_{m=-\infty}^{\infty} X(f+\frac{m}{T})=T \tag{6-39}$$

式中，$1/T$ 是符号率。

一般来说，很多信号都设计成具有这个性质。在实际中最常用的一种信号是具有升余弦频率响应特性的信号，定义为

$$X_{rc}(f)=\begin{cases}T, & 0\leqslant|f|\leqslant\dfrac{1-\alpha}{2T}\\ \dfrac{T}{2}\left[1+\cos\dfrac{\pi T}{\alpha}\left(|f|-\dfrac{1-\alpha}{2T}\right)\right], & \dfrac{1-\alpha}{2T}<|f|\leqslant\dfrac{1+\alpha}{2T}\\ 0, & |f|>\dfrac{1+\alpha}{2T}\end{cases} \tag{6-40}$$

式中，α 称为滚降系数，它的取值为 $0\leqslant\alpha\leqslant1$；$1/T$ 是符号率。

当 $\alpha=0$ 时，$X_{rc}(f)$ 就变成一个理想的、带宽为 $1/(2T)$ 的理想低通滤波器，频率 $1/(2T)$ 称为 Nyquist 频率。当 $\alpha>0$，信号超过 Nyquist 频率 $1/(2T)$ 以外的带宽称为过剩带宽，通常将它表示为 Nuquist 频率的百分数。例如，当 $\alpha=\frac{1}{2}$ 时，过剩带宽为 50%；当 $\alpha=1$ 时，过剩带宽为 100%。具有升余弦谱的脉冲为

$$x(t)=\frac{\sin \pi t/T}{\pi t/T}\frac{\cos(\pi\alpha t/T)}{1-4\alpha^2t^2/T^2} \tag{6-41}$$

由于升余弦谱的平滑特性，因此，设计实用的发送和接收滤波器来近似实现整个期望的频率响应是可能的。在信道是理想的特殊情况下，即 $|f|\leqslant W$ 时，$C(f)=1$，有

$$X_{rc}(f)=G_T(f)G_R(f) \tag{6-42}$$

式中，$G_T(f)$ 和 $G_R(f)$ 是发送滤波器和接收滤波器的频率响应。在此情况下，若接收滤波器匹配于发送滤波器，则有 $X_{rc}(f)=G_T(f)G_R(f)=|G_T(f)|^2$。

对此理想情况，即

$$G_T(f)=\sqrt{X_{rc}(f)}\mathrm{e}^{-\mathrm{j}2\pi f t_0} \tag{6-43}$$

式中，$G_T(f)$ 称为根升余弦滤波器，并且 $G_R(f)=G_T^*(f)$；t_0 是某标称延时，用来保证该滤波器的物理可实现性。因此，整个升余弦谱特性在发送滤波器和接收滤波器之间均等的划分。

根升余弦滤波器的脉冲响应为

$$h(t)=4\alpha\frac{\cos\left[(1+\alpha)\pi t/T\right]+\dfrac{\sin\left[(1-\alpha)\pi t/T\right]}{(4\alpha t/T)}}{\pi\sqrt{T}\left[1-(4\alpha t/T)^2\right]} \tag{6-44}$$

6.4.3 带限信道信号传输的仿真

MATLAB 提供了设计升余弦滤波器的函数 rcosine、rcosfir、rcosiir 和 rcosflt。既可以用来设计升余弦滤波器，也可以用来设计根升余弦滤波器。其中 rcosine、rcosfir、rcosiir 只能用来设计滤波器，而 rcosflt 则可以设计滤波器同时对输入数据进行脉冲成形，也可以用设计好的滤波器对输入数据进行脉冲成形。

1）[num,den] = rcosine(Fd,Fs,type_flag,r,delay)

[num,den] = rcosine(Fd,Fs,type_flag,r,delay)用来设计升余弦或根升余弦滤波器。输入信号的取样频率为 Fd，滤波器的取样频率为 Fs。Fs/Fd 必须是大于 1 的正整数。r 是滤波器的滚降系数。默认滚降系数是 0.5。delay 是滤波器的时延，默认值是 3，相应的时延为 3/Fd 秒。type_flag 用来说明设计的滤波器的类型。它的取值及代表含义参见表 6-1。

表 6-1　type_flag 选项说明

type_flag 值	说　明
'default' 或 'fir/normal'	设计 FIR 升余弦滤波器
'iir' 或 'iir/normal'	设计 IIR 升余弦滤波器
'sqrt' 或 'fir/sqrt'	设计 FIR 根升余弦滤波器
'iir/sqrt'	设计 IIR 根升余弦滤波器

2）y = rcosflt(x,Fd,Fs,type_flag,r,delay)

y = rcosflt(x,Fd,Fs,type_flag,r,delay)用来设计一个 FIR 或 IIR 升余弦滤波器，然后对输入数据 x 进行滤波。它的参数含义与 rcosine 的相同。

3）y = rcosflt(x,Fd,Fs,'type_flag/filter',num,den)

用已经设计好的滤波器对输入数据滤波，滤波器转移函数的分子和分母系数，分别由 num 和 den 给定。其他参数含义与 rcosine 的相同。

rcosfir 和 rcosiir 的用法与 rcosine 的类似，这里就不再给出，请读者参考 MATLAB 帮助。

例 6.9　设计一个滚降系数为 0.2，时延为 4 个符号间隔的 FIR 升余弦滤波器，其中符号采样频率 Fd=1，滤波器采样频率为 Fs=10。画出该滤波器的冲激响应，并生成 30 个二进制数据序列，对该序列进行滤波，划出滤波前后的波形。

程序代码如下：

```
1.  clear all
2.  Fd=1;                                         %符号采样频率
3.  Fs=10;                                        %滤波器采样频率
4.  r=0.2;                                        %滤波器滚降系数
5.  delay=4;                                      %滤波器时延
6.  [num,den]=rcosine(Fd,Fs,'default',r,delay);   %设计滤波器
7.  figure; impz(num,1);                          %滤波器的冲激响应
8.  title('滤波器的冲激响应')
9.  x=randint(1,30);                              %二进制数据序列
10. [y,ty]=rcosflt(x,Fd,Fs,'filter',num,den);     %对二进制数据序列进行脉冲成形
11. figure
12. t=delay:length(x)+delay-1;
13. stem(t,x,'-r');hold on                        %画出二进制数据
14. plot(ty,y)                          %画出脉冲成形后的数据
15. legend('二进制数据','脉冲成形后的数据')
16. axis([-1 40 -0.5 2])
```

说明：程序的第 6 行是设计升余弦滤波器，第 10 行是对二进制数据进行脉冲成形。ty 返回的是滤波器的输出对应的采样时间。其他代码参见注释。

程序运行结果如图 6-17、图 6-18 所示。

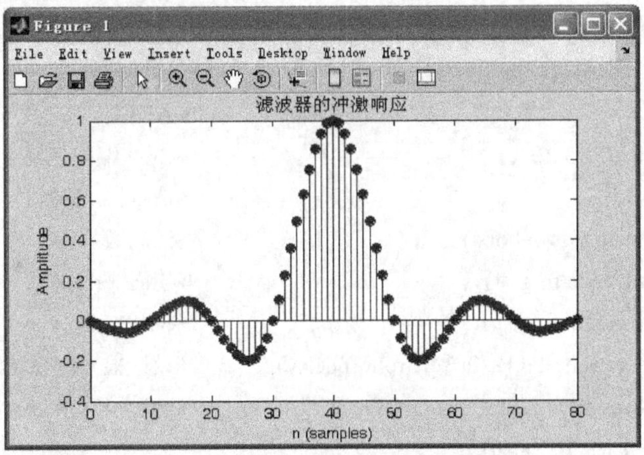

图 6-17　例 6.9 滤波器的冲激响应

从图 6-18 可以看出，如果以符号速率对脉冲成形后的数据进行采样，在采样点处，采样数据与原始数据相等，说明采样点处的数据没有 ISI。

例 6.10　有一个 4-PAM 调制信号，调制信号在发送端和接收端分别采用滚降系数为 0.25，时延为 5 的根升余弦滤波器进行谱成形。其中符号采样频率 Fd=1，滤波器采样频率为 Fs=10。假设调制信号采用 Gray 编码，仿真该信号在 AWGN 信道下的性能，画出误比特率和误符号率随 E_s/N_0 的变化情况，E_s/N_0=0～15dB。

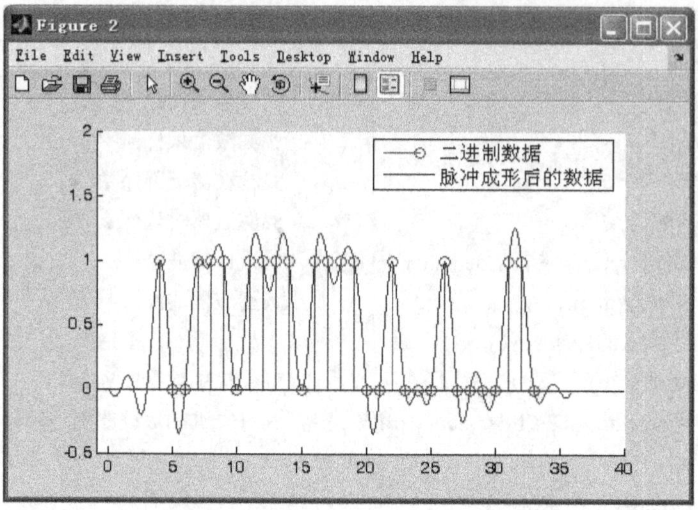

图 6-18　例 6.9 原始数据与脉冲成形后的数据

程序代码如下：

```
clear all
nsymbol=100000;                                   %每种信噪比下的发送符号数

Fd=1;                                             %符号采样频率
Fs=10;                                            %滤波器采样频率
rolloff=0.25;                                     %滤波器滚降系数
delay=5;                                          %滤波器时延
M=4;                                              %4-PAM
graycode=[0 1 3 2];                               %Gray 编码规则
EsN0=0:15;                                        %信噪比，E/N0
msg=randint(1,nsymbol,4);                         %消息数据
msg1=graycode(msg+1);                             %Gray 映射
msgmod=pammod(msg1,M);                            %4-PAM 调制
rrcfilter = rcosine(Fd,Fs,'fir/sqrt',rolloff,delay);   %设计根升余弦滤波器
s=rcosflt(msgmod,Fd,Fs,'filter',rrcfilter);       %通过根升余弦滤波器进行脉冲成形
for indx=1:length(EsN0)
    decmsg=zeros(1,nsymbol);
    r=awgn(real(s),EsN0(indx)-7,'measured');      %通过 AWGN 信道
    rx=rcosflt(r,Fd,Fs,'Fs/filter',rrcfilter);    %通过根升余弦滤波器进行相关
    rx1=downsample(rx,Fs);                        %相关器采样
    rx2=rx1(2*delay+1:end-2*delay);               %去掉延迟
    msg_demod=pamdemod(rx2,M);                    %判决
    decmsg=graycode(msg_demod+1);                 %Gray 逆映射
```

```
24.         [err,ber(indx)]=biterr(msg,decmsg,log2(M));       %求误比特率
25.         [err,ser(indx)]=symerr(msg,decmsg);               %求误符号率
26.     end
27.     semilogy(EsN0,ber,'-ko',EsN0,ser,'-k*',EsN0,1.5*qfunc(sqrt(0.4*10.^(EsN0/10))));
28.     title('4-PAM 信号在 AWGN 理想带限信道下的性能')
29.     xlabel('Es/N0');ylabel('误比特率和误符号率')
30.     legend('误比特率','误符号率','理论误符号率')
```

说明：程序在例 6.7 的基础上增加了根升余弦滤波器设计（第 14 行），第 15 行是把调制信号通过根升余弦滤波器进行脉冲成形，第 19 行是接收端利用根升余弦滤波器进行相关，程序的其他代码请参考注释。

程序运行结果如图 6-19 所示。

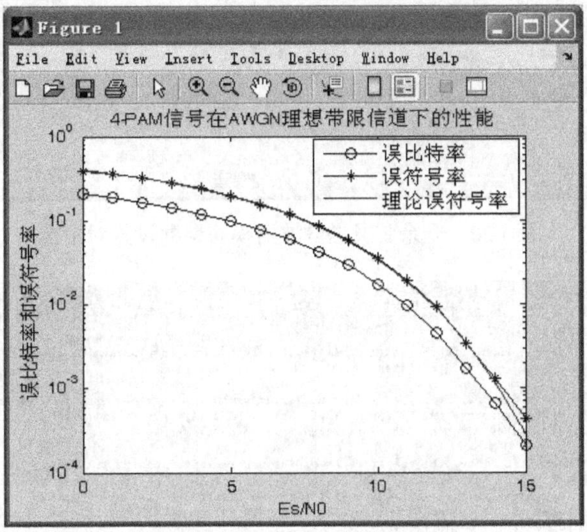

图 6-19　例 6.10 程序运行结果

从图 6-19 可以看出，信号经过信道后没有产生码间干扰，所以，误符号率与理想非带限信道下的理论误符号率相一致。

Simulink 同样提供了升余弦滤波器发送（Raised Cosine Transmit Filter）和接收（Raised Cosine Receive Filter）模块，位于“Communications Blockset→Comm Filters”模块库中。参数设置对话框分别如图 6-20、图 6-21 所示。

它们的参数如下：

（1）Filter type：设定升余弦滤波器的类型，有 Square root 和 Normal 两种。

（2）Group delay(number of symbols)：滤波器的群时延，必须为一正整数。如果采用根升余弦滤波器，发送滤波器和接收滤波器应该保持一致。

（3）Rolloff factor(0 to 1)：滤波器的滚降因子。

（4）Input sampling mode：输入采样类型，有 Frame-based 和 Sample-based 两种。

（5）Filter gain：滤波器增益项，决定模块如何缩放滤波器参数。有 Normalized 和 User-specified 两种方式。

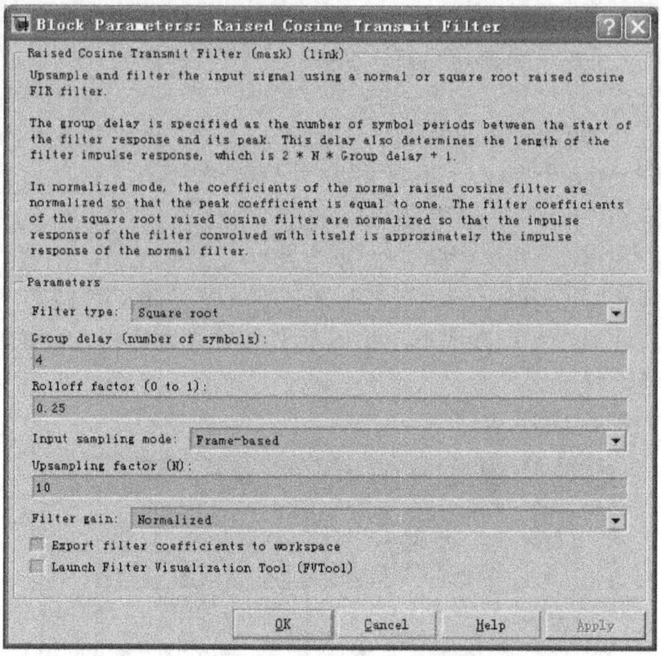

图 6-20 升余弦发送滤波器模块参数设置对话框

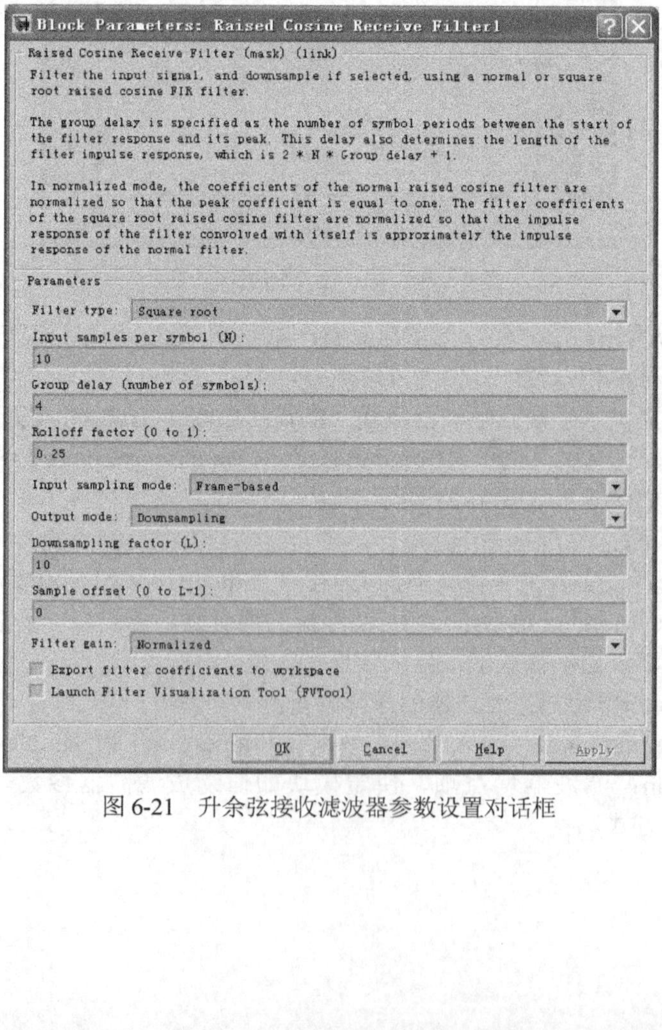

图 6-21 升余弦接收滤波器参数设置对话框

此外对发送滤波器还有以下参数：

Upsampling factor：上采样频率因子。表示滤波后的输出信号中每个符号的采样点数，必须为大于1的整数。

接收滤波器有以下参数：

（1）Output mode：是否对滤波后的信号降低采样率。有Downsampling和None两种。

（2）Downsampling factor（L）：接受模块过滤后的信号降低采样频率参数。本项只有当Output mode选为Downsampling时显示。

（3）Sample offset（0～L–1）：降采样的偏移位置，如果为0，模块选择滤波后信号序列位1,L+1,2L+1,3L+1,…的采样作为模块输出。如果设为小于L的正整数，那么模块去掉初始的Sample offsert个采样，再按照上面的方法来降低采样频率。

下面来看一个使用它们的示例。

例6.11 用Simulink重新仿真例6.10。

系统模型总的框图与例6.8类似，不过发送模块和接收模块分别要做如下修改，如图6-22、图6-23所示。

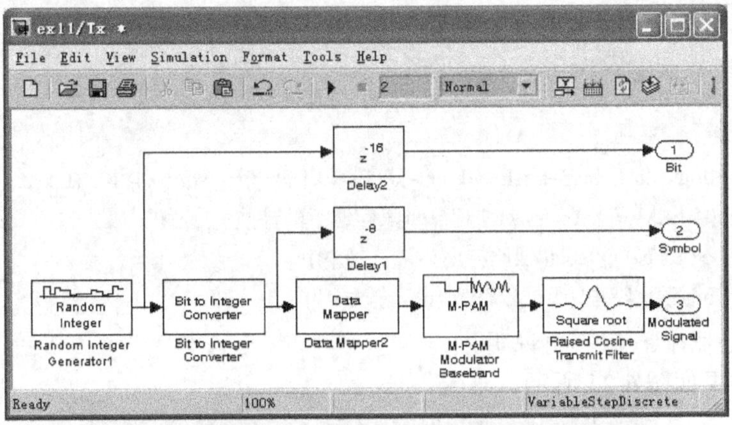

图6-22 例6.11发送模块系统框图

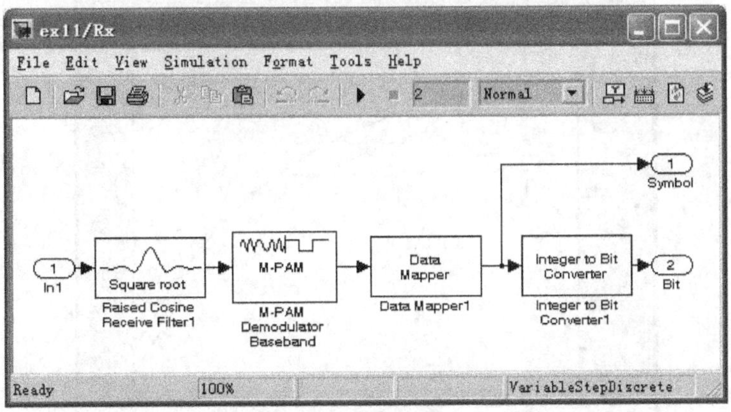

图6-23 例6.11接收模块系统框图

其中，在发送模块中，增加了Raised Cosine Transmit Filter模块和两个延迟模块（Dealy1

和 Dealy2）。其中，Raised Cosine Transmit Filter 模块参数设置如图 6-20 所示。Dealy1 和 Delay2 模块的 Delay Units 选为 Samples，Delay1 模块的 Delay（samples）设为 8，Delay2 模块设为 16。

接收模块中的 Raised Cosine Receive Filter1 的参数设置如图 6-21 所示。

此外，在系统总框图中，AWGN Channel 模块的 Input signal power(watts)要设为 0.5。SER Calculation 和 BER Calculation 的 Computation delay 要分别设为 8 和 16，以与发送和接收滤波器的总时延相匹配。

其他模块参数和仿真参数的设置与例 6.7 相同。

由于程序需要运行多次才能够得到信噪比与误比特率之间的关系，为此需编写如下的脚本程序：

```
clear all
EsN0=0:15;                    %SNR 的范围

for ii=1:length(EsN0)
    SNR=EsN0(ii);             %赋值给 AWGN 信道模块中的 SNR
    sim('ex11');              %运行仿真模型
    ber(ii)=BER(1);           %保存本次仿真得到的 BER
    ser(ii)=SER(1);           %保存本次仿真得到的 SER
end
semilogy(EsN0,ber,'-ko',EsN0,ser,'-k*',EsN0,1.5*qfunc(sqrt(0.4*10.^(EsN0/10))));
title('4-PAM 信号在 AWGN 理想带限信道下的性能')
xlabel('Es/N0');ylabel('误比特率和误符号率')
legend('误比特率','误符号率','理论误符号率')
```

代码同例 6.7 相似，就不再说明。

程序运行结果如图 6-24 所示。

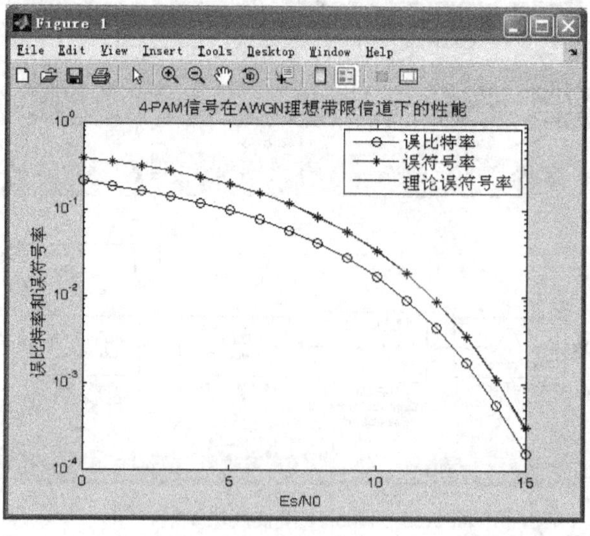

图 6-24　例 6.11 程序运行结果

从图 6-24 可以看出，结果与例 6.10 的结果相符合。

以上讨论了理想带限信道下的信号传输，在非理想带限信道情况下，需要根据信道特性分别设计相应的发送滤波器和接收滤波器，关于这方面的内容，请读者参考数字通信的相关教材，本书在此就不再过多阐述。

小　　结

本章讨论了数字基带信号的传输。首先讨论了理想非带限信道下的数字信号传输，包括二进制基带信号传输和基带 PAM 信号传输。其中，二进制基带信号又包括正交信号、双极性信号和单极性信号。最后讨论了在理想带限信道情况下的信号传输。对每一种信号传输方法进行了简单的理论分析，并给出了相应的仿真示例。读者可在此基础上，进一步分析非理想信道下的数字基带传输方法。

习　　题

1．给定信号 $s(t)=\dfrac{1}{T}t\cos(2\pi ft), 0\leqslant t\leqslant 1$。

（1）求该信号的匹配滤波器的冲激响应。

（2）求在 t=T 时刻匹配滤波器的输出。

（3）设信号 $s(t)$通过一个相关器，它将与 $s(t)$进行相关运算。试求在 t=T 时刻相关器的输出。并与（2）中的结果相比较。

2．对于信号

$$s_0(t)=-1, 0\leqslant t\leqslant T_b$$

$$s_1(t)=\begin{cases}-1, & 0\leqslant t<T_b/2\\ 1, & T_b/2\leqslant t\leqslant T_b\end{cases}$$

重做例 6.1。从传输二进制信号的序列的角度来看，一组比另一组信号更好一些吗？

3．采用检测器输入作为仿真对象重新仿真例 6.4。

4．采用检测器输入作为仿真对象重新仿真例 6.5。

5．用 Simulink 重做习题 4。

6．采用检测器输入作为仿真对象重新仿真例 6.7。

7．在例 6.8 的仿真中，没有采用矩形脉冲成形，用矩形脉冲成形的方法重新仿真例 6.8。

8．查阅数字通信的相关教材，完成双正交信号在 AWGN 信道下的传输性能分析。

第 7 章　数字信号载波传输

第 6 章介绍了数字基带传输系统。然而，由于大多数实际的数字通信系统的信道不能直接传输数字基带信号，因此，在系统的发送端需要有调制过程，而在接收端则需要有解调过程。本章先简要介绍数字调制的概念和分类，然后分析讨论二进制数字调制系统的原理和性能，在此基础上，再讨论几种常用的多进制数字调制系统。

7.1　概述

数字调制，就是用待传输的数字基带信号去控制载波的参量，使之随数字基带信号的变化而变化的过程。数字调制与模拟调制在本质上并无差异，都是为了使待传输的基带信号适合于信道上传输，在原理上两者也相似。在数字调制中，待传输的数字基带信号也可称为调制信号，调制后所得到的信号则称为已调信号。所用的载波，在大多数数字通信系统中，都是选择正弦信号，这是因为正弦信号形式简单，便于产生和接收。

在接收端，把已调信号还原成数字基带信号的过程，称为数字解调。为了称呼方便，通常把数字调制及解调合起来统称为数字调制。数字调制系统模型如图 7-1 所示。它和数字基带传输系统的模型相比，不同之处就在于数字调制系统增加了调制和解调部分，其余部分基本相同。

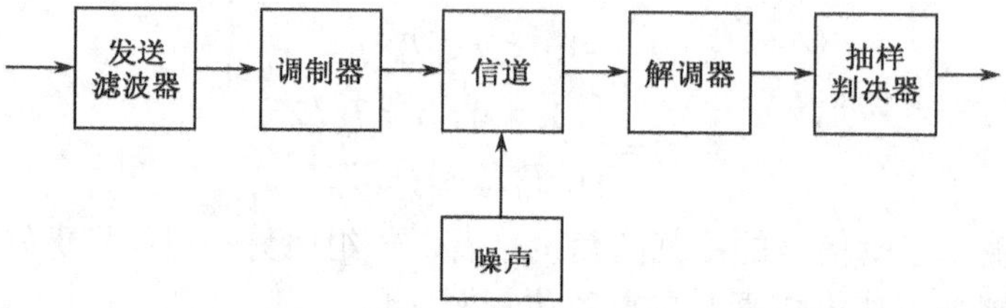

图 7-1　数字调制系统模型

数字调制的种类很多，这里作一个简要分类。正弦载波有振幅、频率和相位三个参量，根据数字基带信号所控制的参量不同，数字调制有数字振幅调制（数字调幅）、数字频率调制（数字调频）和数字相位调制（数字调相）三种基本形式。

数字基带信号可以是二进制的，也可以是多进制的，因此，数字调制又有二进制数字调制和多进制数字调制之分。

根据已调信号的频谱结构特点的不同，数字调制也可分为线性调制和非线性调制。在线性调制中，已调信号的频谱结构与基带信号的频谱结构相同，只不过频率位置搬移了，如振幅键控；在非线性调制中，已调信号的频谱结构与基带信号的频谱结构不同，不是简单的频谱搬移，而是有其他新的频率成分出现，如频率键控。

为了满足某些特定的要求，人们还在一些基本的数字调制方式的基础上，研制出了多种派生的、新型的数字调制方式，如正交振幅调制、最小频移键控等。而且随着通信技术的发展，还会不断地根据需要发展出新的数字调制方式来。

7.2　载波幅度调制（PAM）

数字 PAM 也称为幅移键控（ASK）。在数字基带 PAM 中，信号波形具有如下的形式，即

$$s_m(t) = A_m g(t) \tag{7-1}$$

式中，A_m 是第 m 个波形的幅度；$g(t)$ 是某一种脉冲，它的形状决定了传输信号的谱特性。假设基带信号的频谱位于频带 $|f| \leqslant W$ 之内，W 是 $|G(f)|^2$ 的带宽。信号幅度取的是离散值，即

$$A_m = (2m-1-M)d,\quad m = 1,2,\cdots,M \tag{7-2}$$

7.2.1　载波 PAM 信号的产生

为了产生载波 PAM 信号，需要将基带信号波形 $s_m(t)$ 与正弦载波 $\cos 2\pi f_c t$ 相乘。传输信号的波形表示为

$$s(t) = A_m g(t)\cos\left(2\pi f_c t\right) \tag{7-3}$$

在传输的脉冲形状 $g(t)$ 是矩形的特殊情况下，即

$$g(t) = \sqrt{\frac{2}{T}}, 0 \leqslant t \leqslant T \tag{7-4}$$

在这种情况下，这个 PAM 信号不是带限的。

已调信号的频谱为

$$S(f) = \frac{A_m}{2}[G(f+f_c) + G(f-f_c)] \tag{7-5}$$

基带信号 $s_m(t) = A_m g(t)$ 的频谱被搬移到载波频率 f_c 上。这个带通信号是一个双边带一只载波（DSBSC）的 AM 信号。

将基带信号 $s_m(t)$ 调制到载波 $\cos 2\pi f_c t$ 上，并没有改变数字 PAM 信号波形的基本几何表示。一般来说，带通 PAM 信号波形可以表示为

$$s(t) = s_m \phi(t) \tag{7-6}$$

式中，$\phi(t)$ 定义为 $\phi(t) = g(t)\cos 2\pi f_c t$，并且 $s_m = A_m$ 代表在实线上取 M 个值的信号星座点。

7.2.2　载波 PAM 信号的解调

带通数字 PAM 信号的解调可以用相关或匹配滤波器来完成。下面以相关器为例来说明 PAM 信号的解调。

接收信号可以表示为

$$r(t)=A_m g(t)\cos\left(2\pi f_c t\right)+n(t) \tag{7-7}$$

式中，$n(t)$ 是带通噪声过程，它可以表示为

$$n(t)=n_c(t)\cos(2\pi f_c t)-n_s(t)\sin(2\pi f_c t) \tag{7-8}$$

式中，$n_c(t)$ 和 $n_s(t)$ 是该噪声的同相分量和正交分量。通过将接收信号与 $\phi(t)$ 做互相关，如图 7-2 所示，可得输出为

$$\int_{-\infty}^{\infty} r(t)\phi(t)\mathrm{d}t = A_m + n = s_m + n \tag{7-9}$$

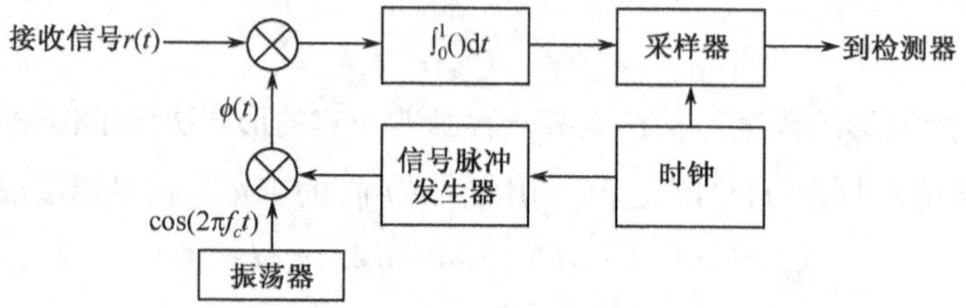

图 7-2　带通数字 PAM 信号的解调

式中，n 代表在相关器重输出的加性噪声分量。它的均值为 0，方差可以表示为

$$\sigma_n^2=\int_{-\infty}^{\infty}\left|\Phi(f)\right|^2 S_n(f)\mathrm{d}f \tag{7-10}$$

式中，$\Phi(f)$ 是 $\phi(t)$ 的 Fourier 变换；$S_n(f)$ 是加性噪声的功率谱密度。得

$$\begin{aligned}\Phi(f)&=\frac{1}{2}[G(f+f_c)+G(f-f_c)]\\ S_n(f)&=\frac{N_0}{2},\left|f-f_c\right|\leqslant W\end{aligned} \tag{7-11}$$

把式（7-11）代入到式（7-10），可得

$$\sigma_n^2=\frac{N_0}{2}$$

检测器的输入是式（7-9），因此，载波调制的 PAM 信号的最佳检测器的差错概率与基带 PAM 的最佳检测器差错概率是一样的，即

$$P_M=\frac{2(M-1)}{M}Q\left(\sqrt{\frac{6E_s}{\left(M^2-1\right)N_0}}\right) \tag{7-12}$$

式中，E_s 是符号的平均能量。

7.2.3　载波 PAM 信号的仿真

下面给出使用 MATLAB 和 Simulink 仿真载波 PAM 信号调制与解调的例子。

例 7.1　仿真 4-PAM 载波调制信号在 AWGN 信道下的误码率和误比特率性能，并与理论值相比较。假设符号周期为 1s，载波频率为 10Hz，每个符号周期内采样 100 个点。

程序代码如下：

```
1.  clear all
2.  nsymbol=100000;                                      %每种信噪比下的发送符号数
3.  T=1;                                                 %符号周期
4.  fs=100;                                              %每个符号的采样点数
5.  ts=1/fs;                                             %采样时间间隔
6.  t=0:ts:T−ts;                                         %时间矢量
7.  fc=10;                                               %载波频率
8.  c=sqrt(2/T)*cos(2*pi*fc*t);                          %载波信号
9.
10. M=4;                                                 %4-PAM
11. graycode=[0 1 3 2];                                  %Gray 编码规则
12. EsN0=0:15;                                           %信噪比，Es/N0
13. snr1=10.^(EsN0/10);                                  %信噪比转换为线性值
14. msg=randint(1,nsymbol,4);                            %消息数据
15. msg1=graycode(msg+1);                                %Gray 映射
16. msgmod=pammod(msg1,M).';                             %基带 4-PAM 调制
17. tx=msgmod*c;                                         %载波调制
18. tx1=reshape(tx.',1,length(msgmod)*length(c));
19. spow=norm(tx1).^2/nsymbol;                           %求每个符号的平均功率
20. for indx=1:length(EsN0)
21.     sigma=sqrt(spow/(2*snr1(indx)));                 %根据符号功率求噪声功率
22.     rx=tx1+sigma*randn(1,length(tx1));               %加入高斯白噪声
23.     rx1=reshape(rx,length(c),length(msgmod));
24.     y=(c*rx1)/length(c);                             %相关运算
25.     y1=pamdemod(y,M);                                %PAM 解调
26.     decmsg=graycode(y1+1);
27.     [err,ber(indx)]=biterr(msg,decmsg,log2(M));      %误比特率
28.     [err,ser(indx)]=symerr(msg,decmsg);              %误符号率
29. end
30. semilogy(EsN0,ber,'−ko',EsN0,ser,'−k*',EsN0,1.5*qfunc(sqrt(0.4*snr1)));
31. title('4-PAM 载波调制信号在 AWGN 信道下的性能')
32. xlabel('Es/N0');ylabel('误比特率和误符号率')
33. legend('误比特率','误符号率','理论误符号率')
```

说明：程序与例 6.7 基带 PAM 信号仿真类似，不同的是在进行了基带 PAM 调制后，又进行了载波调制（第 17 行），在接收端与载波进行了相关运算（第 24 行），其他部分请参考程序注释。

程序运行结果如图 7-3 所示。

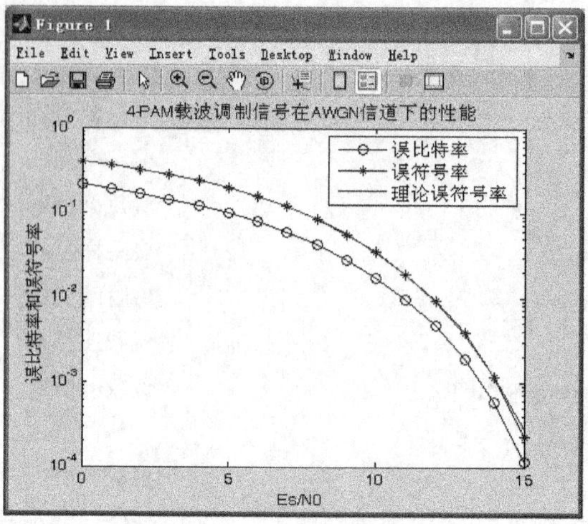

图 7-3　例 7.1 程序运行结果

从图 7-3 可以看出，仿真结果与理论结果相一致。

Simulink 中提供了基带 PAM 调制解调的模块，也可以用它完成载波调制。

例 7.2　用 Simulink 重新仿真例 7.1。

系统模型框图如图 7-4 所示。

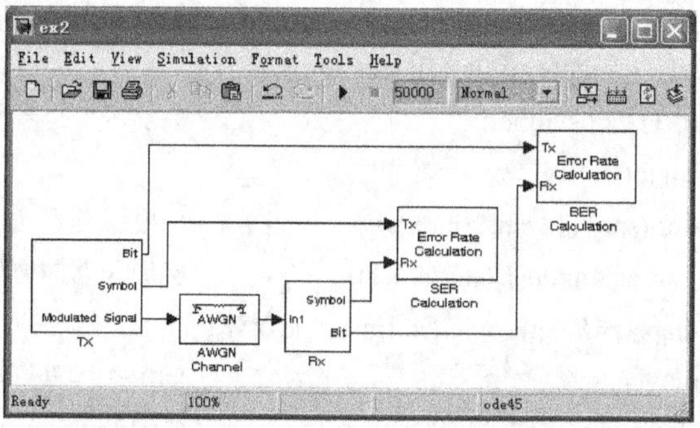

图 7-4　例 7.2 系统模型框图

该系统模型框图与第 6 章中的例 6.8 类似，把发射部分（Tx）和接收部分（Rx）封装成一个子系统，它们的内部结构分别如图 7-5、图 7-6 所示。

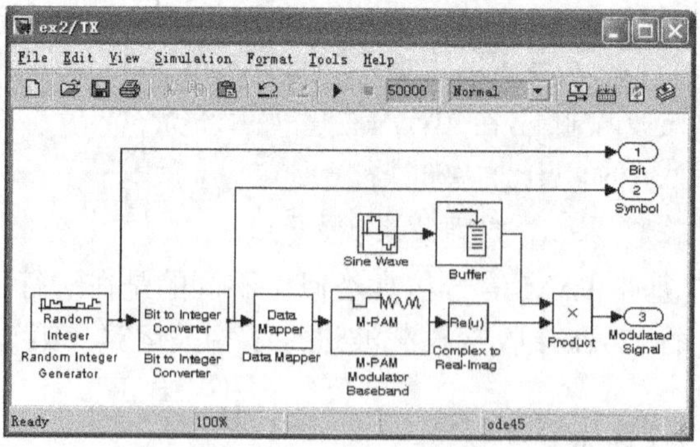

图 7-5　例 7.2 Tx 子系统模型框图

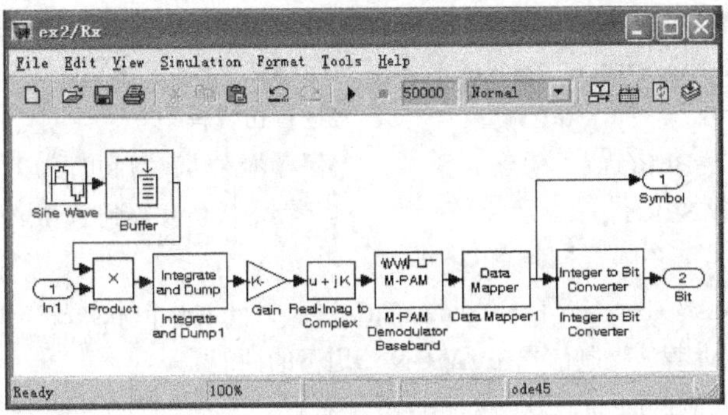

图 7-6　例 7.2 Rx 子系统模型框图

在 Tx 模块中，Random Integer Generator 的 M-ary number 设为 2，Sample time 设为 1/(2*SymbolRate)，其中，SymbolRate 代表符号速率，它将从工作区赋值，选中 Frame-based outputs，Sample per frame 设为 2*SymbolRate。Bit to Integer Converter 和 Data Mapper 模块与第 6 章中的例 6.8 设置相同，在 M-PAM Modulator Baseband 模块的参数设置中，把 M-ary number 设为 4，Samples per symbol 设为 100。Sine Wave 模块的参数设置中，Sine type 设为 Time based，Time(t)设为 Use simulation time，Amplitude 设为 sqrt(2)，Frequency(rad/sec)设为 2*pi*SymbolRate，Phase(rad)设为 pi/2，Sample time 设为 1/(100*SymbolRate)。Buffer 模块位于“Signal Processing Blockset→Signal Management→Buffers”模块库中，在它的参数设置中，Output buffer size(per channel)设为 100*SymbolRate。由于 M-PAM Modulator Baseband 模块的输出数据类型是虚部为 0 的复数类型，为了不让 AWGN 信道模块添加复数类型的噪声，需要取 M-PAM Modulator Baseband 模块输出的实部，这个工作由 Complex to Real-imag 模块完成，它位于“Simulink→Math Operations”模块库中，在它的参数设置中，Output 设为 Real 即可。

在 Rx 模块中，Sine Wave 模块和 Buffer 模块的参数设置与 Tx 模块中的一致。Integrate and Dump 的 Integration period(number of samples)设为 100。Gain 模块的 Gain 设为 1/100。Real-Image to Complex 模块用来把 Gain 模块的输出数据类型由实数变成复数类型，以满足 M-PAM Demodulator Baseband 模块输入数据类型的要求，在它的参数设置中，Input 设为 Real，Imag part 设为 0。其他模块的参数设置与第 6 章中的例 6.8 相同。

在 AWGN 信道模块中，Symbol period(s)设为 1/SymboRate，其他参数与例 6.8 相同。误符号率和误比特率统计模块中把 Computation mode 分别设为 SymbolRate 和 2*SymbolRate，其他参数与例 6.8 保持一致。

各模块参数设置完成后，把仿真时间设为 50000。设置完成后，把模型存盘，命名为 ex2.mdl。

由于程序需要运行多次才能够得到信噪比与误比特率和误码率之间的关系，为此需编写如下的脚本程序：

```
clear all
EsN0=0:15;                              %SNR 的范围
EsN01=10.^(EsN0/10);
SymbolRate=2;                           %符号速率
```

```
for ii=1:length(EsN0)
    SNR=EsN0(ii);                        %赋值给 AWGN 信道模块中的 SNR
    sim('ex2');                          %运行仿真模型
    ber(ii)=BER(1);                      %保存本次仿真得到的 BER
    ser(ii)=SER(1);                      %保存本次仿真得到的 SER
end
semilogy(EsN0,ber,'-ko',EsN0,ser,'-k*',EsN0,1.5*qfunc(sqrt(0.4*EsN01)));
title('4-PAM 载波调制信号在 AWGN 信道下的性能')
xlabel('Es/N0');ylabel('误比特率和误符号率')
legend('误比特率','误符号率','理论误符号率')
```

代码同例 6.8 相似，就不再说明。

程序运行结果如图 7-7 所示。

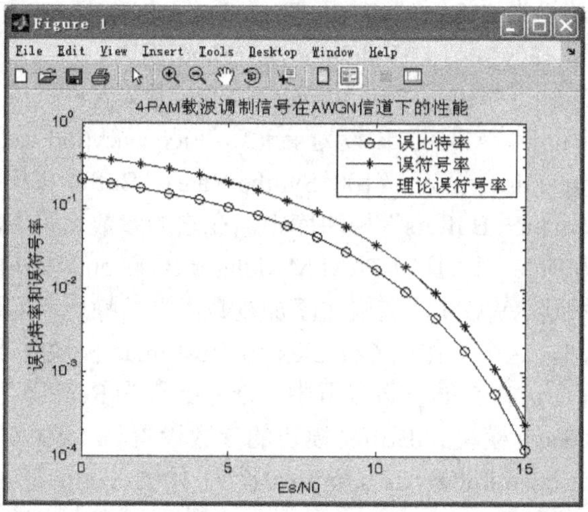

图 7-7　例 7.2 程序运行结果

从图 7-7 可以看到，仿真结果与理论值同样非常吻合，并且结果与基带 4PAM 的差错概率相同，因此，在线性调制的仿真中，完全可以用等效基带信号仿真代替载波调制仿真，这样可以大大节省仿真时间。

7.3　载波相位调制（PSK）

载波相位调制是用已调信号中载波的多种不同相位（或相位差）来代表数字信息的。数字相位调制通常称为相移键控（PSK）。

7.3.1　载波 PSK 信号的产生

在数字相位调制中，M 个信号波形可表示为

$$s_m(t)=\mathrm{Re}[g(t)\mathrm{e}^{\mathrm{j}2\pi(m-1)/M}\mathrm{e}^{\mathrm{j}2\pi f_c t}]=g(t)\cos(2\pi f_c t+\frac{2\pi m}{M})$$
$$=g(t)\cos\left(\frac{2\pi m}{M}\right)\cos(2\pi f_c t)-g(t)\sin\left(\frac{2\pi m}{M}\right)\sin(2\pi f_c t),\ m=0,1,\cdots,M-1,0\leqslant t\leqslant T \tag{7-13}$$

式中，$g(t)$ 是信号脉冲形状；$\theta_m=\dfrac{2\pi m}{M}$ 是载波的 M 个可能的相位，用于传送发送信息。数字相位调制通常称为相移键控（PSK）。

这些信号波形具有相等的能量，即

$$E=\int_0^T s_m^2(t)\mathrm{d}t=\frac{1}{2}\int_0^T g^2(t)\mathrm{d}t=\frac{1}{2}E_g=E_s \tag{7-14}$$

式中，E_s 代表每个传输符号的能量。当 $g(t)$ 是矩形脉冲时，得

$$s_m(t)=\sqrt{\frac{2}{T}}\cos\left(2\pi f_c t+\frac{2\pi m}{M}\right),m=0,1,\cdots,M-1,0\leqslant t\leqslant T \tag{7-15}$$

这时，传输信号有一个不变的包络，而载波相位则在每个符号区间开始时发生变化。

式（7-13）代表的信号波形可以表示为两个标准正交信号波形 $\phi_1(t)$ 和 $\phi_2(t)$ 的线性组合，即

$$s_m(t)=s_{m1}\phi_1(t)+s_{m2}\phi_2(t) \tag{7-16}$$

式中

$$\phi_1(t)=\sqrt{\frac{2}{E_g}}g(t)\cos(2\pi f_c t)$$
$$\phi_2(t)=-\sqrt{\frac{2}{E_g}}g(t)\sin(2\pi f_c t) \tag{7-17}$$

且二维矢量 $s_m=[s_{m1},s_{m2}]$ 为

$$s_m=\left[\sqrt{\frac{E_g}{2}}\cos\frac{2\pi m}{M},\sqrt{\frac{E_g}{2}}\sin\frac{2\pi m}{M}\right] \tag{7-18}$$

因此，相位调制信号可以看成两个正交载波，其幅度取决于在每个信号区间内传输的相位。

7.3.2 载波 PSK 信号的解调

从 AWGN 信道中，在一个信号区间内接收到的带通信号可以表示为

$$r(t)=s_m(t)+n(t)=s_m(t)+n_c(t)\cos(2\pi f_c t)-n_s(t)\sin(2\pi f_c t) \tag{7-19}$$

式中，$n_c(t)$ 和 $n_s(t)$ 是加性噪声的两个正交分量。

可以将接收信号与式（7-17）给出的 $\phi_1(t)$ 和 $\phi_2(t)$ 做相关，两个相关器的输出产生受噪声污损的信号分量，它们可以表示为

$$\boldsymbol{r}=\boldsymbol{s}_m+\boldsymbol{n}=\left(\cos\frac{2\pi m}{M}+n_c,\sin\frac{2\pi m}{M}+n_s\right) \tag{7-20}$$

式中，n_c 和 n_s 定义为

$$n_c = \frac{1}{2}\int_0^T g(t)n_c(t)\mathrm{d}t$$
$$n_s = \frac{1}{2}\int_0^T g(t)n_s(t)\mathrm{d}t \tag{7-21}$$

$n_c(t)$ 和 $n_s(t)$ 是零均值且互不相关的高斯随机过程，它们的方差为 $\frac{N_0}{2}$。因为信号波形具有相等的能量，所以，PSK 的 AWGN 信道的最佳检测器计算相关度量，即

$$C(\boldsymbol{r}, \boldsymbol{s}_m) = \boldsymbol{r} \cdot \boldsymbol{s}_m, m = 0,1,\cdots,M-1 \tag{7-22}$$

将接收信号矢量 $\boldsymbol{r} = [r_1, r_2]$ 投影到 M 个可能发送的信号矢量上，再根据最大的投影分量判决发送信号。它等价于一个相位检测器：计算接收信号 $\boldsymbol{r}$ 的相位，再选择相位最接近 $\boldsymbol{r}$ 的信号矢量 $\boldsymbol{s}_m$，$\boldsymbol{r}$ 的相位是

$$\theta_r = \tan^{-1}\frac{r_2}{r_1} \tag{7-23}$$

因为二相 PSK（BPSK）与二进制 PAM 是相同的，所以差错概率也相同，4-PSK 可以看成两个在正交载波上的二相 PSK，所以误比特率与 BPSK 相同。对于 $M > 4$ 的符号差错概率，不存在简单的闭式表达式。对 P_M 的较好的近似为

$$P_M \approx 2Q\left(\sqrt{\frac{2E_s}{N_0}}\sin\frac{\pi}{M}\right) \tag{7-24}$$

当采用 Gray 编码时，误比特率近似为

$$P_b = \frac{1}{k}P_M \tag{7-25}$$

式中，$k = \log_2 M$，是每个符号传输的比特数。

7.3.3 载波 PSK 信号的仿真

下面给出使用 MATLAB 和 Simulink 仿真载波 PSK 信号调制与解调的例子。

例 7.3 仿真 8-PSK 载波调制信号在 AWGN 信道下的误码率和误比特率性能，并与理论值相比较。假设符号周期为 1s，载波频率为 10Hz，每个符号周期内采样 100 个点。

```
clear all
nsymbol=100000;                          %每种信噪比下的发送符号数

T=1;                                     %符号周期
fs=100;                                  %每个符号的采样点数
ts=1/fs;                                 %采样时间间隔
t=0:ts:T-ts;                             %时间矢量
fc=10;                                   %载波频率
c=sqrt(2/T)*exp(j*2*pi*fc*t);            %载波信号
```

```
10. c1=sqrt(2/T)*cos(2*pi*fc*t);                         %同相载波
11. c2=-sqrt(2/T)*sin(2*pi*fc*t);                        %正交载波
12. M=8;                                                 %8-PSK
13. graycode=[0 1 2 3 6 7 4 5];                          %Gray 编码规则
14. EsN0=0:15;                                           %信噪比，Es/N0
15. snr1=10.^(EsN0/10);                                  %信噪比转换为线性值
16. msg=randint(1,nsymbol,M);                            %消息数据
17. msg1=graycode(msg+1);                                %Gray 映射
18. msgmod=pskmod(msg1,M).';                             %基带 8-PSK 调制
19. tx=real(msgmod*c);                                   %载波调制
20. tx1=reshape(tx.',1,length(msgmod)*length(c));
21. spow=norm(tx1).^2/nsymbol;                           %求每个符号的平均功率
22. for indx=1:length(EsN0)
23.         sigma=sqrt(spow/(2*snr1(indx)));             %根据符号功率求噪声功率
24.         rx=tx1+sigma*randn(1,length(tx1));           %加入高斯白噪声
25.         rx1=reshape(rx,length(c),length(msgmod));
26.         r1=(c1*rx1)/length(c1);                      %相关运算
27.         r2=(c2*rx1)/length(c2);
28.         r=r1+j*r2;
29.         y=pskdemod(r,M);                             %PSK 解调
30.         decmsg=graycode(y+1);
31.         [err,ber(indx)]=biterr(msg,decmsg,log2(M));  %误比特率
32.         [err,ser(indx)]=symerr(msg,decmsg);          %误符号率
33. end
34. ser1=2*qfunc(sqrt(2*snr1)*sin(pi/M));                %理论误符号率
35. ber1=1/log2(M)*ser1;                                 %理论误比特率
36. semilogy(EsN0,ber,'-ko',EsN0,ser,'-k*',EsN0,ser1,EsN0,ber1,'-k.');
37. title('4-PAM 载波调制信号在 AWGN 信道下的性能')
38. xlabel('Es/N0');ylabel('误比特率和误符号率')
39. legend('误比特率','误符号率','理论误符号率','理论误比特率')
```

说明：程序与例 7.1 类似，第 10～11 行分别是生成两个正交载波，在接收端要用它们与接收信号分别做相关。第 18 行是进行基带 8-PSK 调制。第 19 行是进行载波调制。第 26～27 行分别是接收信号与两个载波进行相关，第 29 行是进行 PSK 解调。其他代码作用请参考注释。

程序运行结果如图 7-8 所示。

从图 7-8 可以看出，仿真得到的误符号率与理论近似值相吻合，而仿真得到的误比特率要高于理论近似值。

Simulink 中提供了基带 PSK 调制解调的模块，也可以用它完成载波调制。

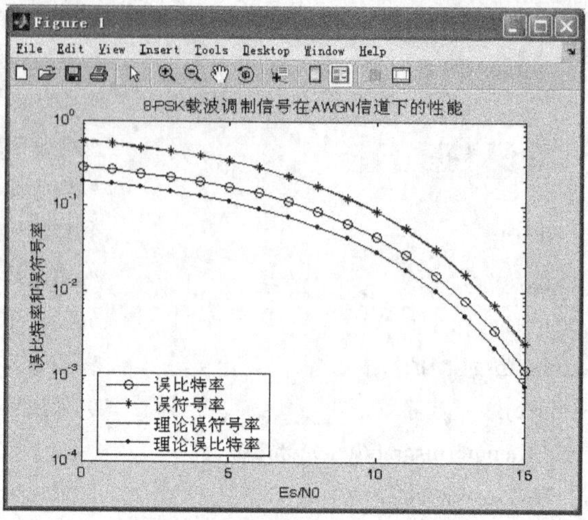

图 7-8　例 7.3 程序运行结果

例 7.4　用 Simulink 重新仿真 16-PSK 通过 AWGN 信道后的误码率与误比特率并与理论值进行比较。

系统模型框图如图 7-9 所示。

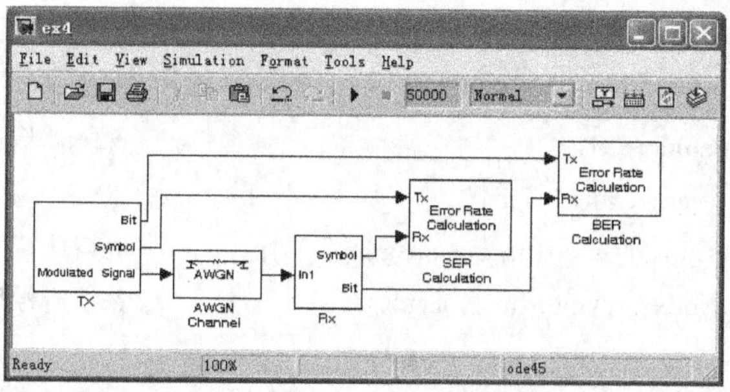

图 7-9　例 7.4 系统模型框图

其中，Tx 和 Rx 子系统的模型框图如图 7-10、图 7-11 所示。

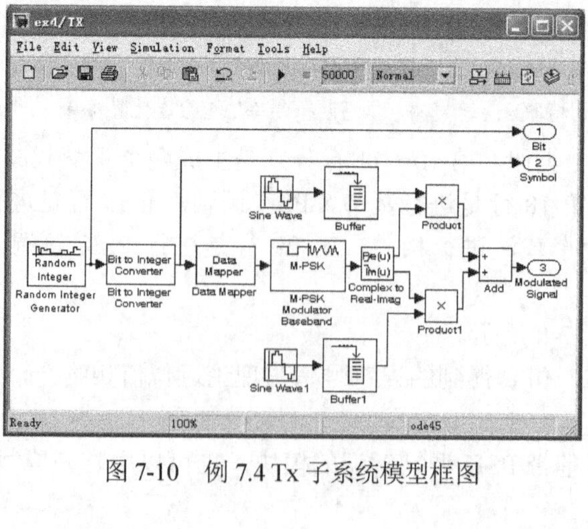

图 7-10　例 7.4 Tx 子系统模型框图

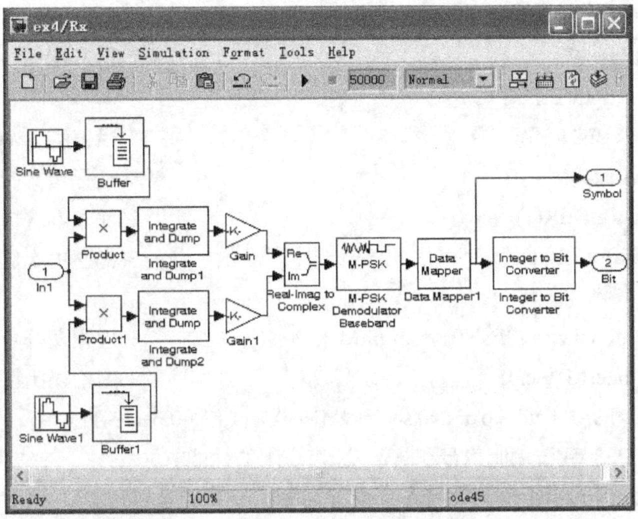

图 7-11 例 7.4 Rx 子系统模型框图

在 Tx 模块中，Random Integer Generator 的 M-ary number 设为 2，Sample time 设为 1/(4*SymbolRate)，其中，SymbolRate 代表符号速率，它将从工作区赋值，选中 Frame-based outputs，Sample per frame 设为 4*SymbolRate。Bit to Integer Converter 的 Number of bits per integer 设为 4，Data Mapper 的 Mapping mode 设为 Binaryto Gray，Symbol set size(M)设为 16，在 M-PSK Modulator Baseband 模块的参数设置中，把 M-ary number 设为 16，Phase offset 设为 0，Samples per symbol 设为 100。两个 Sine Wave 模块的参数设置中，Sine type 设为 Time based，Time(t)设为 Use simulation time，Amplitude 设为 sqrt(2)，Frequency(rad/sec)设为 2*pi*SymbolRate，Phase(rad)分别设为 pi/2 和 pi，Sample time 设为 1/(100*SymbolRate)。Buffer 模块的 Output buffer size(per channel)设为 100*SymbolRate.。

在 Rx 模块中，两个 Sine Wave 模块和 Buffer 模块的参数设置与 Tx 模块中的一致。Integrate and Dump 的 Integration period(number of samples)设为 100。Gain 模块的 Gain 设为 1/100。M-PSK Demodulator Baseband 模块的 M-ary number 设为 16，Phase offset 设为 0。Samples per symbol 设为 1。Data Mapper 的 Mapping mode 设为 Gray to Binary，Symbol set size(M)设为 16。Integer to Bit Converter 的 Number of bits per integer 设为 4。

在 AWGN 信道模块中，Symbol period(s)设为 1/SymboRate，Input signal power(watts)设为 1，其他参数与例 7.2 相同。误符号率和误比特率统计模块中把 Computation mode 分别设为 SymbolRate 和 4*SymbolRate，其他参数与例 7.2 保持一致。

各模块参数设置完成后，把仿真时间设为 50000。设置完成后，把模型存盘，命名为 ex4.mdl。

由于程序需要运行多次才能够得到信噪比与误比特率和误码率之间的关系，为此需编写如下的脚本程序：

```
clear all
M=16;                                  %16-PSK
EsN0=0:20;                             %SNR 的范围
```

```
EsN01=10.^(EsN0/10);
SymbolRate=2;                                   %符号速率
for ii=1:length(EsN0)
    SNR=EsN0(ii);                               %赋值给 AWGN 信道模块中的 SNR
    sim('ex4');                                 %运行仿真模型
    ber(ii)=BER(1);                             %保存本次仿真得到的 BER
    ser(ii)=SER(1);                             %保存本次仿真得到的 SER
end
ser1=2*qfunc(sqrt(2*EsN01)*sin(pi/M));          %理论误符号率
ber1=1/log2(M)*ser1;                            %理论误比特率
semilogy(EsN0,ber,'-ko',EsN0,ser,'-k*',EsN0,ser1,EsN0,ber1,'-k.');
title('16-PSK 载波调制信号在 AWGN 信道下的性能')
xlabel('Es/N0');ylabel('误比特率和误符号率')
legend('误比特率','误符号率','理论误符号率','理论误比特率')
```

代码同例 7.2 相似，就不再说明。

程序运行结果如图 7-12 所示。

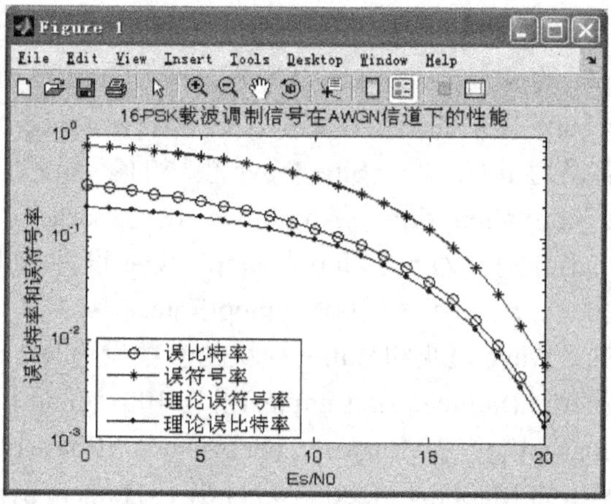

图 7-12　例 7.4 程序运行结果

从图 7-12 可以看出，与例 7.3 类似，仿真得到的误符号率与理论近似值比较吻合，而误比特率在低信噪比时与理论近似值误差较大，在信噪比较高时，仿真得到的误比特率与理论近似值之间的误差缩小。

7.3.4　差分 PSK(DPSK)及其性能

在对 PSK 信号解调的讨论中，假设解调器具有对载波相位完善的估计。然后，实际上载波相位是从接收信号通过某些非线性运算提取的，这会引入相位模糊。载波相位估计中的相位模糊问题可以用下述方法克服：以前后相连的信号传输间的相位差来进行信息编码。例如，在二进制 PSK 中，信息比特 1 通过载波相位对前一载波相位 180° 相移来发送，信息比特 0

则是通过与前一载波相位相同发送。在四相 PSK 中，相继区间之间的相对相移 0°，90°，180°和 270°，分别对应于信息比特 00，01，11 和 10。这可以直接推广到 $M>4$ 的多相情况。由该编码处理产生的 PSK 信号称为差分编码 PSK 信号。

差分编码的相位调制信号的解调和检测是通过下述过程来完成的。检测器的接收信号被解调被检测成 M 个可能发送的相位中的一个。在检测器之后是一个比较简单的相位比较器，它比较相邻信号间隔上已解调信号的相位，以便提取信息。DPSK 的解调和检测如图 7-13 所示。

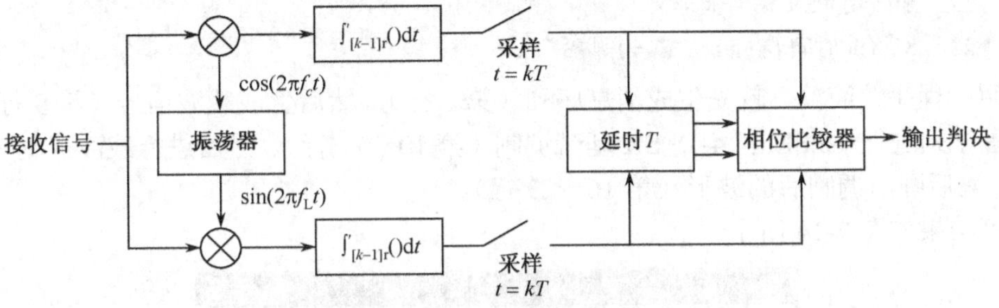

图 7-13　DPSK 解调器方框图

读者可以在数字通信的相关书籍中找到 DPSK 在 AWGN 信道的差错性能的详细推导，本书在此就不再给出。当 $M \geqslant 4$ 时，DPSK 的性能近似比 PSK 的差 3dB。而对二相 DPSK 来说，其差错概率是

$$P_2 = \frac{1}{2}\mathrm{e}^{-\frac{E_b}{N_0}} \tag{7-26}$$

由式（7-26）可见，在高的 E_b/N_0 下，二相 DPSK 相对二相 PSK 来说损失小于 3dB。

例 7.5　假设消息数据序列经过 Gray 编码后分别是[1 2 3 0 3 2 1 1]，分别画出它们的 4-PSK 和 4-DPSK 调制信号波形。假设载波频率为 1Hz。

程序代码如下：

```
clear all
M=4;
msg=[1 2 3 0 3 2 1 1];                              %消息信号
ts=0.01;                                            %抽样时间间隔
T=1;                                                %符号周期
t=0:ts:T;                                           %符号持续时间矢量
x=0:ts:length(msg);                                 %所有符号的传输时间
fc=1;                                               %载波频率
c=sqrt(2)*exp(j*2*pi*fc*t);                         %1 个符号周期内的载波波形
msg_psk=pskmod(msg,M).';                            %基带 4PSK 调制
msg_dpsk=dpskmod(msg,M).';                          %基带 4DPSK 调制
tx_psk=real(msg_psk*c);                             %4PSK 载波调制
tx_psk=reshape(tx_psk.',1,length(msg)*length(t));
tx_dpsk=real(msg_dpsk*c);                           %4DPSK 载波调制
tx_dpsk=reshape(tx_dpsk.',1,length(msg)*length(t));
```

```
16. subplot(2,1,1)
17. plot(x,tx_psk(1:length(x)))
18. title('4PSK 信号波形')
19. xlabel('时间 t'),ylabel('载波振幅')
20. subplot(2,1,2)
21. plot(x,tx_dpsk(1:length(x)))
22. title('4DPSK 信号波形')
23. xlabel('时间 t'),ylabel('载波振幅')
```

说明：程序较简单，首先生成消息序列（第 3 行），然后生成载波信号（第 9 行），并分别对消息序列进行 4-PSK 和 4-DPSK 基带调制（第 10～11 行），然后进行载波调制（第 12～15 行），最后画出调制后的波形（第 16～23 行）。

程序结果如图 7-14 所示。

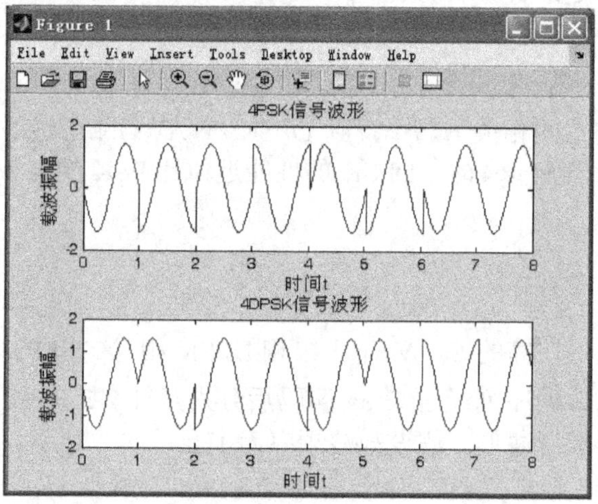

图 7-14　例 7.5 程序执行结果

例 7.6　用基带等效的方式仿真 8-DPSK 载波调制信号在 AWGN 信道下的误码率和误比特率性能，并与理论值相比较。

程序代码如下：

```
clear all
nsymbol=100000;                          %每种信噪比下的发送符号数
M=8;                                     %8-DPSK
graycode=[0 1 2 3 6 7 4 5];              %Gray 编码规则
EsN0=5:20;                               %信噪比，Es/N0
snr1=10.^(EsN0/10);                      %信噪比转换为线性值
msg=randint(1,nsymbol,M);                %消息数据
msg1=graycode(msg+1);                    %Gray 映射
msgmod=dpskmod(msg1,M);                  %基带 8-DPSK 调制
spow=norm(msgmod).^2/nsymbol;            %求每个符号的平均功率
```

```
11.  for indx=1:length(EsN0)
12.      sigma=sqrt(spow/(2*snr1(indx)));                           %根据符号功率求噪声功率
13.      rx=msgmod+sigma*(randn(1,length(msgmod))+j*randn(1,length(msgmod)));
14.      y=dpskdemod(rx,M);                                         %DPSK 解调
15.      decmsg=graycode(y+1);
16.      [err,ber(indx)]=biterr(msg(2:end),decmsg(2:end),log2(M));  %误比特率
17.      [err,ser(indx)]=symerr(msg(2:end),decmsg(2:end));          %误符号率
18.  end
19.  ser1=2*qfunc(sqrt(snr1)*sin(pi/M));                            %理论误符号率
20.  ber1=1/log2(M)*ser1;                                           %理论误比特率
21.  semilogy(EsN0,ber,'-ko',EsN0,ser,'-k*',EsN0,ser1,EsN0,ber1,'-k.');
22.  title('8-DPSK 载波调制信号在 AWGN 信道下的性能')
23.  xlabel('Es/N0');ylabel('误比特率和误符号率')
24.  legend('误比特率','误符号率','理论误符号率','理论误比特率')
```

说明：因为采用了等效基带仿真的方法，所以，程序比例 7.3 简化一些。在进行了基带 8-DPSK 调制后（第 9 行），直接加入了高斯白噪声（第 12～13 行），要注意的是这里需要添加的是复高斯白噪声，然后直接进行 8-DPSK 解调（第 14 行），第 19～20 行是计算理论误符号率和误比特率。其他代码请读者参考注释。

程序运行结果如图 7-15 所示。

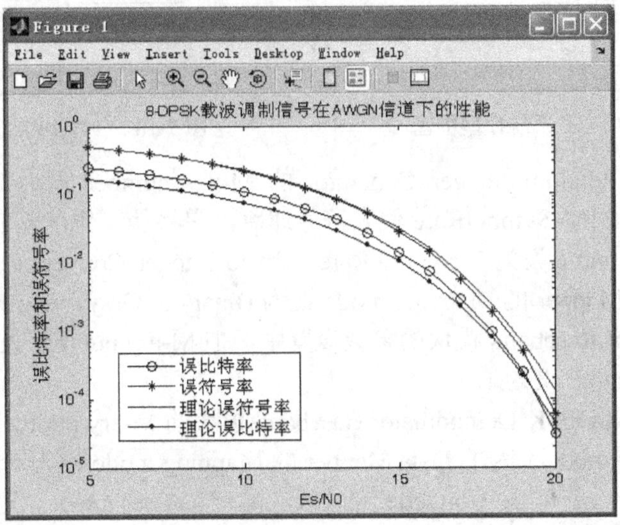

图 7-15　例 7.6 程序运行结果

从仿真结果可以看出，仿真得到的误符号率与理论近似值比较吻合，误比特率在高信噪比时与理论近似值也比较接近。

例 7.7　用 Simulink 仿真 4-DPSK 信号在 AWGN 信道下的误码率和误比特率性能，并与理论值相比较。

在此也采用基带仿真的方式，系统模型框图如图 7-16 所示。

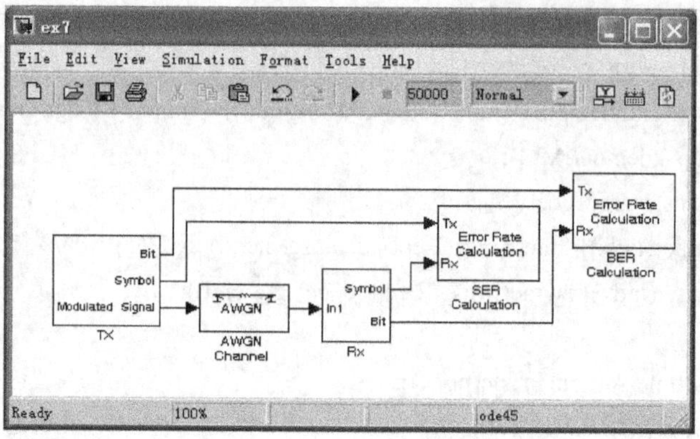

图 7-16　例 7.7 系统模型框图

其中，Tx 和 Rx 子系统的模型框图如图 7-17、图 7-18 所示。

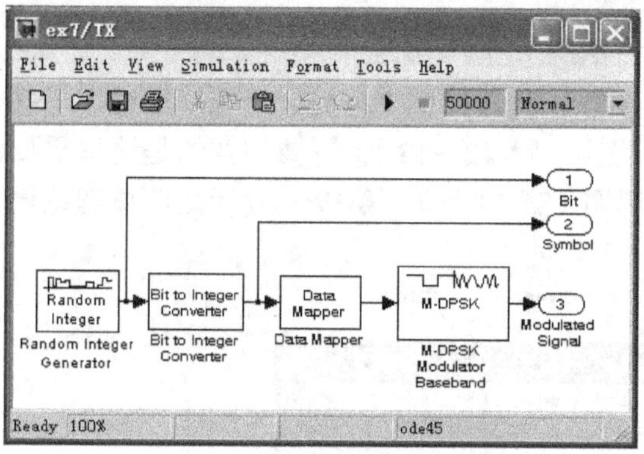

图 7-17　例 7.7 Tx 子系统模型框图

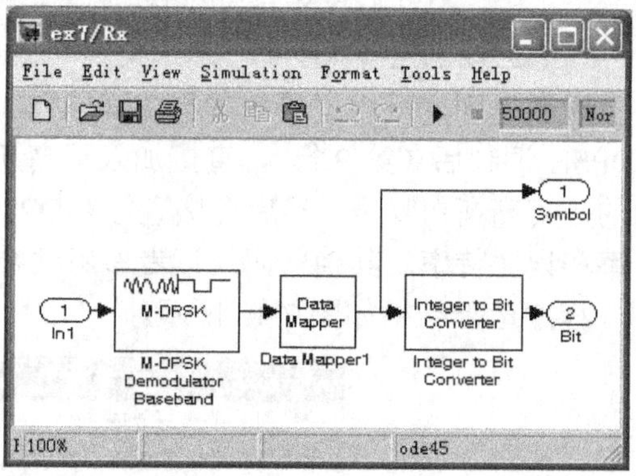

图 7-18　例 7.7 Rx 子系统模型框图

在 Tx 模块中，Random Integer Generator 的 M-ary number 设为 2，Sample time 设为 1/(2*SymbolRate)，其中，SymbolRate 代表符号速率，它将从工作区赋值，选中 Frame-based outputs，Sample per frame 设为 2*SymbolRate。Bit to Integer Converter 的 Number of bits per integer 设为 2，Data Mapper 的 Mapping mode 设为 Binary to Gray，Symbol set size(M)设为 4，在 M-DPSK Modulator Baseband 模块的参数设置中，把 M-ary number 设为 4，Phase offset 设为 0，Samples per symbol 设为 1。

在 Rx 模块中，M-DPSK Demodulator Baseband 模块的 M-ary number 设为 4，Phase offset 设为 0。Samples per symbol 设为 1。Data Mapper 的 Mapping mode 设为 Gray to Binary，Symbol set size(M)设为 4。Integer to Bit Converter 的 Number of bits per integer 设为 2。

在 AWGN 信道模块中，Symbol period(s)设为 1/SymboRate，Input signal power(watts)设为 1，其他参数与例 7.4 相同。误符号率和误比特率统计模块中把 Computation mode 分别设为 SymbolRate 和 2*SymbolRate，其他参数与例 7.4 保持一致。

各模块参数设置完成后，把仿真时间设为 50000。设置完成后，把模型存盘，命名为 ex7.mdl。

由于程序需要运行多次才能够得到信噪比与误比特率和误码率之间的关系，为此需编写如下的脚本程序：

```
clear all
M=4;                                              %4-DPSK
EsN0=0:15;                                        %SNR 的范围
EsN01=10.^(EsN0/10);
SymbolRate=2;                                     %符号速率
for ii=1:length(EsN0)
    SNR=EsN0(ii);                                 %赋值给 AWGN 信道模块中的 SNR
    sim('ex7');                                   %运行仿真模型
    ber(ii)=BER(1);                               %保存本次仿真得到的 BER
    ser(ii)=SER(1);                               %保存本次仿真得到的 SER
end
ser1=2*qfunc(sqrt(EsN01)*sin(pi/M));              %理论误符号率
ber1=1/log2(M)*ser1;                              %理论误比特率
semilogy(EsN0,ber,'-ko',EsN0,ser,'-k*',EsN0,ser1,EsN0,ber1,'-k.');
title('4-DPSK 载波调制信号在 AWGN 信道下的性能')
xlabel('Es/N0');ylabel('误比特率和误符号率')
legend('误比特率','误符号率','理论误符号率','理论误比特率')
```

代码同例 7.4 相似，就不再说明。

程序运行结果如图 7-19 所示。

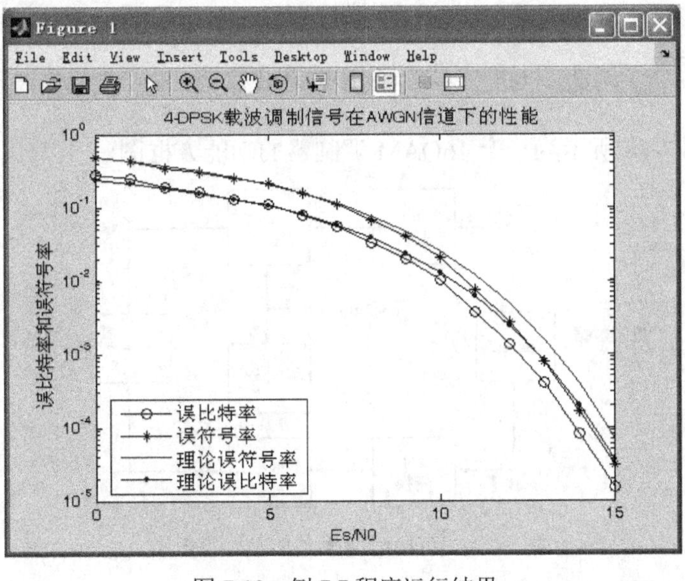

图 7-19　例 7.7 程序运行结果

从图 7-19，可以看出，近似的理论误符号率和误比特率是仿真结果的上限。

其他常用的相位调制方式还包括 $\pi/4$-QPSK、OQPSK 等，关于调制解调方法及性能分析请参考其他数字通信的相关书籍，本书在此就再不阐述。MATLAB 和 Simulink 提供了相应的函数和模块，可以用它们来完成相关的仿真。

7.4 正交幅度调制（QAM）

正交幅度调制又称正交振幅键控，记作 QAM（Quadrature Amplitude Modulation）。它是一种频带利用率很高的数字调制方式，受到了人们的高度重视。多进制正交调幅（MQAM——M-ary QAM）是一种既调幅又调相的数字调制，它是用载波的不同幅度及不同相位来表示多进制数字信息。

7.4.1 QAM 信号的产生

QAM 信号使用两个正交载波 $\cos(2\pi f_c t)$ 和 $\sin(2\pi f_c t)$，其中每个都被一个独立的信息比特序列所调制。相应的信号波形可以表示为

$$\begin{aligned} s_m(t) &= \mathrm{Re}[(A_{mc} + \mathrm{j}A_{ms})g(t)\mathrm{e}^{\mathrm{j}2\pi f_c t}] \\ &= A_{mc}g(t)\cos(2\pi f_c t) - A_{ms}g(t)\sin(2\pi f_c t) \\ &(m = 1,2,\cdots,M, 0 \leqslant t \leqslant T) \end{aligned} \tag{7-27}$$

式中，A_{mc} 和 A_{ms} 是承载信息的正交载波的信号幅度；$g(t)$ 是信号脉冲。

用另一种方法可将 QAM 信号波形表示为

$$s_m(t) = \mathrm{Re}[V_m \mathrm{e}^{\mathrm{j}\theta_m} g(t)\mathrm{e}^{\mathrm{j}2\pi f_c t}] = V_m g(t)\cos(2\pi f_c t + \theta_m) \tag{7-28}$$

式中，$V_m = \sqrt{A_{mc}^2 + A_{ms}^2}$，$\theta_m = \tan^{-1}\left(\dfrac{A_{ms}}{A_{mc}}\right)$。该表达式表明，QAM 信号波形可以看作组合幅度和相位调制。图 7-20 所示为一个 16QAM 调制器的功能方框图。

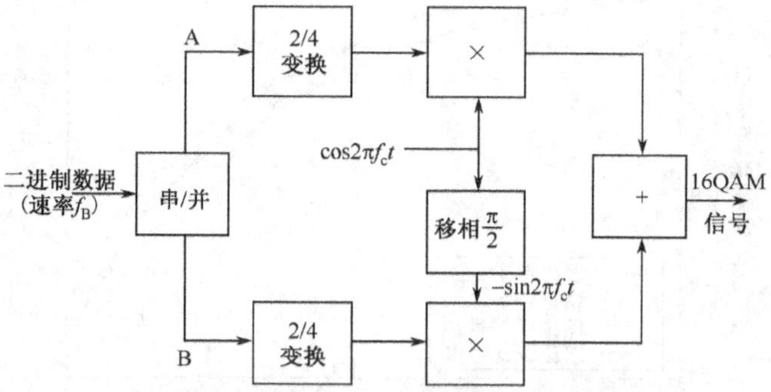

图 7-20 16QAM 调制器的功能方框图

输入二进制数据经串/并变换和 2/4 电平变换后得到两路码元宽度增大 4 倍的双极性四电平码，它们再分别进行正交调制，合成后的信号即为 16QAM 信号。

可以选择 M_1 个电平 PAM 和 M_2 个相位 PSK 的任意组合来构成一个 $M = M_1M_2$ 的组合 PAM-PSK 信号星座图。如果 $M_1 = 2^n$ 及 $M_2 = 2^m$，则组合 PAM-PSK 信号星座图产生以下结果：以符号速率 $R/(m+n)$ 同时传输每个符号所包含的 $m + n = \lg M_1M_2$ 个二进制比特。组合

PAM-PSK 信号星座图的例子如图 7-21 所示，其中，$M=8$ 及 $M=16$。

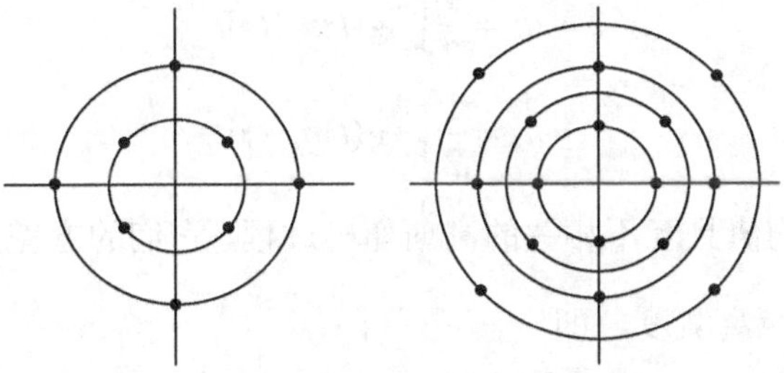

图 7-21　组合 PAM-PSK 信号的星座图

与 PSK 信号的情况一样，QAM 信号的波形可以表示成两个标准正交信号波形 $\phi_1(t)$ 和 $\phi_2(t)$ 的线性组合，即

$$s_m(t)=s_{m1}\phi_1(t)+s_{m2}\phi_2(t) \tag{7-29}$$

式中

$$\phi_1(t)=\sqrt{\frac{2}{E_g}}g(t)\cos(2\pi f_c t)$$
$$\phi_2(t)=-\sqrt{\frac{2}{E_g}}g(t)\sin(2\pi f_c t) \tag{7-30}$$

且二维矢量 $\boldsymbol{s}_m=[s_{m1},s_{m2}]$ 为

$$\boldsymbol{s}_m=\left[A_{mc}\sqrt{\frac{E_g}{2}},A_{ms}\sqrt{\frac{E_g}{2}}\right] \tag{7-31}$$

式中，E_g 是信号脉冲 $g(t)$ 的能量。

矩形 QAM 信号星座具有容易产生的独特优点，即通过在两个相位正交载波上施加两个 PAM 信号来产生。此外，它们也容易解调。虽然对于 $M\geqslant 16$ 来说，该星座并不是最好的 M 元 QAM 信号星座，但是该星座所需要的平均发送功率仅稍大于最好的 M 元 QAM 信号星座所需的平均功率。由于这些原因，矩形 M 元 QAM 信号在实际中应用得最多。

7.4.2　QAM 信号的解调

与 PSK 信号类似，从 AWGN 信道中，在一个信号区间内接收到的 QAM 带通信号可以表示为

$$r(t)=s_m(t)+n(t)=s_m(t)+n_c(t)\cos(2\pi f_c t)-n_s(t)\sin(2\pi f_c t) \tag{7-32}$$

式中，$n_c(t)$ 和 $n_s(t)$ 是加性噪声的两个正交分量。

可以将接收信号与式（7-30）给出的 $\phi_1(t)$ 和 $\phi_2(t)$ 做相关，两个相关器的输出产生受噪声污损的信号分量，它们可以表示为

$$\boldsymbol{r}=\boldsymbol{s}_m+\boldsymbol{n}=(A_{mc}+n_c,A_{ms}+n_s) \tag{7-33}$$

式中，n_c 和 n_s 定义为

$$n_c = \frac{1}{2}\int_0^T g(t)n_c(t)\mathrm{d}t$$
$$n_s = \frac{1}{2}\int_0^T g(t)n_s(t)\mathrm{d}t \tag{7-34}$$

$n_c(t)$ 和 $n_s(t)$ 是零均值且互不相关的高斯随机过程，它们的方差为 $\frac{N_0}{2}$。QAM 的 AWGN 信道的最佳检测器计算距离测度，即

$$D(\boldsymbol{r},\boldsymbol{s}_m) = |\boldsymbol{r}-\boldsymbol{s}_m|^2, m=1,2,\cdots,M \tag{7-35}$$

并从信号集 $\{\boldsymbol{s}_m\}$ 中选取距离测度最小的信号。

在矩形信号星座图中，$M=2^k$，其中 k 是偶数，这个 QAM 信号等效于在正交载波上的两个 PAM 信号，其中每个都有 $\sqrt{M}=2^{k/2}$ 个信号点。由于相位正交的信号分量用相干检测可以完全分开，所以 QAM 的差错概率很容易由 PAM 的差错概率确定。对于 M 电平的 QAM 系统，一个正确判决的概率为

$$P_c = (1-P_{\sqrt{M}})^2 \tag{7-36}$$

式中，$P_{\sqrt{M}}$ 是在这个等效 QAM 系统的每个正交信号中具有一般平均功率的 $\sqrt{M}$ 电平 PAM 系统的差错概率，即

$$P_{\sqrt{M}} = 2(1-\frac{1}{\sqrt{M}})Q\left(\sqrt{\frac{3E_s}{(M-1)N_0}}\right) \tag{7-37}$$

式中，E_s/N_0 是每个符号的平均 SNR。因此，对 M 电平 QAM 系统，一个符号差错概率为

$$P_M = 1-(1-P_{\sqrt{M}})^2 \tag{7-38}$$

这个结果对 $M=2^k$，其中 k 是偶数是准确的，当 k 为奇数时，符号差错概率以下式为上界，即

$$P_M \leqslant 4Q(\sqrt{\frac{3E_s}{(M-1)N_0}}) \tag{7-39}$$

7.4.3 QAM 信号的仿真

例 7.8 假设消息数据序列经过 Gray 编码后分别是[1 4 3 0 7 5 2 6]，画出它们的 8QAM 调制信号波形和星座图。假设载波频率为 1Hz。

程序代码如下：

```
clear all
M=8;
msg=[1 4 3 0 7 5 2 6];                    %消息信号
ts=0.01;                                  %抽样时间间隔
T=1;                                      %符号周期
t=0:ts:T;                                 %符号持续时间矢量
```

```
7.  x=0:ts:length(msg);                                  %所有符号的传输时间
8.  fc=1;                                                %载波频率
9.  c=sqrt(2)*exp(j*2*pi*fc*t);                          %1 个符号周期内的载波波形
10. msg_qam=qammod(msg,M).';                             %基带 8QAM 调制
11. tx_qam=real(msg_qam*c);                              %8QAM 载波调制
12. tx_qam=reshape(tx_qam.',1,length(msg)*length(t));
13. plot(x,tx_qam(1:length(x)))
14. title('8QAM 信号波形')
15. xlabel('时间 t'),ylabel('载波振幅')
16. scatterplot(msg_qam)
17. title('8QAM 信号星座图')
18. xlabel('同相分量'),ylabel('正交分量')
```

说明：程序较简单，首先生成消息序列（第 3 行），然后生成载波信号（第 9 行），并对消息序列进行 8QAM 基带调制（第 10 行），然后进行载波调制（第 11 行），最后分别画出调制后的波形和星座图（第 16～23 行）。

程序结果如图 7-22、图 7-23 所示。

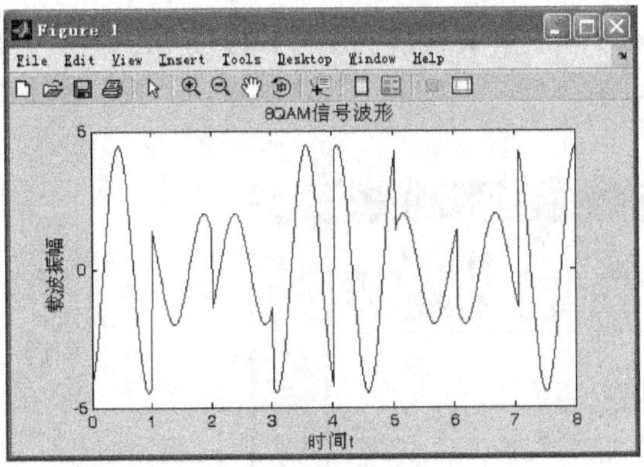

图 7-22　例 7.8 调制信号波形图

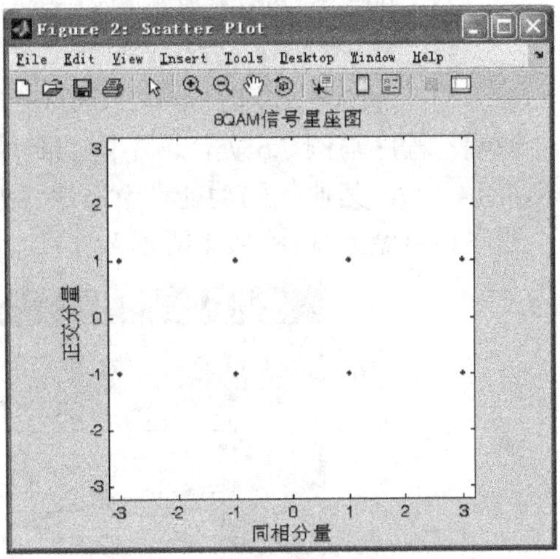

图 7-23　例 7.8 信号星座图

例 7.9　用基带等效的方式仿真 16-QAM 载波调制信号在 AWGN 信道下的误码率和误比特率性能，并与理论值相比较。

程序代码如下：

```
clear all
nsymbol=100000;                                     %每种信噪比下的发送符号数
M=16;                                               %16-QAM
graycode=[0 1 3 2 4 5 7 6 12 13 15 14 8 9 11 10];   %Gray 编码规则
EsN0=5:20;                                          %信噪比，Es/N0
snr1=10.^(EsN0/10);                                 %信噪比转换为线性值
```

```
7.   msg=randint(1,nsymbol,M);                              %消息数据
8.   msg1=graycode(msg+1);                                  %Gray 映射
9.   msgmod=qammod(msg1,M);                                 %基带 16-QAM 调制
10.  spow=norm(msgmod).^2/nsymbol;                          %求每个符号的平均功率
11.  for indx=1:length(EsN0)
12.      sigma=sqrt(spow/(2*snr1(indx)));                   %根据符号功率求噪声功率
13.      rx=msgmod+sigma*(randn(1,length(msgmod))+j*randn(1,length(msgmod)));
14.      y=qamdemod(rx,M);
15.      decmsg=graycode(y+1);
16.      [err,ber(indx)]=biterr(msg,decmsg,log2(M));        %误比特率
17.      [err,ser(indx)]=symerr(msg,decmsg);                %误符号率
18.  end
19.  P4=2*(1-1/sqrt(M))*qfunc(sqrt(3*snr1/(M-1)));
20.  ser1=1- (1-P4).^2;                                     %理论误符号率
21.  ber1=1/log2(M)*ser1;                                   %理论误比特率
22.  semilogy(EsN0,ber,'-ko',EsN0,ser,'-k*',EsN0,ser1,EsN0,ber1,'-k.');
23.  title('16-QAM 载波调制信号在 AWGN 信道下的性能')
24.  xlabel('Es/N0');ylabel('误比特率和误符号率')
25.  legend('误比特率','误符号率','理论误符号率','理论误比特率')
```

说明：程序与例 7.5 类似，不同的是用 QAM 调制解调代替例 7.5 中的 DPSK 调制（第 9 行和第 14 行），其他代码功能请读者参考注释。

程序运行结果如图 7-24 所示。

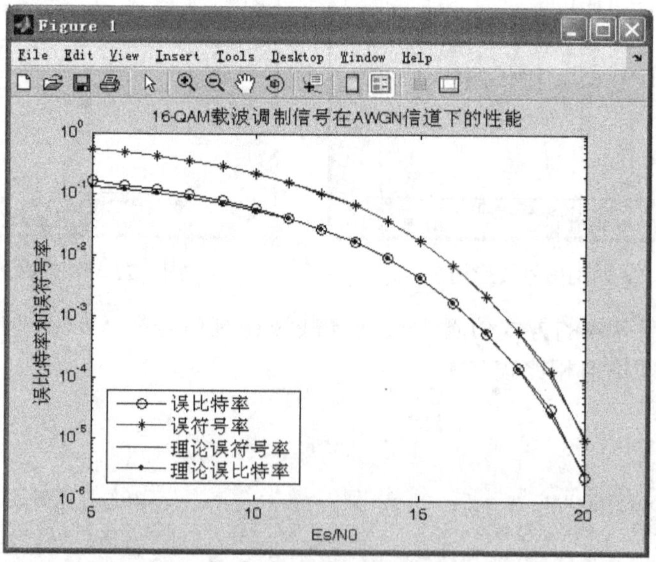

图 7-24　例 7.9 程序运行结果

用 Simulink 仿真的方法与例 7.7 类似，请读者自行完成。

7.5 载波频率调制（FSK）

前面介绍的数字调制方法如 PAM，相干 PSK 以及 QAM 等都需要载波相位估计以实现相干检测，而相位稳定性对实现载波相位估计来说是必不可少的。对一些缺乏相位稳定性的信道来说，载波频率调制是一种合适的数字调制方法。载波频率调制又称为频移键控（FSK）。

7.5.1 FSK 信号的产生

考虑 M 个等能量、频率不同的正交信号波形，该信号可以表示为

$$\begin{aligned} s_m(t) &= \mathrm{Re}[s_{lm}(t)\mathrm{e}^{\mathrm{j}2\pi f_c t}] \\ &= \sqrt{\frac{2E}{T}}\cos(2\pi f_c t + 2\pi m\Delta f t), m = 0,1,\cdots,M-1, 0 \leqslant t \leqslant T \end{aligned} \tag{7-40}$$

式中，等效低通信号波形为

$$s_{lm}(t) = \sqrt{\frac{2E}{T}}\mathrm{e}^{\mathrm{j}2\pi m\Delta f t}, m = 0,1,\cdots,M-1, 0 \leqslant t \leqslant T \tag{7-41}$$

式中，E 是每个符号的能量；而 Δf 是相继两个频率之间的频率间隔，即

$$\Delta f = f_m - f_{m-1}, m = 1,2,\cdots,M-1 \tag{7-42}$$

而 $f_m = f_c + m\Delta f$ 。

这些波形的特征是具有相等的能量及互相关系数，即

$$\rho_{km} = \frac{1}{E}\int_0^T s_k(t)s_m(t)\mathrm{d}t = \frac{\sin[2\pi(k-m)\Delta f T]}{2\pi(k-m)\Delta f T} \tag{7-43}$$

ρ_{km} 作为频率间隔 Δf 的函数，其图形如图 7-25 所示。

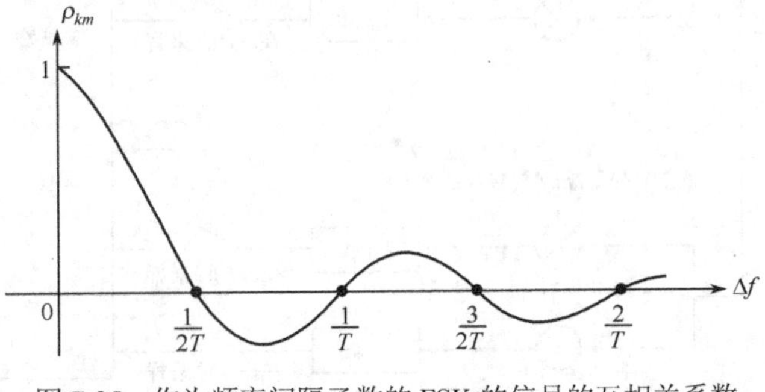

图 7-25 作为频率间隔函数的 FSK 的信号的互相关系数

由图 7-25 可见，当 Δf 是 $1/(2T)$ 的倍数是，这些信号是正交的。所以对于正交性来说，相继频率之间的最小频率间隔是 $1/(2T)$ 。

对于 $\Delta f = 1/(2T)$ 的情况，MFSK 信号等价于 N 维矢量

$$s_0 = (\sqrt{E}, 0, \cdots, 0)$$
$$s_1 = (0, \sqrt{E}, \cdots, 0) \qquad (7\text{-}44)$$
$$s_{M-1} = (0, 0, \cdots, 0, \sqrt{E})$$

式中，基函数是 $\phi_m(t) = \sqrt{2/T}\cos\left(2\pi\left(f_c + m\Delta f\right)t\right)$。

7.5.2 FSK 信号的解调

假设 FSK 信号是经由加性白高斯噪声信道传输的，并假设每个信号在通过信道传输时都产生了延时，这样在解调器输入端的滤波后的接收信号可以表示为

$$r(t) = \sqrt{\frac{E}{T}}\cos\left(2\pi f_c t + 2\pi m\Delta f t + \theta_m\right) + n(t) \qquad (7\text{-}45)$$

式中，θ_m 代表第 m 个信号由于传输延时而产生的相移；$n(t)$ 代表加性带通噪声，可以表示为

$$n(t) = n_c(t)\cos\left(2\pi f_c t\right) - n_s(t)\sin\left(2\pi f_c t\right) \qquad (7\text{-}46)$$

FSK 的解调可以分为相干解调和非相干解调。在相干解调中，需要估计出 M 个载波相移 $\{\theta_m\}$，当 M 较大时，这将是相干解调变得非常复杂并且不切实际。因此，常用的解调方法是非相干解调。这种解调可按如图 7-26 所示的原理来完成。

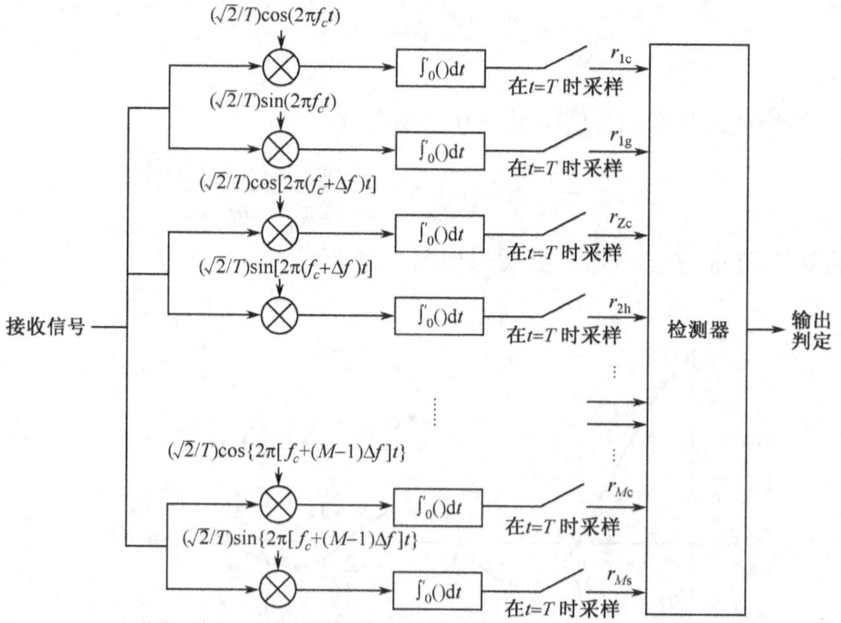

图 7-26 MFSK 信号的非相干解调

在非相干解调中，每个信号波形有两个相关器，总共有 $2M$ 个相关器。接收信号与基函数 $\phi_{mc}(t) = \sqrt{2/T}\cos\left[2\pi\left(f_c + m\Delta f\right)t\right]$ 和 $\phi_{ms}(t) = \sqrt{2/T}\sin\left[2\pi\left(f_c + m\Delta f\right)t\right]$ 做相关。$2M$ 个相

关器的输出在信号区间的末端被采样并送至检测器。如果传输的是第 m 个信号，则在检测器输入的 $2M$ 个样本可以表示为

$$
\begin{aligned}
r_{kc} &= \sqrt{E}\left(\frac{\sin\left(2\pi(k-m)\Delta fT\right)}{2\pi(k-m)\Delta fT}\cos\theta_m - \frac{\cos\left(2\pi(k-m)\Delta fT\right)-1}{2\pi(k-m)\Delta fT}\sin\theta_m\right)+n_{kc} \\
r_{ks} &= \sqrt{E}\left(\frac{\cos\left(2\pi(k-m)\Delta fT\right)-1}{2\pi(k-m)\Delta fT}\cos\theta_m - \frac{\sin\left(2\pi(k-m)\Delta fT\right)}{2\pi(k-m)\Delta fT}\sin\theta_m\right)+n_{ks}
\end{aligned}
\tag{7-47}
$$

式中，n_{kc} 和 n_{ks} 代表在采样输出中的高斯噪声分量。

当 $k=m$ 时，对检测器的采样值为

$$
\begin{aligned}
r_{mc} &= \sqrt{E}\cos\theta_m + n_{mc} \\
r_{ms} &= \sqrt{E}\sin\theta_m + n_{ms}
\end{aligned}
\tag{7-48}
$$

当 $k \neq m$ 时，在样本 r_{kc} 和 r_{ks} 中的信号分量将是 0，只要相继频率之间的频率间隔是 $\Delta f = 1/T$ 就与相移 θ_m 的值无关。因此，其余 2(*M*-1)个相关器的输出仅由噪声组成。可以证明，$2M$ 个噪声样本 $\{n_{kc}\}$ 和 $\{n_{ks}\}$ 都是零均值，方差为 $\sigma^2 = \frac{N_0}{2}$ 且互不相关的高斯随机变量。当传输的信号波形是等概率时，最佳检测器计算信号包络 $r_m = \sqrt{r_{mc}^2 + r_{ms}^2}$，并选出对应于集合 $\{r_m\}$ 的最大包络的信号。这种情况下的最佳检测器称为包络检测器。一种等效的检测器是计算平方包络 $r_m^2 = r_{mc}^2 + r_{ms}^2$，并选出对应于 $\{r_m^2\}$ 的最大值的信号。这种情况下的最佳检测器称为平方律检测器。

MFSK 信号的最佳包络检测器的符号差错概率可以表示为

$$
P_M = \sum_{n=1}^{M-1}(-1)^{n+1}\binom{M-1}{n}\frac{1}{n+1}\mathrm{e}^{-\frac{n}{n+1}\frac{E_s}{N_0}} \tag{7-49}
$$

当 M=2 时，上式就变成二进制 FSK 的差错概率，即

$$
P_2 = \frac{1}{2}\mathrm{e}^{-\frac{1}{2}\frac{E_b}{N_0}} \tag{7-50}
$$

对于 M>2，比特差错概率与符号差错概率的关系是

$$
P_b = \frac{M}{2(M-1)}P_M \tag{7-51}
$$

7.5.3　FSK 信号的仿真

例 7.10　利用 MATLAB 函数 fskmod 画出采用 4-FSK 调制的 0:3 的调制信号波形，以及调制信号的频谱图。假设载波频率为 4Hz。符号持续时间为 1，每个符号内采样 60 个点。

程序代码如下：

```
clear all
M=4;                                            %4-FSK
T=1;                                            %符号持续时间
```

```
4.  deltaf=1/T;                                  %FSK 的频率间隔
5.  fs=60;                                       %采样频率
6.  ts=1/fs;                                     %采样时间间隔
7.  t=0:ts:T;                                    %一个符号周期的时间矢量
8.  fc=4;                                        %载波频率
9.  msg=[0 1 3 2 randint(1,10000–M,M)];          %消息序列
10. msg_mod=fskmod(msg,M,deltaf,fs,fs);          %4-FSK 调制
11. t1=0:ts:length(msg) –ts;                     %消息序列时间矢量
12. y=real(msg_mod.*exp(j*2*pi*fc*t1));          %载波调制
13. subplot(2,1,1)
14. plot(t1(1:4*fs),y(1:4*fs))                   %时域信号波形
15. axis([0 4 –1.5 1.5])
16. title('4FSK 调制的信号波形')
17. xlabel('时间');ylabel('振幅')
18. ly = length(y);                              %调制信号长度
19. freq = [–fs/2 : fs/ly : fs/2 – fs/ly];
20. Syy = 10*log10(fftshift(abs(fft(y)/fs)));    %调制信号频谱
21. subplot(2,1,2)
22. plot(freq,Syy)
```

说明：程序首先产生消息序列（第 9 行）然后用 fskmod 进行 4-FSK 基带调制（第 10 行），然后进行载波调制（第 12 行），然后是画出前 4 个调制符号的时域波形（第 13～16 行），最后画出整个消息序列的频谱（第 17～21 行）。

程序运行结果如图 7-27 所示。

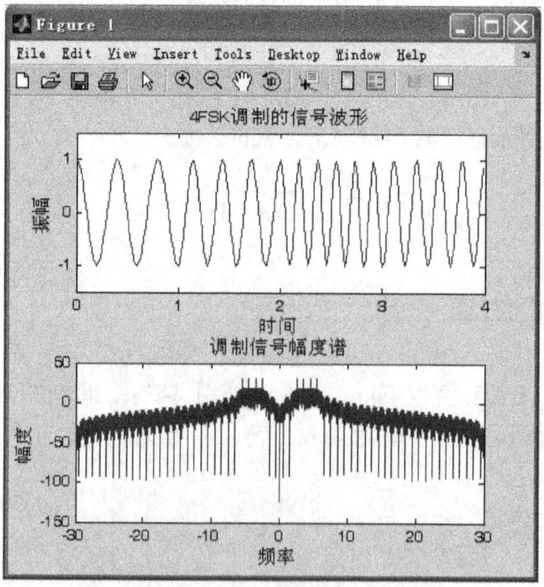

图 7-27　例 7.10 程序运行结果

从图 7-27 可以看出，符号 0、1、3、2 对应的载波频率分别是 2.5Hz、3.5Hz、5.5Hz 和 4.5Hz。它们对称的分布在载波频率 4Hz 的两边。从调制信号的幅度谱也可以看出上述频率点的幅度谱有明显的峰值。

例 7.11 仿真比较 4-QAM 和 4-FSK 调制信号在 Rayleigh 衰落信道下的误符号率和误比特率性能。假设 Rayleigh 衰落信道的最大多普勒频移为 100Hz。

程序代码如下：

```
clear all
nsymbol=10000;                          %每种信噪比下的发送符号数
SymbolRate=1000;                        %符号速率
nsamp=50;                               %每个符号的取样点数
fs=nsamp*SymbolRate;                    %取样频率
fd=100;                                 %Rayleigh 衰落信道的最大多普勒频移
chan=rayleighchan(1/fs,fd);             %生成 Rayleigh 衰落信道
M=4;                                    %4-QAM 和 4-FSK
graycode=[0 1 3 2 ];                    %Gray 编码规则
EsN0=0:2:20;                            %信噪比，Es/N0
snr1=10.^(EsN0/10);                     %信噪比转换为线性值
msg=randint(1,nsymbol,M);               %消息数据序列
msg1=graycode(msg+1);                   %Gray 映射
x1=qammod(msg1,M);                      %基带 4-QAM 调制
x1=rectpulse(x1,nsamp);
x2=fskmod(msg1,M,SymbolRate,nsamp,fs);  %4-FSK 调制
spow1=norm(x1).^2/nsymbol;              %求 4-QAM 信号每个符号的平均功率
spow2=norm(x2).^2/nsymbol;              %求 4-FSK 信号每个符号的平均功率
for indx=1:length(EsN0)
    sigma1=sqrt(spow1/(2*snr1(indx)));  %根据符号功率求噪声功率
    sigma2=sqrt(spow2/(2*snr1(indx)));
    fadeSig1=filter(chan,x1);           %4-QAM 信号通过 Rayleigh 衰落信道
    fadeSig2=filter(chan,x2);           %4-FSK 信号通过 Rayleigh 衰落信道
    rx1=fadeSig1+sigma1*(randn(1,length(x1))+j*randn(1,length(x1)));  %加入高斯白噪声
    rx2=fadeSig2+sigma2*(randn(1,length(x2))+j*randn(1,length(x2)));
    y1=intdump(rx1,nsamp);              %相关
    y1=qamdemod(y1,M);                  %4-QAM 信号解调
    decmsg1=graycode(y1+1);             %Gray 逆映射
    [err,ber1(indx)]=biterr(msg,decmsg1,log2(M)); %4-QAM 信号误比特率
    [err,ser1(indx)]=symerr(msg,decmsg1);         %4-QAM 信号误符号率
    y2=fskdemod(rx2,M,SymbolRate,nsamp,fs);       %4-FSK 信号解调
    decmsg2=graycode(y2+1);                       %Gray 逆映射
    [err,ber2(indx)]=biterr(msg,decmsg2,log2(M)); %4-FSK 信号误比特率
```

```
34.         [err,ser2(indx)]=symerr(msg,decmsg2);                %4-FSK 误符号率
35.   end
36.   semilogy(EsN0,ser1,'-k*',EsN0,ber1,'-ko',EsN0,ser2,'-kv',EsN0,ber2,'-k.');
37.   title('4-QAM 和 4-FSK 调制信号在 Rayleigh 衰落信道下的性能')
38.   xlabel('Es/N0');ylabel('误比特率和误符号率')
39.   legend('4-QAM 误符号率','4-QAM 误比特率','4-FSK 误符号率','4-FSK 误比特率')
```

说明：程序第 3 行定义了符号传输速率，第 4 行定义了每个符号的取样点数，第 5 行根据符号速率和每个符号的取样点数计算取样频率。第 7 行根据取样频率和最大多普勒频移生成了 Rayleigh 衰落信道。然后是分别对消息序列进行 4-QAM 调制和 4-FSK 调制（第 14～16 行），第 22～25 行是把 4-QAM 信号和 4-FSK 信号分别通过 Rayleigh 衰落信道并加入高斯白噪声，随后对信号进行解调并比较各自的误符号率和误比特率（第 26～34 行）。其他代码请读者参考注释。

程序的运行结果如图 7-28 所示。

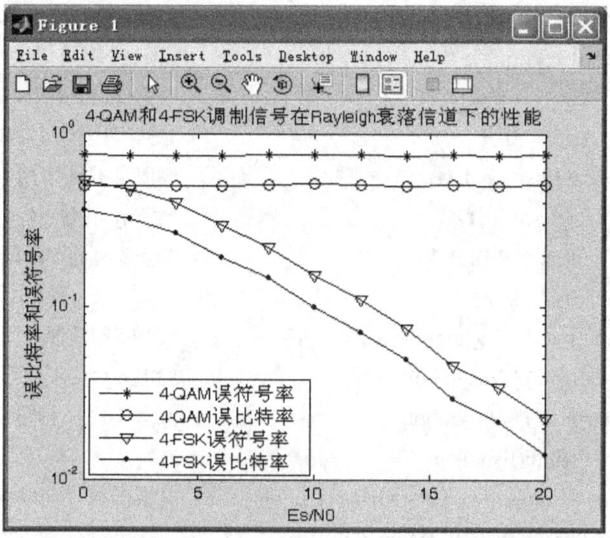

图 7-28　例 7.11 程序运行结果

从图 7-28 可以看出，由于 Rayleigh 衰落信道引起的相位旋转使 4-QAM 信号传输的性能恶化，并且随着信噪比的提高，性能没有任何改善。而 4-FSK 信号比 4-QAM 信号的性能相对要好一些，并且随着信噪比的提高，性能也随之改善。这也验证了本小节一开始提到过的用 FSK 进行数字传输是一种适合于缺乏相位稳定性的信道的调制方法。

例 7.11 也可以用 Simulink 实现，请读者自行完成。

以上简单的介绍了几种常用的数字信号调制方法，它们都属于线性调制方法。除了线性调制方法外，还有一些非线性的调制方法，如 CPFSK、MSK 和 GMSK 调制等。在 MATLAB 和 Simulink 中也提供了这些调制方法的函数或模块。限于篇幅，本书在此无法一一给出它们的仿真实例，读者可以参考其他数字通信的教科书，自行完成这些调制信号的性能仿真。

小 结

数字调制在数字通信系统中有着广泛的应用。本书介绍了数字调制中常见的几种调制方式：载波幅度调制（PAM）、载波相位调制（PSK）、正交幅度调制（QAM）以及载波频率调制（FSK）。对它们的调制和解调方式以及在 AWGN 信道下的性能进行了简单的介绍，并给出了使用 MATLAB 和 Simulink 对这些调制方式进行仿真的实例。读者在认真学习的基础上可以加深对这些数字调制方式的理解，并在此基础上可以完成其他调制方式的性能仿真。

习 题

1．用基带等效的方式重新仿真例 7.1，比较最后的结果是否与例 7.1 相同。

2．在例 7.3 中，8-PSK 信号波形具有恒定的幅度。现在假设 $g(t)$ 不是矩形，而是 $g(t)=\frac{1}{2}(1-\cos(\pi t)),0\leqslant t\leqslant T$ 。

（1）计算并画出当 $f_c=8/T$ 时，8-PSK 信号波形。

（2）仿真该 8-PSK 信号通过 AWGN 信道后的性能。

3．仿真比较 QPSK 和 DQPSK 在 Rayleigh 衰落信道下的性能。

4．用 Simulink 重新仿真例 7.9。

5．仿真比较 8-PAM 和 8-QAM 在 AWGN 信道下的性能。

6．不用 MATLAB 提供的 fskmod 和 fskdemod，完成 4-FSK 通信系统的仿真。

7．查阅数字通信的相关教材，完成 OQPSK 信号通信系统的仿真。

8．查阅数字通信的相关教材，完成 MSK 和 GMSK 信号通信系统的仿真。

第 8 章 信道编码和交织

信道编码又称差错控制编码、可靠性编码、抗干扰编码或纠错码，它是提高数字信号传输可靠性的有效方法之一。它产生于 20 世纪 50 年代初，发展到 20 世纪 70 年代趋向成熟。本章将主要介绍常用的检错码、线性分组码、卷积码、Turbo 码和低密度校验码（LDPC），以及交织器的基本原理及其性能仿真。

8.1 概述

数字信号在传输过程中，加性噪声、码间串扰等都可能引起误码。为了提高系统的抗干扰性能，可以加大发送功率，降低接收设备本身的噪声，以及合理选择调制、解调方法等。此外，还可以采用信道编码技术。信道编码是为了降低误码率，提高数字通信的可靠性而采取的编码，它按一定的规则人为引入冗余度。具体地讲，信道编码就是在发送端的信息码元序列中，以某种确定的编码规则，加入监督码元，在接收端再利用该规则进行检查识别，从而发现错误、纠正错误。

能发现错误的编码叫检错码；能纠正错误的编码叫纠错码。一般说来，纠错码一定能检错；反之，检错码不一定能纠错；或者说，同一个码，检错能力比纠错能力强。

8.1.1 差错控制方式

在数字通信系统中，利用纠错码或检错码进行差错控制的方式有三种：检错重发、前向纠错和混合纠错，它们的系统构成如图 8-1 所示，图中有斜线的方框图表示在该端检出错误。

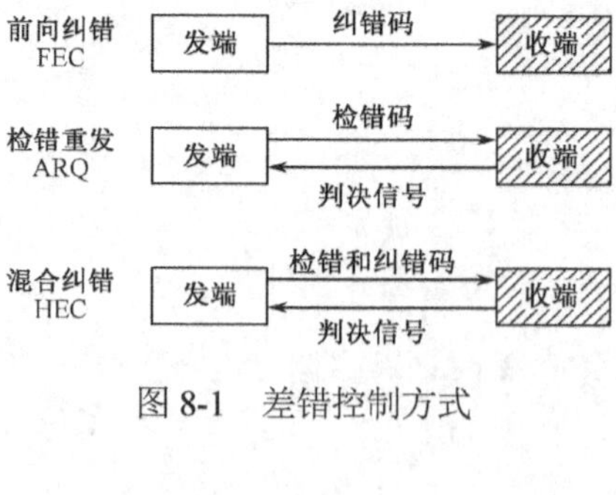

图 8-1 差错控制方式

1．检错控制方式

检错重发又称自动请求重传方式，记作 ARQ（Automatic Repeat Request）。发送端发出能够发现（检测）错误的码，接收端收到通过信道传来的码后，在译码器根据该码的编码规则，判决收到的码序列中有无错误产生，如果发现错误，则通过反向信道把这一判决结果反馈给发端。然后，发端根据这些判决信号，把接收端认为有错误的信息再次传送，直到接收端认为正确接收为止。

从上可知，应用 ARQ 方式必须有一反馈信道，一般较适用于一个用户对一个用户（点对点）的通信，且要求信源能够控制，系统收发两端必须互相配合、密切协作。由于反馈重发的次数与信道干扰情况有关，若信道干扰很频繁，则系统经常处于重发消息的状态，因此，这种方式传送消息的连贯性和实时性较差。该方式的优点是：编译码设备简单；在一定的多余度码元下，检错码的检错能力比纠错码的纠错能力要高得多。因此，这种系统的适应性很强，特别适应于短波、散射、有线等干扰情况特别复杂的信道中。

2．前向纠错方式

前向纠错方式记作 FEC（Forword Error Correction）。发送端发送能够被纠错的码，接收端收到这些码后，通过纠错译码器不仅能够自动地发现错误，而且能自动地纠正接收码字传输中的错误。这种方式的优点是不需要反馈信道，能进行一个用户对多个用户的同播通信，译码实时性较好。其缺点是译码设备比较复杂，所选用的纠错码必须与信道的干扰情况相匹配，因此，对信道的适应性较差。在移动通信系统中，几乎都采用前向纠错的差错控制方式。

3．混合纠错方式

混合纠错方式记作 HEC（Hybrid Error Correction）是 FEC 和 ARQ 方式的结合，这种方式是发送端发送的码不仅能够被检测出错误，而且还具有一定的纠错能力。接收端收到码后，首先检查差错情况，如果在纠错码的纠错能力范围以内，则自动纠错，如果错误过多，超过了码的纠错能力，但能检测出来，则接收端通过反馈信道，要求发送端重新传送有错的消息。这种方式具有自动纠错和检错重发的优点，并可达到较低的误码率。因此，在实际中的应用越来越广。

8.1.2 纠错码的分类

按照不同的分类方法，纠错码可以分为线性码与非线性码、分组码与卷积码、检错码和纠错码等。

1．线性码与非线性码

根据纠错码各码组信息和监督元的函数关系，可分为线性码和非线性码。如果函数关系是线性的，即满足一组线性方程式，则称为线性码，否则为非线性码。线性码集合中的所有码字在加法和乘法运算时是封闭的，而非线性码则不封闭。换言之，线性码实际上就是 n 维线性空间的一个 $k(k<n)$ 维子空间。目前大量使用的均为线性码。

2．分组码与卷积码

根据码组中监督码元与信息码元相互关联的长度，可分为分组码和卷积码。分组码的各码元仅与本组的信息元有关；卷积码中的码元不仅与本组的信息元有关，而且还与前面若干组的信息元有关。

分组码把信息序列以 k 个码元分组，通过编码器将每组的 k 元信息按一定规律产生 r 个多余码元（称为校验元或监督元）输出长为 $n=k+r$ 的一个码字（码组）。因此，每一码组的 r 个校验元仅与本组的信息元有关而与别组无关。分组码用(n,k)表示，n 为码长，k 表示信息位数目。

在分组码中，非零码元的数目称为码字的汉明重量，简称码重。例如，码字 10110，码重 $w=3$。两个等长码组之间相应位取值不同的数目称为这两个码组的汉明（Hamming）距离，简称码距。例如，11000 与 10011 之间的距离 $d=3$。码组集合中任意两个码字之间距离的最小值称为码的最小距离，用 $d_{\min}$ 表示。最小码距是码的一个重要参数，它是衡量码检错、纠错能力的依据。任一 (n,k) 分组码，若要在码字内检测 e 个随机错误，则要求码的最小距离 $d_{\min}\geqslant e+1$。要纠正 t 个随机错误，则要求码的最小距离 $d_{\min}\geqslant 2t+1$。要纠正 t 个错误同时检测 e 个错误（$e\geqslant t$），则要求码的最小距离 $d_{\min}\geqslant t+e+1$。

卷积码将信息序列以 k_0 个码元分段，通过编码器输出长为 n_0 的一段码组。但是该码的 n_0-k_0 个校验元不仅与本段的信息源有关，而且也与其前 m_0 段的信息源有关，故卷积码用（n_0,k_0,m_0）表示。

3．检错码和纠错码

根据码的用途，可分为检错码和纠错码。检错码以检错为目的，不一定能纠错；而纠错码以纠错为目的，一定能检错。

另外，在分组码中按照码的结构特点，可以分为循环码和非循环码；根据纠（检）错误的类型来分，可以分为纠正随机错误的码、纠正突发错误的码和纠正同步错误的码；根据码元取值的进制来分，可分为二进制码和多进制码等

8.1.3 编码效率

采用差错控制编码提高了通信系统的可靠性，但是以降低有效性为代价换来的。通常定义编码效率 R 来衡量有效性，即

$$R=k/n \tag{8-1}$$

式中，k 为一个码组中信息元的个数；n 为码长。

对纠错码的基本要求是：检错和纠错能力尽量强；编码效率尽量高；编码规律尽量简单。实际中要根据具体指标要求，保证有一定纠、检错能力和编码效率，并且易于实现。

从 20 世纪 40 年代以来，已经相继提出了乘积码、代数几何码、分组码、卷积码、Turbo 码和低密度校验码（LDPC）等编码方法和序列译码、Viterbi 译码、软判决译码和迭代译码等译码方法，以及编码与调制相结合的 TCM 技术。其中，GSM 系统采用约束长度为 5、码率为 1/2 的卷积码，大多数太空检测器也采用卷积码。在 IS-95 系统中，上行链路采用约束长度为 9、码率为 1/3 的卷积码，下行链路采用长度为 9、码率为 1/2 的卷积码；Turbo 码已在 3G 无线通信系统中获得采用，在 BPSK 调制方式下性能距 Shannon 极限仅有 0.1dB 的差距；而最近几年又重新热起来的 LDPC 码在 BPSK 调制方式下的性能距 Shannon 极限仅 0.07dB 的差距。

8.2 线性分组码

在 (n,k) 分组码中，若每一个监督元都是码组中某些信息元按模 2 和得到的，即监督元是信息元按线性关系相加而得到的，则称为线性分组码。或者说，可用线性方程组表述码规律性的分组码称为线性分组码。线性分组码是一类重要的纠错码，应用很广泛，后面讨论的 Hamming 码、循环码、BCH 码和 RS 码都可以看作线性分组码的特例。

对于 (n,k) 线性分组码，生成矩阵是一个 $k\times n$ 的矩阵。设输入的信息为 $\boldsymbol{X}=[X_1,X_2,\cdots,X_k]$，生成的码字为 $\boldsymbol{C}=[C_1,C_2,\cdots,C_n]$，则 $\boldsymbol{C}=\boldsymbol{XG}$，其中 $\boldsymbol{G}$ 是生成矩阵。生成矩阵的各行矢量为码字空间的基底，由于基底的选择不是唯一的，所以，生成矩阵 $\boldsymbol{G}$ 的选择也不是唯一的。对于生成码字中前 k 位与信息完全相同的码称为系统码。对于系统码，其生成矩阵可以表示为 $\boldsymbol{G}=[\boldsymbol{I}_k\ \ \boldsymbol{P}]$，$\boldsymbol{I}_k$ 为 $k\times k$ 的单位矩阵，$\boldsymbol{P}$ 为一个 $k\times(n-k)$ 的单位矩阵。

由于 (n,k) 线性分组码的生成矩阵 $\boldsymbol{G}$ 表示的是 n 维空间的一个 k 维字空间，因此，存在一个 $n-k$ 维的子空间与 $\boldsymbol{G}$ 表示的子空间正交，称为子空间 $\boldsymbol{G}$ 的零化空间。可以用一个 $(n-k)\times n$ 的矩阵 $\boldsymbol{H}$ 来表示这个零化空间。因此，有 $\boldsymbol{GH}^{\mathrm{T}}=\boldsymbol{0}$ 或 $\boldsymbol{HG}^{\mathrm{T}}=\boldsymbol{0}$。矩阵 $\boldsymbol{H}$ 称为 (n,k) 码的一致校验矩阵。校验矩阵一般用于译码器的译码过程。

若在接收端，接收信号为

$$\boldsymbol{Y}=[Y_1,Y_2,\cdots,Y_n]=\boldsymbol{X}+\boldsymbol{n}=\boldsymbol{C}\oplus\boldsymbol{e} \tag{8-2}$$

式中，$\boldsymbol{C}$ 为发送的码组；$\boldsymbol{e}=[e_1,e_2,\cdots,e_n]$ 为传输中的误码。由于 $\boldsymbol{HC}^{\mathrm{T}}=\boldsymbol{HG}^{\mathrm{T}}\boldsymbol{X}^{\mathrm{T}}=\boldsymbol{0}^{\mathrm{T}}$，因此，若传输中无差错，即 $\boldsymbol{e}=0$，则接收端必然要满足监督方程 $\boldsymbol{HC}^{\mathrm{T}}=\boldsymbol{0}^{\mathrm{T}}$，若传输中有差错，即 $\boldsymbol{e}\neq 0$，则接收端监督方程应改为

$$\boldsymbol{HY}^{\mathrm{T}}=\boldsymbol{H}(\boldsymbol{C}\oplus\boldsymbol{e})^{\mathrm{T}}=\boldsymbol{HC}^{\mathrm{T}}\oplus\boldsymbol{He}^{\mathrm{T}}=\boldsymbol{He}^{\mathrm{T}}=\boldsymbol{S}^{\mathrm{T}} \tag{8-3}$$

由式（8-3）求得校正子 $\boldsymbol{S}$ 为

$$\boldsymbol{S}=(\boldsymbol{S}^{\mathrm{T}})^{\mathrm{T}}=(\boldsymbol{HY}^{\mathrm{T}})^{\mathrm{T}}=\boldsymbol{YH}^{\mathrm{T}}=\boldsymbol{CH}^{\mathrm{T}}+\boldsymbol{eH}^{\mathrm{T}}=\boldsymbol{eH}^{\mathrm{T}} \tag{8-4}$$

式（8-3）和式（8-4）称为校正子方程，接收端利用它们来进行译码。其中 $\boldsymbol{S}$ 仅与 $\boldsymbol{e}$ 有关，而与码字 $\boldsymbol{C}$ 无关。由于 $\boldsymbol{H}$ 矩阵是一个 $n-k$ 行 n 列的矩阵，所以 $\boldsymbol{S}$ 是一个 $n-k$ 维矢量，它可以给出 $n-k$ 个独立的方程，然而传输的差错 $\boldsymbol{e}$ 则是一个 n 维矢量，有 n 个待定的值，所以 $\boldsymbol{S}$ 并不能唯一的确定 $\boldsymbol{e}$。由某个给定的 $\boldsymbol{S}$，可以有 2^k 个 $\boldsymbol{e}$ 的解，即同一个伴随式可以得到 2^k 个错误图样，而真正的错误图样应该是 2^k 中的一个，所以，译码器必须从这 2^k 个候选错误矢量中判决出一个真正的错误矢量。为了使译码平均错误概率最小，在二进制对称信道的条件下，最可能的错误图样是译码 Hamming 重量最小的接收码组，即非零个数最小的码组。

下面介绍实际中常用到的线性分组码及其性质。

8.2.1 Hamming 码

Hamming 码具有的共同特性是

$$(n,k)=(2^m-1,2^m-1-m) \tag{8-5}$$

式中，m 是大于等于 3 的正整数。例如，$m=3$ 时，有（7，4）Hamming 码。

MATLAB 提供了生成 Hamming 码的函数 hammgen，以及用 Hamming 码进行编码、解码的 encode 和 decode 函数。

1．h=hammgen(m)

h=hammgen(m)产生一个 $m\times n$ 的 Hamming 校验矩阵 h，其中，$n=2^m-1$。需要注意的是，产生的校验矩阵 h=[I P]的形式，其中，I 是 $m\times m$ 的单位矩阵。

2．[h,g]=hammgen(m)

[h,g]=hammgen(m)产生一个 $m\times n$ 的 Hamming 校验矩阵 h 和与 h 相对应的生成矩阵 g。其中，$n=2^m-1$。h=[I P]，I 是 $m\times m$ 的单位矩阵。而 g=[P I]，其中，I 是 $(n-m)\times(n-m)$ 的单位矩阵，这与前面讨论的生成的矩阵形式不同。

3．code = encode(msg,n,k,'type/fmt')或 code = encode(msg,n,k)

code = encode(msg,n,k,'type/fmt')可以进行一般的线性分组编码、循环编码和 Hamming 编码。所选用的编码方式由 type 指定。它的值可以是 linear、cyclic 或 hamming，分别对应上面提到的 3 种编码方式，fmt 参数取值可以是 binary 或 decimal，分别用来说明输入待编码数据是二进制还是十进制。当使用 code = encode(msg,n,k)时，默认的是使用 Hamming 编码。

4．msg = decode(code,n,k,'type/fmt')

msg = decode(code,n,k,'type/fmt')用来对编码数据进行译码，其 type/fmt 的取值与 encode 函数的 type/fmt 的取值相对应。当使用 msg= decode(code,n,k)时，默认的是对 Hamming 编码进行译码。

例 8.1 用 MATLAB 仿真（7，4）Hamming 码的编码及硬判决译码过程。

程序代码如下：

```
clear all
N=10;                          %信息比特的行数
n=7;                           %Hamming 码组长度 n=2^m−1
m=3;                           %监督位长度
[H,G]=hammgen(m);              %产生(n,n−m)Hamming 码的生成矩阵和校验矩阵
x=randint(N,n−m);              %产生比特数据
y=mod(x*G,2);                  %Hamming 编码
y1=mod(y+randerr(N,n),2);      %在每个编码码组中引入一个随机比特错误
mat1=eye(n);                   %生成 n*n 的单位矩阵，其中每一行中的 1 代表错误比特位置
errvec=mat1*H.';               %校验结果对应的所有错误矢量
y2=mod(y1*H.',2);              %译码
%根据译码结果对应的错误矢量找出错误比特的位置，并纠错
for indx=1:N
    for indx1=1:n
        if(y2(indx,:)= =errvec(indx1,:))
```

```
16.             y1(indx,:)=mod(y1(indx,:)+mat1(indx1,:),2);
17.         end
18.     end
19. end
20. x_dec=y1(:,m+1:end);               %恢复原始信息比特
21. s=find(x～=x_dec)                  %纠错后的信息比特与原始信息比特对比
```

说明：程序的第 3～4 行分别定义了 Hamming 参数，第 5 行生成 Hamming 码的生成矩阵和校验矩阵。第 7 行是用生成矩阵进行 Hamming 编码，第 8 行在生成的每一个码组中引入随机的 1 比特错误。第 9～10 行生成校验结果所对应的所有错误矢量，第 11 行是对存在错误的码组进行译码。第 13～19 行是根据译码结果找出码组中错误比特的位置，并进行纠错。第 20 行是恢复原来的信息比特。最后是纠错后的译码结果与原始信息比特序列进行对比，看二者是否相同。

程序的运行结果如下：

```
s =
   Empty matrix: 0–by–1
```

说明纠错后的译码结果与原始信息完全相同。读者也可以通过查看 x 和 x_dec 的值进行验证。

例 8.2 仿真未编码和进行（7，4）Hamming 编码的 QPSK 调制通过 AWGN 信道后的误比特率性能。

程序代码如下：

```
clear all
N=1000000;                                    %信息比特行数
M=4;                                          %QPSK 调制
n=7;                                          %Hamming 编码码组长度
m=3;                                          %Hamming 码监督位长度
graycode=[0 1 3 2];

msg=randint(N,n–m);                           %信息比特
msg1=reshape(msg.',log2(M),N*(n–m)/log2(M)).';
msg1_de=bi2de(msg1,'left–msb');               %信息比特转换为十进制形式
msg1=graycode(msg1_de+1);                     %Gray 编码
msg1=pskmod(msg1,M);                          %QPSK 调制
Eb1=norm(msg1).^2/(N*(n–m));                  %计算比特能量
msg2=encode(msg,n,n–m);                       %Hamming 编码
msg2=reshape(msg2.',log2(M),N*n/log2(M)).';
msg2=bi2de(msg2,'left–msb');
msg2=graycode(msg2+1);                        %Hamming 编码后的比特序列转换
                                                为十进制形式
```

```
18.  msg2=pskmod(msg2,M);                                       %Hamming 编码数据进行 QPSK 调制
19.  Eb2=norm(msg2).^2/(N*(n-m));                               %计算比特能量
20.  EbNo=0:10;                                                 %信噪比
21.  EbNo_lin=10.^(EbNo/10);                                    %信噪比的线性值
22.  for indx=1:length(EbNo_lin)
23.      sigma1=sqrt(Eb1/(2*EbNo_lin(indx)));                   %未编码的噪声标准差
24.      rx1=msg1+sigma1*(randn(1,length(msg1))+j*randn(1,length(msg1)));  %加入高斯白噪声
25.      y1=pskdemod(rx1,M);                                    %未编码 QPSK 解调
26.      y1_de=graycode(y1+1);                                  %未编码的 Gray 逆映射
27.      [err ber1(indx)]=biterr(msg1_de.',y1_de,log2(M));      %未编码的误比特率
28.
29.      sigma2=sqrt(Eb2/(2*EbNo_lin(indx)));                   %编码的噪声标准差
30.      rx2=msg2+sigma2*(randn(1,length(msg2))+j*randn(1,length(msg2)));  %加入高斯白噪声
31.      y2=pskdemod(rx2,M);                                    %编码 QPSK 解调
32.      y2=graycode(y2+1);                                     %编码 Gray 逆映射
33.      y2=de2bi(y2,'left-msb');                               %转换为二进制形式
34.      y2=reshape(y2.',n,N).';
35.      y2=decode(y2,n,n-m);                                   %译码
36.      [err ber2(indx)]=biterr(msg,y2);                       %编码的误比特率
37.
38.  end
39.  semilogy(EbNo,ber1,'-ko',EbNo,ber2,'-k*');
40.  legend('未编码','Hamming(7,4)编码')
41.  title('未编码和 Hamming(7,4)编码的 QPSK 在 AWGN 下的性能')
42.  xlabel('Eb/No');ylabel('误比特率')
```

说明：第 1～6 行分别是设置相关参数，第 8～12 行是进行不编码的 QPSK 调制，第 14～18 行是进行 Hamming 编码并进行 QPSK 调制。第 23～27 行是对未编码过程的解调和误比特率统计过程，第 29～36 是对 Hamming 编码进行解调并进行译码的过程。第 39～42 行是画出各自的误比特率。

程序运行结果如图 8-2 所示。

从图 8-2 可以看出，在信噪比较低时（$E_b/N_0<6\text{dB}$），不编码的误比特率要好于编码的误比特率，这是因为编码虽然可以带来编码增益，但在传输总能量不变的情况下，由于传输每个编码码字中的比特能量减少，信噪比降低，由于信噪比降低而使误码率升高，而此时编码增益很小，因此，编码结果反而不如不编码的结果。而在信噪比较高时，编码增益要大于信噪比降低而导致的性能损失，因此，在 $E_b/N_0>6\text{dB}$ 时，编码结果要优于不编码的结果。在这个例子中仅采用了能纠正一位错误比特的编码方法，如果采用能纠正多位错误比特的编码方法，编码增益要更大。

Simulink 中也提供了 Hamming 编码、译码模块，也可以用 Simulink 来完成例 8.2。

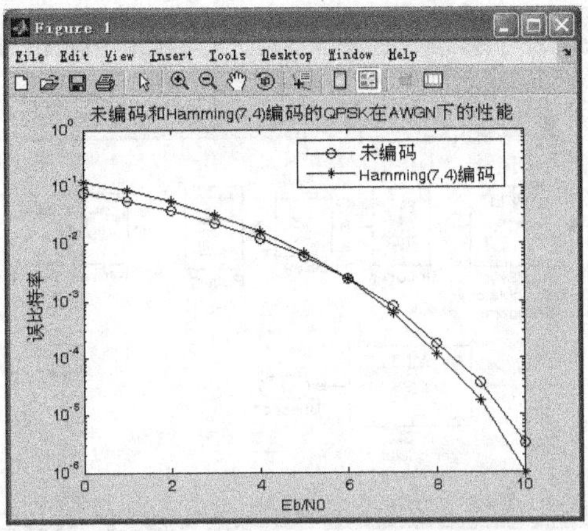

图 8-2 例 8.2 程序运行结果

例 8.3 用 Simulink 重新仿真例 8.2。

系统模型框图如图 8-3 所示。

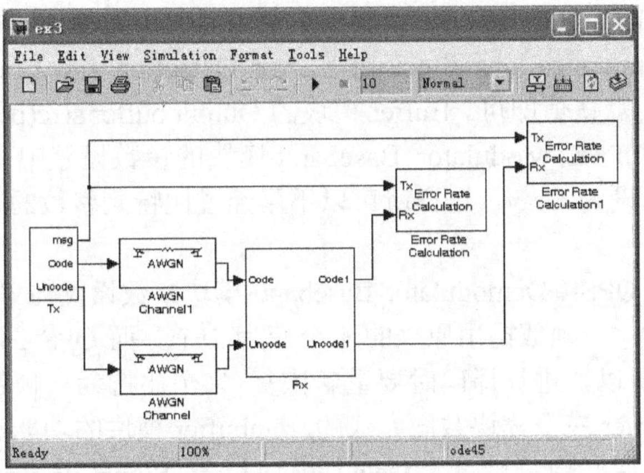

图 8-3 例 8.3 系统模型框图

其中，Tx 和 Rx 子系统模型框图分别如图 8-4、图 8-5 所示。

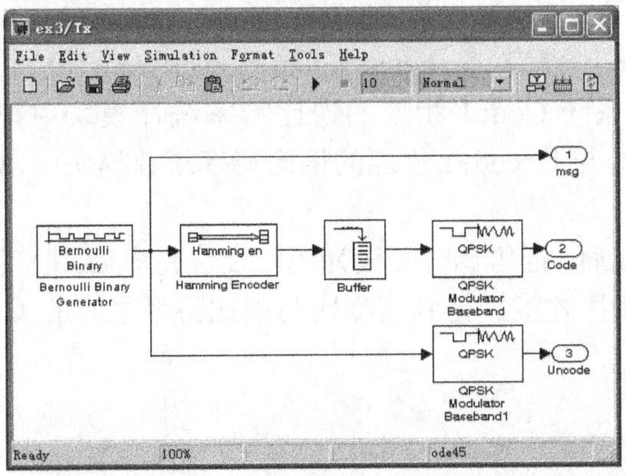

图 8-4 例 8.3Tx 子系统模型框图

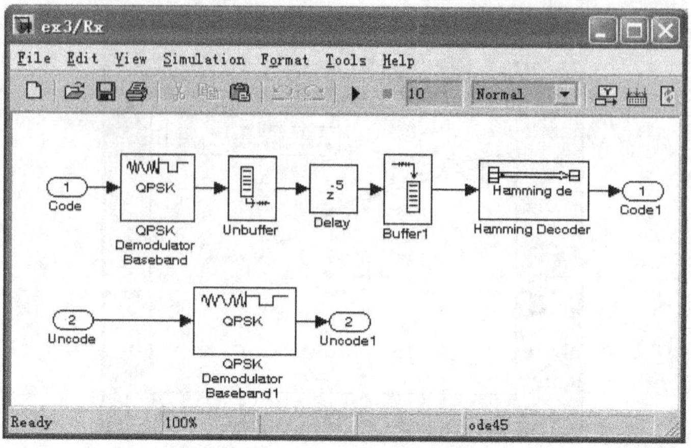

图 8-5　例 8.3Rx 子系统模型框图

在 Tx 子系统中，Bernoulli Binary Generator 的 Sample time 设为 1/(2*SymbolRate)，其中，SymbolRate 代表符号速率，它将从工作区赋值，选中 Frame-based outputs，Sample per frame 设为 4，因为后面的 Hamming Encoder 编码模块要求以 4 个比特为一帧作为输入。Hamming Encoder 模块位于 Communications Blockset→Error Detection and Correction→Block 模块库中，它的参数设置采用默认值即可。Buffer 模块的 Output buffer size(per channel)设为 2，其他参数采用默认值。在 QPSK Modulator Baseband 模块的参数设置中，Input type 设为 Bit，Constellation ordering 设为 Gray，这样就可以不用经过比特到整数的映射模块，直接根据输入的比特进行调制。

在 Rx 子系统中，QPSK Demodulator Baseband 模块参数设置与 Tx 模块中的一致。因为经过 Hamming 编码后，一帧数据由原来的 4 个变为 7 个。而 QPSK 调制时，是以两个比特为一组进行调制的，所以，进行译码时要重新恢复 7 个比特为一帧数据。这个功能是通过 Unbuffer、Delay 和 Buffer 三个模块共同完成的。Unbuffer 模块的功能是把 QPSK 模块的输出数据由帧形式转换为抽样数据形式。Delay 模块位于 Signal Processing Blockset→Signal Operations 模块库中，它的 Delay units 设为 Samples，Delay（samples）设为 5。Buffer 模块的 Out buffer size(per channel)设为 7。Hamming Decoder 模块的参数采用默认值。

在 AWGN 信道模块中，Mode 设为 Signal to noise ratio(Eb/No)，Eb/No(dB)设为 SNR，Number of bits per symbol 设为 2，Input signal power(watts)设为 1。Symbol period(s)设为 1/SymboRate。与 Rx 子系统 Code1 相连的误比特率统计模块中把 Receive delay 设为 8，Variable name 设为 BER2，与 Uncode1 相连的误比特率统计模块中，Variable name 设为 BER1，其他参数采用默认值。

各模块参数设置完成后，把仿真时间设为 10。设置完成后，把模型存盘，命名为 ex3.mdl。

由于程序需要运行多次才能够得到信噪比与误比特率之间的关系，为此需编写如下的脚本程序：

```
clear all
EbNo=0:10;                          %SNR 的范围
SymbolRate=50000;                   %符号速率
```

```
for ii=1:length(EbNo)
    SNR=EbNo(ii);                %赋值给 AWGN 信道模块中的 SNR
    sim('ex3');                  %运行仿真模型
    ber1(ii)=BER1(1);            %保存本次仿真未编码得到的 BER
    ber2(ii)=BER2(1);            %保存本次仿真 Hamming 编码得到的 BER
end
semilogy(EbNo,ber1,'-ko',EbNo,ber2,'-k*');
legend('未编码','Hamming(7,4)编码')
title('未编码和 Hamming(7,4)编码的 QPSK 在 AWGN 下的性能')
xlabel('Eb/No');ylabel('误比特率')
```

代码同以前的例子相似，就不再说明。

程序运行结果如图 8-6 所示。

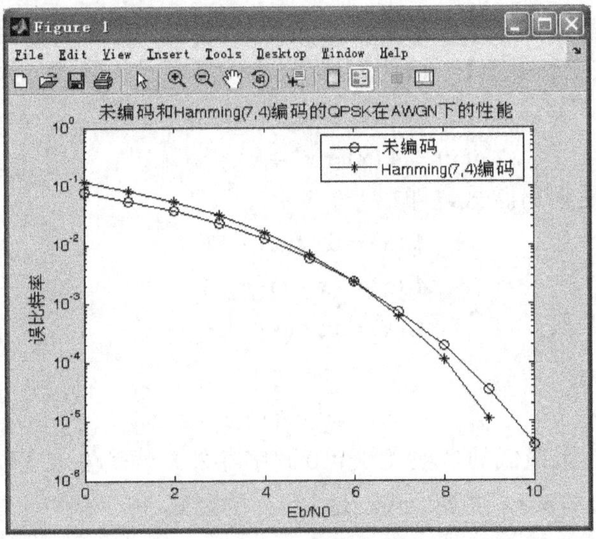

图 8-6 例 8.3 程序运行结果

从图 8-6 可以得出与例 8.2 相同的结论。

8.2.2 循环码

循环码（Cyclic Code）是一类重要的线性分组码，它除了具有线性码的一般性质外，还具有循环性，即循环码许用码组集合中任一码字循环移位所得的码字仍为该码组集合中的一个码字。循环码的两个最引人注目的特点是：

（1）可以用反馈线性移位寄存器很容易地实现其编码和伴随式计算。

（2）由于循环码有许多固有的代数结构，从而可以找到各种简单实用的译码方法。

目前，发现的许多线性分组码都与循环码密切相关。由于循环码具有众多的良好性质，所以它在理论和实用中都是十分重要的。表 8-1 中给出一种（7，3）循环码全部码字。

表 8-1 （7，3）循环码

序 号	码 字	序 号	码 字
0	0000000	4	1001110
1	0011101	5	1010011
2	0100111	6	1101001
3	0111010		

在代数理论中，为了便于计算，常用码多项式表示码字。(n,k) 循环码的码字，其码多项式（以降幂顺序排列）为

$$A(x)=c_{n-1}x^{n-1}+c_{n-2}x^{n-2}+\cdots+c_1x+c_0 \tag{8-6}$$

如表 8-1 中第 4 号码字就可以表示为 $A_4(x)=x^6+x^3+x^2+x$。可见，对于二进制码，多项式的系数不是 0 就是 1。

如果一种码的所有码多项式都是多项式 $g(x)$ 的倍式，则称 $g(x)$ 为该码的生成多项式。在 (n,k) 循环码中，任意码多项式 $A(x)$ 都是最低次码多项式的倍式。如表 8-1 的（7，3）循环码中，则

$$g(x)=A_1(x)=x^4+x^3+x^2+1 \tag{8-7}$$

其他码多项式都是 $g(x)$ 倍式，即

$$\begin{aligned}A_0(x)&=0\cdot g(x)\\A_2(x)&=(x+1)\cdot g(x)\\A_3(x)&=x\cdot g(x)\\&\vdots\\A_7(x)&=x^2\cdot g(x)\end{aligned} \tag{8-8}$$

因此，循环码中次数最低的多项式（全 0 码字除外）就是生成多项式 $g(x)$。可以证明，$g(x)$ 是常数项为 1 的 $r=n-k$ 次多项式，是 x^n+1 的因式。

循环码的生成矩阵常用多项式的形式来表示，即

$$G(x)=\begin{bmatrix}x^{k-1}g(x)\\x^{k-2}g(x)\\xg(x)\\g(x)\end{bmatrix} \tag{8-9}$$

式中，$g(x)=x^r+g_{r-1}x^{r-1}+\cdots+g_1x+1$。

如（7，3）循环码，n=7，k=3，r=4，其生成多项式及生成矩阵分别为

$$g(x)=A_1(x)=x^4+x^3+x^2+1 \tag{8-10}$$

即

$$G(x)=\begin{bmatrix}x^2g(x)\\xg(x)\\g(x)\end{bmatrix}=\begin{bmatrix}x^6+x^5+x^4+x^2\\x^5+x^4+x^3+x\\x^4+x^3+x^2+1\end{bmatrix}\quad G=\begin{bmatrix}1110100\\0111010\\0011101\end{bmatrix} \tag{8-11}$$

为了便于对循环码编译，通常还定义监督多项式，令

$$h(x)=\frac{x^n+1}{g(x)}=x^k+h_{k-1}x^{k-1}+h_1x+1 \tag{8-12}$$

式中，$g(x)$ 是常数项为 1 的 r 次多项式，即生成多项式；$h(x)$ 是常数项为 1 的 k 次多项式，称为监督多项式。

同理可得监督矩阵 $H(x)$，即

$$H(x)=\begin{bmatrix} x^{n-r-1}h^*(x) \\ \vdots \\ xh^*(x) \\ h^*(x) \end{bmatrix} \tag{8-13}$$

式中

$$h^*(x)=x^k h(x^{-1})=x^k+h_1x^{k-1}+h_2x^{k-2}+\cdots+h_{k-1}x+1 \tag{8-14}$$

$h^*(x)$称为 $h(x)$ 的逆多项式。

例如（7，3）循环码，$g(x)=x^4+x^3+x^2+1$，则

$$h(x)=\frac{x^7+1}{g(x)}=x^3+x^2+1 \qquad h^*(x)=x^3h(x^{-1})=x^3+x+1$$

$$H(x)=\begin{bmatrix} x^6+x^4+x^3 \\ x^5+x^3+x^2 \\ x^4+x^2+x \\ x^3+x+1 \end{bmatrix} \tag{8-15}$$

即

$$H=\begin{bmatrix} 1011000 \\ 0101100 \\ 0010110 \\ 0001011 \end{bmatrix} \tag{8-16}$$

MATLAB 提供的用来进行循环编码的函数是 cyclpoly 和 cycgen。在使用时首先需要使用 ccyclpoly 生成循环码的生成多项式，然后再用 cycgen 生成循环码的生成矩阵和校验矩阵。

1．pol=cyclpoly(n,k)

pol=cyclpoly(n,k)用来生成 (n, k) 循环码的生成多项式。

2．[h,g]=cyclgen(n,pol)

[h,g]=cyclgen(n,pol)用 pol 生成多项式生成循环码的生成矩阵 g 和校验矩阵 h。

此外，也可以使用 encode 直接进行循环码的编码。只要把 encode 的'type'参数指定为'cyclic'即可。在使用 decode 进行循环码的译码时，也需要指定 decode 的 type 参数为'cyclic'。

例 8.4 分别使用 cyclgen 和 encode 实现（3，2）循环码编码，并加入噪声，使用 decode 对二者进行解码，比较结果。

程序代码如下：

```
clear all
n = 3; k = 2;                                          %A (3,2)  循环码
N=10000;                                               %消息比特的行数
msg = randint(N,k);                                    %消息比特共 N*k 行
pol=cyclpoly(n,k);                                     %循环码的生成多项式
[h,g]=cyclgen(n,pol);                                  %生成循环码
code1 = encode(msg,n,k,'cyclic/binary');               %循环码编码
code2 = mod(msg*g,2);
noisy=randerr(N,n,[0 1;0.7 0.3]);                      %噪声
noisycode1 = mod(code1 + noisy, 2);                    %加入噪声
noisycode2 = mod(code2 + noisy,2);
newmsg1 = decode(noisycode1,n,k,'cyclic');             % 译码
newmsg2 = decode(noisycode2,n,k,'cyclic');
[number,ratio1] = biterr(newmsg1,msg);                 %误比特率
[number,ratio2] = biterr(newmsg2,msg);
disp(['The bit error rate1 is ',num2str(ratio1)])
disp(['The bit error rate2 is ',num2str(ratio2)])
```

程序代码比较简单，参考注释即可。

程序运行结果如下：

```
The bit error rate1 is 0.09955
The bit error rate2 is 0.09955
```

说明：用 cyclgen 函数和 encode 函数产生的循环码完全一致。

Simulink 中也提供了循环码编码和解码模块，它们的用法与 Hanmming 码模块类似，此处就不再赘述。

8.2.3 BCH 码

BCH（Bose-Chaudhuri-Hocquenghem）码是循环码中的一个大类，它可以是二进制码，也可以是非二进制码。二进制 BCH 码的构造可具有下列参数，即

$$
\begin{aligned}
n &= 2^m - 1 \\
n - k &\leqslant mt \\
d_{\min} &= 2t + 1
\end{aligned}
\tag{8-17}
$$

式中，$m(m \geqslant 3)$ 和 t 是任意正整数。这类二进制 BCH 码为通信系统设计者们在码长和码率方面提供了很大的选择余地。非二进制 BCH 码包括非常有用的里德—索罗门（Reed-Solomon）码，该码将在下一小节介绍。

MATLAB 提供的与 BCH 编码解码相关的函数是 bchgenpoly、bchenc 和 bchdec。

1．[genpoly,t] = bchgenpoly(n,k)

[genpoly,t] = bchgenpoly(n,k)用来生成 (n, k) BCH 码的生成多项式 genploy 及纠错能力 t。

2．code = bchenc(msg,n,k)

code = bchenc(msg,n,k)将消息 msg 以 (n, k) 的 BCH 码结构进行编码，其中 msg 是一个二进制 Galois 数组。msg 的每行代表一个消息字。

3．decoded = bchdec(code,n,k)

decoded = bchdec(code,n,k)用来对 BCH 编码的码字进行译码。

例 8.5　使用 gchgenploy 得到（15，5）BCH 码的纠错能力，并用（15，5）BCH 码来进行编码和译码。

程序代码如下：

```
1.   m = 4; n = 2^m-1;                          %码字长度
2.   k = 5;                                     %消息长度
3.   N= 100;                                    %消息比特行数
4.   msg = randint(N,k);                        %消息比特
5.   [genpoly,t] = bchgenpoly(n,k);             %（15，5）BCH 码的纠错能力
6.   
7.   code = bchenc(gf(msg),n,k);                %BCH 编码
8.   noisycode = code + randerr(N,n,1:t);       %每个码字加入不超过纠错能力的误码
9.   [newmsg,err,ccode] = bchdec(noisycode,n,k); %BCH 译码
10.  if ccode= =code
11.      disp('所有错误比特都被纠正。')
12.  end
13.  if newmsg= =msg
14.      disp('译码消息与原消息相同。')
15.  end
```

说明： 程序首先生成消息比特（第 4 行），然后得出(15,5)BCH 码的纠错能力（第 5 行），随后对消息比特进行 BCH 编码（第 7 行），并对编码后的码字加入不超过纠错能力的误比特，对包含误比特的编码消息进行译码（第 9 行），最后比较原始编码消息与纠错后的编码消息，以及译码后得到的消息比特与原消息比特是否一致。

程序的运行结果如下：

```
所有错误比特都被纠正。
译码消息与原消息相同。
```

Simulink 中也提供了 BCH 编码和解码模块，它们的用法与 Hanmming 码模块类似，此处也不再赘述。

8.2.4 RS 码

RS码是一类具有很强纠错能力的多进制BCH码，首先由里德（Reed）和索罗门（Solomon）提出，故简称为 RS 码。在线性分组码中，它的纠错能力和编码效率是最高的。相比其他线性分组码而言，在同样的编码效率下，RS 码的纠错能力是特别强的，特别是在短的中等码长下，其性能接近于理论值，它不但可以纠正随机错误、突发错误及两者的结合，而且可以用来构造其他码类，如级联码。因此，RS 码被广泛运用到各种通信系统中。例如，日本的 BEST 纠错码是（272，190）大数逻辑码，可以纠正 8 个错误比特，编码效率是 69%；如果利用 $GF(2^6)$域上的 RS（224，200）码则可以纠正 12 个比特的错误，编码效率可达 89%。

RS(n,k)码可以由 m 、n 和 k 3 个参数表示，其中 m 表示码元符号取自域 $GF(2^m)$，n 为码字长度，k 为信息段长度。对于一个可以纠正 t 个符号错误的 RS 码，有如下参数：

（1）码字长度：$n=2^m-1$ 个符号或 $m(2^m-1)$ 个比特。

（2）信息段：$k(k=1,2,\cdots,n-1)$ 个符号或 km 个比特。

（3）监督位：$2t=n-k$ 个符号或 $2mt=m(n-k)$ 个比特。

（4）最小码矩：$d_{\min}=2t+1$ 个符号，或 $md_{\min}=m(2t+1)$ 个比特。

例如，对 RS（204，188）码来说，源数据被分割为 188 个符号一组，经过编码变换后，成为 204 个符号长度的码字。长度为 16 个符号的监督位可以保证纠正码字中出现的最多 8 个符号错误。

RS 码的基本思想就是选择一个合适的生成多项式 $g(x)$，并且使得对每个信息段计算得到的码字多项式都是 $g(x)$ 的倍式，即使得码字多项式除以 $g(x)$ 的余式为 0。这样，如果接收到的码字多项式除以 $g(x)$ 的余式不是 0，则可以知道接收的码字中存在错误；而且通过进一步的计算可以纠正最多 $t=(n-k)/2$ 个错误。

RS 码生成多项式一般按如下公式选择，即

$$g(x)=(x-a)(x-a^2)\cdots(x-a^{2t})=\prod_{i=1}^{2t}(x-a^i) \tag{8-18}$$

式中，a^i 是 $GF(2^m)$中的一个元素。如果用 $d(x)$ 表示信息段多项式，则可以按如下方式构造码字多项式 $c(x)$。首先计算商式 $h(x)$ 和余式 $r(x)$，得

$$x^{n-k}d(x)/g(x)=h(x)g(x)+r(x) \tag{8-19}$$

取余式 $r(x)$ 作为校验字，然后令

$$c(x)=x^{n-k}d(x)+r(x) \tag{8-20}$$

即将信息位放置于码字的前半部分，监督位放置于码字的后半部分，则

$$\begin{aligned}c(x)/g(x)&=x^{n-k}d(x)/g(x)+r(x)/g(x)\\&=h(x)g(x)+r(x)+r(x)=h(x)g(x)\end{aligned} \tag{8-21}$$

因此，码字多项式 $c(x)$ 必可被生成多项式 $g(x)$ 整除。如果在接收端检测到余式不为 0，则可判断接收到的码字有错误。由于这种 RS 码能够纠正 t 个 m 进制的错误码字，所以，RS 码特别适用于有突发错误的信道。

以 RS（7，3）码为例介绍一下 RS 码的编码过程。RS（7，3）码利用 3 个信息符号得到长度为 7 的编码，码元符号取自域 $GF(2^3)$，即 $m=3$。域 $GF(2^3)$的本原多项式为 a^3+a+1，RS 码的生成多项式为 $g(x)=x^4+3x^3+x^2+2x+3$。假设输入符号为[4 0 6]，则信息段多项式 $d(x)=4x^2+6$。生成码字的过程如下：

（1）由于码元符号取自域 $GF(2^3)$，所以一个符号可以由 3 个比特表示，$x^4d(x)$ 的二进制比特表示为[100 000 110 000 000 000 000]；

（2）$g(x)$ 的二进制比特表示为[001 011 001 010 011]；

（3）计算 $x^{n-k}d(x)/g(x)$ 得的余式 $r(x)$ 的二进制比特表示为[100 010 010 000]，因此，校验位为[4 2 2 0]；

（4）生成的码字即为[4 0 6 4 2 2 0]。

MATLAB 提供了 RS 码的编码函数 rsenc 和译码函数 rsdec。

1．code = rsenc(msg,n,k)

code = rsenc(msg,n,k)将消息以 (n,k) 的 RS 码结构进行编码，其中 msg 是一个 Galois 数组的符号，每个符号都有 m 个比特。msg 的每行代表一个消息字。

2．code = rsenc(msg,n,k,genpoly)

除了参数，genpoly，该函数的使用与上面的一样。参数 genpoly 用于指定 RS 码的生成多项式，以 Galois 的行矢量形式给出系数。

3．decoded = rsdec(code,n,k)、decoded = rsdec(code,n,k,genpoly)

它们分别对应于上面两个编码函数的译码，其参数与 RS 码函数一致。

例 8.6 使用 MATLAB 函数仿真（15，11）RS 码通过二进制对称信道后的性能。假设每个符号的比特数是 4，二进制对称信道的误比特率是 0.01。

程序代码如下：

```
clear all
m=4;                                        %每个信息符号包含的比特数
n=15;                                       %码字长度
k=11;                                       %码字中的信息符号数
t=(n-k)/2;                                  %码的纠错能力
N=1000;                                     %信息符号的行数
msg=randint(N,k,2^m);                       %信息符号
msg1=gf(msg,m);
msg1=rsenc(msg1,n,k).';                     %（15，11）RS 编码
msg2=de2bi(double(msg1.x),'left-msb');      %转换为二进制
y=bsc(msg2,0.01);                           %通过二进制对称信道
y=bi2de(y,'left-msb');                      %转换为 10 进制
y=reshape(y,n,N).';
dec_x=rsdec(gf(y,4),n,k);                   %RS 解码
[err,ber]=biterr(msg,double(dec_x.x),m)     %解码后的误比特率
```

说明：程序首先生成信息符号（第 7 行），然后进行 RS 编码（第 9 行），第 10 行把编码后的符号转换为对应的二进制比特，随后通过二进制对称信道（第 11 行），bsc 的第 2 个参数是二进制对称信道的误比特率。第 12～15 行是把通过信道后的比特转换成符号，进行 RS 解码，并统计解码后的误比特率。

程序的运行结果如下：

```
err =
    77
ber =
    0.0018
```

从运行结果可以看出，RS 译码的的误比特率为 0.0018，相比译码前的误比特率 0.01，下降了一个数量级。

Simulink 中也提供了二进制和多进制的 RS 编码、译码模块。二进制模块的使用方法与例 8.3 类似，下面给出多进制 RS 编、解码模块的使用示例。

例 8.7 用 berawgn 函数得到 16-QAM 调制未编码情况下的 AWGN 信道误比特率性能，假设信道是二进制对称信道，用 Simulink 仿真采用 RS（15，11）编码后的误比特率性能随信道误比特率的变化情况。E_b/N_0 的范围是 0～10dB。

系统模型框图如图 8-7 所示。

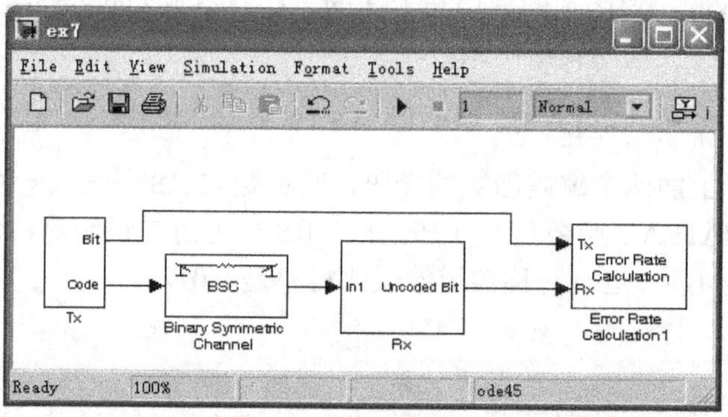

图 8-7　例 8.7 系统模型框图

其中，Tx 和 Rx 子系统模型框图分别如图 8-8、图 8-9 所示。

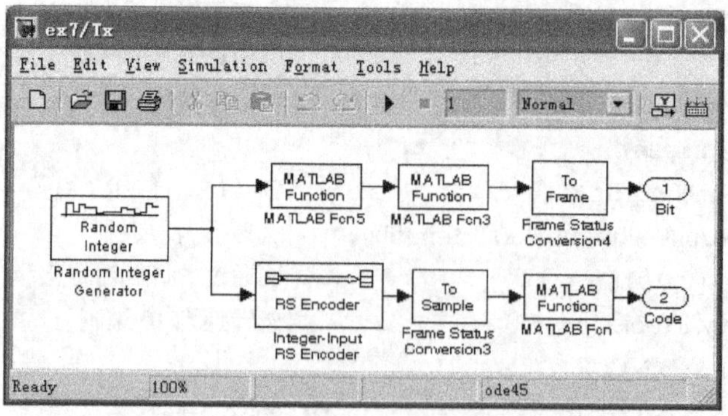

图 8-8　例 8.7 Tx 子系统模型框图

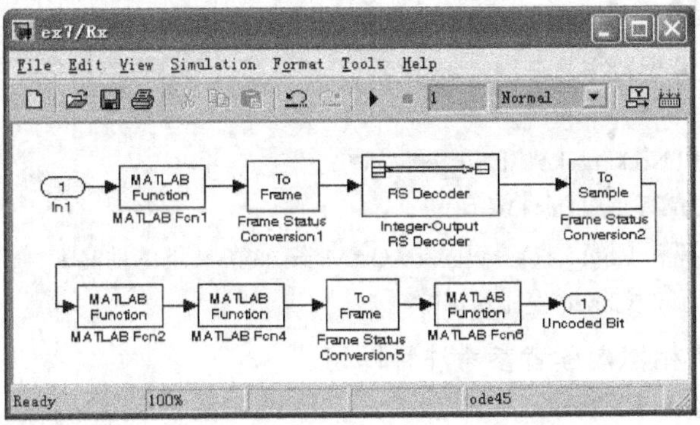

图 8-9　例 8.7 Rx 子系统模型框图

在 Tx 子系统中，Random Integer Generator 的 M-ary number 设为 16，Sample time 设为 1/110000，选中 Frame-based outputs，Sample per frame 设为 11，因为，后面的 Integer-Input RS Encoder 模块要求以 11 个符号为一帧作为输入。Integer-Input RS Encoder 模块位于“Communications Blockset→Error Detection and Correction→Block”模块库中，在它的参数设置中，Codeword length N 设为 15，Message length K 设为 11，本原多项式和生成多项式采用默认值。为了使编码信号能够通过二进制对称信道，还应该把每帧数据中的整数转换成二进制序列。Frame Status Conversion3 模块把帧格式的列矢量转换成抽样格式的列矢量，再由 MATLAB 函数模块（MATLAB Fcn）中的 de2bi(u,4,'left-msb')把每个抽样转换成 4 位二进制数。同时为了统计误比特率，还需要把原始整数数据转换成二进制数据，这是由两个 MATLAB 函数模块（MATLAB Fcn5、MATLAB Fcn3）和一个 Frame Status Conversion4 模块完成的。Frame Status Conversion3 和 Frame Status Conversion4 的 Output signal 参数设为 Sample-based。MATLAB Fcn 和 MATLAB Fcn5 的 MATLAB function 参数设为 de2bi(u,4,'left-msb'),其他参数采用默认值。MATLAB Fcn3 的 MATLAB function 参数设为 reshape(u.',44,1)。

在 Rx 子系统中，MATLAB Fcn1 的 MATLAB function 参数设为 bi2de(u,'left-msb')，Frame Status Conversion1 和 Frame Status Conversion5 的 Output signal 参数设为 Frame-based，Frame Status Conversion2 的 Output signal 参数设为 Sample-based。MATLAB Fcn2 的 MATLAB function 参数设为 de2bi(u,4,'left-msb')，MATLAB Fcn4 的 MATLAB function 参数设为 reshape(u.',44,1)，MATLAB Fcn6 的 MATLAB function 参数设为 reshape(u.',44,1)。

Binary Symmetric Channel 的 Error probability 设为 BER，将从工作区给它赋值。误比特率统计模块中的 Variable name 设为 BER1，其他参数采用默认值。

各模块参数设置完成后，把仿真时间设为 1。设置完成后，把模型存盘，命名为 ex7.mdl。

由于程序需要运行多次才能够得到信噪比与误比特率之间的关系，为此需编写如下的脚本程序：

```
clear all
EbNo=0:10;                              %SNR 的范围
ber=berawgn(EbNo,'qam',16);             %由 SNR 得到 16-QAM 的理论 ber
for ii=1:length(EbNo)
    BER=ber(ii);                        %赋值给 BSC 信道模块中的 BER
```

```
        sim('ex7');                                      %运行仿真模型
        ber1(ii)=BER1(1);                                %保存本次仿真得到的 BER
    end
    semilogy(EbNo,ber,'-ko',EbNo,ber1,'-k*');
    legend('未编码','RS(15,11)编码')
    title('未编码和 RS(15,11)编码的 16-QAM 在 AWGN 下的性能')
    xlabel('Eb/No');ylabel('误比特率')
```

代码同以前的例子相似，读者参考注释即可。

程序运行结果如图 8-10 所示。

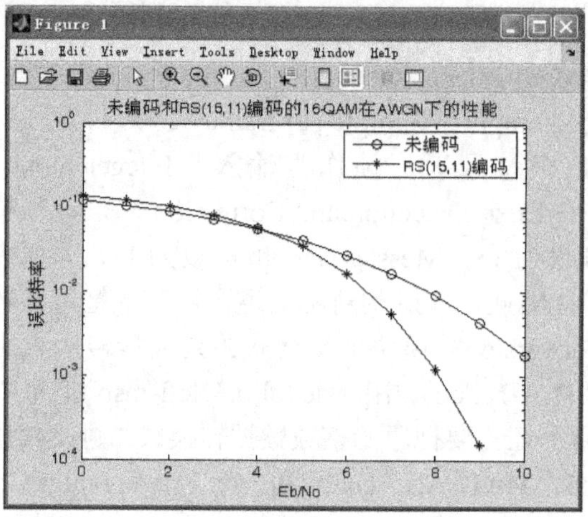

图 8-10　例 8.7 程序运行结果

从图 8-10 可以看出，在 $E_b / N_0 > 4\text{dB}$ 后，RS(15,11)编码能取得较好的效果。

8.2.5　CRC 校验码

CRC 是英文名称 Cyclic Redundancy Check 的缩写，意为循环冗余校验。前面的分析已经表明，循环码的检错能力是很强的，而 CRC 码便是一种广泛用于检错的循环码。

循环冗余校验码的基本思想是利用线性编码理论，在发送端根据要传送的 k 位二进制码序列，以一定的规则产生一个校验用的 r 位监督码（即 CRC 码），并附加在信息位后边，构成一个新的共 $n = k + r$ 位的二进制码序列，最后发送出去，这种编码又叫 (n,k) 码。对于一个给定的 (n,k) 码，可以证明存在一个最高次幂为 r 的多项式 $G(x)$。根据 $G(x)$ 可以生成 k 位信息的校验码，而 $G(x)$ 叫做这个 CRC 码的生成多项式。

校验码的具体生成过程为假设发送信息，用信息多项式 $G(x)$ 表示，将 $G(x)$ 左移 r 位，则可表示成 $C(x)\times 2^r$，这样 $G(x)$ 的右边就会空出 r 位，这就是校验码的位置。通过 $C(x)\times 2^r$ 除以生成多项式 $G(x)$ 得到的余数就是校验码。

接收方将接收到的二进制序列数（包括信息码和 CRC 码）除以多项式，如果余数为 0，则说明传输中无错误发生，否则说明传输有误。

CRC 用于检错，一般能检测如下错误：突发长度小于 $n-k+1$ 的突发错误；或者大部分突发长度等于 $n-k+1$ 的错误，其中不可检出错误的仅占 $2^{-(n-k+1)}$；或者大部分突发长度大于 $n-k+1$ 的错误，其中不可检出错误的仅占 $2^{-(n-k)}$；或者所有与许用码组码距小于 $d_{\min}-1$ 的错误及所有奇数个错误。

CCITT 所推荐的，并在高速数据链路控制规程（HDLC）及 X.25 协议中所采用的 CRC 码是一种 $(n,n-16)$ 的循环码。它的最小距离为 4，生成多项式为 $g(x)=x^{16}+x^{12}+x^5+1$，此码能检测长度不大于 16 的所有突发错误，所有奇数个和两个独立错误及其他大量错误图样。

例 8.8 使用 MATLAB 仿真 CRC-8 校验码在二进制对称信道中的检错性能。其中，CRC 生成多项式为 $g(x)=x^8+x^7+x^6+x^4+x^2+1$，每一帧中含有的消息比特个数为 16，假设二进制对称信道采用 16-QAM 调制。E_b/N_0 的范围是 0～10dB。

程序代码如下：

```
clear all
N=100000;                              %发送的帧数
L=16;                                  %一帧中的消息比特个数
poly=[1 1 1 0 1 0 1 0 1];              %CRC 生成多项式
N1=length(poly)-1;                     %CRC 码的长度
EbNo=0:10;                             %SNR 范围
ber=berawgn(EbNo,'qam',16);            %16-QAM 理论误比特率
for indx=1:length(ber)
    pe=ber(indx);                      %BSC 信道错误概率
    for iter=1:N
        msg=randint(1,L);              %消息比特
        msg1=[msg zeros(1,N1)];        %消息比特左移
        [q,r]=deconv(msg1,poly);       %用多项式除法求 CRC 校验码,q 为商,r 为余数
        r=mod(abs(r),2);               %进行模 2 处理
        crc=r(L+1:end);                %CRC 校验码
        frame=[msg crc];               %发送帧
        x=bsc(frame,pe);               %通过二进制对称信道
        [q1,r1]=deconv(x,poly);        %接收序列除以多项式
        r1=mod(abs(r1),2);             %模 2 处理
        err(iter)=biterr(frame,x);     %统计本帧是否产生误码
        err1(iter)=sum(r1);            %通过 CRC 统计本帧是否产生误码
    end
    fer1(indx)=sum(err~=0);            %误帧率
    fer2(indx)=sum(err1~=0);           %通过 CRC 计算误帧率
end
pmissed=(fer1-fer2)/N;                 %CRC 漏检的概率
semilogy(EbNo,pmissed)
title('CRC-8 检错性能')
xlabel('Eb/No');ylabel('漏检概率')
```

说明： 程序的第 2～6 行定义了相关的参数，然后在不同的信噪比下发送 100000 帧带 CRC 校验码的数据通过二进制对称信道（第 11～17 行），在接收端根据接收数据与原始数据的对比和根据 CRC 校验结果分别进行误帧率的统计（第 18～24 行），得出 CRC 校验漏检的结果并作图（第 26～29 行）。

程序的执行结果如图 8-11 所示。

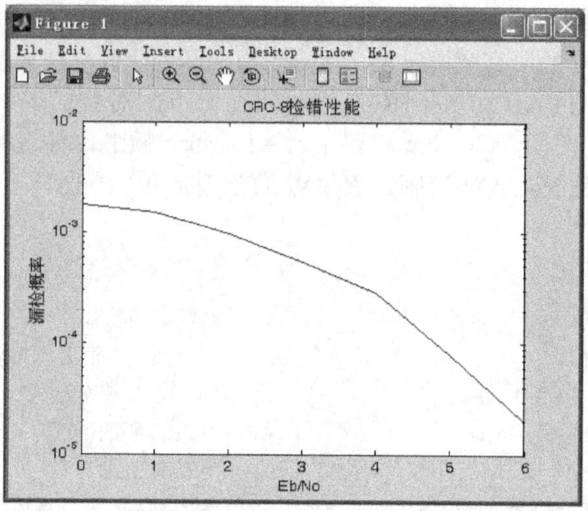

图 8-11 例 8.8 程序执行结果

从图 8-11 可以看出，CRC-8 的检测性能随着信噪比的增加而提高。在 $E_b/N_0 > 5\text{dB}$ 时，CRC 检测器发生错误判决的比例小于 10^{-4}，即每 10000 个数据帧中只有一个帧在发生传输错误时未能被 CRC 检测器检查出来。

Simulink 中提供的 CRC 编码器有两种，即通用 CRC 编码器和 CRC-N 编码器，这两个 CRC 编码器比较接近，它们之间的区别在于，后者提供了 6 个常用的 CRC 生成多项式，使用起来比较方便。

例 8.9 使用 Simulink 仿真 CRC-16 校验码在二进制对称信道中的检错性能并与例 8.8 比较。每一帧中含有的消息比特个数为 64，二进制对称信道采用 16-QAM 调制，E_b/N_0 的范围是 0～10dB。

系统模型框图如图 8-12 所示。

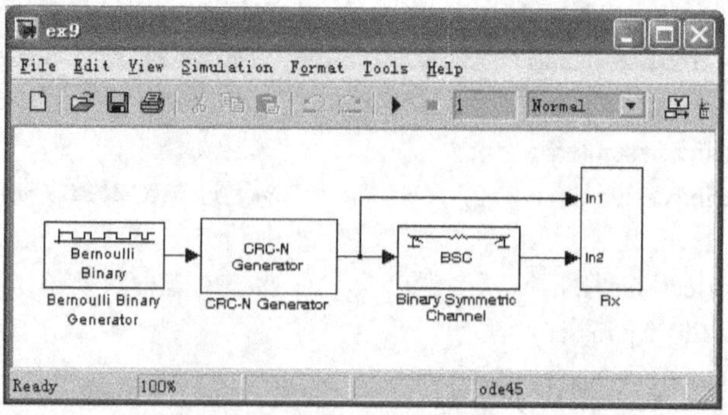

图 8-12 例 8.9 系统模型框图

其中，Rx 子系统模型框图如图 8-13 所示。

Bernoulli Binary Generator 的 Sample time 设为 1/64000000，选中 Frame-based outputs，Sample per frame 设为 64。在 CRC-N Generator 模块的参数设置中，CRC method 设为 CRC-16，其他两个参数采用默认值。Binary Symmetric Channel 的 Error probability 设为 BER，将从工作区中赋值给它。

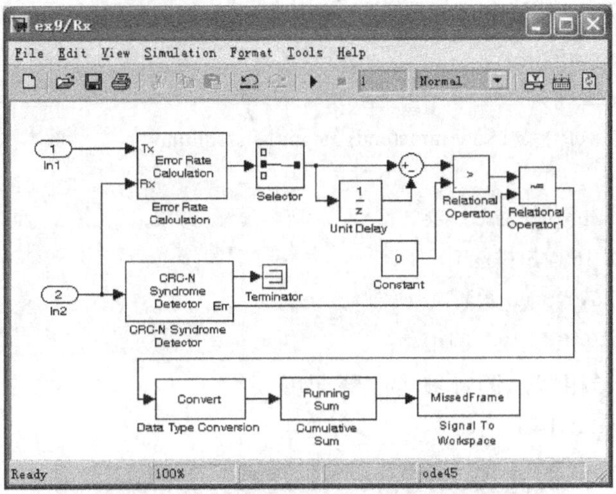

图 8-13　例 8.9 Rx 子系统模型框图

在 Rx 子系统中，通过 Bianry Symmetric Channel 的信号分为两路，其中一路与 CRC 编码后的数据帧通过 Error Rate Calculation 模块进行比较，然后通过 Selector 模块选择第 2 个输出信号，即误比特的个数作为输出。为了判断本帧中是否出现漏洞传输错误，把 Selector 模块的输出信号与它的一个单位延迟信号相减，如果它们的差为 0，说明在本帧比较的过程中，误比特数没有增加，因此本帧没有错误；否则，它们的差值就是本帧中的错误比特数。由于只需要知道本帧是否有错，通过 Relational Operator 模块后，如果数据帧没有错误，模块的输出信号等于 0；否则，输出信号等于 1。另一路数据通过 CRC-N Syndrome Detector 模块进行 CRC 校验。CRC-N Syndrome Detector 有两个输出信号，其中第 1 个输出端口的信号是除去了 CRC 的信息序列，第 2 个输出端口的信号表示对接收信号的 CRC 进行校验的结果。如果根据信息位重新计算得到的 CRC 与接收到的 CRC 相等，则输出信号等于 0；否则，输出信号等于 1。CRC-N Syndrome Detector 第 2 个端口的输出信号与通过 Relational Operator 模块后的信号再进行比较，如果结果相同，说明 CRC 校验是正确的，否则，CRC 校验发生了错误的判决。Cumulative Sum 模块对这两个信号的比较过程中结果不吻合的次数进行统计，通过 Signal to Workspace 模块保存到 MATLAB 工作区中名字为 MissedFrame 的变量中。CRC-N Syndrome Detector 的参数设置与 CRC-N Generator 模块一致。Error Rate Calculation 模块的 Output data 设为 Port，其他参数采用默认值。Selector 模块的 Elements 参数设为[2]，其他参数采用默认值。Unit Delay 模块的 Sample time 设为–1。Relational Operator 的 Relational Operator 参数设为>。Relational Operator1 的 Relational Operator 设为～=。Signal to Workspace 的 Variable name 设为：MissedFrame。其他参数采用默认值。

各模块参数设置完成后，把仿真时间设为 1。设置完成后，把模型存盘，命名为 ex9.mdl。

由于程序需要运行多次才能够得到信噪比与误比特率之间的关系，为此需要编写如下的脚本程序：

```
clear all
EbNo=0:10;                                              %SNR 的范围
ber=berawgn(EbNo,'qam',16);
for ii=1:length(EbNo)
    BER=ber(ii);                                        %赋值给 BSC 信道模块中的 BER
    sim('ex9');                                         %运行仿真模型
    pmissed(ii)=MissedFrame(end)/length(MissedFrame);   %本次仿真得到的漏检概率
end
semilogy(EbNo,pmissed,'-ko');
title('CRC-16 检错性能')
xlabel('Eb/No');ylabel('漏检概率')
axis([0 8 10.^(-6) 10.^(-3)])
```

代码同以前的例子相似，读者参考注释即可。

程序运行结果如图 8-14 所示。

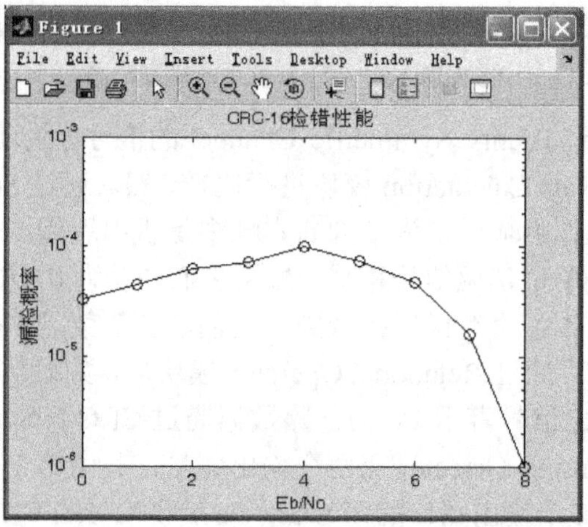

图 8-14　例 8.9 程序运行结果

从图 8-14 可以看出，与 CRC-8 相比，CRC-16 的检测性能要更好一些，不管信道的 SNR 如何变化，CRC 检测器发生错误判决的比例都小于 10^{-4}。因此，CRC 编码广泛的应用于移动通信系统中，用于实现自动请求重传（ARQ）功能。

8.3　卷积码

FEC 系统中除了应用分组码（BlockCode）外，还广泛使用卷积码（Convolutional Code）。在同等码率和相似的纠错能力下，卷积码的实现往往比分组码要简单，因此，在 FEC 系统中，将越来越多地应用卷积码。

8.3.1 卷积码的原理

卷积码又称连环码，是1955年提出来的一种纠错码，它和分组码有明显的区别。(n,k)线性分组码中，本组$r=n-k$个监督元仅与本组k个信息元有关，与其他各组无关，也就是说，分组码编码器本身并无记忆性。卷积码则不同，每个(n,k)码段（也称子码，通常较短）内的n个码元不仅与该码段内的信息元有关，而且与前面m段的信息元有关。通常称m为编码存储。卷积码常用符号(n,k,m)表示。

图8-15是（2，1，2）卷积码的编码器。它由移位寄存器、模二加法器及开关电路组成。

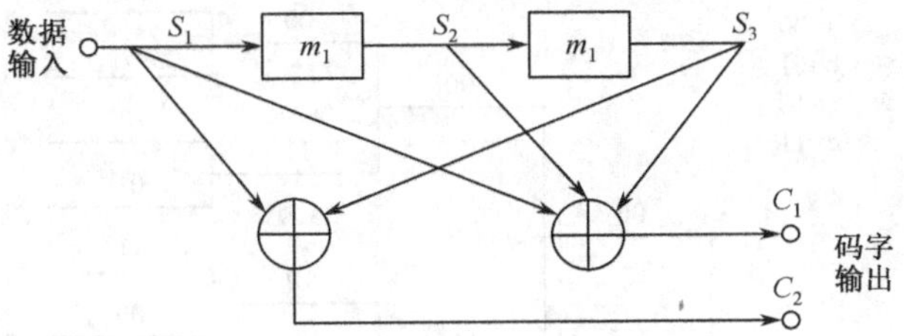

图8-15 卷积码（2，1，2）编码器

起始状态，各级移位寄存器清零，即$S_1S_2S_3$为000。S_1等于当前输入数据，而移位寄存器状态S_2S_3存储以前的数据，输出码字C由下式确定，即

$$\begin{cases}C_1=S_1\oplus S_2\oplus S_3\\C_2=S_1\oplus S_3\end{cases}\tag{8-22}$$

由于C_1对应的加法器与输入信号及寄存器m_1，m_2相连，因此，对应的二进制序列是111，对应于八进制的7，C_2对应的加法器与输入信号及寄存器m_2相连，因此，对应的二进制序列是101，对应于八进制的5，因此，这个卷积编码器的生成多项式是[7 5]。

当输入数据D=[1 1 0 1 0]时，输出码字可以计算出来，具体计算过程参见表8-2，另外，为了保证全部数据通过寄存器，还必须在数据位后加3个0。

表8-2 （2，1，2）编码器的工作过程

S1	1	1	0	1	0	0	0	0
S_3S_2	00	01	11	10	01	10	00	00
C_1C_2	11	01	01	00	10	11	00	00
状态	A	B	D	C	B	C	A	A

从上述的计算可知，每1位数据，影响$m+1$个输出子码，称$m+1$为编码约束度。每个子码有n个码元，在卷积码中有约束关系的最大码长度则为$(m+1)n$，称为编码约束长度。（2，1，2）卷积码的编码约束度为3，约束长度为6。

8.3.2 卷积码的描述

卷积码同样也可以用矩阵的方法描述，但较抽象。因此，采用图解的方法直观描述其编码过程。常用的图解法有 3 种方法：树图、状态图和格图。

1. 树图

树图描述的是在任何数据序列输入时，码字所有可能的输出。对应于如图 8-15 所示的（2，1，2）卷积码的编码电路，可以画出其树图如图 8-16 所示。

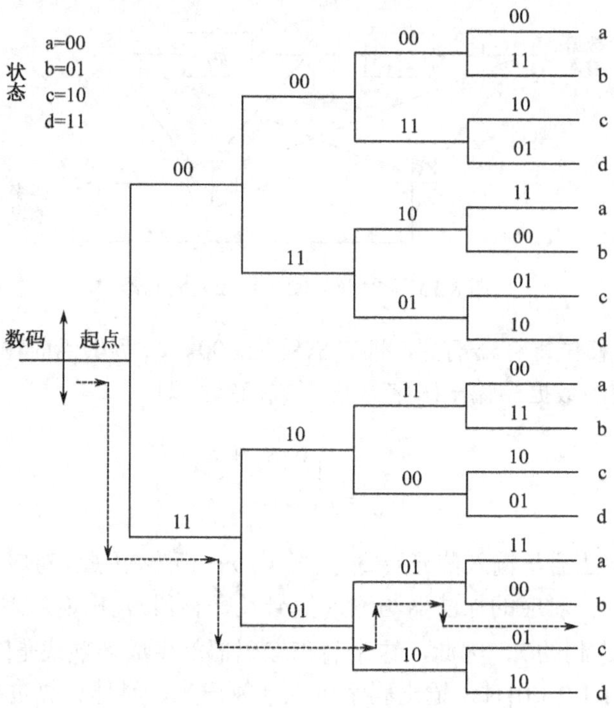

图 8-16 （2，1，2）卷积码的树图

以 $S_1S_2S_3$ 为 000 作为起点，用 a、b、c 和 d 表示出 S_3S_2 的 4 种可能状态：00、01、10 和 11。若第一位数据 $S_1=0$，输出 $C_1C_2=00$，从起点通过上支路到达状态 a，即 $S_3S_2=00$；若 $S_1=1$，输出 $C_1C_2=11$，从起点通过下支路到达状态 b，即 $S_3S_2=01$；依次类推，可得整个树图。输入不同的信息序列，编码器就走不同的路径，输出不同的码序列。例如，当输入数据为[1 1 0 1 0]时，其路径如图 8-16 所示中虚线所示，并得到输出码序列为[1 1 0 1 0 1 0 0 …]，与表 8-2 的结果一致。

2. 状态图

除了用树图表示编码器的工作过程外，还可以用状态图来描述。图 8-17 就是该（2，1，2）卷积码编码器的状态图。

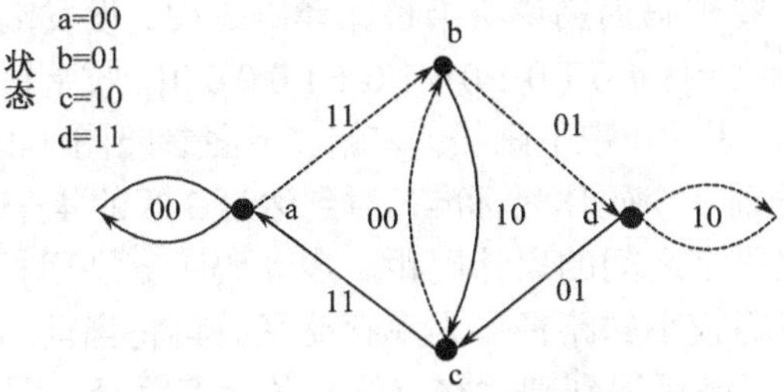

图 8-17 （2，1，2）卷积码的状态图

在图中有 4 个节点 a、b、c、d，同样分别表示 S_3S_2 的 4 种可能状态。每个节点有两条线离开该节点，实线表示输入数据为 0，虚线表示输入数据为 1，线旁的数字即为输出码字。

3．格图

格图也称网络或篱笆图，它由状态图在时间上展开而得到，如图 8-18 所示。图中画出所有可能数据输入时，状态转移的全部可能轨迹，实线表示数据为 0，虚线表示数据为 1，线旁数字为输出码字，节点表示状态。

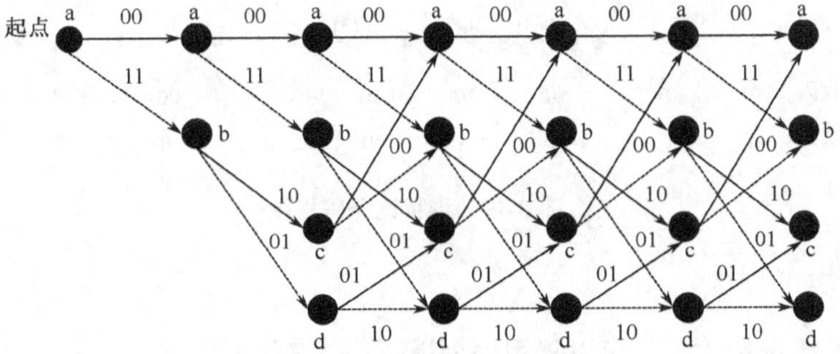

图 8-18 （2，1，2）卷积码的格图

以上的 3 种卷积码的描述方法，不但有助于求解输出码字，了解编码工作过程，而且对研究解码方法也很有用。

8.3.3 卷积码的译码

卷积码的译码可分为代数译码和概率译码两大类。代数译码是利用生成矩阵和监督矩阵来译码，最主要的方法是大数逻辑译码。概率译码比较实用的有两种：维特比译码和序列译码。目前，概率译码已成为卷积码最主要的译码方法。本节将简要讨论维特比译码和序列译码。

1．维特比（Viterbi）译码

维特比（Viterbi）译码，它是一种最大似然译码算法。最大似然译码算法的基本思路是，把接收码字与所有可能的码字比较，选择一种码距最小的码字作为解码输出。由于接收序列通常很长，所以，维特比译码对最大似然译码做了简化。它把接收码字分段累接处理，每接收一段码字，计算、比较一次，保留码距最小的路径，直至译完整个序列。

现以上述（2，1，2）卷积码为例说明维特比译码过程。设发端的信息数据 D=[1 1 0 1 0 0 0 0]，由编码器输出的码字 C=[1 1 0 1 0 1 0 0 1 0 1 1 0 0 0 0]，收端接收的码序列 B=[0 1 0 1 0 1 1 0 1 0 0 1 0 0 1 0]，有 4 位码元（带下画线）差错。下面参照图 8-18 的格状图说明译码过程。

如图 8-19 所示，先选前 3 个码作为标准，对到达第 3 级的 4 个节点的 8 条路径进行比较，逐步算出每条路径与接收码字之间的累计码距。累计码距分别用括号内的数字标出，对照后保留一条到达该节点的码距较小的路径作为幸存路径。再将当前节点移到第 4 条级，计算、比较、保留幸存路径，直至最后得到到达终点的一条幸存路径，即为解码路径，如图 8-19 中实线所示。根据该路径，得到解码结果。

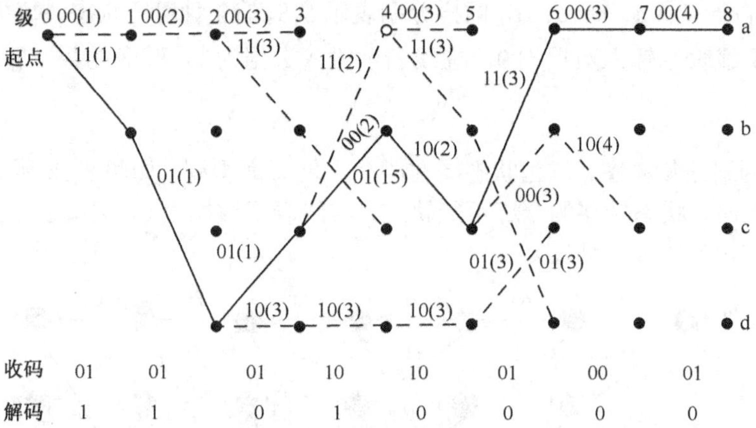

图 8-19　维特比译码格图

2．序列译码

当卷积码参量 m 很大时，可以采用序列译码法。其过程如下：

译码先从码树的起始节点开始，把接收到的第一个子码的 n 个码元与自始节点出发的两条分支按照最小汉明距离进行比较，沿着差异最小的分支走向第二个节点。在第二个节点上，译码器仍以同样原理到达下一个节点，以此类推，最后得到一条路径。

若接收码组有错，则自某节点开始，译码器就一直在不正确的路径中行进，译码也一直错误。因此，译码有一个门限，当接收码元与译码器所走的路径上的码元之间的差异总数超过门限值时，译码器判定有错，并且返回试走另一分支。经数次返回找出一条正确的路径，最后译码输出。当该门限值很小时，序列译码的性能接近最大似然译码，尽管译码时每一次搜索的计算量和所需存储容量不大，但是其频繁的返回则要求更大的计算量，反而使其译码延时远大于维特比译码。当门限值很大时，序列译码的计算量和延时会大大减少，但不一定能搜索到最佳路径，从而导致译码输出误比特率增大。

8.3.4　卷积码仿真

MATLAB 提供了卷积码的函数编码 convenc 和相应的 Viterbi 译码函数 vitdec，可以快速地得到编译码结果。

卷积码的编码函数主要有以下 4 个。

1．code=convenc(msg,trellis)

完成输入信号 msg 的卷积编码，其中 trellis 代表编码多项式，但其必须是 MATLAB 的网格结果，需要利用 poly2trellis 函数将多项式转化为网格表达式。msg 的比特数必须为 log2(trellis.numInputSymbols)。

2．code=convenc(msg,trellis,puncpat)

作用与 1 类似，其中 puncpat 定义凿孔模式。

3．code=convenc(msg,trellis,…,init_state)

init_state 指定编码寄存器的初始状态。

4．decoded=vitdec(code,trellis,tblen,opmode,dectype)

对码字 code 进行 Viterbi 译码。trellis 表示产生码字的卷积编码器，tblen 表示回溯的深度，opmode 指明译码器的操作模式，dectype 则给出译码器判决的类型，如软判决和硬判决。

例 8.10　仿真 BPSK 调制在 AWGN 信道下分别使用卷积码和不使用卷积码的性能，其中，卷积码的约束长度为 7，生成多项式为[171,133]，码率为 1/2，译码分别采用硬判决译码和软判决译码。

程序代码如下：

```
clear all
EbNo=0:10;                                   %SNR 的范围
N=1000000;                                   %消息比特个数
M=2;                                         %BPSK 调制
L=7;                                         %约束长度
trel=poly2trellis(L,[171 133]);              %卷积码生成多项式
tblen=6*L;                                   %Viterbi 译码器回溯深度。
msg=randint(1,N);                            %消息比特序列
msg1=convenc(msg,trel);                      %卷积编码
x1=pskmod(msg1,M);                           %BPSK 调制
for ii=1:length(EbNo)
    %加入高斯白噪声，因为码率为 1/2，所以每个符号的能量要比比特能量少 3dB
    y=awgn(x1,EbNo(ii)-3);
    y1=pskdemod(y,M);                                          %硬判决
    y1=vitdec(y1,trel,tblen,'cont','hard');                    %Viterbi 译码
    [err,ber1(ii)]=biterr(y1(tblen+1:end),msg(1:end-tblen));   %误比特率

    y2=vitdec(real(y),trel,tblen,'cont','unquant');            %软判决
    [err,ber2(ii)]=biterr(y2(tblen+1:end),msg(1:end-tblen));   %误比特率

end
```

```
22.  ber=berawgn(EbNo,'psk',2,'nodiff');                          %BPSK 调制理论误比特率
23.  semilogy(EbNo,ber,'-ko',EbNo,ber1,'-k*',EbNo,ber2,'-k.');
24.  legend('BPSK 理论误比特率','硬判决误比特率','软判决误比特率')
25.  title('卷积码性能')
26.  xlabel('Eb/No');ylabel('误比特率')
```

说明：程序的第 2～7 行定义了相关的参数，第 8 行产生消息比特，第 9～10 行进行卷积编码并进行 BPSK 调制，第 13 行是把调制后的信号通过 AWGN 信道，第 14～16 行是对接收信号进行硬判决译码并统计误比特率，第 18～19 行是进行软判决译码并统计误比特率。第 22 行给出了 BPSK 在 AWGN 信道下的理论误比特率，第 23～265 行是画出仿真结果。

程序执行结果如图 8-20 所示。

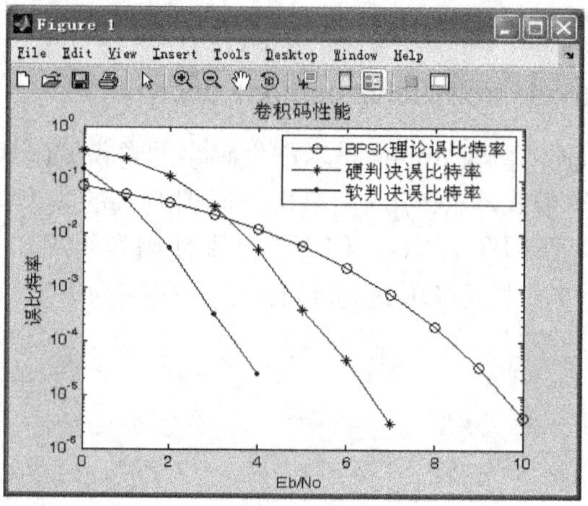

图 8-20　例 8.10 程序执行结果

从图 8-20 可以看出，在信噪比较高时，硬判决译码要比没有采用卷积码时性能大约提高 3dB，而软判决译码要比硬判决译码性能好大约 2dB。

Simulink 中也提供了卷积码编码和 Viterbi 译码模块，下面给出使用 Sinulink 仿真卷积码性能的示例。

例 8.11　用 Simulink 重新仿真例 8.10。

系统模型框图如图 8-21 所示。

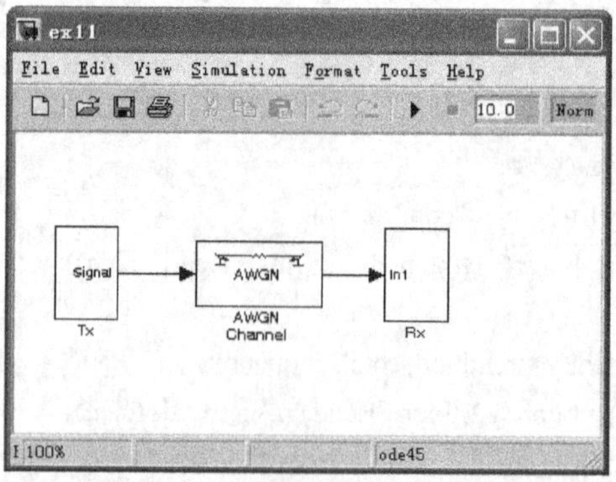

例 8-21　例 8.11 系统模型框图

其中，Tx 和 Rx 子系统模型框图分别如图 8-22 和图 8-23 所示。

在 Tx 子系统中，Bernoulli Binary Generator 的 Sample time 设为 1/BitRate，选中 Frame-based outputs，Samples per frame 设为 BitRate。其中，BitRate 代表比特速率，将从工作区中赋值给它。在 Convolutional Encoder 模块的参数设置中，Trellis structure 设为 poly2trellis(Lc,[171 133])，其中，Lc 是卷积码的约束长度，将从工作区中赋值给它。Integer Delay 模块的 Number of delays 设为 6*Lc，是 Viterbi 译码器的回溯深度。Goto 模块的 Tag Visibility 要设为 global，否则，Rx 子系统中的 From 模块会提示找不到对应的 Goto 模块。

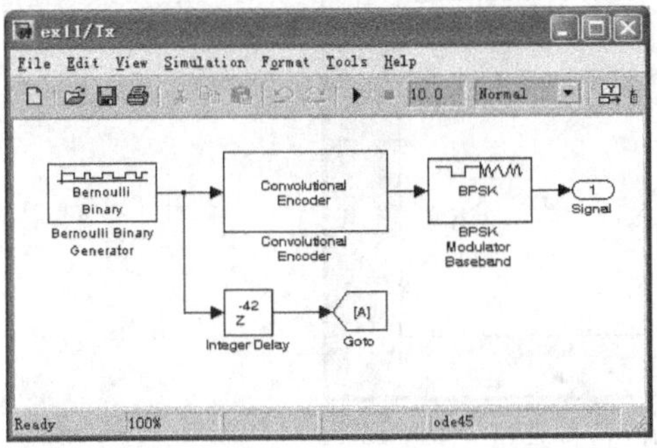

图 8-22　例 8.11 Tx 子系统模型框图

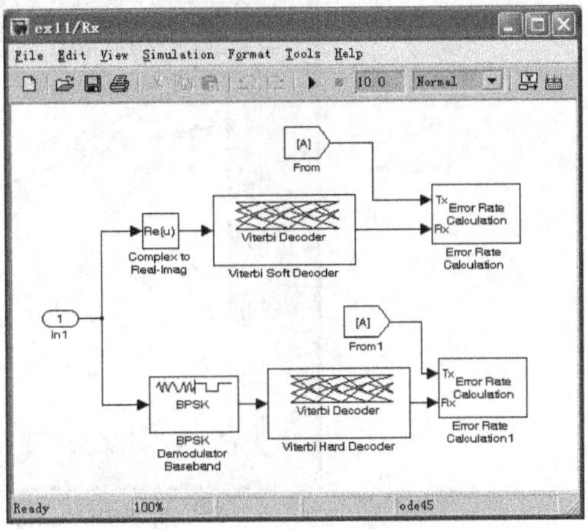

图 8-23　例 8.11 Rx 子系统模型框图

在 Rx 子系统中，两个 Viterbi Decoder 模块的 Decision type 分别设为 Hard Decision 和 Unquantized，Trellis structure 设为 poly2trellis(Lc,[171 133])，Traceback depth 设为 6*Lc。在两个 Error Rate Calculation 模块中，Computer delay 设为 6*Lc，Variable name 分别设为 BER1 和 BER2。

AWGN Channel 模块的 Mode 选为 Signal to noise ratio(Eb/No)，Eb/No(dB)设为 SNR，Symbol period 设为 1/BitRate。

各模块参数设置完成后，把仿真时间设为 10。设置完成后，把模型存盘，命名为 ex11.mdl。

由于程序需要运行多次才能够得到信噪比与误比特率之间的关系，为此需编写如下的脚本程序：

```
clear all
Lc=7;                           %卷积码约束长度
BitRate=100000;                 %比特速率
EbNo=0:10;                      %SNR 的范围
for ii=1:length(EbNo)
    SNR=EbNo(ii);               %赋值给 AWGN 信道模块中的 SNR
    sim('ex11');                %运行仿真模型
    ber1(ii)=BER1(1);           %保存本次仿真得到的 BER
    ber2(ii)=BER2(1);
end
ber=berawgn(EbNo,'psk',2,'nodiff');
semilogy(EbNo,ber,'-ko',EbNo,ber1,'-k*',EbNo,ber2,'-k.');
```

```
13.  legend('BPSK 理论误比特率','硬判决误比特率','软判决误比特率')
14.  title('卷积码性能')
15.  xlabel('Eb/No');ylabel('误比特率')
```

代码同以前的例子相似，参考注释即可。

程序运行结果如图 8-24 所示。

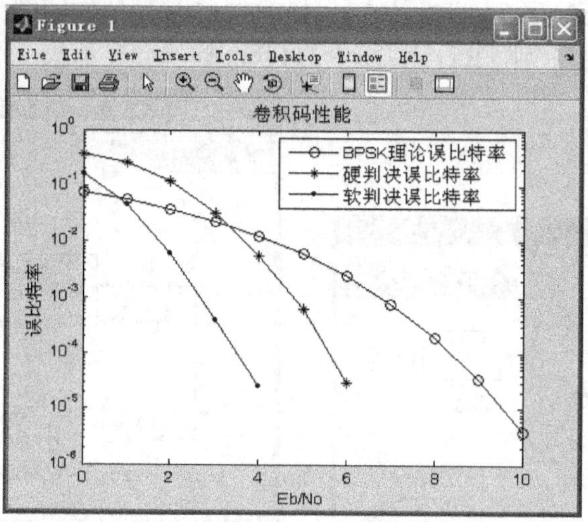

图 8-24　例 8.11 程序执行结果

从图 8-24 可以得到与图 8-20 相同的结论。

8.4　交织器

实际信道中产生的错误往往是突发错误或突发错误与随机错误并存，如短波、散射和有线交换等信道中。在这类信道中应用纠随机错误码纠错，效果显然不好，如果首先能把突发错误离散成随机错误，然后再利用纠随机错误的码纠错，则能取得明显效果。

在移动通信中，如何选择合适的差错控制方法，不仅与信息码发生的错码数量有关，而且还与错码在数据信息中的分布有关。众所周知，大多数差错的产生既不是随机无关也不是明确的单个突发。因此，单纯纠随机错误码或纠单个突发错误的信道编码将难以纠正的混合分布的错码。尤其是在移动通信这种变参信道上，人们希望设计这样的信道编码，它既能纠随机错误又能纠单个或多个突发错误。

交织方法是一种很实用而且常用的构造码的方法，它能把比较长的突发错误或多个突发错误离散成随机错误。交织是指一个数据序列在一一对应的条件下进行数据的位置重排过程。其逆过程为解交织，也就是将接收到的信息序列进行位置还原，使数据的位置还原成发送时的顺序。假设交织器的输入为

$$\boldsymbol{u}=(u_1,u_2,\cdots,u_N) \tag{8-23}$$

式中，$u_i\in\{0,1\},1\leqslant i\leqslant N$。序列 $\boldsymbol{u}$ 经交织器交织后，得到一个二进制输出序列，即

$$\tilde{\boldsymbol{u}}=(\tilde{u}_1,\tilde{u}_2,\cdots,\tilde{u}_N) \tag{8-24}$$

式中，$\tilde{u}_i \in \{0,1\}, 1 \leqslant i \leqslant N$。序列 $\boldsymbol{u}$ 中的数据和序列 $\tilde{\boldsymbol{u}}$ 中的数据完全一样，只是数据的顺序不一样。如果把输出和输入看成两个大小都是 N 的集合，那么从 $\boldsymbol{u} \to \tilde{\boldsymbol{u}}$ 是一一对应的关系。定义集合 A 为

$$A = \{1, 2, \cdots, N\} \tag{8-25}$$

则交织器可以定义为

$$I(A \to A): j = I(i) \tag{8-26}$$

式中，i 和 j 分别为输入序列 $\boldsymbol{u}$ 和输出序列 $\tilde{\boldsymbol{u}}$ 的数据在序列中的位置。式（8-23）即是交织器的基本原理公式。

常用的交织器主要有 3 种，即矩阵分组式、伪随机式和半伪随机式。由于序列较短的伪随机数之间的相关特性较大，对于实时性要求高、信息帧较短的通信系统，矩阵分组式交织器性能优于伪随机和半伪随机式交织器。随着信息帧长度的增加，交织长度也相应增长，此时若采用矩阵分组交织器，交织前后信息序列的不动点增多，伪随机数产生更加均匀，交织前后的序列相关性减少，所以对于译码精度要求较高的通信系统，应采用随机交织器。半伪随机交织方式则为折衷的方案。

下面通过一个简单的矩阵分组交织器例子，分析通过交织和反交织变换，将一突发错误信道改造为独立差错信道的过程。

假设发送一组信息 $X = (x_1, x_2, \cdots, x_{16})$，首先将 X 送入交织器，此交织器设计为按列写入按行取出的 4×4 阵列存储器。送入交织器后，从存储器里按行输出，送入突发差错的信道，信道输出再送入反交织器，完成交织器的相反变换，即按行写入按列读出。反交织器的输出，即阵列存储器中按列读出的信息，其差错规律就变成了独立差错。

交织矩阵为

$$\boldsymbol{I}_t = \begin{bmatrix} x_1 & x_5 & x_9 & x_{13} \\ x_2 & x_6 & x_{10} & x_{14} \\ x_3 & x_7 & x_{11} & x_{15} \\ x_4 & x_8 & x_{12} & x_{16} \end{bmatrix} \tag{8-27}$$

则交织器输出为 $X_1 = (x_1, x_5, x_9, x_{13}, x_2, x_6, x_{10}, x_{14}, x_3, x_7, x_{11}, x_{15}, x_4, x_8, x_{12}, x_{16})$。假设突发信道产生两个突发差错：第 1 个错误突发产生于 $x_1 \sim x_5$ 连错 4 个，第 2 个错误突发产生于 $x_{11} \sim x_4$ 连错 3 个，则此时接收到的信号为 $X_2 = (\tilde{x}_1, \tilde{x}_5, \tilde{x}_9, \tilde{x}_{13}, x_2, x_6, x_{10}, x_{14}, x_3, x_7, \tilde{x}_{11}, \tilde{x}_{15}, \tilde{x}_4, x_8, x_{12}, x_{16})$，去交织矩阵为

$$\boldsymbol{I}_r = \begin{bmatrix} \tilde{x}_1 & \tilde{x}_5 & \tilde{x}_9 & \tilde{x}_{13} \\ x_2 & x_6 & x_{10} & x_{14} \\ x_3 & x_7 & \tilde{x}_{11} & \tilde{x}_{15} \\ \tilde{x}_4 & x_8 & x_{12} & x_{16} \end{bmatrix} \tag{8-28}$$

去交织矩阵的输出为 $X_3 = (\tilde{x}_1, x_2, x_3, \tilde{x}_4, \tilde{x}_5, x_6, x_7, x_8, \tilde{x}_9, x_{10}, \tilde{x}_{11}, x_{12}, \tilde{x}_{13}, x_{14}, \tilde{x}_{15}, x_{16})$ 由此可见，经过交织矩阵和反交织矩阵后，原来信道的突发差错，即 4 个连错和 3 个连错变成了无记忆随机性的独立差错和个数较少的连错。这个例子的 4×4 阵列存储器可推广到 $M \times N$ 的分组交织器，可进行类似的分析，上述结论依然有效。

(M,N) 分组交织器具有的特性如下：

（1）任何长度 $l \leqslant M$ 的突发差错，经过交织变换后，成为至少被 $N-1$ 位隔开的一些单个独立差错。

（2）任何长度 $l > M$ 的突发差错，经过去交织变换后，可将长突发变换成短突发，其突发长度为 $l' \leqslant \left\lfloor \dfrac{l}{M} \right\rfloor$。

（3）在不计信道时延的条件下，完成交织与去交织变换两端间的时延为 $2MN$ 个符号，而交织和去交织各占 MN 个符号。

（4）在特殊情况下，周期为 M 个符号单个独立差错序列经过去交织后，会产生相应序列长度的突发错误。

MATLAB 中提供了随机交织、矩阵交织、螺旋交织、代数交织及块交织的函数，限于篇幅，这里只给出矩阵交织的示例。

例 8.12 使用 MATLAB 仿真（7，4）Hamming 码编码和矩阵交织器级联后的性能，并和未交织的性能进行比较。

程序代码如下：

```
1.  clear all
2.  N=10000;
3.  k=4;                                                     %编码码字消息比特长度
4.  n=7;                                                     %编码码字长度
5.  x=randint(N*k,1);                                        %消息比特
6.  code=encode(x,n,k);                                      %（7，4）Hamming 编码
7.  code1=matintrlv(code,N/10,10*n);                         %(N/10,10*n)矩阵交织
8.  noise=randerr(N,n,[0:n–3;0.8 0.09 0.07 0.03 0.01]);      %信道差错，包括独立差错和突发差错
9.  noise=reshape(noise.',N*n,1);
10. y=bitxor(code,noise);                                    %无交织接收信号
11. y=decode(y,n,k);                                         %Hamming 译码
12. [err,ber]=biterr(x,y);                                   %统计误比特率
13.
14. y1=bitxor(code1,noise);                                  %有交织接收信号
15. y1=matdeintrlv(y1,N/10,10*n);                            %解交织
16. y1=decode(y1,n,k);                                       %Hamming 译码
17. [err1,ber1]=biterr(x,y1);                                %统计误比特率
18. disp('无交织时的误比特率:');
19. ber
20. disp('有交织时的误比特率:');
21. ber1
```

说明：程序首先产生消息比特并进行 Hamming 编码（第 5～6 行），然后进行矩阵交织（第 7 行），信道产生的差错包括独立差错和突发差错（第 8 行），randerr 函数的第 3 个参数是定义信道产生突发差错的长度及对应的产生概率。在接收端分别对无交织和有交织的接收信号进行 Hamming 译码并统计误比特率（第 10～17 行），最后显示统计结果（第 18～21 行）。

程序运行结果如下所示：

```
无交织时的误比特率:
ber =
    0.0495
有交织时的误比特率:
ber1 =
    0.0217
```

从程序运行结果可以看出，无交织器时的误比特率要大于有交织器时的误比特率，由此可以看出，交织器在信道改造中的作用。

Sinulink 中也提供了随机交织、矩阵交织、螺旋交织、代数交织及块交织的模块，下面给出使用矩阵交织模块的示例，其他交织模块的使用与此类似。

例 8.13 使用 SimulinkMATLAB 仿真（15，11）Hamming 码编码和（30，20）矩阵交织器级联后的性能，并和未交织的性能进行比较。

系统模型框图如图 8-25 所示。

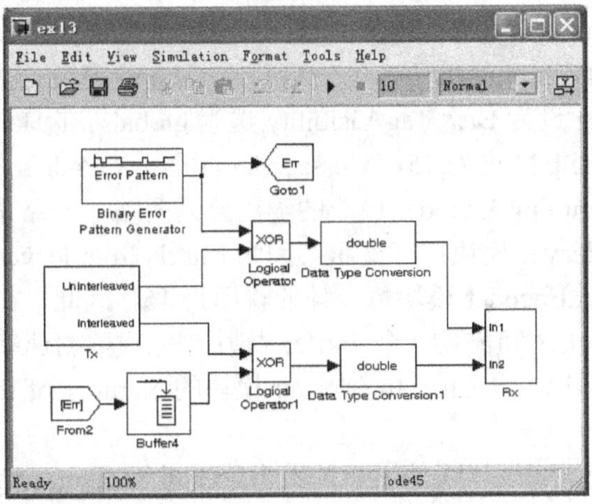

图 8-25 例 8.13 系统模型框图

其中，Tx 和 Rx 子系统模型框图分别如图 8-26、图 8-27 所示。

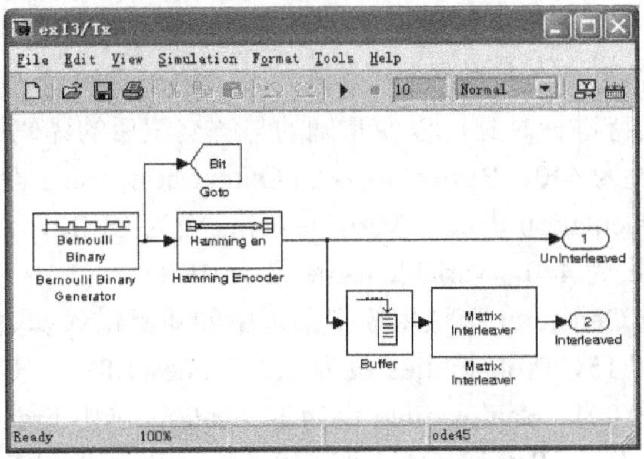

图 8-26 例 8.13 Tx 子系统模型框图

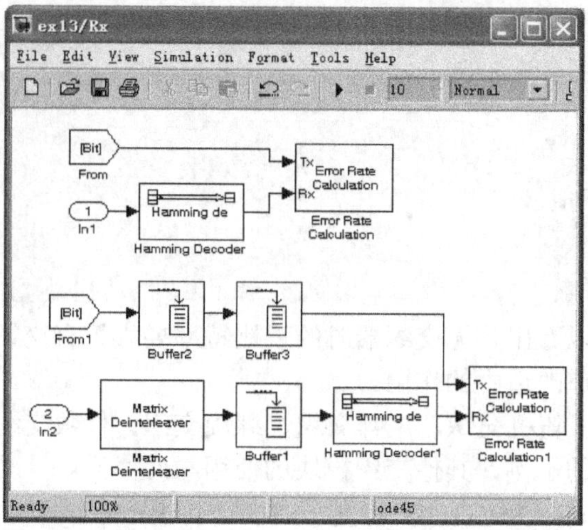

图 8-27　例 8.13 Rx 子系统模型框图

在 Tx 子系统中，Bernoulli Binary Generator 模块的 Sample time 设为 1/110000，选中 Frame-based outputs，Samples per frame 设为 11。Bernoulli Binary Generator 模块的输出数据分为两路，一路用来进行 Hamming 编码，另一路则通过 Goto 模块与接收端的误比特率统计模块相连。Goto 模块的 Tag 设为 Bit，Tag Visibility 选为 global。在 Hamming Encoder 模块的参数设置中，Codeword length N 设为 15，Message length K, or M-degree primitive polynomial 设为 gfprimfd(4,'min')。Hamming Encoder 模块的输出分为两路，一路是不经过交织的数据，另一路则通过 Matrix Interleaver 模块进行交织。因为 Matrix Interleaver 模块的行数和列数分别是 30 和 20，而 Hamming Encoder 模块每一帧的输出为 15，因此，在 Hamming Encoder 模块和 Matrix Interleaver 模块之间需要一个 buffer 模块来完成数据速率的转换。Buffer 模块的 Output vuffer size 设为 30*20。Matrix Interleaver 模块的 Number of rows 设为 30，Number of columns 设为 20。

在 Rx 子系统中，经过突发错误信道后的数据分别进行 Hamming 译码，并与原始信息比特进行比较，统计译码后的误比特率。两个 Hamming Decoder 模块的参数与 Tx 子系统中 Hamming Encoder 模块的参数设置相同。Matrix Deinterleaver 模块的参数与 Tx 子系统中的 Matrix Interleaver 模块的参数设置相同。两个 From 模块的 Goto Tag 参数设为 Bit，与 Tx 子系统中的 Goto 模块相匹配。Buffer1 模块用来完成 Matrix Deinterleaver 模块与 Hamming Decoder1 模块之间的速率匹配。它的 Output buffer size 设为 15。由于交织后的数据产生时延，Buffer2、Buffer3 是对原始消息比特进行时延，以便正确的与解交织后的译码比特相比较。Buffer2 模块的 Output buffer size 设为 440，Buffer3 模块的 Output buffer size 设为 11。在两个误比特统计模块中，Error Rate Calculation 模块的 Variable name 设为 BER2，Error Rate Calculation1 模块的 Computation delay 设为 440，Variable name 设为 BER1。

Binary Error Pattern Generator 模块用模拟信道中的随机错误和突发错误。在它的参数设置中，Block length 设为 15，Probabilities 设为 0.001*ones(1,8)，表示每个码字中发生 1～8 个比特的错误概率均为 0.001。Sample time 设为 1/150000，选中 Frame-based outputs，Blocks per frame 设为 1。Binary Error Pattern Generator 模块的输出一路与未交织的比特数据进行模

2 加（异或）操作，另一路通过 Goto1 模块与交织后的比特数据进行模 2 加（异或）操作。Goto1 模块的 Tag 设为 Err，From2 模块的 Goto Tag 选为 Err。Buffer4 模块的 Output buffer size 设为 30*20。

各模块参数设置完成后，把仿真时间设为 10。设置完成后，把模型存盘，命名为 ex13.mdl。单击工具栏中的▶图标即可运行仿真。仿真结束后，在工作区中输入如下命令即可看到有交织和无交织情况下的误比特率：

```
>> BER1(1)
ans =
   1.2732e-004
>> BER2(1)
ans =
      0.0026
```

从例 8.13 程序仿真结果同样可以看出突发错误信道中的交织器的作用。

小　结

本章介绍了一些常用的信道编码技术及其实现。首先阐述了信道编码的原理和分类，然后进一步分析不同的信道编码技术，包括：Hamming 码、循环码、BCH 码、RS 码、CRC 校验码及卷积码。这些编码方法已经在不同的系统中得到广泛应用。从讲述的角度讲，本章关注基本信道编码原理的实现，给出了其相应的 MATLAB 代码和 Simulink 仿真模型，目的在于加深理解。读者可在此基础上研究当前的一些热门信道编码技术如 Turbo 码、LDPC 码及喷泉码等。

习　题

1．仿真（15，11）Hamming 码在 AWGN 信道下的性能。

2．用 Simulink 重新仿真例 8.4。

3．用 Simulink 重新仿真例 8.5。

4．仿真 RS（7，3）码在 AWGN 信道下的性能，假设调制方式为 8-PSK，并与未加编码时的性能加以比较。

5．仿真 IS-95 移动台发射机卷积编码器在 AWGN 信道下的性能，IS-95 移动台发射机使用的卷积编码器约束长度为 9，码率为 1/3，3 个生成多项式为[557 663 711]。

6．在例 8-10 中，卷积码的译码器输入是无量化的数据，假设量化比特个数分别为 2、3，仿真此时的译码性能，并与无量化时的性能进行比较。

7．使用随机交织器重新仿真例 8.12。

8．使用随机交织器重新仿真例 8.13。

第 9 章　OFDM 系统仿真

早在 20 世纪 60 年代，频率复用、信号频谱相互覆盖的多载波并行传输思想就已经被提出来了。在这种多载波并行传输系统里，信道被分成 N 个子信道，每个信道可以单独传输数据而不发生干扰，并且相邻信道的信号频谱出现 50%的重叠。与之前的 FDM 技术相比，这种技术的信号频带可以重叠，频谱利用率高，但实现起来也存在明显的困难即在发送端和接收端分别需要 N 个彼此正交的调制器和解调器，如果采用滤波器来实现的话，很难保证滤波器间的正交特性。直到 1971 年，Weinsetin 和 Ebert 把离散傅里叶变换（DFT）应用到并行传输系统中，提出了正交频分复用（Orthogonal Frequeney Division MutlPlixenig，OFDM）技术，它利用离散傅里叶变换对（DFT/IDFT）来实现多个调制解调器的功能，而不是采用滤波器来实现，从而降低了 OFDM 的实现难度。而随着快速傅里叶变换（FFT）的提出，以及近年来半导体技术和数字信号处理（Digiatl Singal Processnig，DSP）技术的发展，OFDM 技术被广泛应用到了数字音频广播（DAB）、数字视频广播（DVB）、无线局域网（WLAN），以及下一代移动通信系统中。本章介绍 OFDM 的基本原理并以 WLAN 系统为例介绍完整的 OFDM 发射机和接收机的功能仿真。

9.1　OFDM 基本原理

OFDM 的基本思想就是把一个高速率的数据流分解成很多低速率的子数据流，以并行的方式在多个子载波上传输，子载波间彼此保持相互正交的关系以消除子载波间数据的干扰，并且每个子载波可以看成一个独立的子信道，由于每个子信道上数据的传输速率较低，当信号通过无线频率选择性衰落信道时，虽然在整个信号频带内信道是有衰落的，但是在每个子信道上可以近似看成是平坦的，只要通过简单的频域均衡就可以消除频率选择性衰落信道的影响；同时利用 FFTIfFFT 的周期循环特性，在每个传输符号前加一段循环前缀（Cyelicprefix，CP），可以消除多径信道的影响，防止码间干扰（Intersymbol Inteerfrence，ISI）。

OFDM 系统收发机的典型框图如图 9-1 所示。其中，上半部分对应于发射机链路，下半部分对应于接收机链路。

发送端将被传输的数字信号转换成子载波幅度和相位的映射，并进行离散 Fourier 反变换（IDFT）将数据的频谱表达式变到时域上。IFFT 变换与 IDFT 变换的作用相同，只是有更高的计算效率，所以适用于所有的应用系统。

接收端进行与发送端相反的操作，将射频（Radio Frequency，RF）信号与基带信号进行混频处理，并用 FFT 变换分解频域信号，子载波的幅度和相位被采集出来并转换回数字信号。IFFT 和 FFT 互为反变换，选择适当的变换将信号接收或发送。

下面对各部分进行简单介绍。

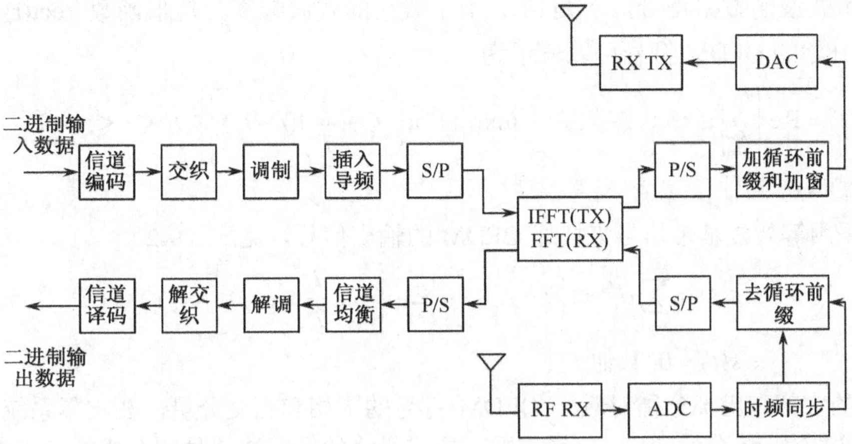

图 9-1 OFDM 收发机框图

9.1.1 串并变换

数据传输的典型形式是串行数据流，符号被连续传输，每一个数据符号的频谱可占据整个可利用的带宽。但在并行数据传输系统中，许多符号被同时传输，减少了那些在串行系统中出现的问题。

在 OFDM 系统中，每个传输符号的速率在几十比特每秒到几十千比特每秒之间，所以必须进行串并变换，将输入串行比特流转换成可以传输的 OFDM 符号。由于调制模式可以自适应调节，所以每个子载波的调制模式是可变化的，因而每个子载波可传输的比特数也是可变化的，所以串并变换需要分配给每个子载波数据段的长度是不一样的。在接收端执行相反的过程，从各个子载波处来的数据被转换回原始的串行数据。

当一个 OFDM 符号在多径无线信道中传输时，频率选择性衰落会导致某几组子载波受到相当大的衰减，从而引起比特错误。这些在信道频率响应上的零点会造成在邻近的子载波上发生的信息受到破坏，导致在每个符号中出现一连串的比特错误。与一大串错误连续出现的情况比较，大多数前向纠错编码在错误均匀分布的情况下会工作得更有效。所以，为了提高系统的性能，大多数系统采用数据加扰作为串并变换工作的一部分。这可以通过把每个连续的数据比特随机的分配到各个子载波上来实现。在接收端，进行一个对应的逆过程还原出原始信号。这样，不仅可以还原出数据比特原来的顺序，同时还可以分散由于信道衰落引起的一连串的比特错误，使其在时间上近似均匀分布。这种将比特错误位置的随机化可以提高前向纠错编码的性能，并且系统的总性能也得到改进。

9.1.2 子载波调制

一个 OFDM 符号之内包含多个经过相移键控（PSK）或者正交幅度调制（QAM）的子

载波。其中，N 表示子载波的个数，T 表示 OFDM 符号的持续时间，$d_i, i=0,1,2,\cdots,N-1$ 是分配给每个子载波的数据符号，f_i 是第 i 个子载波的载波频率，矩形函数 $\mathrm{rect}(t)=1, |t| \leqslant T/2$，则从 $t=t_s$ 开始的 OFDM 符号可以表示为

$$s(t)=\mathrm{Re}\left\{\sum_{i=0}^{N-1} d_i \mathrm{rect}\left(t-t_s-\frac{T}{2}\right)\exp\left[j2\pi\left(f_c+\frac{i}{T}\right)(t-t_s)\right]\right\}, t_s \leqslant t \leqslant t_s+T \tag{9-1}$$

$$s(t)=0, \text{其他}$$

通常采用等效复基带信号来描述 OFDM 的输出信号，见式（9-2）

$$s(t)=\sum_{i=0}^{N-1} d_i \mathrm{rect}\left(t-t_s-\frac{T}{2}\right)\exp\left[\mathrm{j}2\pi\frac{i}{T}(t-t_s)\right]\Bigg\}, t_s \leqslant t_s+T \tag{9-2}$$

$$s(t)=0, \text{其他}$$

式中，$s(t)$的实部和虚部分别对应于 OFDM 符号的同相和正交分量，在实际系统中可以分别与相应子载波的 cos 分量和 sin 分量相乘，构成最终的子载波信号和合成的 OFDM 符号。在图 9-2 中给出了 OFDM 系统基本模型的框图，其中，$f_i = f_c + i/T$。在接收端将接收到的同相和正交分量映射回数据信息，完成子载波解调。

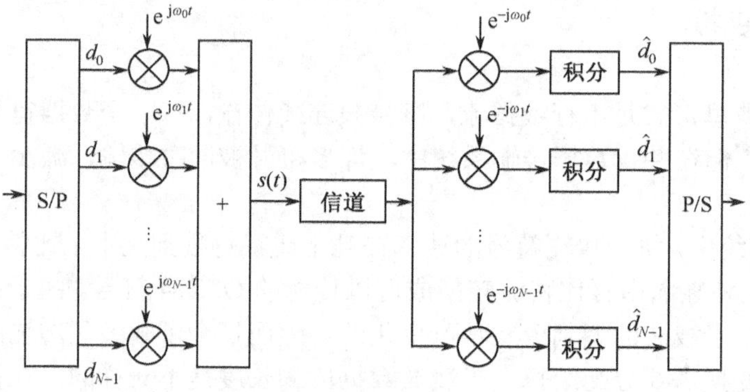

图 9-2　OFDM 系统基本模型框图

图 9-3 给出了一个 OFDM 符号内包括 4 个子载波的实例。

这里假设所有的子载波都具有相同的幅值和相位，但在实际应用中，根据数据符号的调制方式，每个子载波的幅值和相位都可能是不同的。从图 9-3 可以看到，每个子载波在一个 OFDM 符号周期内都包含整数倍个周期，而且各个相邻子载波之间相差一个周期。这一特性可以用来解释子载波之间的正交性，即

$$\frac{1}{T}\int_0^T \exp(\mathrm{j}\omega_n t)\exp(-\mathrm{j}\omega_m t)\mathrm{d}t=\begin{cases}1, & m=n\\ 0, & m\neq n\end{cases} \tag{9-3}$$

对式（9-3）中的第 k 个子载波进行解调，然后在时间长度 T 内进行积分，即

$$\begin{aligned}\hat{d}_k &= \frac{1}{T}\int_{t_s}^{t_s+T}\exp\left(-\mathrm{j}2\pi\frac{k}{T}(t-t_s)\right)\cdot\sum_{i=0}^{N-1} d_i \exp\left(\mathrm{j}2\pi\frac{i}{T}(t-t_s)\right)\mathrm{d}t\\ &= \frac{1}{T}\sum_{i=0}^{N-1} d_i\int_{t_s}^{t_s+T}\exp\left(-\mathrm{j}2\pi\frac{k-i}{T}(t-t_s)\right)\mathrm{d}t = d_k\end{aligned} \tag{9-4}$$

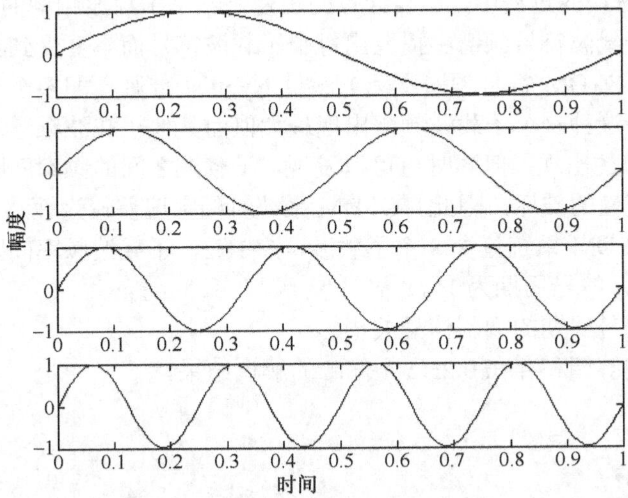

图 9-3 包含 4 个子载波的 OFDM 符号

可以看到，对第 k 个子载波进行解调可以恢复出期望符号 d_k。而对于其他子载波来说，由于在积分间隔内，频率差别$(k-i)/T$ 可以产生整数倍个周期，所以其积分结果为 0。

这种正交性还可以从频域角度来理解。根据式（9-1），每个 OFDM 符号在其周期 T 内包括多个非零的子载波。因此，其频谱可以看作是周期为 T 的矩形脉冲的频谱与一组位于各个子载波频率上的 δ 函数的卷积。矩形脉冲的频谱幅值为 $\mathrm{sinc}(fT)$函数，这种函数的零点出现在频率为 $1/T$ 的整数倍的位置上。

这种现象可以参考图 9-4，其中给出相互覆盖的各个子载波经过矩形脉冲成形得到的符号的 sinc 函数频谱。

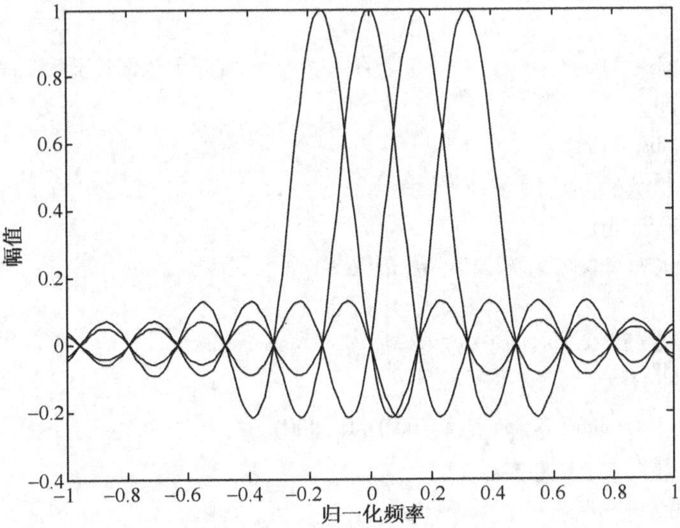

图 9-4 OFDM 系统子载波的频谱特性

可以发现，在每一个子载波的最大值处，所有其他子载波的频谱幅度恰好为 0。由于在对 OFDM 符号进行解调的过程中，需要计算的正是每一个子载波频谱的最大值，因此，可以从这些相互重叠的子载波符号频谱中提取出每个子载波符号而不会受到其他子载波的干扰。从图 9-4 可以看出，OFDM 符号频谱实际上满足 Nyquist 准则，即多个子载波频谱之间不存在相互干扰，因此，这种一个子载波频谱出现最大值而其他子载波频谱为 0 的特点可以避免子载波间干扰（ICI）的出现。但同时也可以发现，子载波之间的频率间隔只要出现微小的偏差就会导致这种正交性的破坏，因此，OFDM 系统对频率偏差较为敏感。

例 9.1 假设 OFDM 系统包含 8 个子载波，f_c=1Hz，子载波频率间隔为 1Hz，每个子载波采用 4-QAM 调制，符号周期为 1s。

（1）画出一个符号周期的调制信号波形。

（2）比较无频偏解调和存在 0.2Hz 频偏时的解调结果。

程序代码如下：

```
clear all
N=8;                                          % 子载波数
f=1:N;                                        % 各个子载波频率
x=randint(1,N,[0 3]);                         % 子载波上的数据
x1=qammod(x,4)                                % 4-QAM 调制
t=0:0.001:1-0.001;                            % 符号持续时间
w=2*pi*f.'*t;
w1=2*pi*(f+0.2).'*t;                          % 频偏为 0.2Hz 时的子载波角频率
y=x1*exp(j*w);                                % 子载波调制
plot(t,abs(y))                                % 画出调制后的波形包络
for ii=1:N
    y1(ii)=sum(y.*exp(-j*w(ii,:)))/length(t); %无频偏解调第 ii 个子载波上的数据
end
stem(abs(x1))                                 % 显示无频偏时子载波解调后的结果
hold on
stem(abs(y1),'r<')
title('频偏为 0 时的子载波解调结果')
axis([0 9 0 3])
legend('原始数据','子载波解调后的数据')

% 存在频率偏差时的子载波解调结果
for ii=1:N
    y3(ii)=sum(y.*exp(-j*(w1(ii,:))))/length(t);
end
figure
stem(abs(x1))
hold on
stem(abs(y3),'r<')
```

```
29. axis([0 9 0 3])
30. title('频偏为 0.2Hz 时的子载波解调结果')
31. legend('原始数据','子载波解调后的数据')
```

说明：程序的第 2～3 行是定义子载波个数和相应的频率，第 4～5 行是产生一个符号周期的数据并进行 4-QAM 调制，第 6～8 行是分别产生一个符号周期的子载波角频率和频率偏差为 0.2Hz 时的子载波角频率，第 9 行是进行子载波调制，第 10 行是画出调制后的包络波形，第 11～13 行是在无频偏时分别解调各个子载波数据，第 14～19 行是对子载波解调后的数据与原始数据进行比较，第 22～31 行是频率偏差为 0.2Hz 时对子载波数据进行解调。

程序运行结果如图 9-5、图 9-6 所示。

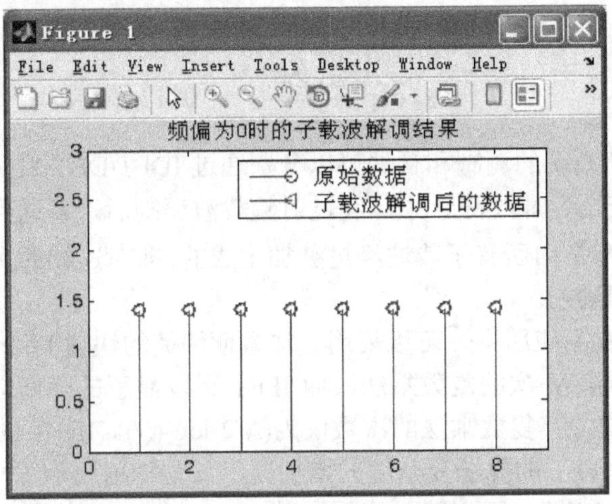

图 9-5　频偏为 0 时的子载波解调结果

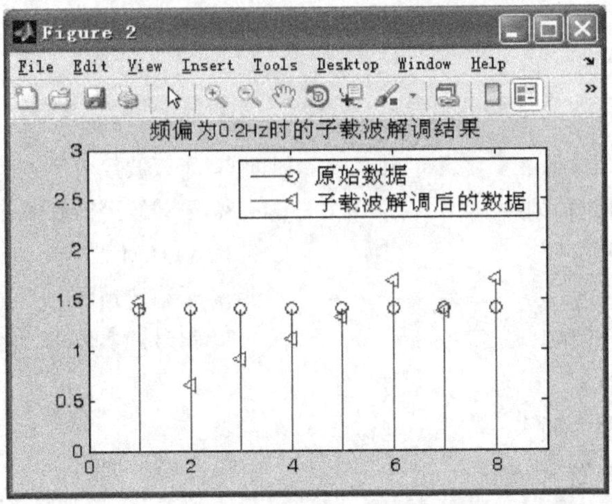

图 9-6　频偏为 0.2Hz 时的子载波解调结果

从图 9-5、图 9-6 可以看出，在没有频率偏差时，解调后的结果与原始数据一致，而存在频率偏差时，解调后的结果与原始数据相比有了较大差异，在信道噪声的影响下，容易导致后面的 QAM 解调产生差错。

9.1.3 OFDM 的 IDFT/DFT 实现

对于 N 比较大的系统来说，式（9-2）中的 OFDM 复等效基带信号可以采用离散 Fourier 逆变化（IDFT）方法来实现。令式（9-2）中的 $t_s=0$，并且忽略矩形函数，对信号 $s(t)$以 T/N 的速率进行抽样即令 $t=kT/N,k=0,1,\cdots,N-1$，可以得到

$$s_k = s(kT/N) = \sum_{i=0}^{N-1} d_i \exp\left(-\mathrm{j}\frac{2\pi ik}{N}\right),\quad 0 \leqslant k \leqslant N-1 \tag{9-5}$$

可以看到，s_k 等效为对 d_i 进行 IDFT 运算。同样在接收端，为了恢复原始的数据符号 d_i，可以对 s_k 进行逆变换，即 DFT 得到

$$d_i = \sum_{i=0}^{N-1} s_k \exp\left(-\mathrm{j}\frac{2\pi ik}{N}\right),\quad 0 \leqslant i \leqslant N-1 \tag{9-6}$$

由此可见，OFDM 系统的调制和解调可以分别通过 IDFT/DFT 来实现，频域数据符号 d_i 经过 N 点 IDFT 运算变换为时域符号 s_k，经过射频载波调制后，发送到信道中。其中每一个 IDFT 输出的数据符号都是由所有子载波经过叠加生成的，即对连续的多个经过调制的子载波的叠加信号进行抽样得到的。

在 OFDM 系统的实际应用中，可以采用更加方便快捷的快速 Fourier 变换（FFT/IFFT）。N 点 IDFT 运算需要实施 N^2 次的复数乘法，而 IFFT 可以显著的降低运算的复杂度。对于常用的基 2 IFFT 算法来说，其复数乘法的次数仅为$(N/2)\log_2(N)$。IDFT 的计算复杂度会随 N 增加而呈现二次方增长，IFFT 的算法复杂度的增加速度只是稍稍快于线性变化。对于子载波数量非常大的 OFDM 系统来说，可以进一步采用基 4 IFFT 算法来实施 Fourier 变换。

例 9.2 仿真比较 OFDM 系统的 IDFT/DFT 实现与模拟调制实现，其中系统参数与例 9.1 相同。

程序代码如下：

```
clear all
N=8;                                  % 子载波数
x=randint(1,N,[0 3])                  % 子载波上的数据
x1=qammod(x,4)                        %. 4-QAM 调制
f=1:N;                                % 子载波频率
t=0:0.001:1-0.001;                    % 符号持续时间
w=2*pi*f.'*t;
w1=2*pi*(f+0.2).'*t;
y1=x1*exp(j*w);                       % 子载波调制

x2=ifft(x1,N);                        % IFFT

plot(t,abs(y1));
hold on;
```

```
15. stem(0:1/8:1-1/8,abs(x2)*N,'-r');
16. legend('模拟调制实现','IDFT 实现')
17. title('OFDM 的模拟调制实现与 IDFT 实现')
18.
19. x3=fft(x2)                                  % FFT
```

程序比较简单，与例 9.1 相比，程序第 11 行用 IFFT 来实现调制，第 19 行是用 FFT 进行解调。

程序运行后的结果如下：

```
x1 =
   1.0000  -1.0000i  -1.0000  -1.0000i  -1.0000  +1.0000i  -1.0000  -1.0000i  -1.0000 +
   1.0000i  -1.0000  + 1.0000i  1.0000   -1.0000i   1.0000  - 1.0000i
x3 =
   1.0000  -1.0000i  -1.0000  -1.0000i  -1.0000  +1.0000i  -1.0000  -1.0000i  -1.0000 +
   1.0000i  -1.0000  +1.0000i   1.0000   -1.0000i   1.0000  -1.0000i
```

从结果可以看出，IDFT/DFT 实现与模拟调制实现的方法完全是等效的。

模拟调制与 IDFT 实现的图形结果如图 9-7 所示。

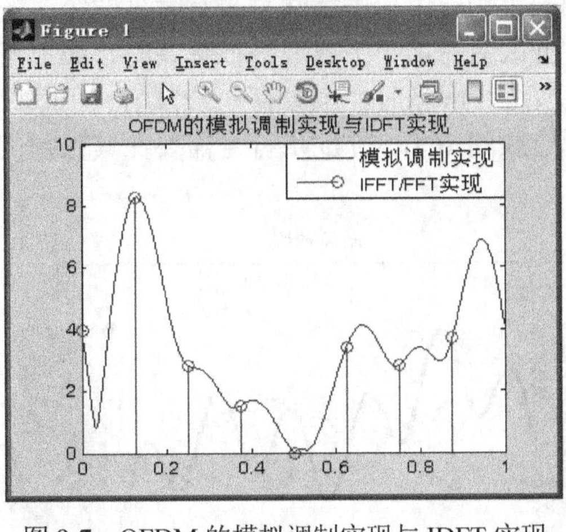

图 9-7 OFDM 的模拟调制实现与 IDFT 实现

从图 9-7 可以进一步验证 IDFT 输出的数据符号是对连续的多个经过调制的子载波的叠加信号进行抽样得到的。

9.1.4 保护间隔与循环前缀

应用 OFDM 的一个重要原因在于它可以有效的对抗多径时延扩展。把输入数据流串并变换到 N 个并行的子载波中，使得每一个调制子载波的数据周期可以扩大为原始数据符号周期的 N 倍，因此，时延扩展与符号周期的数值比也同样降低 N 倍。为了最大限度的消除符号间干扰，还可以在每个 OFDM 符号之间插入保护间隔（Guard Interval，GI），而且该保护间隔

长度 T_g 一般要大于无线信道中的最大时延扩展，这样一个符号的多径分量就不会对下一个符号造成干扰。在这段保护间隔内可以不插任何信号，即是一段空白的传输时段。然而在这种情况下，由于多径传播的影响，会产生载波间干扰（ICI），即子载波之间的正交性遭到破坏，这种效应如图 9-8 所示。

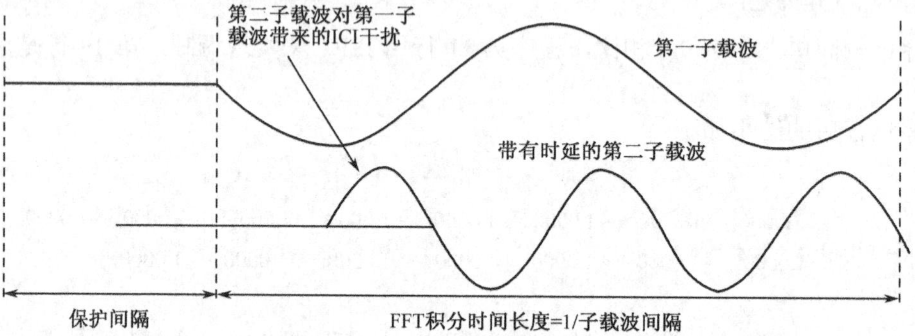

图 9-8　多径信道中，空闲保护间隔引起子载波之间的干扰

由于每个 OFDM 符号中都包括所有的非零子载波信号，而且也同时会出现该 OFDM 符号的时延信号，因此，图 9-8 中给出了第一子载波和第二子载波的延时信号。从图中可以看到，由于在 FFT 运算时间长度内，第一子载波与带有时延的第二子载波之间的周期个数之差不再是正数，所以当接收机试图对第一子载波进行解调时，第二子载波会对其造成干扰。同样，当接收机对第二子载波进行解调时，也会存在来自第一子载波的干扰。

为了消除由于多径所造成的 ICI，OFDM 符号需要在其保护间隔内填入循环前缀信号，如图 9-9 所示。

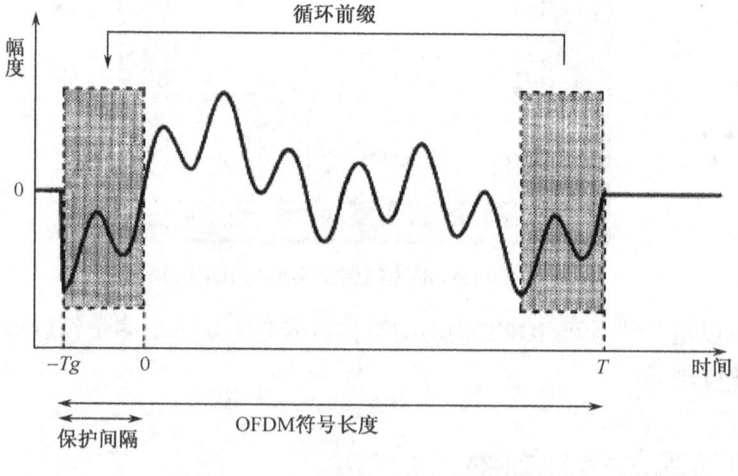

图 9-9　加入循环前缀的 OFDM 符号

这样就可以保证在 FFT 周期内，OFDM 符号的延时副本内所包含的波形的周期个数也是整数。这样时延小于保护间隔 T_g 的时延信号就不会在解调过程中产生 ICI。

当然，加入保护间隔会给 OFDM 系统带来功率和信息速率的损失，其中功率损失可以定义为

$$P_l = 10\log 10\left(\frac{T_g}{T}+1\right) \tag{9-7}$$

从式（9-7）可知，设保护间隔占到 20%，则功率损失也不到 1dB，因此，功率损失不是太大的问题，主要还是来自于信息速率的损失（信息速率损失达 20%）。但是，如果从保护间隔消除 ISI 和多径造成的 ICI 的影响所起到的作用来看，这个信息速率的损失和功率损失的代价还是值得的。加入保护间隔之后的 OFDM 系统框图如图 9-10 所示。

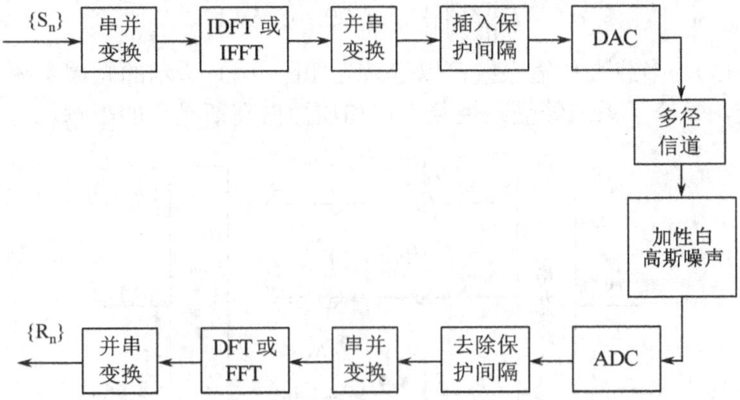

图 9-10　插入保护间隔后的 OFDM 系统框图

当子载波个数比较大时，OFDM 的符号周期 T 相对于信道的脉冲响应长度 $\tau_{\max}$ 很大，则符号间干扰的影响很小；而如果相邻 OFDM 符号之间的保护间隔 T_g 满足 $T \geqslant \tau_{\max}$ 的要求，则可以完全克服 ISI 的影响。同时为了保持子载波之间的正交性，该保护间隔必须是循环前缀。此时，OFDM 的符号周期为

$$T_s = T_g + T \tag{9-8}$$

保护间隔的离散长度，即样点个数为

$$L_g \geqslant \left\lfloor \frac{\tau_{\max} N}{T_s} \right\rfloor \tag{9-9}$$

这样根据图 9-7，包含保护间隔、功率归一化的 OFDM 的抽样序列 $\{x_k\}$ 为

$$x_k = \frac{1}{\sqrt{N}}\sum_{n=0}^{N-1} S_n \mathrm{e}^{\mathrm{j}2\pi nk/N}\ ,\quad k=-L_g,\cdots,N-1 \tag{9-10}$$

经过信道 $h(\tau,t)$ 和加性白高斯噪声作用后的接收信号为

$$r(t) = \int_0^{\tau_{\max}} x(t-\tau)h(t,\tau)\mathrm{d}\tau + n(t) \tag{9-11}$$

接收信号 $r(t)$ 经过 A/D 变换后得到接收序列 $\{r_k\}, k=-L_g,\cdots,N-1$，为对 $r(t)$ 按 T/N 的抽样速率得到的数字抽样。ISI 只会对接收序列的前 L_g 个样点形成干扰，因此，将前 L_g 个样点去掉，就可完全消除 ISI 的影响。对去掉保护间隔的序列 $\{r_k\}, k=0,\cdots,N-1$ 进行 DFT 变换，可得到 DFT 输出的多载波解调序列 $\{R_n\}, n=0,\cdots,N-1$，得到 N 个复数点

$$R_n = \frac{1}{\sqrt{N}}\sum_{k=0}^{N-1} r_k \mathrm{e}^{-\mathrm{j}2\pi nk/N}\ ,\quad n=0,\cdots,N-1 \tag{9-12}$$

通过适当选择子载波个数 N，可以使信道响应平坦，插入保护间隔还有助于保持子载波之间的正交性，因此，OFDM 有可能完全消除 ISI 和多径带来的 ICI 的影响，接收信号的频域表达为

$$R_n = H_n S_n + N_n,\quad n = 0,\cdots,N-1 \tag{9-13}$$

式中，H_n 为第 n 个子载波的复衰落系数；N_n 代表第 n 个子信道的 AWGN，它的实部与虚部均服从零均值高斯分布，且相互独立。噪声方差为

$$\sigma^2 = E\left\{\left|N_n\right|^2\right\},\quad n = 0,\cdots,N-1 \tag{9-14}$$

根据式（9-13），多载波传输系统可以等效为如图 9-11 所示的频域系统。这个系统有 N 个并行的子系统，每个子系统经受乘性复干扰和加性白高斯噪声的影响。

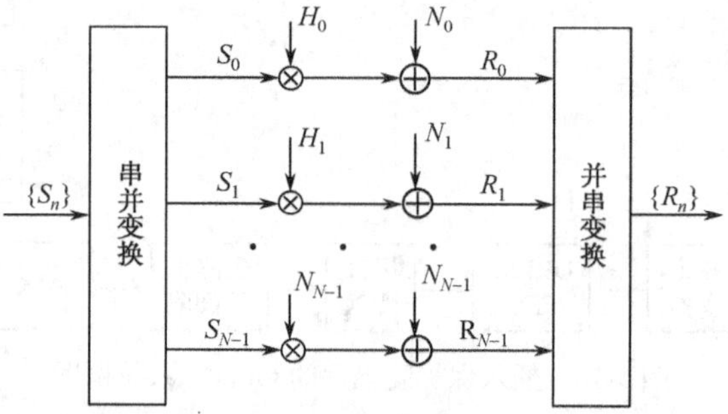

图 9-11　OFDM 多载波传输系统的等效频域系统

在调制符号通过 IFFT 处理被调制到各个子载波形成 OFDM 符号的过程中，有些子载波还会被用于插入导频信号，作为接收机的已知信息用于接收信号的频率同步处理。IFFT 的输出重新变换成串行样值序列并添加循环前缀后，还要进行加窗操作，为的是使 OFDM 符号在带宽之外的功率谱密度下降得更快。到此完成了信号的所有数字基带处理，再将待传输信号通过数模转换器（DAC）变为连续波形后，就可以送往发射机的射频前端进行高频载波调制和放大，从而完成整个发射过程。

本节对 OFDM 技术进行了简要的介绍，限于篇幅，对 OFDM 技术的讨论不再深入，有兴趣的读者可以参考其他相关的参考书。

例 9.3　系统子载波数为 64，调制方式为 16-QAM，前缀长度为 16，多径信道时延分别为 0、8 和 20 个采样点，各径功率相等。仿真比较 OFDM 系统空白前缀与循环前缀只考虑前 2 径信道和 3 径信道下的性能。

程序代码如下：

```
clear all
N=64;                          % 系统子载波数
x=randint(N,2,[0 15]);         % 2 个符号周期的数据
x1=qammod(x,16);               % 16-QAM 调制
x2=ifft(x1);                   % IFFT
x3=[zeros(16,2); x2];          % 空白前缀
x4=[x2(49:end,:); x2];         % 循环前缀
```

```
x3=reshape(x3,1,160);                              % 并串变换
x4=reshape(x4,1,160);

h=sqrt(1/3)*(randn(1,3));                          %3 径信道

y1=x3*h(1)+[zeros(1,8) x3(1:end-8)*h(2)];          %只考虑前 2 径
y2=x4*h(1)+[zeros(1,8) x4(1:end-8)*h(2)];

y3=reshape(y1,80,2);                               % 串并变换
y4=reshape(y2,80,2);

y3=y3(17:end,2);                                   % 考虑第 2 个符号的影响
y4=y4(17:end,2);

y3=fft(y3);                                        %FFT
y4=fft(y4);

h1=[h(1) zeros(1,7) h(2)];                         % 信道 FFT 变换
H=fft(h1,N).';
y3=y3./H;                                          % 信道均衡
y4=y4./H;

stem(abs(x1(:,2)),'fill');hold on;stem(abs(y3),'r<');stem(abs(y4),'-gs')
legend('原始信号','空白前缀','循环前缀')
axis([0 70 0 max(abs(y3))+2])
title('2 径信道结果')

y1=y1+[zeros(1,17) x3(1:end-17)*h(3)];             %3 径信道结果
y2=y2+[zeros(1,17) x4(1:end-17)*h(3)];

y3=reshape(y1,80,2);                               % 串并变换
y4=reshape(y2,80,2);

y3=y3(17:end,2);                                   % 考虑第 2 个符号的影响
y4=y4(17:end,2);

y3=fft(y3);                                        %FFT
```

```
46.  y4=fft(y4);
47.
48.  h1=[h1 zeros(1,11) h(3)];                    % 信道 FFT 变换
49.  H=fft(h1,N).';
50.  y3=y3./H;                                     % 信道均衡
51.  y4=y4./H;
52.  figure
53.  stem(abs(x1(:,2)),'fill');hold on;stem(abs(y3),'r<');stem(abs(y4),'-gs')
54.  legend('原始信号','空白前缀','循环前缀')
55.  axis([0 70 0 max(max(abs(y3),abs(y4)))+2])
56.  title('3 径信道结果')
```

说明：程序第 2 行定义了系统的子载波数，第 3～5 行是产生两个符号周期的数据，并进行 16-QAM 调制，然后进行 IFFT，第 6～7 行分别是在每个符号前面添加 16 点空白前缀和循环前缀，第 9～10 行是进行并串变换，第 12 行是产生 3 径信道数值，这里假设信号在两个符号周期内保持不变，第 14～15 行是把信号通过前 2 径信道，这里考虑了每径的时延。第 17～34 行是信号进行相应的解调，并在画出空白前缀和循环前缀情况下，由于多径导致的第 1 个符号对第 2 个符号产生的影响。第 36～56 行则是考虑第 3 径信道超过前缀长度情况下，第 1 个符号对第 2 个符号的影响。

程序运行结果如图 9-12、图 9-13 所示。

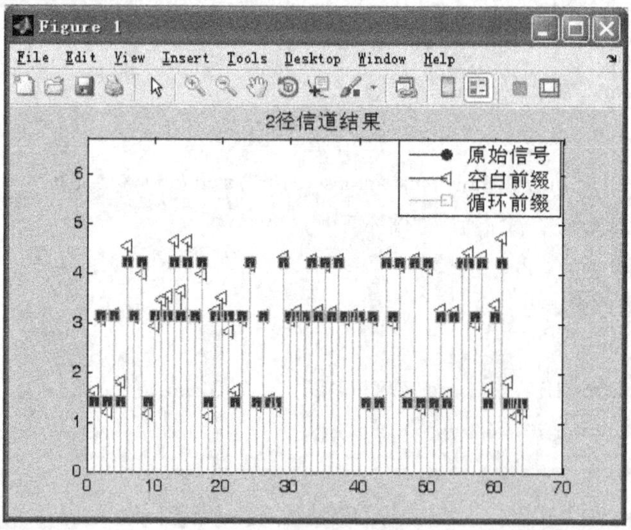

图 9-12　2 径信道结果

从图 9-12、图 9-13 可以看出，在多径时延不超过前缀长度的情况下，经过信道均衡后，添加了循环前缀的第 2 个符号没有受到第 1 个符号和子载波间的干扰，而添加了空白前缀的符号则受到子载波间干扰的影响，因此，解调数据与原始数据并不一致，当多径信道的最大时延超过前缀的长度时，则第 2 个符号会受到第 1 个符号的干扰。

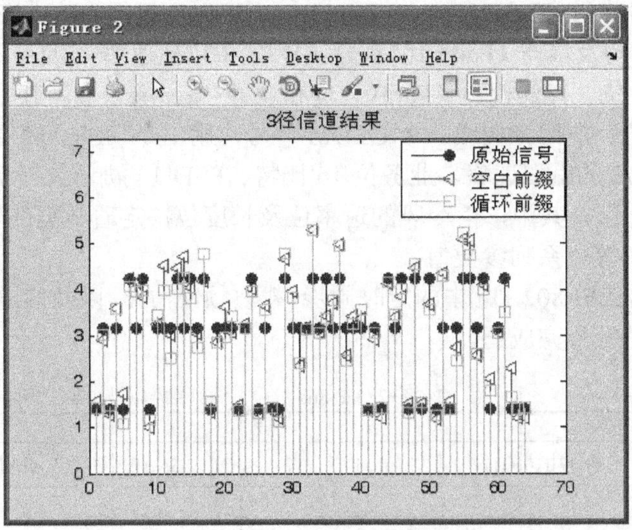

图 9-13　3 径信道结果

9.2　基于 OFDM 的 802.11a 系统

1998 年 7 月，经过多次修改，IEEE802.11 标准组决定选择 OFDM 作为在无线局域网（WLAN）工作于 5GHz 频段的物理层接入方案（IEEE 802.11a），目标是提供 6Mb/s 到 54Mb/s 数据速率，这是 OFDM 第一次被用于分组业务通信当中。此后，ETSI、BRAN 及 MMAC 也纷纷采用 OFDM 作为其物理层标准。下面对这一标准进行简要介绍。

9.2.1　802.11a 的帧结构

IEEE 802.11 关于无线局域网的规定中，其物理层汇聚协议（Physical Layer Convergence Protocol，PLCP）采用的是 OFDM 调制的技术标准。802.11a 对 OFDM 的帧结构作了具体的规定，如图 9-14 所示。

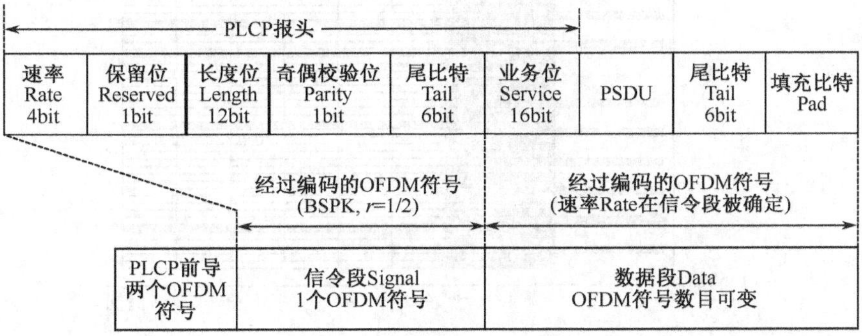

图 9-14　PPDU 帧结构

PLCP 协议数据单元（PLCP Protocol Data Unit，PPDU）包括 OFDM PLCP 报头（Header）、PSDU、尾（Tail）比特及填充（Pad）比特。其中，报头包括速率（Rate）位、保留（Reserved）位、长度（Length）位、奇偶校验（Parity）位和业务（Servie）位。其中，长度位、速率位、保留位、奇偶校验位、尾比特构成一个 OFDM 符号，用信令（Signal）段表示。信令段采用的是 BPSK 调制，1/2 的编码速率。业务位 16 比特、PSDU 再加上 6 个尾比特，以及填充比特构成数据（Data）区。其中，信令段的速率位及长度位决定着数据的比特率，进而决定其调制方式、编码速率等一系列参数值。

如图 9-15 所示，IEEE802.11a 中的定时同步、载波频偏估计，以及信道估计等都是由 PLCP 前导包含的两个训练符号完成的。

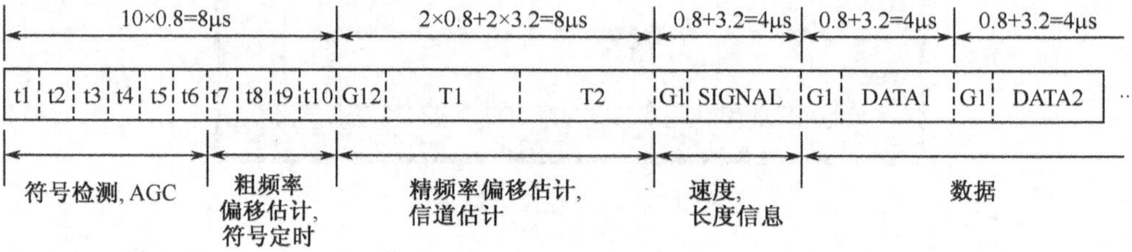

图 9-15 IEEE 802.11a 中的训练符号

训练符号由两部分组成：10 个相同的短训练符号 t1～t10（为正常 OFDM 符号时间的 1/4）和两个相同的长训练符号 T1～T2（时间长等于正常的 OFDM 符号时间长度），总的训练时间长度为 16 μs 。训练符号后跟 Signal 域，其中包含后续数据的调制类型、编码速率和数据长度信息。所有这些训练任务都应该在对数据符号进行译码之前完成。

由于训练之后还会存在一定的剩余频率偏差，它会造成所有子载波的相位漂移，因此，在前同步符号之后，还需要不断的对参考相位进行跟踪。为了对这种相位漂移进行跟踪，需要在 52 个子载波中插入 4 个导频符号。图 9-16 给出了 OFDM 分组数据传输的时间-频率分布图，其中灰色部分表示训练符号和导频符号。

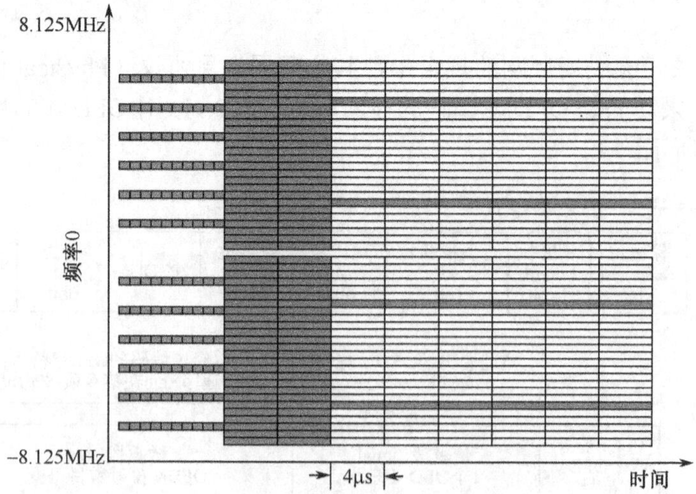

图 9-16 802.11a OFDM 分组数据传输的时间-频率分布图

从图 9-16 中可以清楚的看到，分组数据包是如何从只占用 12 个子载波的短训练符号开始的，然后是占用 52 个子载波的长训练符号和数据符号，而且在数据符号中还存在 4 个已知的导频子载波。

9.2.2 802.11a OFDM 物理层编码过程

802.11a 对 OFDM 物理层的编码过程给出了详细的规定，编码过程包括以下步骤：

（1）产生 PLCP 训练序列。此序列由 10 个重复的短训练序列和两个重复的加保护间隔（GI）的长训练序列构成。10 个短训练序列用来进行接收端的自动增益控制、定时捕获及完成频率的粗同步。长训练序列作用是在接收端进行信道估计及进行系统的细同步。

（2）根据发送端的速率位、长度位和业务位，再添加适当的比特得到 PLCP 头。PLCP 中的 Rate 和 Length 经过 1/2 速率的卷积编码，映射成一个单独的 BPSK 编码的 OFDM 符号，这与 Signal 符号的产生类似。为了能及时的检测到 Rate 和 Length，采取在 PLCP 头中插入 6 个“0”。由 Signal 得到一个 OFDM 符号要经过统一的过程：卷积编码、交织、BPSK 调制、插入导频、IFFT，最后是加保护间隔使数据速率达到 6Mb/s。Signal 部分不需要扰码。

（3）根据发送端的 Rate，计算每个 OFDM 符号所包含的数据比特数（记为 N_{DBPS}）。编码速率（R），每个 OFDM 子载波中的比特数（N_{BSPC}），以及每个 OFDM 符号中经过编码的比特数（N_{CBPS}）。

（4）发送端服务区后跟着的是 PSDU。通过添加适当的“0”（至少 6 个），使得比特流的长度是 N_{DBPS} 的整数倍。调整过后的比特流形成包中的 Data 部分。

（5）用非 0 初值产生的伪随机序列形成扰码，然后再与调整后的信息比特做与的逻辑运算。

（6）用 6 个未成扰码的“0”比特替换后 6 个“0”经过扰码后形成的比特（这些比特能使接收端的卷积编码器回到零状态，而它们解码后只作为尾比特）。

（7）接下来对数据进行 1/2 速率的卷积编码，然后再根据编码速率的需要进行打孔（Puncture）。

（8）将编码输出的数据流以 N_{CBPS} 为长度单位分成若干组，对每一组进行交织（Interleaving）处理。

（9）编码交织完成后输出的数据流以 N_{CBPS} 为长度单位分成若干组，再选择合适的调制方法，如 BPSK 或者 QAM 等进行调制。

（10）将调制后的复数信号以 48 为单位分成若干组，每一组可以形成一个 OFDM 符号。一组中的符号映射到编号为–26～–22、–20～–8、–6～–1、1～6、8～20 及 22～26 的 OFDM 子载波上。编号为–21、–7、7 和 21 的子载波用来插入导频。代表中心频率的 0 号子载波可以忽略，所以置为 0。

（11）导频插入编号为–21、–7、7 和 21 的 4 个子载波中。总的子载波数是 52。

（12）每一组从编号–26～26 的子载波经过 IDFT 变换为时域信号。对 IDFT 后的波形加循环前缀来形成 GI，并对每个周期性的 OFDM 符号的波形进行加窗处理。

（13）以含有 Rate 和 Length 信息的 Signal 开始的 OFDM 符号流一个接一个的进入信道传输。

（14）根据理想信道的中心频率，上行转换复数基带波形到 RF 频率上。

9.2.3 系统参数

表 9-1 为 802.11a 中规定的系统主要参数。

表 9-1 802.11a OFDM 系统的主要参数

参 数	参 数 值
抽样间隔（chip duration）	50ns
N_{SD}（Number of data subcarriers）数据子载波的个数	48
N_{SP}（Number of pilot subcarriers）导频子载波的个数	4
N_{ST}（Number of subcarriers，total）	52（$N_{SD}+N_{SP}$）
抽样速率	20MHz
OFDM 符号间隔	4μs（80chip）
循环前缀长度（保护间隔）	800ns（16chip）
FFT 周期 TFFT	3.2μs（64chip）
调制方式	BPSK QPSK 16QAM 64QAM
编码方式	1/2 卷积，约束长度 7，可打孔
比特速率	6、9、12、18、24、36、48、54Mb/s
子载波间隔Δf	312.5kHz（20MHz/64）
训练(Preamble)序列长度	16μs（$T_{short}+Tl_{ong}$）

在 OFDM 的帧结构中，Signal 中的 Rate 决定了系统的比特速率，进而决定了调制方式等一系列参数。表 9-2 为由 Rate 决定的参数。

表 9-2 Rate 决定的参数

RATE	数据速率（MB/S）	调 制 方 式	编 码 速 率	N_{BPSC}	N_{CBPS}	N_{DPBS}
1101	6	BPSK	1/2	1	48	24
1111	9	BPSK	3/4	1	48	36
0101	12	QPSK	1/2	2	96	48
0111	18	QPSK	3/4	2	96	72
1001	24	16QAM	1/2	4	192	96
1011	36	16QAM	3/4	4	192	144
0001	48	64QAM	2/3	6	288	192
0011	54	64QAM	3/4	6	288	216

9.2.4 训练符号

PLCP 序列用来进行同步。其中的 10 短 2 长的符号如图 9-15 所示。

训练符号的第一部分中包括 10 个重复的短训练符号，每个短训练符号的长度为 800ns。这些短训练符号占据非零的子载波，由 12 个子载波（载波间隔为正常符号子载波间隔的 4 倍）组成。因此，在所有可能的从−26～26 的子载波中，短训练符号占据序号为{−24、−20、−16、−12、−8、−4、4、8、12、16、20、24}的子载波。其中传输已知的伪随机序列（QPSK 符号），它主要用于进行信号检测、自动增益控制（AGC）、符号定时和粗频率偏差估计，即

$$\begin{aligned}S_{-26,26}=\sqrt{13/6}\times\{&0,0,1+j,0,0,0,-1-j,0,0,0,1+j,0,0,0,-1-j,0,0,0,\\&-1-j,0,0,0,1+j,0,0,0,0,0,0,0,-1-j,0,0,0,-1-j,0,0,0,1+j,\\&0,0,0,1+j,0,0,0,1+j,0,0,0,1+j,0,0\}\end{aligned} \tag{9-15}$$

式中，由于短训练符号期间，只用了 52 个子载波中的 12 个子载波来传输符号，因此，为了保证 OFDM 符号功率值的均匀性，需要乘以因子 $\sqrt{13/6}$。

选择这种短训练符号的原因主要有两个：第一，短训练符号可以在较大的范围内实现粗频率偏差估计。对于周期为 T 的重复符号来说，最大可估计的频率偏差为 $1/(2T)$。因此，通过测量连续两个长度为 800ns 的短训练符号间的相位差，可以估计的频率偏差可以达到 625kHz。如果训练符号的长度等于 OFDM 符号的有效长度，即 3.2μs，那么可以估计到的频率偏差只能达到 156kHz，它在 5.8GHz 工作频率情况下，相当于 26ppm 的频率误差。而 IEEE 802.11 标准中固定每个用户所能允许的最大频率误差为 20ppm，如果同时考虑发射机和接收机，则接收机一方所能看到的频率误差之和可以是 40ppm。

在训练开始阶段采用短训练符号的第二个原因在于，可以提供简单的实现 AGC 和帧检测方法。通过计算短训练符号与其下一相同符号的相关值，并且校验该相关值是否超过某一个门限值，这样就可以检测到是否有分组数据包出现。在每两个短符号周期之后，可以调整接收机增益，然后继续进行检测和增益的测量。当然，这种 AGC 算法也可以用于长训练符号中，但是用于短训练符号的好处就是：在相同时间长度内，可以得到更多个重复符号，这样就更加容易在训练期间内，做出各种测量并且调整增益。

短训练符号之后跟随长训练符号 T1，该符号的长度为 8μs，其中包括两个有效 OFDM 的长度（3.2μs）及两个保护间隔长度（0.8μs）。长训练符号由 53 个子载波（包括直流处一个空符号，取“0”值）组成，分别占据从−26～26 的非零子载波。其中传输 BPSK 符号（为了简化接收段的信道估计运算），它主要用于精确的频率偏差估计和信道估计，即

$$\begin{aligned}L_{-26,26}=\{&1,1,-1,-1,1,1,-1,1,-1,1,1,1,1,1,1,-1,-1,1,1,-1,1,-1,1,1,1,1,0\\&,1,-1,-1,1,1,-1,1,-1,1,-1,-1,-1,-1,-1,1,1,-1,-1,1,-1,1,-1,1,1,1,1\}\end{aligned} \tag{9-16}$$

选择 T1 符号的长度为 OFDM 符号长度的 2 倍主要有两个原因：第一，在长符号周期内可以实施精确的频率估计。通过把 IFFT 输出符号进行循环扩展，构成长度为 8μs 的长训练符号。其中最前面的 1.6μs 是保护间隔，它同时也是 IFFT 输出符号的最后 1.6μs 的副本。通过测量长训练符号内相距为 3.2μs 的样值之间的相位漂移来精确的估计频率偏差。使用长训练符号的第二个原因就是要获得相干解调所使用的参考幅值相位。通过对长训练符号中的相同的两个部分进行平均，这一期间内的噪声功率要比数据符号中的噪声功率低 3dB，从而可以更加准确的获得相干解调所使用的参数。

9.2.5 Signal 域

训练符号之后紧跟着 Signal 域，其结构如图 9-17 所示。其中包括 RATE 及 LENGTH 域，共有 24 个比特。

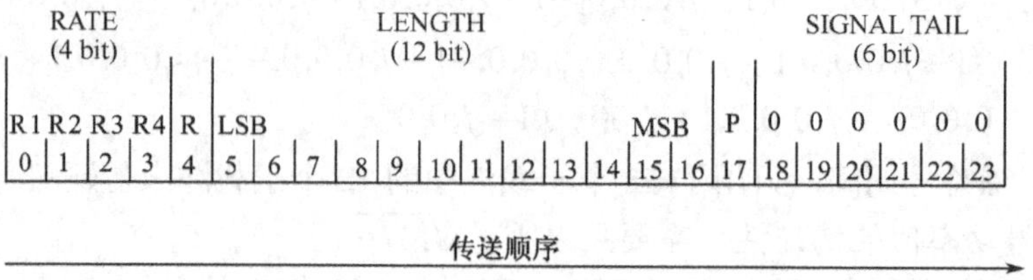

图 9-17 Signal 域信息

Signal 域中的信息比特经过 BPSK 调制，以及效率为 1/2 的卷积编码，就可以得到 6Mb/s 的信息传输速率，这也是 IEEE 802.11a 中规定的最低信息速率。RATE 域内包含 4 个比特，用于传递随后数据符号所用到的调制和编码效率的信息。其值参考表 9-2。

随后 LENGTH 域的长度为 12 个比特，用于指示 MAC 请求 PHY 发送的 PSDU 的字节个数。当接收到开始传输的请求之后，物理层利用这一参数确定 MAC 和 PHY 之间需要传递的字节个数。此外，Signal 域中还包含未使用的激光比特：比特 4 保留供将来使用；比特 17 保留用作比特 0～16 的偶校验比特位；剩余的比特 18～23 构成 Signal 的 TAIL 域，其中的 6 个比特都被置零。Signal 不需要经过扰码，但需要经过卷积编码再输出。

9.2.6 Data 域的扰码及解扰

根据 802.11a 的标准，要求对 Data 信息部分进行加扰。Data 域包括 Service、PSDU、尾比特及填充比特。在送入卷积编码器之前要先经过加扰处理，也就是用一长为 127 的帧同步码来对 Data 域进行加扰。PSDU 为串行的比特流传输，扰码的多项式为

$$S(X) = X^7 + X^4 + 1 \tag{9-17}$$

为了进行有效正确的解扰，要求接收端有相同的扰码器，这就要求接收端的扰码器不仅要有与发送端相同的生成多项式，而且还要对接收端的初始状态提出要求。802.11a 中对此做出规定：在 Data 区中的 Service 部分前 7 比特全设为零，这样在接收端就可以以 7 个被扰后的结果作为接收端扰码器的初始状态，从而进行有效正确的解扰。

循环产生的初始扰码长度为 127 比特，可以重复使用。扰码器的结构如图 9-18 所示。

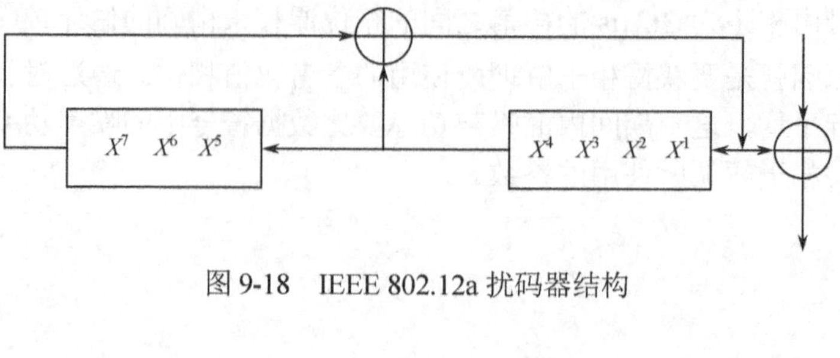

图 9-18 IEEE 802.12a 扰码器结构

9.2.7 卷积编码器和 Viterbi 译码

在无线信道中，数字信号在传输的过程中会受到干扰，导致接收端的判决出错。通常，乘性干扰可以采用均衡技术进行纠正，加性干扰则需要采用其他的方法解决。而在设计数字通信时应首先选择合理的调制方式进行发送功率控制及编码方式等方面的考虑，这里讨论差错编码。从信道的角度看，差错纠错技术分为：检错重发、前向纠错和反馈校验 3 种。IEEE 802.11a 系统中采用的是前向纠错中的卷积编码。

在 OFDM 系统中，只对 Data 部分进行卷积编码，Data 中包括 Service、PSDU、尾比特及插入比特，分别按照要求的速率 $R=1/2$、2/3 或 3/4 来进行卷积编码。卷积编码分为上下两路，两路采用的生成多项式分别为 $g_0=133$，$g_1=171$（八进制形式），所以对应的编码器如图 9-19 所示。

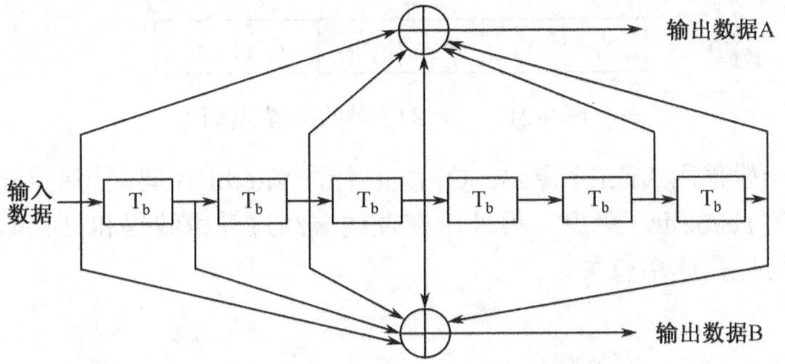

图 9-19 （133，171）卷积编码器框图

卷积编码后的两路输出相互合并传输，再根据打孔的速率来进行打孔。例如，当打孔速率为 $r=3/4$ 时，整个编码和解码过程如图 9-20 所示。

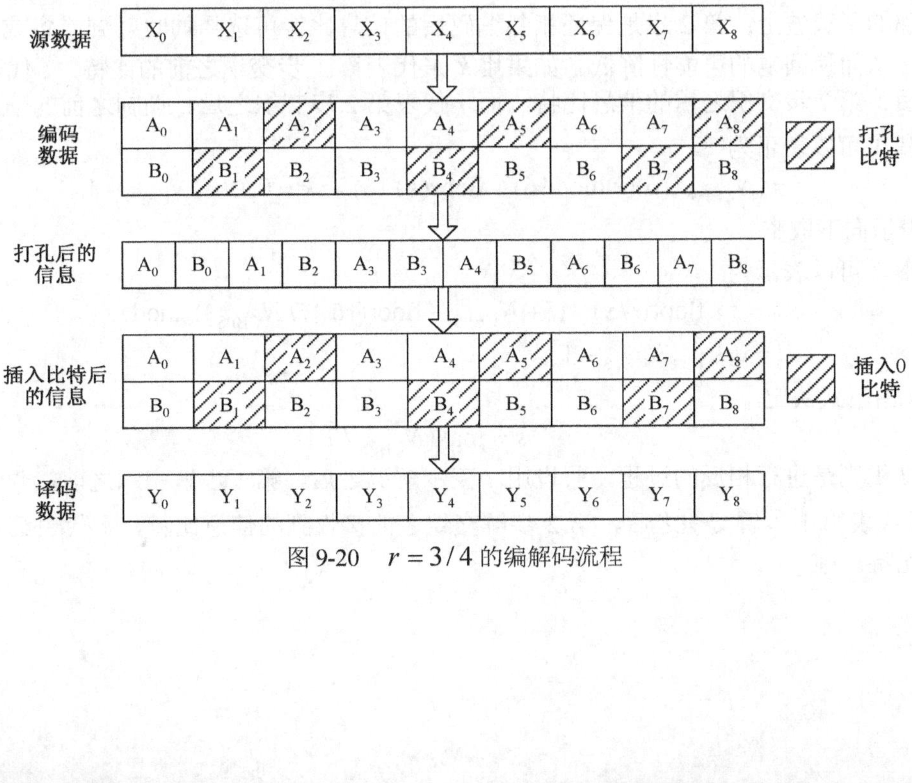

图 9-20 $r=3/4$ 的编解码流程

而当打孔速率为 $r=2/3$ 时，编码和解码过程如图 9-21 所示。

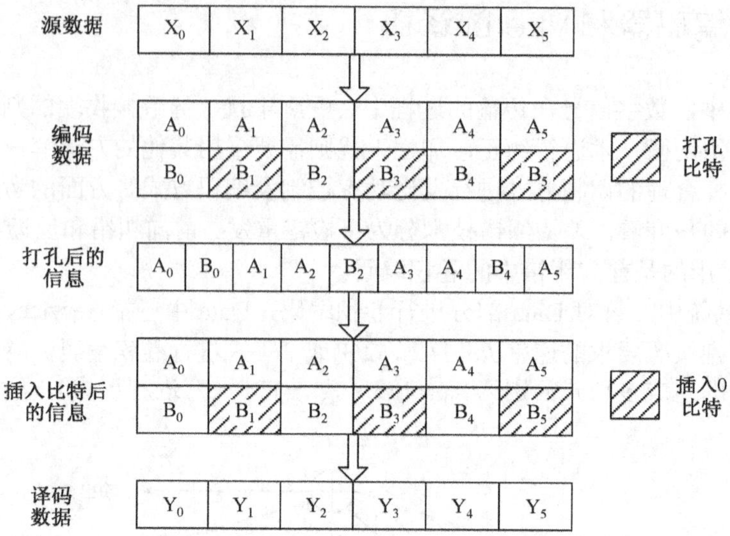

图 9-21　$r=2/3$ 时的编解码流程

在接收端，一般采用 Viterbi 译码。OFDM 中的 Viterbi 译码采用的是硬判决，所以，这里的距离采用的是 Hamming 距离。另外，在发送端经过卷积编码和打孔后，传输速率提高，速率提高的倍数与打孔速率有关。

9.2.8　交织

IEEE 802.11a 系统中采用矩阵交织器，根据 OFDM 符号的大小，即 N_{CBPS} 的大小，对卷积编码后的信息进行交织处理，分两个步骤进行交换：第 1 步是将相邻的信息比特分别映射到不相邻的子载波上；第 2 步是保证相邻编码后的信息比特可选择的映射到或多或少的一组比特中，从而使回复的可能性降低。如果用 k 来代表第 1 步交织之前的比特，i 代表第 1 步交织之后、第 2 步交织之前的信息比特，而 j 代表第 2 步交织之后、调制之前的信息比特。

步骤 1 可以表示为

$$i=(N_{\text{CBPS}}/16)(k \bmod 16)+\text{floor}(k/16)\text{，}\quad k=0,1,\cdots,N_{\text{CBPS}}-1 \tag{9-18}$$

floor(.)表示向下取整。

步骤 2 可以表示为

$$\begin{aligned}&j=s\times\text{floor}(i/s)+(i+N_{\text{CBPS}}-\text{floor}(16\times i/N_{\text{CBPS}}))\bmod s\\&i=0,1,\cdots,N_{\text{CBPS}}-1\end{aligned} \tag{9-19}$$

式中，s 由下式决定

$$s=\max(N_{\text{CBPS}}/2,1) \tag{9-20}$$

解交织则是进行相反的过程，假设用 j 表示解调之后、第 1 步解交织之前接收到的信息比特，i 代表第 1 步解交织之后、第 2 步解交织之前接收到的信息比特，k 代表第 2 步解交织后的比特。则

步骤 1 可以表示为

$$i = s \times \text{floor}(j/s) + (j + \text{floor}(16 \times j / N_{\text{CBPS}})) \bmod s \qquad (9\text{-}21)$$
$$j = 0,1,\cdots,N_{\text{CBPS}} - 1$$

式中，s 与前面定义一致，这与发送端的步骤 1 刚好相反。

步骤 2 由以下式子表示

$$k = 16 \times i - (N_{\text{CBPS}} - 1)\text{floor}(16i / N_{\text{CBPS}}), \quad i = 0,1,\cdots,N_{\text{CBPS}} - 1 \qquad (9\text{-}22)$$

这一步骤是与发送端的步骤 2 是相反的。

注意，在交织之前，需要对接收到的符号个数进行处理，交织需要的符号个数至少满足 48 的整数倍，如果不满足则需要通过插入适当的比特来达到这个要求。

9.2.9　子载波调制与解调

IEEE 802.11a 中使用 53 个子载波（其中在 $k=0$ 处，即直流子载波上不传送符号，为空符号 0），IFFT 算法基于 64 点，把 53 个子载波分别映射到相应的子载波上，编号低端和编号高端分别有 6 个和 5 个空符号，即 $k = -32,\cdots,-27,27,\cdots,31$。这样映射是为了保证系统的子载波频谱集中。在进行 IFFT 运算时，把子载波 1～26 映射到相同标号的 IFFT 的输入端，而子载波–26～–1 被映射到标号为 38～63 的 IFFT 输入端；其余的 IFFT 输入端口，即 27～37，以及端口 0 都输入 0 值，如图 9-22 所示。

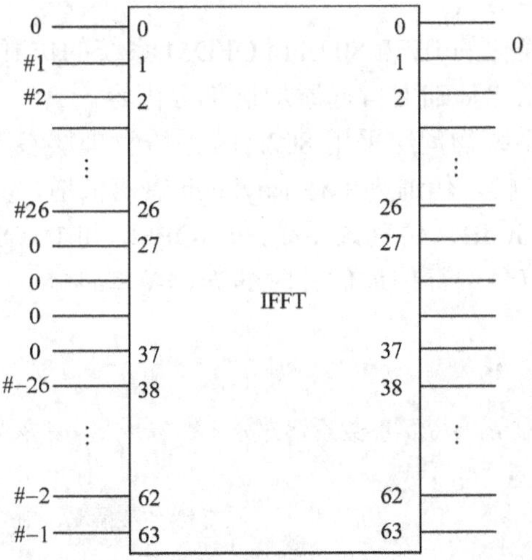

图 9-22　子载波与 IFFT 序号的映射关系

子载波采用 4 种调制方式，分别为 BPSK、QPSK、16QAM 和 64QAM。调制方式的选择根据 Signal 中的速率 Rate 来决定。6Mbit 和 9Mbit 采用 BPSK，12Mbit 和 18Mbit 采用 QPSK，24Mbit 和 36Mbit 采用 16QAM，48Mbit 和 54Mbit 采用 64QAM。调制方法如下：

首先，把输入的二进制序列分成长度为 $n=1$、2、4、6 的组，分别对应 BPSK、QPSK、16QAM 和 64QAM。接下来把这些二进制序列分别映射为星座图中对应的点的复数表示。为了所有的映射点有相同的平均功率，输出要进行归一化，所以对应 BPSK、QPSK、16QAM

和 64QAM，分别乘以归一化系数 1、$1/\sqrt{2}$、$1/\sqrt{10}$、$1/\sqrt{42}$ 输出的复数序列即为映射后的调制结果。

由于在通信系统中存在噪声等干扰的影响，故信息在传输过程中会产生失真，解调接收就要求最大可能的减少误差。在这里解调的方法是，首先求出接收端信号值（复数形式表示）与星座图中各点的距离，接下来求出所有距离中的最小值，则将星座图中该点所对应的二进制值作为解调的结果输出。与调制相对应，结果要除以归一化系数。

总的系统模块框图如图 9-23 所示。

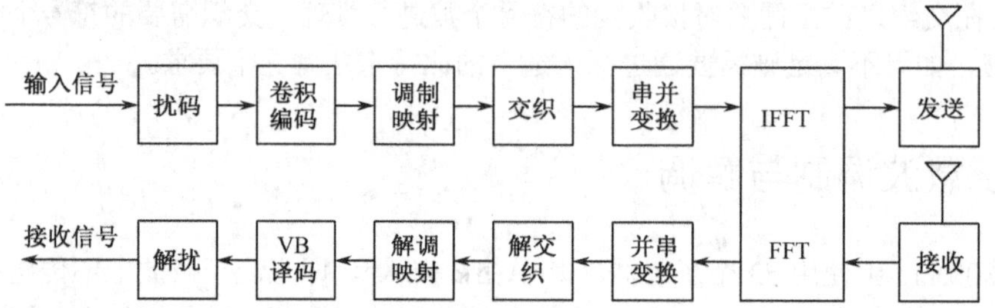

图 9-23　IEEE 802.11a 系统模块框图

9.3　IEEE 802.11a 系统的仿真

在这一节中给出一个简化的 IEEE 802.11a OFDM 系统的仿真，其中仿真中暂未考虑扰码及卷积编码等，读者可以在此基础上自行添加这部分内容。

例 9.4　假设 OFDM 系统物理层采用 802.11a 系统物理层参数，其中，1 个长训练符号与 6 个 OFDM 数据符号构成 1 帧，信道为单径 Rayleigh 衰落信道，其最大多普勒频移为 100Hz，信噪比 EbNo 的范围为 0～30dB，仿真该系统采用 QPSK 和 16-QAM 调制时，接收机端采用理想信道估计和利用训练符号进行信道估计时的误比特率性能。

程序代码如下：

```
clear all
%%%%%%%%%%%%% 参数设置部分 %%%%%%%%%%%%%%%%%

Nsp=52;                        %系统子载波数(不包括直流载波)
Nfft=64;                       %FFT 长度
Ncp=16;                        % 循环前缀长度
Ns=Nfft+Ncp;                   %1 个完整 OFDM 符号长度
noc=53;                        % 包含直流载波的总的子载波数
Nd=6;                          % 每帧包含的 OFDM 符号数(不包括训练符号)
M1=4;                          %QPSK 调制
M2=16;                         %16-QAM 调制
sr=250000;                     %OFDM 符号速率
```

```
EbNo=0:2:30;                               % 归一化信噪比
Nfrm=10000;                                % 每种信噪比下的仿真帧数
ts=1/sr/Ns;                                % OFDM 符号抽样时间间隔
t=0:ts:(Ns*(Nd+1)*Nfrm-1)*ts;              % 抽样时刻
fd=100;                                    % 最大多普勒频移
h=rayleigh(fd,t);                          % 生成单径 Rayleigh 衰落信道

%训练符号频域数据,采用 802.11a 中的长训练符号数据
Preamble=[1 1 -1 -1 1 1 -1 1 -1 1 1 1 1 1 1 -1 -1 1 1 -1 1 -1 1 1 1 1 ...
    1 -1 -1 1 1 -1 1 -1 1 -1 -1 -1 -1 -1 1 1 -1 -1 1 -1 1 -1 1 1 1 1];
Preamble1=zeros(1,Nfft);
Preamble1(2:27)=Preamble(27:end);                       % 训练符号重排后的数据
Preamble1(39:end)=Preamble(1:26);
preamble1=ifft(Preamble1);                              % 训练符号时域数据
preamble1=[preamble1(Nfft-Ncp+1:end) preamble1];        % 加入循环前缀

%%%%%%%%%%%%%%%%%%%%%%%% 仿真循环 %%%%%%%%%%%%%%%%%%%%%%%%%%
for ii=1:length(EbNo)
 %*************************发射机部分 ****************************
    msg1=randsrc(Nsp,Nd*Nfrm,[0:M1-1]);                 % QPSK 信息数据
    msg2=randsrc(Nsp,Nd*Nfrm,[0:M2-1]);                 % 16-QAM 信息数据
    data1=pskmod(msg1,M1,pi/4);                         % QPSK 调制
    data2=qammod(msg2,M2)/sqrt(10);                     % 16-QAM 调制并归一化

    data3=zeros(Nfft,Nd*Nfrm);                          % 根据 FFT 要求，对数据重排
    data4=zeros(Nfft,Nd*Nfrm);

    data3(2:27,:)=data1(27:end,:);
    data3(39:end,:)=data1(1:26,:);

    data4(2:27,:)=data2(27:end,:);
    data4(39:end,:)=data2(1:26,:);

    clear data1 data2;                                  % 清除不需要的临时变量

    data3=ifft(data3);                                  % IFFT 变换
    data4=ifft(data4);

    data3=[data3(Nfft-Ncp+1:end,:);data3];              % 加入循环前缀
```

```
        data4=[data4(Nfft-Ncp+1:end,:);data4];

        spow1=norm(data3,'fro').^2/(Nsp*Nd*Nfrm);                    % 计算数据符号能量
        spow2=norm(data4,'fro').^2/(Nsp*Nd*Nfrm);

        data5=zeros(Ns,(Nd+1)*Nfrm);                                % 加入训练符号
        data6=data5;
        for indx=1:Nfrm
                data5(:,(indx-1)*(Nd+1)+1)=preamble1.';
                data5(:,(indx-1)*(Nd+1)+2:indx*(Nd+1))=data3(:,(indx-1)*Nd+1:indx*Nd);

                data6(:,(indx-1)*(Nd+1)+1)=preamble1.';
                data6(:,(indx-1)*(Nd+1)+2:indx*(Nd+1))=data4(:,(indx-1)*Nd+1:indx*Nd);
        end

        clear data3 data4

        data5=reshape(data5,1,Ns*(Nd+1)*Nfrm);                       % 并串变换
        data6=reshape(data6,1,Ns*(Nd+1)*Nfrm);

        sigma1=sqrt(1/2*spow1/log2(M1)*10.^( -EbNo(ii)/10));   % 根据 EbNo 计算噪声标准差
        sigma2=sqrt(1/2*spow2/log2(M2)*10.^( -EbNo(ii)/10));

for indx=1:Nfrm
        dd1=data5((indx-1)*Ns*(Nd+1)+1:indx*Ns*(Nd+1));         % 当前帧的发射数据
        dd2=data6((indx-1)*Ns*(Nd+1)+1:indx*Ns*(Nd+1));

        hh=h((indx-1)*Ns*(Nd+1)+1:indx*Ns*(Nd+1));              % 当前帧对应的信道参数

        % 信号通过单径 Rayleigh 衰落信道，并加入高斯白噪声
        r1=hh.*dd1+sigma1*(randn(1,length(dd1))+j*randn(1,length(dd1)));
        r2=hh.*dd2+sigma2*(randn(1,length(dd2))+j*randn(1,length(dd2)));

        r1=reshape(r1,Ns,Nd+1);                                   % 串并变换
        r2=reshape(r2,Ns,Nd+1);

        r1=r1(Ncp+1:end,:);                                       % 移除循环前缀
        r2=r2(Ncp+1:end,:);

```

```
%%%%%%%%%%%%% 理想信道估计 %%%%%%%%%%%%%
hh=reshape(hh,Ns,Nd+1);                    % 信道参数数据重排
hh=hh(Ncp+1:end,:);
x1=r1(:,2:end)./hh(:,2:end);              % 信道补偿
x2=r2(:,2:end)./hh(:,2:end);

x1=fft(x1);                                % fft 运算
x2=fft(x2);

x1=[x1(39:end,:);x1(2:27,:)];             % 数据重排
x2=[x2(39:end,:);x2(2:27,:)];

x1=pskdemod(x1,M1,pi/4);                  % 数据解调
x2=qamdemod(x2*sqrt(10),M2);
% 统计一帧中的错误比特数
[neb1(indx),temp]=biterr(x1,msg1(:,(indx-1)*Nd+1:indx*Nd),log2(M1));
[neb2(indx),temp]=biterr(x2,msg2(:,(indx-1)*Nd+1:indx*Nd),log2(M2));

%%%%%%%%%%%%%% 根据训练符号进行的信道估计 %%%%%%%%%

R1=fft(r1);                                % fft 运算
R2=fft(r2);

R1=[R1(39:end,:);R1(2:27,:)];             % 数据重排
R2=[R2(39:end,:);R2(2:27,:)];

HH1=(Preamble.')./R1(:,1);                % 信道估计
HH2=(Preamble.')./R2(:,1);

HH1=HH1*ones(1,Nd);                        % 根据信道估计结果进行信道补偿
HH2=HH2*ones(1,Nd);

x3=R1(:,2:end).*HH1;
x4=R2(:,2:end).*HH2;

x3=pskdemod(x3,M1,pi/4);                  % 数据解调
x4=qamdemod(x4.*sqrt(10),M2);

% 统计一帧中的错误比特数
```

```
130.    [neb3(indx),temp]=biterr(x3,msg1(:,(indx-1)*Nd+1:indx*Nd),log2(M1));
131.    [neb4(indx),temp]=biterr(x4,msg2(:,(indx-1)*Nd+1:indx*Nd),log2(M2));
132.    end
133.    ber1(ii)=sum(neb1)/(Nsp*log2(M1)*Nd*Nfrm);        % 理想信道估计的误比特率
134.    ber2(ii)=sum(neb2)/(Nsp*log2(M2)*Nd*Nfrm);
135.
136.    ber3(ii)=sum(neb3)/(Nsp*log2(M1)*Nd*Nfrm);        % 根据训练符号信道估计的误比特率
137.    ber4(ii)=sum(neb4)/(Nsp*log2(M2)*Nd*Nfrm);
138.
139.    end
140.
141.    semilogy(EbNo,ber1,'-ro',EbNo,ber3,'-rv',EbNo,ber2,'-r*',EbNo,ber4,'-rd')
142.    grid on
143.    title('OFDM 系统误比特率性能')
144.    legend('QPSK 理想信道估计','QPSK 训练符号信道估计','16-QAM 理想信道估计','
        16QAM-训练符号信道估计')
145.    xlabel('信噪比(EbNo)')
146.    ylabel('误比特率')
```

说明：程序首先进行相关参数设置（第 4～17 行）。第 18 行是生成单径 Rayleigh 衰落信道。第 21～27 行是根据训练符号的频域数据生成相应的时域数据并加入循环前缀。第 30～139 行是程序的主循环部分。第 32～70 行是分别生成 QPSK 调制和 16-QAM 调制下的信源数据，并分别进行 IFFT，加入循环前缀和训练符号，形成串行数据输出。第 54～55 行是计算 OFDM 符号的平均能量，后面要用它来计算高斯白噪声的标准差。第 72～73 行是计算高斯白噪声的标准差。第 77～78 行是当前帧的串行发射数据。第 80 行是取当前帧对应的信道参数。第 82～83 行是信号通过单径 Rayleigh 衰落信道并加入高斯白噪声。第 85～89 行是接收端对接收数据进行串并变换，并移除循环前缀。第 92～107 行是得到理想信道估计下，1 帧数据解调后的误比特数。第 111～131 行是根据训练符号进行信道估计，并利用该估计结果对该帧中的数据进行进行信道补偿，然后进行解调，并统计误比特数。需要注意，在此是计算信道系数的倒数（第 117～118 行），这样在进行信道补偿时，接收信号只需要乘以信道系数的倒数即可（第 123～124 行）。第 133～137 行是分别统计理想信道估计和训练符号信道估计下的误比特率性能。第 141～146 行是画出相应的结果。

程序运行结果如图 9-24 所示。

从图 9-24 可以看出，利用训练符号进行信道估计的性能，较理想信道估计下的性能有所损失。当 BER 为 10^{-2} 时，QPSK 和 16-QAM 训练符号信道估计下的性能要比理想信道估计下的性能损失大约 3dB 左右。这是因为在一帧中，信道并不是固定不变的，而利用训练符号进行信道估计时，数据符号是根据训练符号估计出的信道值进行补偿的，因此，不可避免的产生误差。

下面再比较一下在单径衰落信道和 2 径衰落信道下，OFDM 系统的误比特率性能。

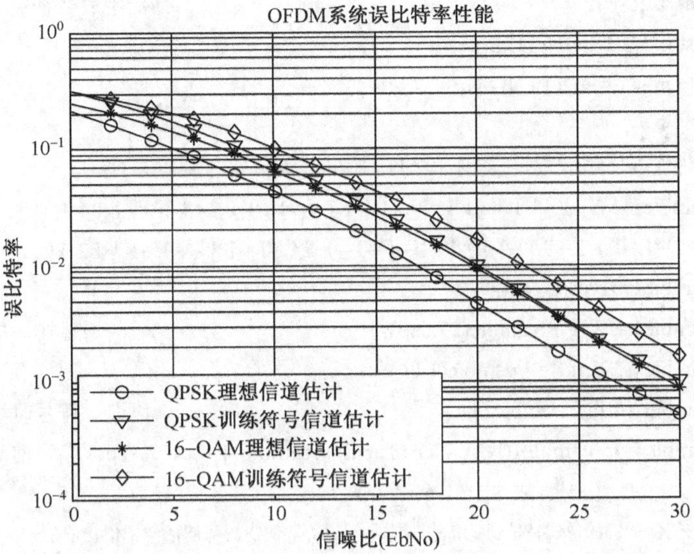

图 9-24　例 9.4 程序运行结果

例 9.5　假设 OFDM 系统物理层参数与例 9.1 相同，比较该系统在单径 Rayleigh 衰落信道和 2 径衰落信道下的误比特率性能。其中 2 径信道的时延分别为 0 和 20×10^{-8} s，并且第 2 径平均功率比第 1 径平均功率低 3dB。

程序代码如下：

```
clear all
%%%%%%%%%%%%%% 参数设置部分 %%%%%%%%%%%%%%%%%%

Nsp=52;                            %系统子载波数（不包括直流载波）
Nfft=64;                           %FFT 长度
Ncp=16;                            % 循环前缀长度
Ns=Nfft+Ncp;                       %1 个完整 OFDM 符号长度
noc=53;                            % 包含直流载波的总的子载波数
Nd=6;                              % 每帧包含的 OFDM 符号数(不包
                                   括训练符号)
M1=4;                              %QPSK 调制
M2=16;                             %16-QAM 调制
sr=250000;                         %OFDM 符号速率
EbNo=0:2:30;                       % 归一化信噪比
Nfrm=1000;                         % 每种信噪比下的仿真帧数
ts=1/sr/Ns;                        %OFDM 符号抽样时间间隔
t=0:ts:(Ns*(Nd+1)*Nfrm-1)*ts;      % 抽样时刻
fd=100;                            % 最大多普勒频移
h=rayleigh(fd,t);                  % 生成单径 Rayleigh 衰落信道
```

```
h1=sqrt(2/3)*h;                                          % 生成 2 径衰落信道
h2=sqrt(1/3)*rayleigh(fd,t);
h2=[zeros(1,4) h2(1:end-4)];

 %训练符号频域数据,采用 802.11a 中的长训练符号数据
Preamble=[1 1 -1 -1 1 1 -1 1 -1 1 1 1 1 1 1 -1 -1 1 1 -1 1 -1 1 1 1 1 ...
      1 -1 -1 1 1 -1 1 -1 1 -1 -1 -1 -1 -1 1 1 -1 -1 1 -1 1 -1 1 1 1 1];
Preamble1=zeros(1,Nfft);
Preamble1(2:27)=Preamble(27:end);                        % 前导重排后的数据
Preamble1(39:end)=Preamble(1:26);
preamble1=ifft(Preamble1);                               % 训练符号时域数据
preamble1=[preamble1(Nfft-Ncp+1:end) preamble1];         % 加入循环前缀

%%%%%%%%%%%%%% 仿真循环 %%%%%%%%%%%%%%%
for ii=1:length(EbNo)
      %**************************发射机部分 ******************************
     msg1=randsrc(Nsp,Nd*Nfrm,[0:M1-1]);                 % QPSK 信息数据
     msg2=randsrc(Nsp,Nd*Nfrm,[0:M2-1]);                 % 16-QAM 信息数据

     data1=pskmod(msg1,M1,pi/4);                         % QPSK 调制
     data2=qammod(msg2,M2)/sqrt(10);                     % 16-QAM 调制并归一化

     data3=zeros(Nfft,Nd*Nfrm);                          % 根据 FFT 要求，对数据重排
     data4=zeros(Nfft,Nd*Nfrm);

     data3(2:27,:)=data1(27:end,:);
     data3(39:end,:)=data1(1:26,:);

     data4(2:27,:)=data2(27:end,:);
     data4(39:end,:)=data2(1:26,:);

     clear data1 data2;

     data3=ifft(data3);                                  % IFFT 变换
     data4=ifft(data4);

     data3=[data3(Nfft-Ncp+1:end,:);data3];              % 加入循环前缀
     data4=[data4(Nfft-Ncp+1:end,:);data4];

```

```
    spow1=norm(data3,'fro').^2/(Nsp*Nd*Nfrm);                    % 计算符号能量
    spow2=norm(data4,'fro').^2/(Nsp*Nd*Nfrm);

    data5=zeros(Ns,(Nd+1)*Nfrm);                                 % 加入训练符号
    data6=data5;
    for indx=1:Nfrm
        data5(:,(indx-1)*(Nd+1)+1)=preamble1.';
        data5(:,(indx-1)*(Nd+1)+2:indx*(Nd+1))=data3(:,(indx-1)*Nd+1:indx*Nd);

        data6(:,(indx-1)*(Nd+1)+1)=preamble1.';
        data6(:,(indx-1)*(Nd+1)+2:indx*(Nd+1))=data4(:,(indx-1)*Nd+1:indx*Nd);
    end

    clear data3 data4

    data5=reshape(data5,1,Ns*(Nd+1)*Nfrm);                       % 并串变换
    data6=reshape(data6,1,Ns*(Nd+1)*Nfrm);

    data51=zeros(1,length(data5));
    data61=zeros(1,length(data6));
    data51(5:end)=data5(1:end-4);
    data61(5:end)=data6(1:end-4);

    sigma1=sqrt(1/2*spow1/log2(M1)*10.^( -EbNo(ii)/10));    % 根据 EbNo 计算噪声标准差
    sigma2=sqrt(1/2*spow2/log2(M2)*10.^( -EbNo(ii)/10));

    for indx=1:Nfrm
        dd1=data5((indx-1)*Ns*(Nd+1)+1:indx*Ns*(Nd+1));
        dd2=data6((indx-1)*Ns*(Nd+1)+1:indx*Ns*(Nd+1));
        dd3=data51((indx-1)*Ns*(Nd+1)+1:indx*Ns*(Nd+1));
        dd4=data61((indx-1)*Ns*(Nd+1)+1:indx*Ns*(Nd+1));

        hh=h((indx-1)*Ns*(Nd+1)+1:indx*Ns*(Nd+1));         % 当前帧的单径信道参数
        hh1=h1((indx-1)*Ns*(Nd+1)+1:indx*Ns*(Nd+1));       % 当前帧的 2 径信道参数
        hh2=h2((indx-1)*Ns*(Nd+1)+1:indx*Ns*(Nd+1));

        % 信号通过单径衰落信道，并加入高斯白噪声
        r1=hh.*dd1+sigma1*(randn(1,length(dd1))+j*randn(1,length(dd1)));
        r2=hh.*dd2+sigma2*(randn(1,length(dd2))+j*randn(1,length(dd2)));
```

```

     % 信号通过 2 径衰落信道，并加入高斯白噪声
     r11=hh1.*dd1+hh2.*dd3+sigma1*(randn(1,length(dd1))+j*randn(1,length(dd1)));
     r21=hh1.*dd2+hh2.*dd4+sigma2*(randn(1,length(dd2))+j*randn(1,length(dd2)));

     r1=reshape(r1,Ns,Nd+1);                    % 串并变换
     r2=reshape(r2,Ns,Nd+1);

     r11=reshape(r11,Ns,Nd+1);
     r21=reshape(r21,Ns,Nd+1);

     r1=r1(Ncp+1:end,:);                        % 移除循环前缀
     r2=r2(Ncp+1:end,:);

     r11=r11(Ncp+1:end,:);
     r21=r21(Ncp+1:end,:);

     R1=fft(r1);                                % fft 运算
     R2=fft(r2);

     R11=fft(r11);
     R21=fft(r21);

     R1=[R1(39:end,:);R1(2:27,:)];              % 数据重排
     R2=[R2(39:end,:);R2(2:27,:)];
     R11=[R11(39:end,:);R11(2:27,:)];
     R21=[R21(39:end,:);R21(2:27,:)];

     HH1=(Preamble.')./R1(:,1);                 % 信道估计
     HH2=(Preamble.')./R2(:,1);

     HH11=(Preamble.')./R11(:,1);
     HH21=(Preamble.')./R21(:,1);

     HH1=HH1*ones(1,Nd);
     HH2=HH2*ones(1,Nd);
     HH11=HH11*ones(1,Nd);
     HH21=HH21*ones(1,Nd);

```

```
136.            x1=R1(:,2:end).*HH1;                          % 信道补偿
137.            x2=R2(:,2:end).*HH2;
138.            x3=R11(:,2:end).*HH11;
139.            x4=R21(:,2:end).*HH21;
140.
141.            x1=pskdemod(x1,M1,pi/4);                      % 数据解调
142.            x2=qamdemod(x2.*sqrt(10),M2);
143.
144.            x3=pskdemod(x3,M1,pi/4);
145.            x4=qamdemod(x4.*sqrt(10),M2);
146.
147.            % 统计一帧中的错误比特数
148.            [neb1(indx),temp]=biterr(x1,msg1(:,(indx-1)*Nd+1:indx*Nd),log2(M1));
149.            [neb2(indx),temp]=biterr(x2,msg2(:,(indx-1)*Nd+1:indx*Nd),log2(M2));
150.            [neb3(indx),temp]=biterr(x3,msg1(:,(indx-1)*Nd+1:indx*Nd),log2(M1));
151.            [neb4(indx),temp]=biterr(x4,msg2(:,(indx-1)*Nd+1:indx*Nd),log2(M2));
152.        end
153.        ber1(ii)=sum(neb1)/(Nsp*log2(M1)*Nd*Nfrm);    % 理想信道估计的误比特率
154.        ber2(ii)=sum(neb2)/(Nsp*log2(M2)*Nd*Nfrm);
155.
156.        ber3(ii)=sum(neb3)/(Nsp*log2(M1)*Nd*Nfrm);    % 非理想信道估计的误比特率
157.        ber4(ii)=sum(neb4)/(Nsp*log2(M2)*Nd*Nfrm);
158.
159.    end
160.
161. semilogy(EbNo,ber1,'-ro',EbNo,ber3,'-rv',EbNo,ber2,'-r*',EbNo,ber4,'-rx')
162. grid on
163. title('OFDM 系统误比特率性能')
164. legend('QPSK 单径信道','QPSK 2 径信道','16-QAM 单径信道','16-QAM 2 径信道')
165. xlabel('信噪比(EbNo)')
166. ylabel('误比特率')
```

说明：程序与例 9.4 基本相同，不同的是在第 19～21 行生成了 2 径衰落信道，第 99～100 行是让信号通过 2 径信道，其他部分功能请参考例 9.4 程序说明，此处就不再赘述。

程序运行结果如图 9-25 所示。

从图 9-25 可以看出，系统在单径信道和 2 径信道下性能几乎相同，这也说明了只要信道最大延迟不超过循环前缀的长度，在信号解调过程中几乎不会产生 ICI。

在 Simulink 中自带了一个关于 802.11a 的演示（DEMO）模型，如图 9-26 所示。

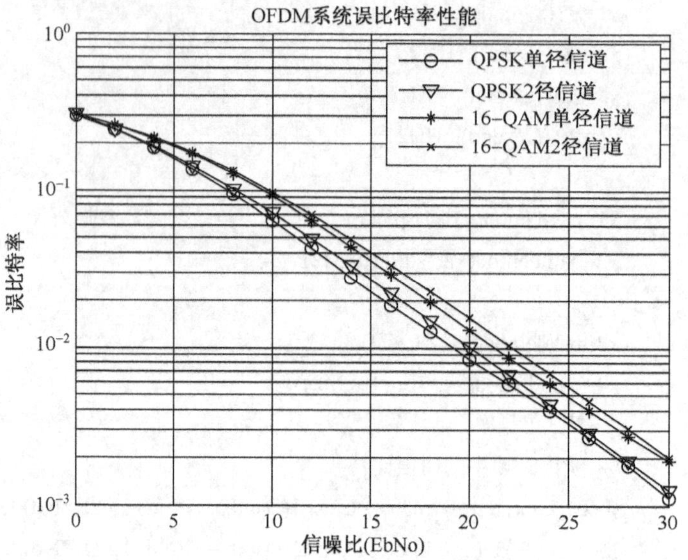

图 9-25　例 9.5 程序运行结果

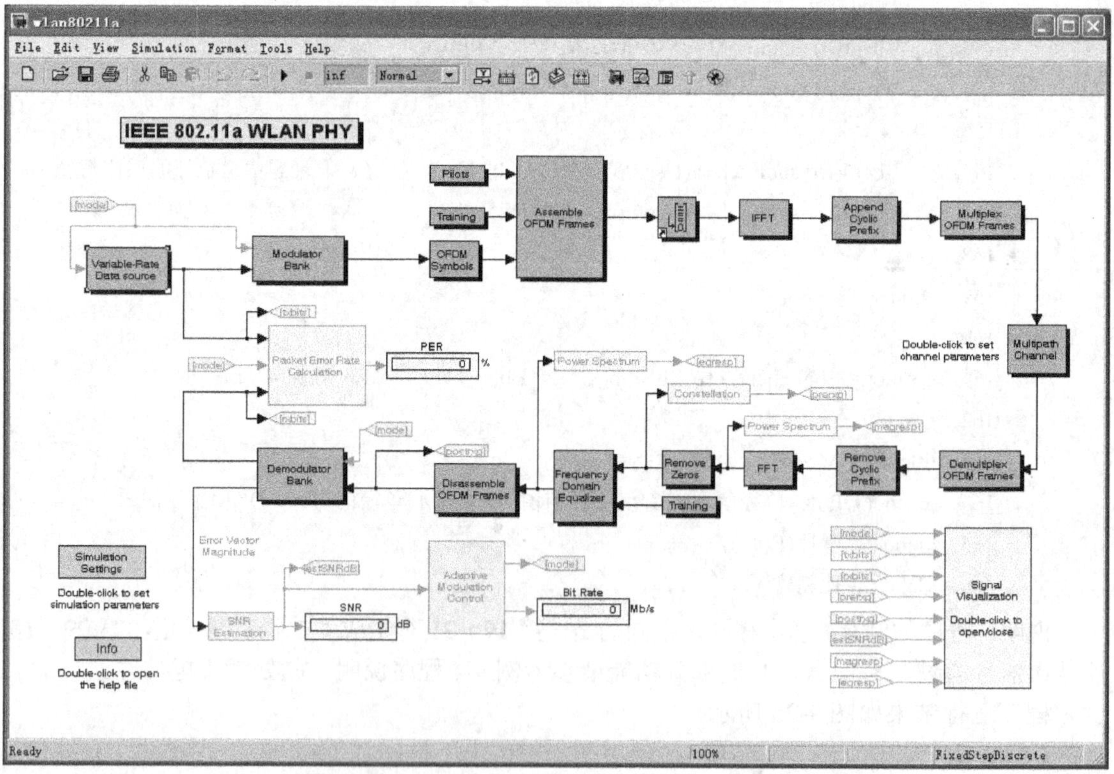

图 9-26　Simulink 自带的 IEEE 802.11a 演示程序

双击右下角的 Signal Visualization 可以看到如图 9-27 所示的信号显示界面。

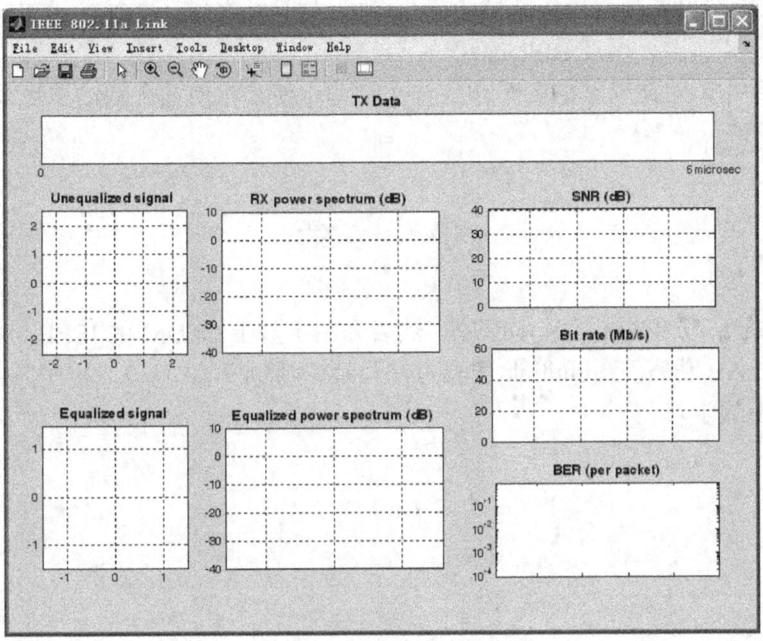

图 9-27 信号显示界面

运行仿真，从信号显示界面上可以直观的看到相应的信号变化，如图 9-28 所示。

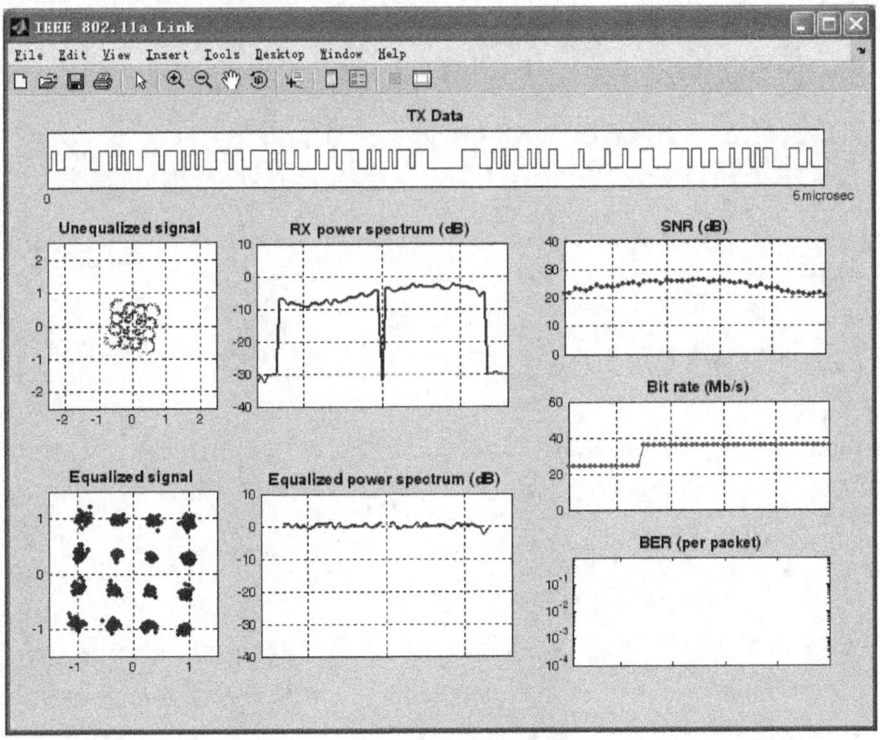

图 9-28 实时信号显示

从图 9-28 中可以看到未均衡的接收信号、Rx 信号功率谱、SNR、均衡后的信号、均衡后待功率谱、比特速率、以及 BER 等。

由于在帮助中，对此模型的各个模块作了说明，请参考前面介绍的原理及帮助来学习此模型。

小　结

本章首先介绍了 OFDM 的基本原理，然后介绍了基于 OFDM 的 IEEE 802.11a 系统，最后给出了 MATLAB 仿真及 Simulink 仿真方法。请参考例 9.1、例 9.2 程序，以及 Simlink 仿真模型进行完整的学习。

第 10 章　CDMA 系统仿真

CDMA 通信是利用给不同的用户分配不同的扩频编码，实现多用户同时在同一频率互不干扰进行通信，即码分多址通信。使用扩频编码，会将原始信号的频谱带宽扩展，因此，对这种调制方式的通信，又称为扩频通信。扩频通信具有较强的抗干扰能力和隐蔽性，并能同时实现多址通信、精确地测距和定时，目前已成功应用于第三代移动通信系统中。

本章主要介绍 CDMA 的基本原理及仿真方法。

10.1　扩频通信基本原理

扩频通信的基本概念是从 20 世纪 40 年代末期开始逐步形成的。扩频的精确定义为用来传输信息的信号带宽远远大于信息本身带宽的一种传输方式，频带的扩展由独立于信息的扩频码来实现，与所传信息数据无关，在接收端用同步接收实现解扩和数据恢复。简言之，扩频通信是把所要传输的信号带宽扩展到很宽的频带中进行传输。

10.1.1　理论基础

扩频通信的理论基础是 Shannon 于 1948 年发表的《A Mathematical Theory of Communication》一文，即著名的信息论。Shannon 信息论中有关信道的理论容量公式为

$$C = W\log_2\left(1+\frac{S}{N}\right) \tag{10-1}$$

式（10-1）也被称为 Shannon 定理，式中，C 为信道容量，单位为 bps；W 为信道带宽；S/N 为信噪比(dB)。式（10-1）给出了在给定信噪比 S/N 和没有误码的情况下信道的理论容量 C 与该信道带宽 W 的关系。从这个公式可以得出一个重要的结论。对于给定的信息传输速率，可以用不同的带宽和信噪比的组合来传输。换言之，信噪比和信道带宽可以互换。扩频通信系统正是利用这一理论，将信道带宽扩展许多倍以换取信噪比上的好处，增强了系统的抗干扰能力。

典型的扩频通信系统框图如图 10-1 所示。由图 10-1 可以看出，扩频通信系统主要由原始信息、信源编译码、信道编译码（差错控制）、载波调制与解调、扩频调制与解扩和信道六大部分组成。信源编码的目的是减少信息的冗余度，提高信道的传输效率。信道编码（差错控制）的目的是增加信息在信道传输中的冗余度，使其具有检错或纠错能力，提高信道传输质量。调制部分的目的是使经信道编码后的符号能在适当的频段传输，通常使用的数字信号

调制方式有 QPSK 和 OQPSK 等。扩频调制和解扩是为了提高系统的抗干扰能力而进行的信号频谱展宽和还原。可见，与传统通信系统相比较，该系统模型中多了扩频和解扩两个部分，经过扩频，在信道中传输的一个宽带的低谱密度的信号。

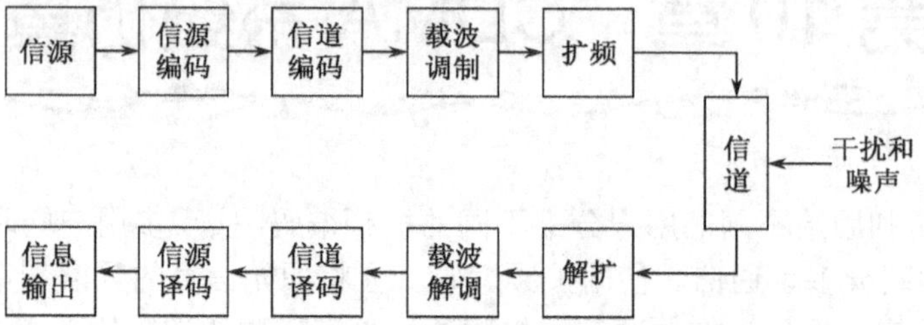

图 10-1 扩频通信系统模型

10.1.2 扩频通信系统的分类

扩频通信系统按扩频方式的不同，可分为以下四种类型：

（1）直接序列扩频（DS）；

（2）跳频扩频（FH）；

（3）跳时扩频（TH）；

（4）混合方式（以上三种基本方式的不同组合）。

直接序列扩频系统采用高码速率的直接序列（Direct Sequence，DS），伪随机码在发送端进行扩频，在接收端用相同的码序列去进行解扩，然后将展宽的扩频信号还原成原始信息。跳频是指发送信号的载波按照某一随机跳变图样在跳变，跳频信号具有时变、伪随机的载频。

跳频扩频系统在很多方面类似于将带宽为多个用户划分为多个信道的 FDMA 系统。在某个时间点上，某一用户的跳频信号只占用单个频率信道。跳频扩频系统和 FDMA 系统的区别在于：跳频信号在很短的周期间隔内改变载频。跳频系统又分为快跳频和慢跳频两种。如果信号跳频的速率等于或接近符号速率，则该系统称为快跳频系统；如果信号跳频的速率低于符号速率，则称为慢跳频系统。跳时是使发射信号在时间轴上跳变。先把时间轴分成许多时间片，在一帧内的哪个时间片发射信号由扩频码序列进行控制。由于采用了很窄的时间片去发送信号，所以信号的频谱被展宽了，达到了扩频的效果。

在实际的 CDMA 系统中，直接序列扩频方式得到了广泛的认可和应用。直接序列扩频系统的发射机和接收机框图如图 10-2 所示。

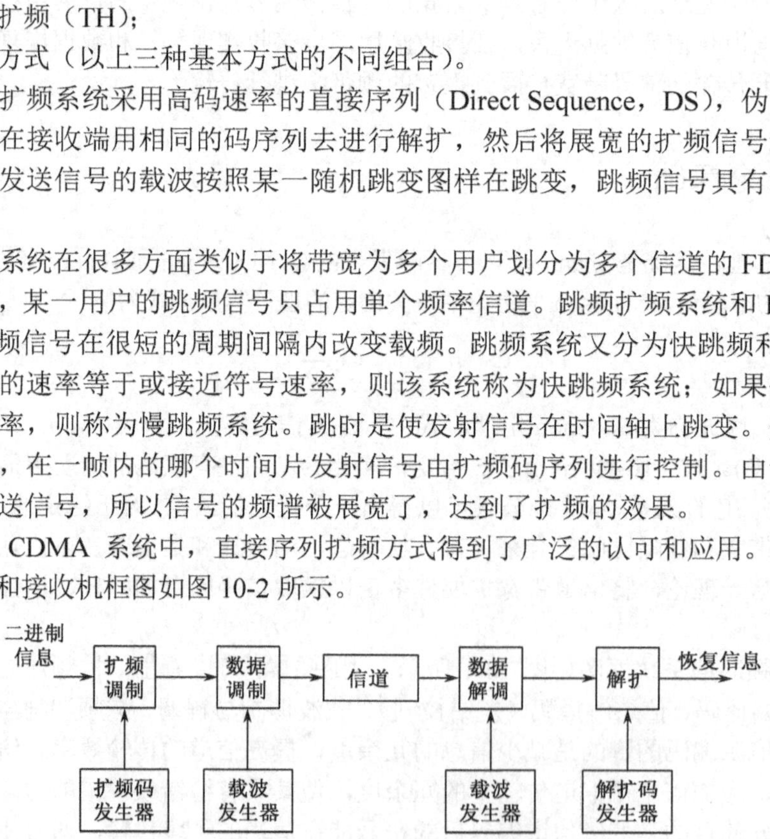

图 10-2 直接序列扩频的发射机和接收机框图

10.1.3 扩频通信的重要参数

扩频通信有两个重要参数：处理增益和干扰容限。

1．处理增益

在衡量扩频系统抗干扰能力的优劣时，引入处理增益的概念，也称为扩频增益，定义为接收机相关器输出信噪比和接收机相关器的输入信噪比之比，即

$$G = \frac{S_o / N_o}{S_i / N_i} \tag{10-2}$$

式中，S_i 和 S_o 分别为接收机相关器的输入/输出信号功率；N_i 和 N_o 分别为相关器的输入/输出端干扰功率。在各种干扰情况下系统的扩频增益不同，对各种情况下的扩频增益的详细推导请读者查阅相关的文献。这里仅对高斯白噪声干扰情况下的扩频增益做简要的推导，并且以直接序列扩频系统下的情况为例来说明。

假设系统中有 K 个通信用户，分别用不同的扩频码来调制信息数据。假设理想功率控制（各个用户到达接收端的功率相同）的情况，设 P 是接收的每一个用户的信号功率，系统的扩频带宽为 W，噪声功率谱密度为 N_o，则接收端接收到的有用信号功率为 P，接收到的其他干扰用户的干扰功率为（K–1）P，该通信用户的输入信噪比为

$$S_i / N_i = \frac{P / W}{(K-1)P/W + N_o} = \frac{P}{(K-1)P + N_o W} \tag{10-3}$$

经接收机扩频解调后，该通信用户的信号被全部接收但信号带宽已变换到基带内（变为窄带信号），设基带信号的信息速率为 R_b，此时有用信号的功率谱为 P/R_b，其他用户或干扰噪声信号与用户信号的地址码不相关，不能得到解调，因此，它们的功率谱密度保持不变。输出信噪比为

$$S_o / N_o = \frac{P / R_b}{(K-1)P/W + N_o} = \frac{P}{(K-1)P + N_o W} \cdot \frac{W}{R_b} \tag{10-4}$$

由式（10-3）和式（10-4）容易得到扩频解调前后的扩频增益，即输出信噪比与输入信噪比之比为

$$G = \frac{S_o / N_o}{S_i / N_i} = \frac{W}{R_b} \tag{10-5}$$

对于直接序列扩频系统来说，W 为伪随机码的速率。式（10-5）给出了扩频通信中扩频解调处理对信噪比的改善情况，它决定了系统抗干扰能力的强弱，是扩频系统的一个重要性能指标。

2．干扰容限

为了描述扩频系统在干扰环境下的工作性能，引入干扰容限的概念，干扰容限定义为

$$M_j = G - \left[L_s + \left(S_o / N_o \right) \right] \tag{10-6}$$

式中，S_o / N_o 为输出信噪比；L_s 为系统损耗；G 为扩频增益。干扰容限可以解释为当干扰

功率超过信号功率 M_j(dB)时，系统就不能正常工作。例如，一个扩频系统的处理增益为 21dB，要求最小的输出信噪比为 7dB，系统损耗为 3dB，则其干扰容限为

$$M_j = G - \left[L_s + \left(S_o / N_o\right)\right] = 21 - [3+7] = 11\,\text{dB} \tag{10-7}$$

即具有 21dB 处理增益的扩频系统，在保证基带数字解调器输出信噪比为 10dB 和系统损耗为 3dB 的条件下，系统要正常工作时输入的信噪比不能少于 11dB。

10.2　扩频码序列

在扩频系统中，信号频谱的扩展是通过扩频码实现的。扩频系统的性能与扩频码的性能有很大关系，对扩频码通常提出下列要求：易于产生；具有随机性；扩频码应该具有尽可能长的周期，使干扰者难以从扩频码的一小段中重建整个码序列；扩频码应该具有良好的自相关和互相关特性，以利于接收时的捕获和跟踪，以及多用户检测等。

从理论上说，用纯随机序列去扩展频谱是最理想的。例如，高斯白噪声，但在接收机中为解扩的需要，应当有一个同发送端扩频码同步的副本，因此，实际上只能用伪随机或伪噪声序列作为扩频码。伪随机序列具有类似噪声的性质，但它又是周期性有规律的，易于产生和处理。

扩频码中应用最多的是 m 序列，又称最大长度序列，还有 Gold 序列、Walsh 码序列等，限于篇幅，这里只对 m 序列，以及 Gold 序列做简要介绍。

10.2.1　m 序列

m 序列是由 n 级线性移位寄存器产生的周期为 $2^n - 1$ 的码序列，是最长线性移位寄存器序列的简称。这种序列有周期长、容易产生、随机性好等优异特性，如图 10-3 所示为线性移位寄存器的生成。

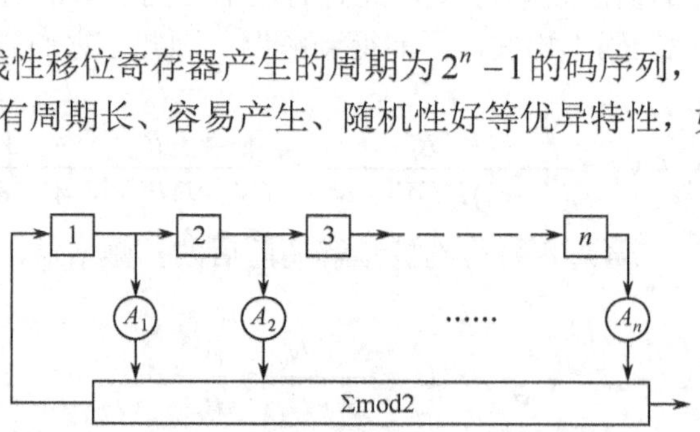

图 10-3　m 序列发生器

上图产生的二值序列的序列值为

$$c_1 = \sum_{j=1}^{n} A_j c_{i-j} \tag{10-8}$$

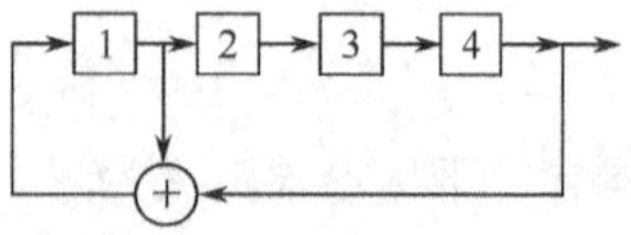

图 10-4　n=4 的 m 序列发生器

序列周期由反馈系数 $A_j, j = 1,2,\cdots,n$ 决定。有些能产生最大长度序列。如图 10-4 所示为一个 $n = 4$ 的序列发生器，其周期为 $N = 2^n - 1 = 15$。

下列程序代码可以用来产生 m 序列。

```
1.  function [mout] = mseq(n, taps, inidata, num)
2.
3.  % ****************************************************************
4.  % n           :  m 序列的阶数 n
5.  % taps        :  反馈寄存器的连接位置
6.  % inidata     :  寄存器的初始值序列
7.  % num         :  输出的 m 序列的个数
8.  % mout        :  输出的 m 序列，如果 num>1,则每一行为一个 m 序列
9.  % ****************************************************************
10.
11. if nargin < 4
12.     num = 1;
13. end
14.
15. mout = zeros(num,2^n-1);
16. fpos = zeros(n,1);
17.
18. fpos(taps) = 1;
19. for ii=1:2^n-1
20.     mout(1,ii) = inidata(n);                 % 寄存器的输出值
21.     temp       = mod(inidata*fpos,2);        % 计算反馈数据
22.     inidata(2:n)  = inidata(1:n-1);          % 寄存器移位一次
23.     inidata(1)        = temp;                % 更新第 1 个寄存器的值
24. end
25.
26. if num > 1                                   %如果要输出多个 m 序列，生成其他 m 序列
27.     for ii=2:num
28.         mout(ii,:) = shift(mout(ii-1,:),1);
29.     end
30. end
```

程序代码较简单，读者请参考注释即可。第 28 行的 shift 函数是完成序列的循环移位。它的代码如下：

```
function [outregi] = shift(inregi,shiftr)
% ****************************************************************
% inrege       输入序列
% shiftr       循环移位的位数，shiftr>0，循环右移，否则左移
% outregi      循环右移后的输出序列
% ****************************************************************
```

```
v    = length(inregi);
outregi = inregi;

shiftr = rem(shiftr,v);

if shiftr > 0
    outregi(:,1:shiftr) = inregi(:,v-shiftr+1:v);        %循环移位
    outregi(:,1+shiftr:v) = inregi(:,1:v-shiftr);
elseif shiftr < 0
    outregi(:,1:v+shiftr) = inregi(:,1-shiftr:v);
    outregi(:,v+shiftr+1:v) = inregi(:,1:-shiftr);
end

%********************************** end of file **********************************
```

代码的实现，请读者参考程序中的注释即可。

例 10.1 生成 n=3 的 m 序列，其中第个寄存器与第三个寄存器与反馈加法器相连，寄存器的初始值都为 1。

程序代码如下：

```
n=3;                                  %m 序列的 n 值
taps=[1 3];                           %寄存器连接方式
inidata=[1 1 1];                      %寄存器初始值
num=1;
mout=mseq(n,taps,inidata,num)         %生成 m 序列
```

上述代码较简单，完成相关的设定后，直接调用 mseq 函数即可生成对应的 m 序列。程序运行结果为

```
mout =
     1     1     1     0     1     0     0
```

10.2.2 Gold 序列

m 序列虽然性能优良，但同样长度的 m 序列个数不多，且 m 序列之间的互相关函数值不理想。R.Gold 于 1967 年提出了一种基于 m 序列的码序列，称为 Gold 码序列。这种序列有较优良的自相关和互相关特性，构造简单，产生的序列数多，因而得到了广泛的应用。

Gold 码序列是用一对周期和速率均相同，但码字不同的 m 序列优选对模 2 加后得到的。优选对是指在 m 序列集中，其互相关函数最大值的绝对值小于某个值的两个 m 序列。Gold 码序列构成原理如图 10-5 所示。

图 10-5 中，两个 m 序列发生器的级数相同，它们构成一对优选对，如果一个序列保持

不动，第 2 个序列随时钟进行移位，再将两者进行模 2 加，即可得到相应的 Gold 码序列。对 n 级 m 序列，共有 2^n-1 个不同相位，所以通过模 2 加后可得到 2^n-1 个 Gold 码序列，加上原来的 2 个 m 序列，共可以产生 2^n+1 个不同的 Gold 码序列，这些码序列的周期均为 2^n-1。需要说明的是，除了 2 个原始序列外，其余的 2^n-1 个序列不是 m 序列，也不具有 m 序列的性质。

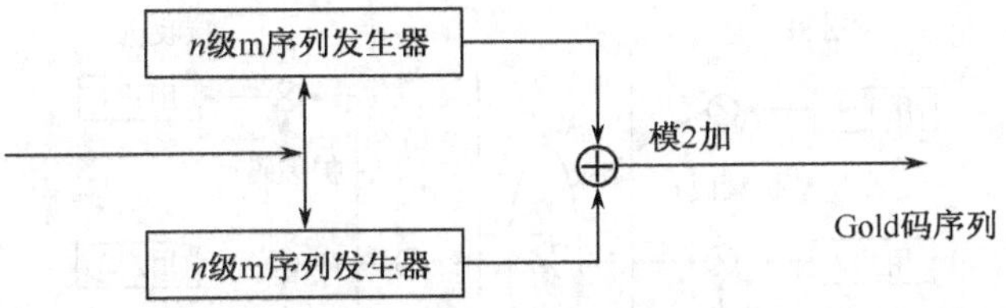

图 10-5　Gold 码序列发生器

在优选对产生的 Gold 码末尾加一个 0，使序列长度为偶数，就生成正交 Gold 码。

下面的程序可以根据两个优选对 m 序列生成 Gold 序列。

```
1.  function [gout] = goldseq(m1, m2, num)
2.  
3.  %*****************************************************************
4.  %m1 : m 序列 1
5.  %m2 : m 序列 2
6.  %n   : 生成的 Gold 序列个数
7.  %gout : 生成的 Gold 序列输出
8.  %*****************************************************************
9.  
10. if nargin < 3                          %如果没有指定生成的 Gold 序列个数，默认为 1
11.     num = 1;
12. end
13. 
14. gout = zeros(n,length(m1));
15. 
16. for ii=1:n                             %根据 Gold 序列生成方法生成 Gold 序列
17.     gout(ii,:) = xor(m1,m2);
18.     m2   = shift(m2,1,0);
19. end
```

程序的功能已在注释中说明，此处就不再赘述。第 18 行的 shift 函数与生成 m 序列的 shift 函数相同。

10.3　直接序列扩频通信系统仿真

在前面的小节中简单介绍了直接序列扩频系统的基本原理及相关概念，这一节给出一个直接序列扩频通信系统仿真的实例。

图 10-6 所示为该系统的原理图。

在该系统中，每个用户使用不同的扩频码对发送信息进行扩频，扩频码可以是 m 序列，Gold 序列或者正交 Gold 序列。扩频后的数据通过脉冲成形滤波器后通过信道同时到达接收端，在接收端分别对不同的用户信息数据进行相关解扩，恢复各个用户的原始信息。

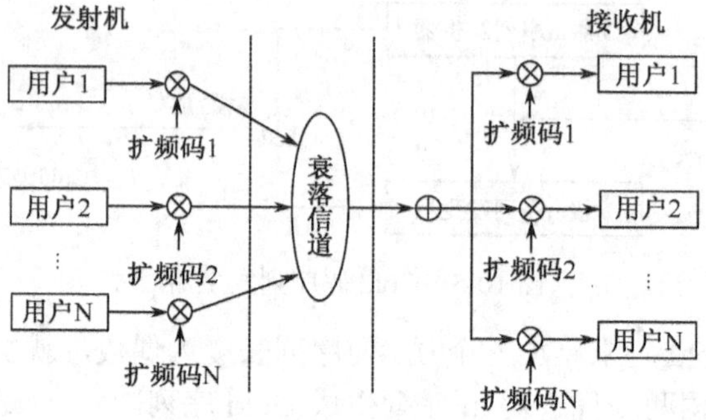

图 10-6 DS-CDMA 通信系统原理图

主程序的代码如下：

```
%直接序列扩频主程序代码
function [ber] = dscdma(user,seq)
%   user:     同时进行扩频通信的用户数
%   seq       扩频码选择：1:M 序列   2:Gold 序列   3:正交 Gold 序列

%   ber:      该用户数下的误码率
%**************************** 初始化部分 ******************************
sr    = 256000.0;                                    % 符号速率
nSymbol=1000;                                        %每种信噪比下发送的符号数
M      = 4;                                          % 4-QAM 调制
br    = sr * log2(M);                                % 比特速率
graycode=[0 1 3 2];                                  % Gray 编码规则
EbNo=0:2:10;                                         % Eb/No 变化范围

%************************** 脉冲成形滤波器参数 ***************************

delay      = 10;                                     % 升余弦滤波器时延
Fs         =   8;                                    % 滤波器过采样数
rolloff    =   0.5;                                  % 升余弦滤波器滚降因子
rrcfilter = rcosine(1,Fs,'fir/sqrt',rolloff,delay);  %设计根升余弦滤波器

%********************** 扩频码产生参数 *********************
user   = 4;                                          % 用户数
```

```
stage = 3;                                           % m 序列的阶数
ptap1 = [1 3];                                       % m 序列 1 的寄存器连接方式
ptap2 = [2 3];                                       % m 序列 2 的寄存器连接方式
regi1 = [1 1 1 ];                                    % m 序列 1 的寄存器初始值
regi2 = [1 1 1];                                     % m 序列 2 的寄存器初始值

%******************** 扩频码的生成 ********************

switch seq
case 1                                               % M-序列
     code = mseq(stage,ptap1,regi1,user);
case 2                                               % Gold 序列
     m1    = mseq(stage,ptap1,regi1);
     m2    = mseq(stage,ptap2,regi2);
     code = goldseq(m1,m2,user);
case 3                                               % 正交 Gold 序列
     m1    = mseq(stage,ptap1,regi1);
     m2    = mseq(stage,ptap2,regi2);
     code = [goldseq(m1,m2,user),zeros(user,1)];
end
code = code * 2 – 1;
clen = length(code);

%************************* 衰落信道参数 ************************

ts    = 1 / Fs / sr/ clen;                           % 信道采样时间间隔
t=(0:nSymbol*Fs*clen-1+2*delay*Fs)*ts;               % 每种信噪比下的符号传输时间
fd       = 160;                                      % 多普勒频移 [Hz]
h=rayleigh(fd,t);                                    % 生成衰落信道

%*************************** 仿真开始 ***************************

for indx=1:length(EbNo)

%****************************** 发射端 ******************************
     data = randsrc(user,nSymbol,[0 :3]) ;           %产生各个用户的发射数据
     data1=graycode(data+1);
     data1   = qammod(data1,M);                      % 4-QAM 调制
     [out] = spread(data1,code);                     % 扩频
```

```
63.         out1=rcosflt(out.',sr,Fs*sr,'filter',rrcfilter);                       % 通过脉冲成形滤波器
64.         spow = sum(abs((out1)).^2) / nSymbol;                                  % 计算每个用户信号功率
65.         if user > 1                                                            % 用户数大于 1 时，所有用户
                                                                                   % 数据相加
66.             out1=sum(out1.');
67.         end
68.     %****************************** 通过瑞利衰落信道 ******************************
69.
70.         out1=h.*out1;
71.     %******************************** 接收端 ********************************
72.       % 根据信噪比计算高斯白噪声方差
73.         sigma = sqrt(0.5 * spow * sr / br * 10^(-EbNo(indx)/10));
74.         y=[];
75.         for ii=1:user
76.       % 加入高斯白噪声（AWGN）
77.             y(ii,:)=out1+sigma(ii).*(randn(1,length(out1))+j*randn(1,length(out1)));
78.             y(ii,:)=y(ii,:)./h;                                                % 假设理想信道估计
79.         end
80.
81.         y=rcosflt(y.',sr,Fs*sr,'Fs/filter',rrcfilter);                         % 通过脉冲成形滤波器进行滤波
82.         y=downsample(y,Fs);                                                    % 降采样
83.         for ii=1:user
84.             y1(:,ii)=y(2*delay+1:end-2*delay,ii);
85.         end
86.
87.         yd = despread(y1.',code);                                              % 数据解扩
88.         demodata = qamdemod(yd,M);                                             % 4-QAM 解调
89.         demodata=graycode(demodata+1);                                         % Gray 编码逆映射
90.
91.         [err,ber(indx)]=biterr(data(1,:),demodata(1,:),log2(M));               % 统计误比特率
92.
93.     end
94.
```

说明：主程序包含两个输入参数 user 和 seq，其中 user 表示同时进行扩频通信的用户数；seq 是扩频码的选择参数，扩频码可以是 m 序列、Gold 序列或正交 Gold 序列；一个输出参数 ber 表示该用户数下的误码率。程序的第 6～11 行主要进行一些全局参数的设置，第 15～18 行对脉冲成形滤波器的参数进行设置，第 22～28 行是扩频码生成参数的设置。在设置完成扩频码的生成参数后，第 32～45 行是根据相应的参数生成对应的扩频码。第 49～52 行是产生衰落信道。所有的设置完成后，第 56～93 行，根据信噪比的取值，进行仿真。

在发射端，首先根据用户数，产生各个用户的发射数据，然后对发射数据进行 Gray 编码，并进行 4-QAM 调制。调制完成后，对信号进行扩频（第 62 行），其中扩频是由函数 spread 实现的，它的代码将在下面介绍。然后将扩频后的信号通过脉冲成形滤波器，并计算每个用户相应的信号功率，最后将各个用户的信号进行线性相加。

发射端的信号通过衰落信道后，到达接收端，在接收端根据信噪比加入高斯白噪声，并根据衰落信道数值对接收信号进行信道补偿（第 70～79 行）。在这里假设接收到的每个信号中高斯白噪声是不相同的，而经历的信道衰落是一致的。在对接收信号进行补偿后，将信号通过接收脉冲成形滤波器，并进行降采样处理，随后对信号进行解扩（第 81～87 行）。解扩是通过函数 despread 完成的，它的代码将在后面介绍。解扩完成后，再对信号进行 4-QAM 解调，进行 Gray 编码逆映射，恢复原始数据（第 88～89 行）。最后分别对用户原始数据和解扩解调后的恢复数据进行比较，得出对应信噪比的的误码率（第 91 行）。

在主程序中用到的扩频函数 spread 的代码如下：

```
%扩频函数
function [out] = spread(data, code)

% ****************************************************************
%     data     : 输入数据序列
%     code     : 扩频码序列
%     out      : 扩频后的输出数据序列
% ****************************************************************

switch nargin
case { 0 , 1 }                          %如果输入参数个数不对，提示错误
        error('缺少输入参数');
end

[hn,vn] = size(data);
[hc,vc] = size(code);

if hn > hc                              %如果扩频码数小于输入的待扩频的数据序列，提示错误
        error('缺少扩频码序列');
end

out = zeros(hn,vn*vc);

for ii=1:hn
        out(ii,:) = reshape(code(ii,:).'*data(ii,:),1,vn*vc);
end
```

spread 函数有两个输入参数，分别是输入数据序列和扩频码序列，一个输出参数，即扩

频后的输出数据序列。程序首先检查输入的参数是否满足要求，若不满足要求，提示错误（第 10～13 行）。然后检测扩频码的个数是否与输入的数据序列个数是否匹配，如果不匹配，也提示错误（第 18～20 行）。第 24～26 行完成输入数据序列的扩频功能，并将扩频后的数据排列成行矢量的形式。

解扩函数 despread 的代码如下：

```
1.  %信号解扩
2.
3.  function out = despread(data, code)
4.
5.  %*************************************************************
6.  %    data      : 输入数据序列
7.  %    code      : 解扩使用的扩频码序列
8.  %    out       : 解扩后的输出数据序列
9.  %*************************************************************
10.
11. switch nargin                                  %如果输入参数个数不对，提示错误
12. case { 0 , 1 }
13.     error('缺少输入参数');
14. end
15.
16. [hn,vn] = size(data);
17. [hc,vc] = size(code);
18.
19. out      = zeros(hc,vn/vc);
20.
21. for ii=1:hc
22.     xx=reshape(data(ii,:),vc,vn/vc);
23.     out(ii,:)= code(ii,:)*xx/vc;
24. end
```

despread 函数也有两个参数，分别是扩频后的数据序列和扩频码序列，一个输出参数是解扩后的输出数据序列。程序开始也是检测输入参数的个数，如果输入参数个数不对，也进行错误提示（第 11～14 行）。第 21～24 行用相应的扩频码序列与数据序列进行相关解扩，得到最终的解扩数据序列 out。

此外，在主程序中用到的其他函数，如 m 序列、Gold 序列和正交 Gold 序列的生成函数，前面已经给出了相应的代码，此处就不再重复。

有了上述程序代码后，下面分别对直接序列扩频在 AWGN 信道和 Rayleigh 衰落信道下的性能分别进行仿真。

首先仿真的是 m 序列 DS-CDMA 在 AWGN 下的性能。程序代码如下：

```
1.  %m-序列 DS-CDMA 在 AWGN 信道下的性能仿真
2.  user=[1 4 7];
3.  seq=1;
4.  for indx=1:length(user)
5.      ber(indx,:)=dscdma(user(indx),seq);
6.  end
7.
8.  EbNo=0:10;
9.  semilogy(EbNo,ber(1,:),'-kx',EbNo,ber(2,:),'-ko',EbNo,ber(3,:),'-k*');
10. legend('user=1','user=4','user=7')
11. title('m 序列 DS-CDMA 在 AWGN 信道下的性能')
12. xlabel('信噪比 EbNo(dB)')
13. ylabel('误比特率(BER)')
```

说明：程序的第二行是定义不同的用户数，第 4～6 行是分别调用 dscdma 函数进行性能仿真。在调用 dscdma 函数时，需要注意的是要把衰落信道相关的部分先注释掉。第 7～12 行是根据仿真结果画出相应的性能曲线。

程序的运行结果如图 10-7 所示。

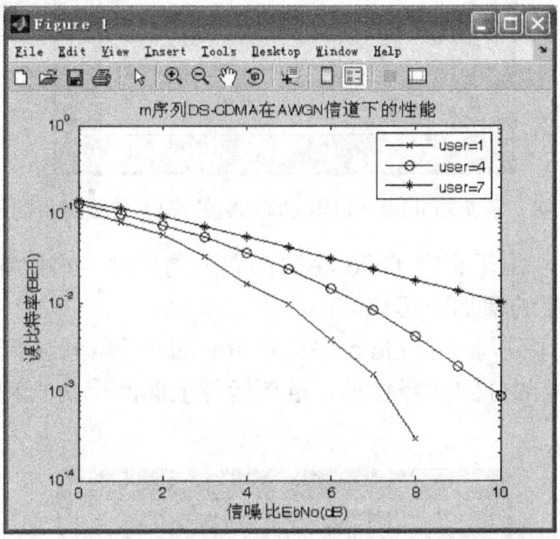

图 10-7　m 序列 DS-CDMA 在 AWGN 信道下的性能

从图 10-7 可以看出，由于 m 序列即使在完全同步时，之间的互相关值也不为 0，因此随着用户数的增加，干扰越来越大，导致系统的误码率性能下降。

下面再来仿真一下正交 Gold 序列在 AWGN 信道下的性能。程序代码如下：

```
%正交 Gold 序列 DS-CDMA 在 AWGN 信道下的性能仿真
user=[1 4 7];
seq=3;
for indx=1:length(user)
```

```
    ber(indx,:)=dscdma(user(indx),seq);
end

EbNo=0:10;
semilogy(EbNo,ber(1,:),'-kx',EbNo,ber(2,:),'-ko',EbNo,ber(3,:),'-k*');
legend('user=1','user=4','user=7')
title('正交 Gold 序列 DS-CDMA 在 AWGN 信道下的性能')
xlabel('信噪比 EbNo(dB)')
ylabel('误比特率(BER)')
```

代码同 m 序列仿真的代码基本相同，所不同的时，在仿真时，是把 seq 参数设为 3。程序的仿真结果如图 10-8 所示。

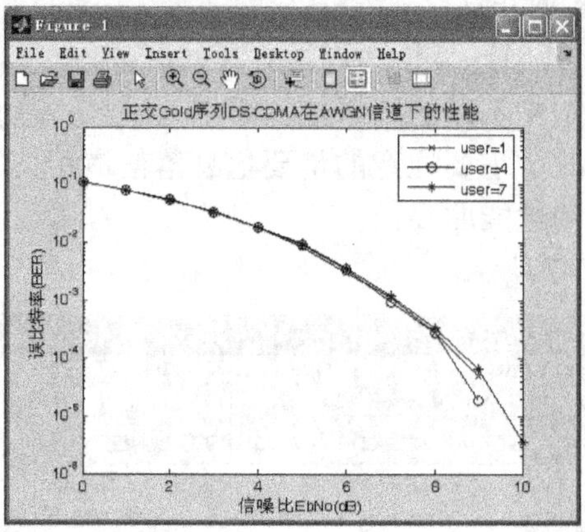

图 10-8　正交 Gold 序列 DS-CDMA 在 AWGN 信道下的性能

从图 10-8 可以看出，由于正交 Gold 序列在完全同步时，它们的互相关值为 0，因此其 BER 性能并不随着用户数的增加而恶化。

下面再来看一下 m 序列与正交 Gold 序列在 Rayleigh 衰落信道下的性能。把 dscdma 函数里的 Rayleigh 衰落信道部分的注释去掉，重新运行上面两个仿真程序，结果分别如图 10-9 和图 10-10 所示。

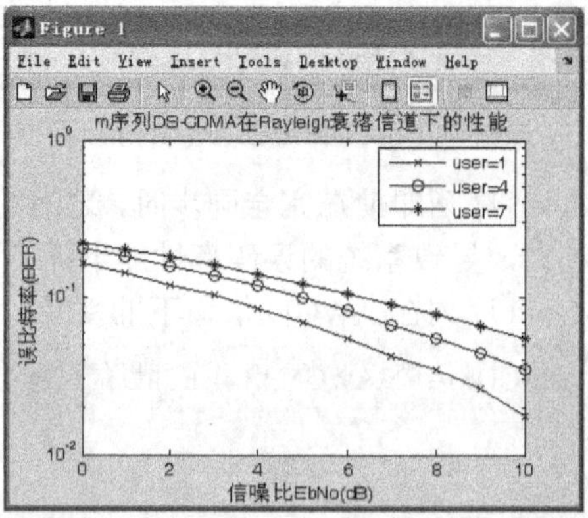

图 10-9　m 序列 DS-CDMA 在 Rayleigh 衰落信道下的性能

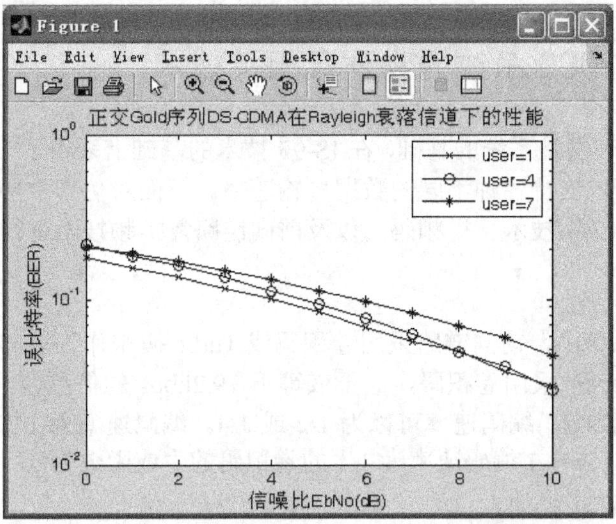

图 10-10 正交 Gold 序列 DS-CDMA 在 Rayleigh 衰落信道下的性能

从图 10-9 和图 10-10 可以看出，DS-CDMA 系统在 Rayeligh 衰落信道下的性能要比 AWGN 信道下的性能差，但正交 Gold 序列的性能依然优于 m 序列。

10.4 cdma 2000 通信系统的仿真

cdma 2000 是第三代移动通信系统标准之一，是由 IS-95 移动通信系统演进而来，并由 3GPP2 组织对其进行了标准化。它在室内环境中能够达到的最高传输速率为 2Mbit/s，步行环境下能够达到 384 kbit/s，车载环境下能达到 144 kbit/s。本节简要介绍 cdma 2000 通信系统前向基本信道的仿真。

10.4.1 扩频速率（SR）与无线配置（RC）

先介绍两个 cdma 2000 系统中常用到的两个概念：扩频速率（Spreading Rate，SR）和无线配置（Radio Configuration，RC）。扩频速率是指 cdma 2000 信道调制中采用的载波数目。对于采用一个载波的调制方式（即占用 1.25MHz 的带宽）的 cdma 2000 系统，它的扩频速率等于 1（SR1）；而对于采用三个载波的调制方式，它占用 3.75MHz 带宽，扩频速率等于 3（SR3）。

在 cdma 2000 系统中，前向信道和反向信道可以采用多种传输速率和帧长，这些传输速率和帧长可以划分成不同的无线配置。cdma 2000 前向信道共有 9 种无线配置（RC）方式。其中前向链路 RC1 和 RC2 是分别对应于 IS-95 中的两种传输速率。RC3～RC5 对应 cdma 2000 1x，RC6～RC9 则对应 cdma 2000 3x。

10.4.2 cdma 2000 系统的物理层相关技术

cdma 2000 的物理层是系统的基础，在 IS-95 技术的基础上采用了一系列新技术，大大提高了系统的性能，可以支持各种不同的数据传输速率。下面对仿真中要涉及到的相关物理层技术包括编码技术、交织技术、扩频码，以及前向链路复扩频技术进行简要介绍。

1．编码技术

在 cdma 2000 系统中，前向链路采用卷积码或 Turbo 码来作为前向差错控制。低信息比特速率（小于 19.2kbps）采用卷积码，大于或等于 19.2kbps 的信息数据速率一般采用 Turbo 码。卷积码约束长度为 9，编码速率可以为 1/2 或 1/4。编码速率为 1/2 的卷积码的生成函数为 $g_0=(753)_8$ 和 $g_1=(561)_8$；编码速率为 1/4 的卷积码的生成函数为 $g_0=(765)_8$，$g_1=(671)_8$，$g_2=(513)_8$ 和 $g_3=(473)_8$。

2．交织技术

经过信道编码、符号重复之后的数据需要进行交织。关于交织器的具体实现方法，这里就不再给出，请读者查阅相关的标准。

3．扩频码

cdma 2000 系统中使用的扩频码包括 PN 码、Walsh 码和准正交函数。其中 PN 码分为长码和短码。对于 SR1，短码周期为 $2^{15}-1$，长码周期为 $2^{42}-1$。短 PN 码用于 QPSK 调制的 I、Q 支路的直接序列扩频，I、Q 支路短 PN 码的特征多项式分别为

$$P_I(x)=x^{15}+x^{13}+x^9+x^8+x^7+x^5+1 \quad (10\text{-}9)$$

$$P_Q(x)=x^{15}+x^{12}+x^{11}+x^{10}+x^6+x^5+x^4+x^3+1 \quad (10\text{-}10)$$

长 PN 码与掩码共同形成用户的识别码，长码利用初始相位不同构成不同的码型。长 PN 码的序列特征多项式为

$$\begin{aligned}P(x)=&x^{42}+x^{35}+x^{33}+x^{31}+x^{27}+x^{26}+x^{25}+x^{22}+x^{21}+x^{19}+\\&x^{18}+x^{17}+x^{16}+x^{10}+x^7+x^6+x^5+x^3+x+1\end{aligned} \quad (10\text{-}11)$$

在前向链路中，Walsh 码被用来区分信道，使得不同信道之间的信号相互正交。cdma 2000 系统除利用 Walsh 码作为正交码外，还采用了准正交函数，以弥补 Walsh 码数量不足的情况，关于 Walsh 码，以及准正交函数的生成方法这里也不做详细介绍，请读者查阅相关标准。

4．前向链路复扩频

在 cdma 2000 系统中，前向链路的发射采用 QPSK 调制，并利用复 PN 码进行调制，同时采用不同的 Walsh 正交码区分不同的用户信道，所以，前向链路是 QPSK 和 PN 码，及 Walsh 码的复扩频。经过复扩频后，每个信道的 I 路和 Q 路数据分别进行求和，然后经过基带滤波和射频调制，由天线发射出去。前向链路采用复扩频，能有效降低峰均值比，提高功率放大器的效率。复扩频的过程如图 10-11 所示。

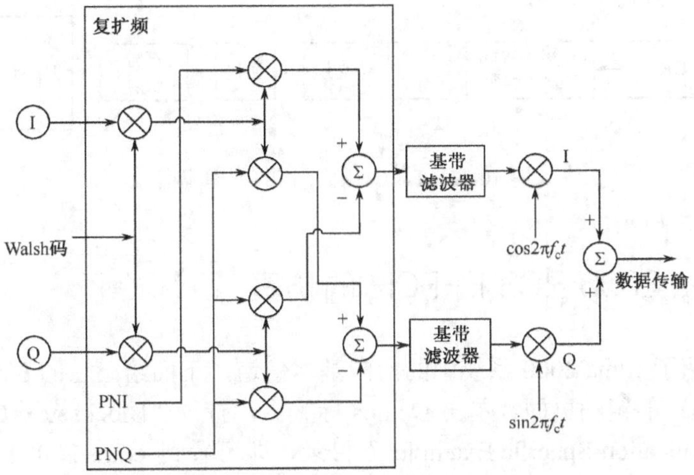

图 10-11 cdma 2000 前向链路复扩频

经过复扩频的前向链路每个信道的 I 路和 Q 路分别相加，然后分别经过基带滤波器滤波和射频调制后发射出去。

10.4.3 前向基本信道简介

后面仿真的信道是 cdma 2000 RC3 中的的前向基本信道（F-FCH），在此对它作简单介绍。

前向基本信道属于前向业务信道，用于给一个指定的基站传输用户和信令的信息，每一个前向业务信道占用一个前向基本信道。除配置为 RC1 和 RC2 时 F-FCH 的帧长应为 20ms 外，其余 7 种配置下 F-FCH 的帧长都有 5ms 和 20ms 两种选择。数据速率和帧长的变化范围都必须以帧为单位，即后一帧和前一帧的数据速率和帧长可以不一样，但在一帧之内必须是保持不变的。尽管各帧之间的数据速率可以变化，但调制符号速率（交织器输入端）必须保持为一个常数，这一点是通过对不大于 7.2kbps 的数据速率进行码重复而实现的。前向基本信道工作在 RC1 时，传输信息的可变速率有 9600，4800，2400，1200bps，当工作在 RC3、RC4、RC6 和 RC7 时，可变数据速率有 9600，4800，2700，1500bps。

cdma 2000 RC3 的 F-FCH 数据帧在调制之前一般要经过 CRC 编码（帧质量指示）、卷积编码、符号重复、交织、数据加扰和扩频调制等过程。帧结构参见表 10-1。数据帧的处理流程如图 10-12 所示。图中的 I、Q 点接图 10-11。

表 10-1 cdma 2000 RC3 的 F-FCH 帧结构

传 输 速 率	每帧比特数			
	总 数	信 息 比 特	帧质量指示符	编码尾比特
9600(5ms)	48	24	16	8
9600(20ms)	192	172	12	8
4800	96	80	8	8
2700	54	40	6	8
1500	30	16	6	8

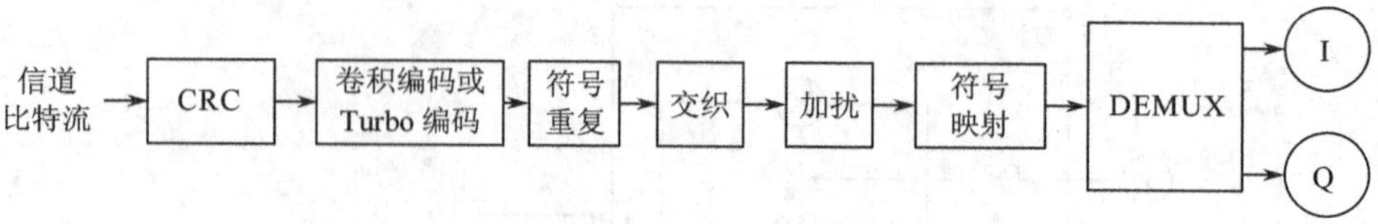

图 10-12　F-FCH 数据帧的处理流程

10.4.4　cdma 2000 RC3 F-FCH 的仿真

以上简单介绍了 cdma 2000 系统中的前向基本信道，下面给出它的 Simulink 仿真模型。

打开 MATLAB 的帮助页面，单击 Demos 标签页，打开“Blocksets→Communications→Applications→Application-Specific Examples”目录，即可看到 cdma 2000 Physical Layer 演示程序。双击后即可打开，如图 10-13 所示。

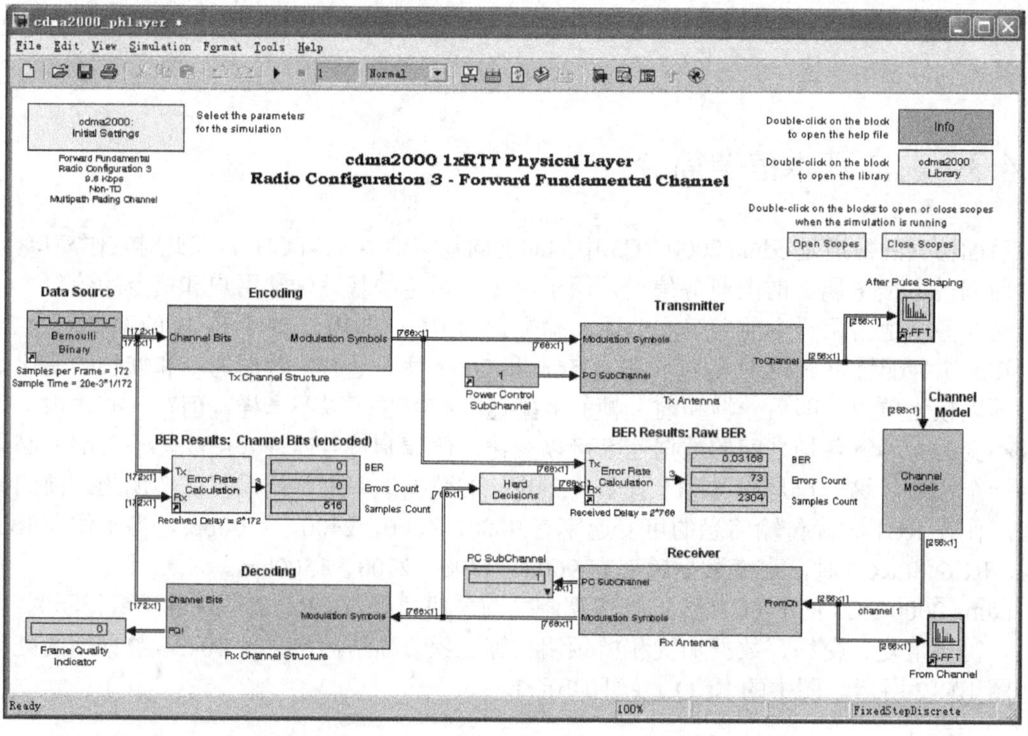

图 10-13　cdma 2000 RC3 F-FCH 仿真模型框图

仿真模型包括以下几个模块：信源（Data Source）模块、编码（Encoding）模块、发射（Transmitter）模块、信道（Channel Model）模块、接收（Receiver）模块、译码（Decoding）模块，以及误比特率统计（BER Results）模块。此外，仿真中的参数通过参数设置（Initial Settings）模块进行设置。

初始化模块设置对话框如图 10-14 所示。

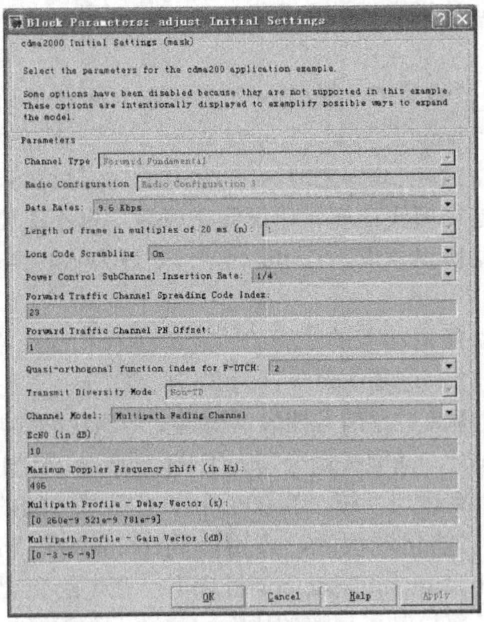

图 10-14 “初始化参数设置”对话框

在初始化设置对话框中，Data Rates 用来设置 F-FCH 的数据速率，可以是 1.5kbps、2.7kbps、4.8kbps 和 9.6kbps。Long Code Scramber 用来选择是否对数据进行加扰。Power Control SubChannel Insertion Rate 用来设定功率控制比特的插入速率。Forward Traffic Channel Spreading Code Index 用来选择前向业务信道扩频码的序号。Forward Traffic Channel PN Offset 用来选择前向业务信道的 PN 码的序列号。Quasi-orthogonal function index for F-DTCH 用来选择前向业务信道准正交函数的序列号。Channel Model 用来选择仿真中的信道模型，可以选择不经过信道、AWGN 信道，以及多径衰落信道。如果选择 AWGN 信道，则需要设置参数 EcNo(dB)，表示扩频码的码片能量与噪声功率谱密度之比。如果选择多径衰落信道，则需要设置最大多普勒频移（Maximum Doppler Frequency shift）、多径的延迟时间（MultipathProfile-Delay Vector），以及各径的相对功率（Multipath Profile-Gain Vector）。

在完成初始化设置后，信源模块的相关参数就自动设置完成，所以一般不需要再单独设置信源模块的相关参数。

编码模块的内部结构如图 10-15 所示。

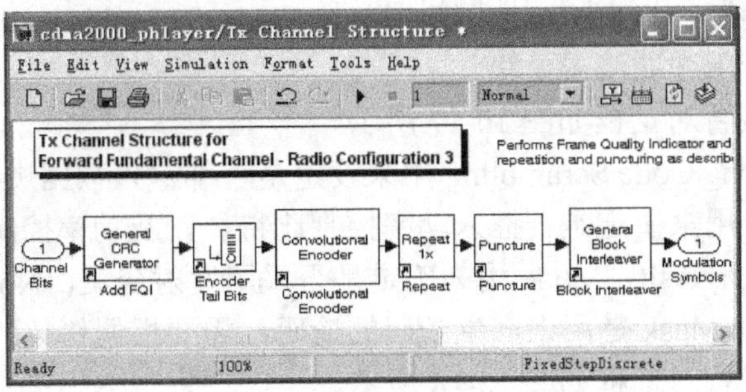

图 10-15 编码模块的内部结构

前面已经提到过，前向信道数据帧需要经过 CRC 编码、卷积编码、信号重复、信号抽取，以及信号交织等过程。

在 CRC 编码模块的参数设置中，根据协议的规定，Generator polynomial 设为[12 11 10 9 8 4 1 0]，Checksums of per frame 设为 1。

在 CRC 编码完成后，在卷积编码之前，需要添加 8 位尾比特（Encoder Tail Bits），实际上是一个 Zero pad 模块，这个模块在初始化设置完成后，也不需要再进行设置。

卷积编码模块中，根据协议要求，Trellis structure 设为 poly2trellis(9, [765 671 513 473])；Reset 设为：On each frame。

卷积编码后的重复模块根据相应的信源比特速率进行相应的重复。当速率为 1.5kbps、2.7kbps、4.8kbps、9.6kbps 时，重复次数分别为 8、4、2、1。

在进行信号重复之后，需要进行信号抽取以满足交织模块的要求。当信源速率为 1.5kbps、2.7kbps、4.8kbps 和 9.6kbps 时，抽取矢量分别为[1;1;1;1;0]、[1;1;1;1;1;1;1;1;0]、[1]、[1]。

经过信号抽取之后，速率达到了统一的 9.6kbps，之后每一帧的数据需要经过交织。交织是块交织。交织矩阵是在初始化过程中，调用函数 cdma2000_inttable 产生，该函数位于 \MATLAB7\toolbox\commblks\commblksdemos 目录下，产生的交织矩阵变量名为 interTable。

编码完成后的比特与功率控制子信道的比特一起送入发射模块进行加扰及调制。

在功率控制子信道（Power Control SubChannel）模块中，Constant value 设为 1，Sample mode 设为 Discrete，Output 设为 Frame-based，Frame period 设为 20e-3/16。

发射模块的模型框图如图 10-16 所示。

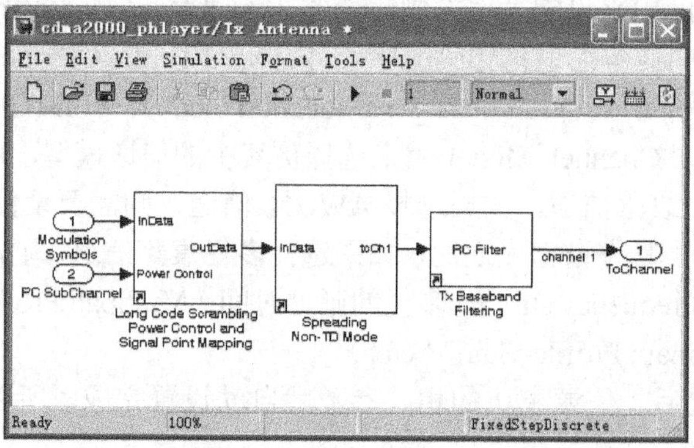

图 10-16　发射模块的模型框图

它包含 3 个子模块，分别为加扰模块（Long Code Scrambing.）、扩频模块（Spreading Non-TD Mode）和基带脉冲滤波器模块。

加扰模块的参数设置对话框如图 10-17 所示。

在加扰模块中，Long Code Scrambling 用来设定是否都输入数据进行加扰，一般选为 on。Gated Trasmission Rate 用来决定是否插入功率控制比特，以及功率控制比特的插入速率。在此设为 1/4。Transmit Diversity Mode 用来确定是否采用发射分集，Non-TD 表示不采用发射分集。Public Long Code Mask 是用来产生长码的掩码，需要根据协议的规定进行设定。

扩频模块的参数设置对话框如图 10-18 所示。

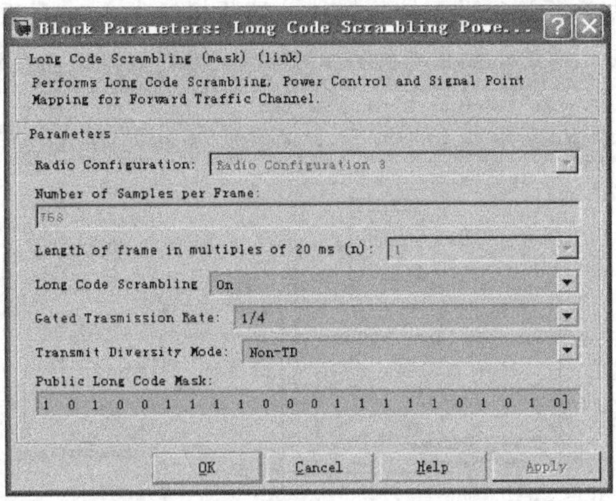

图 10-17 “加扰模块参数设置”对话框

在扩频模块的参数设置对话框中，Forward Traffic Channel Walsh Length 是设定用来区分前向信道 Walsh 码的长度，默认值为 64。Forward Trfffic Channel spreading code index 用来设定扩频码的序号，此处设为 23。Qusi-orthogonal function index for F-DTCH 用来设定前向业务信道准正交函数的序号，此处设为 2。PN Sequence Offset（0～512）用来设定前向信道进行扩频的 PN 码的相位，它的值可以是从 0～512，此处设为 1。

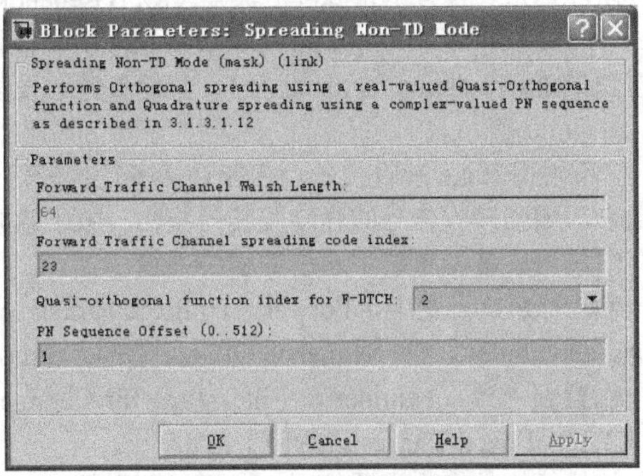

图 10-18 “扩频模块参数设置”对话框

信号经过加扰，扩频之后，通过基带脉冲成形滤波器形成发射信号。基带脉冲成形滤波器是一个 FIR 滤波器，在参数设置中，FIR filter coefficients 是滤波器参数，它的值保存在“\MATLAB7\toolbox\commblks\commblksdemos\cdma2000_rrcfil.mat”文件中，Interpolation factor 设为 4，Framing 设为 Maintain input frame rate，Output buffer initial conditions 设为 0。

发射端生成的信号经过信道模块后到达接收端。信道模块可以射为无信道、AWGN 信道或多径衰落信道，这由初始化模块在初始化时进行设置，在此选择多径衰落信道，EcNo 设为 10，Maximum Doppler Frequency shift 设为 480，Multipath Profile-Delay Vector 设为[0 2.6e-007 5.21e-007 7.81e-007]，Multipath Profile – Gain Vector 设为[0 -3 -6 -9]。

信号经过信道模块后，首先进入接收模块。接收模块的内部框图如图 10-19 所示。

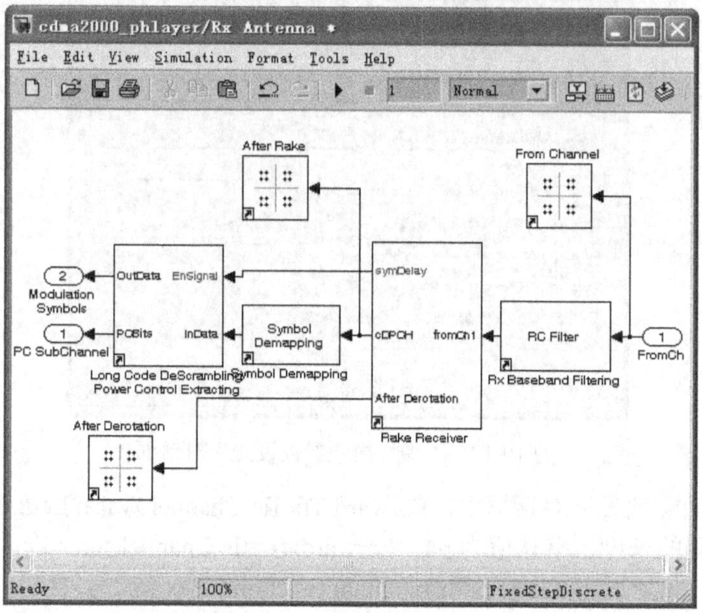

图 10-19　接收模块内部框图

接收模块与发射模块相对应，包含基带脉冲滤波器（Rx Basebandk Filtering）模块、Rake 接收机（Rake Receiver）模块和解扰（Long Code DeScrambing…）模块。

基带脉冲滤波器模块的 Interpolation factor 设为 1，其他参数与发射基带滤波器模块的参数设置相同。

在 cdma 系统中，广泛采用 Rake 接收技术，它能够从多径传输信号中分离出可用信号，并且把这些信号叠加起来，增强接收信号的强度及其信噪比。限于篇幅，关于 Rake 接收的原理这里就不再详细介绍，请读者参考数字通信的相关书籍。

在 Rake Receiver 模块的参数设置中，Forward Traffic Channel Walsh Length、Forward Traffic Channel spreading code index、PN Sequence Offset、Quasi-orthogonal function index of F-DTCH 与发射模块中设置要一致。Number of Filter Taps for Channel Estimation 设为 11。Finger Enables 设为[1 1 1 1]；Finger Phases 设为[0 1 3 4]。

解扰模块的参数与加扰模块的参数设置相同，这里就不再赘述。

在接收模块中，还有三个星座图显示器，分别用来显示经过信道后的信号星座图（From Channel）、经过 Rake 接收而没有经过信道补偿后的星座图（After Rake），以及经过信道补偿后的星座图（After Derotation）。

从接收模块出来的信号一路在硬判决后与发射端编码后的信号相比较，得出经过信道后的原始误比特率，并将结果显示出来。另一路则送入解码（Decoding）模块，进行 Viterbi 软译码，恢复原始信息比特，并与原始信息数据进行对比，得出经过译码后的误比特率，以及 CRC 校验结果。

译码模块的内部结构框图如图 10-20 所示。

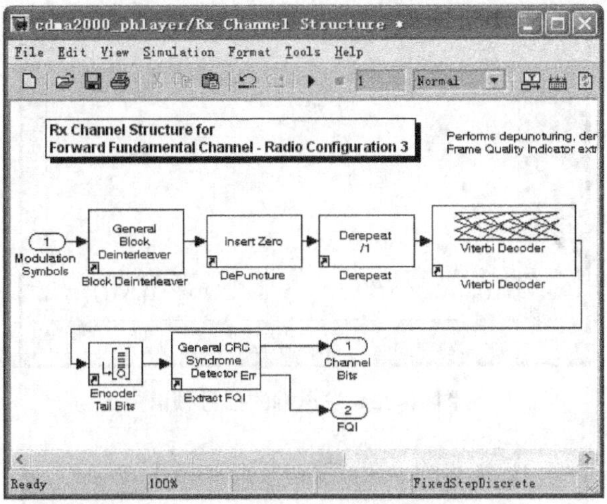

图 10-20　译码模块内部结构框图

与发射端编码模块相对应，译码模块包括去交织（Block Deinterleaver）模块、去抽取（DePuncture）模块、去重复（Derepeat）模块、Vitebi 译码（Viterbit Decoder）模块、去编码尾比特（Encoder Tail Bits）模块，以及 CRC 校验（Extract FQI）模块。

去交织模块、去抽取模块、去重复模块，以及 CRC 校验模块与发射端对应模块的参数设置相同。Viterbi 译码模块的参数设置如图 10-21 所示。

译码模块的输出比特与原始信息数据进行比较输出译码后的误比特率，并显示出来。

在所有的设置完成后，即可以进行仿真。在仿真中，单击总模型框图中的“Open Scopes”标签可以打开示波器进行观察。

如图 10-22、图 10-23 所示分别为发送端的信号频谱，以及经过信道后的信号频谱。

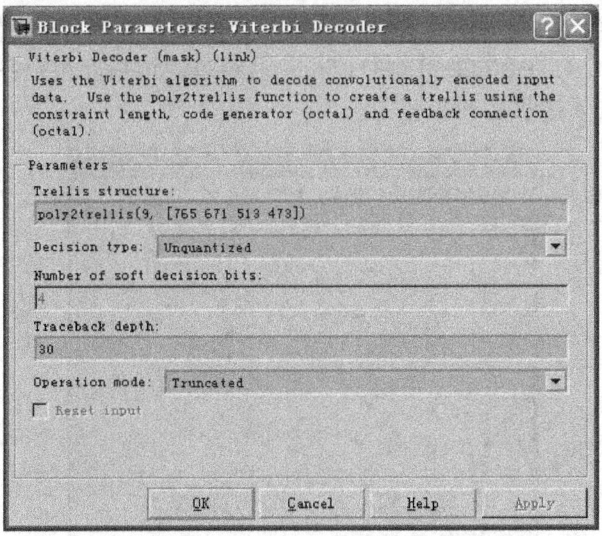

图 10-21　Viterbit 译码模块参数设置

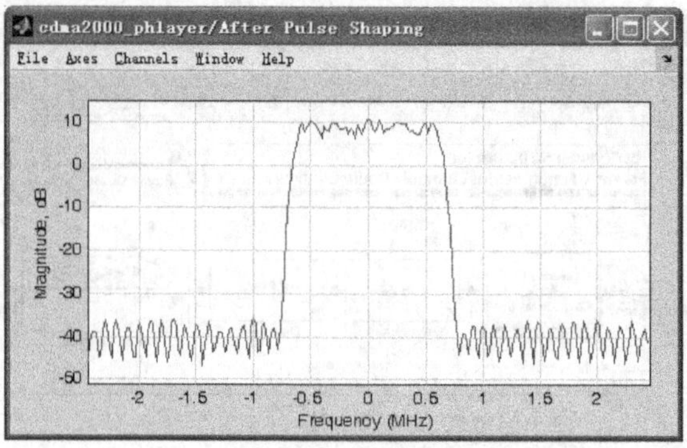

图 10-22 发送端的信号频谱

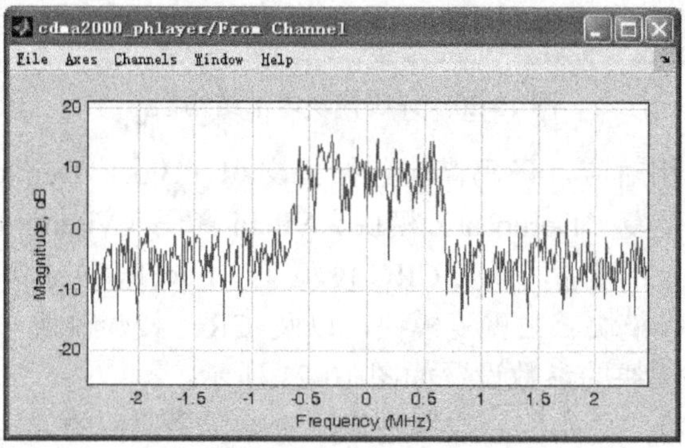

图 10-23 经过信道后的信号频谱

从图 10-22 可以看出，系统产生的基带调制信号的频谱与协议规范的要求是一致的，它在抑制频谱范围内的衰减幅度达到 40dB。

从图 10-23 可以看出，发射信号在经过信道后产生很大失真，与原始信号频谱差异较大。

图 10-24、图 10-25、图 10-26 分别给出了信号经过信道后的星座图、经过信道补偿后的星座图，以及经过 Rake 接收后的星座图。

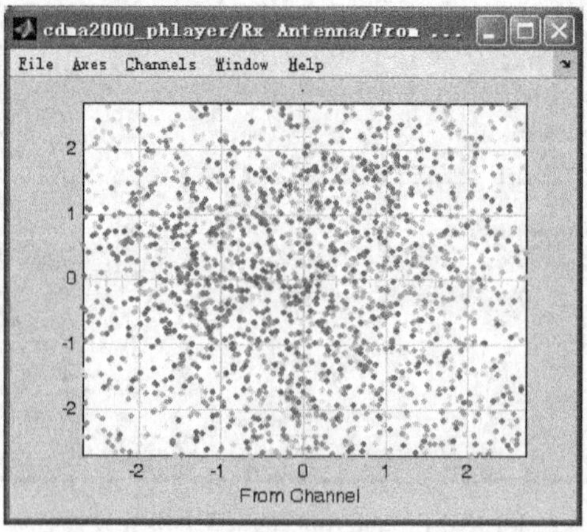

图 10-24 信号经过信道后的星座图

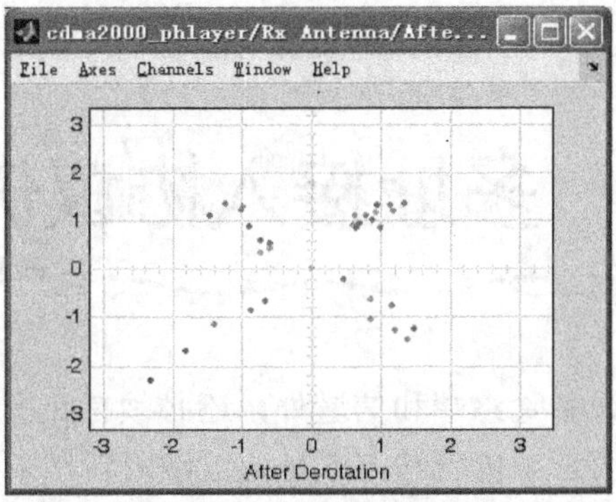

图 10-25　经过信道补偿后的星座图

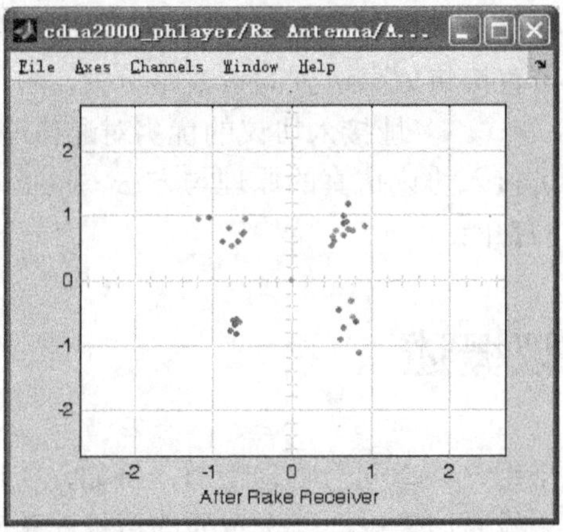

图 10-26　经过 Rake 接收后的星座图

从图 10-24 也可以看出，信号经过信道后，星座点的位置变得杂乱无章，如果不进行信道补偿，则系统的误码率会大大增加。

从图 10-25 可以看出，经过信道补偿后，星座点的位置比较集中，而从图 10-26 可以看出，经过 Rake 接收后，星座点的位置得到进一步集中，此时再对信号进行解调，误码率会大大降低。

以上给出了 cdma-2000 RC3 中 F-FCH 信道的性能仿真，读者可以在此基础上，对 cdma-2000 RC3 中的其他前向信道性能进行仿真研究。

小　　结

本章介绍了 CDMA 系统仿真方法。首先介绍了扩频通信的基本原理，然后介绍了扩频通信中两种比较重要的扩频码序列 m 序列和 Gold 序列，并给出了它们的仿真程序，在此基础上给出了直接序列扩频通信系统仿真的例子。最后，以 cdma 2000 RC3 中的 F-FCH 信道为例，介绍了 cdma 2000 的 Simulink 仿真模型。读者在学习时，需要参考 cdma 2000 协议，才能更好地理解仿真过程。

第 11 章　多址接入协议仿真概述

在一个通信网中，硬件设备除终端和信道外，还必须有交换设备。交换意味着要求网内任意两个用户之间都能交换信息。传统的方式是通过电路转接来达到相互交换的目的。在电路转接中，所有需要交换的信息都必须送到一个交换点或转接站。由交换点来调配路由和作其他处理。所有要进网的用户都必须有用户线与这个站连接。所有站和线路构成一个互相联通的通信网，以完成相互交换信息的任务。自从夏威夷大学建立的 ALOHA 系统引入后，上述概念有了变化。各个用户可直接将信息送到同一线路上去，各用户有不同的地址，这就是多址接入（Multiple Access）方式。多址接入协议的优劣对通信网的性能有非常重要的影响。

本章将给出局域网中多址接入协议仿真的原理与方法，包括有线网和无线网等，并且通过仿真来比较不同协议之间的性能。

11.1　多址接入协议概述

在多址接入协议中，多个用户共享同一物理信道，例如，在蜂窝无线通信系统中，信道被所有入网的用户共享。对无线通信来说，一个重要的目标就是有效的利用信道资源，多址接入协议性能对此有很大影响。协议通常都是为了满足一定的目标而设计的。任何一种较好的协议都应该具有以下特点：

（1）能够使多个用户共享同一传输信道。为此，协议必须要求用户按照一定规则来发出请求，协议控制分配给用户的信道容量。

（2）协议能够以高效的方式分配传输信道。效率通常以信道吞吐量和传输延迟来衡量。

（3）对每个用户来说，分配应该是公平的，即对不考虑具有优先权的用户来说，每个用户从平均意义上来说应该分配到相同的容量。

（4）协议在处理不同的业务（如语音和数据）时应该具有一定的灵活性。

（5）协议应该是稳定的。这意味着当系统达到均衡时，一个新增的负荷应该使系统达到一个新的均衡点。对不稳定的协议来说，新增的负荷将迫使系统迁移到更高的负荷状态，并且降低吞吐量。

（6）协议应该具有鲁棒性（Robust）。也就是说，当系统中出现设备故障或条件改变时，不会引起协议的崩溃。当用户操作不当时，对系统中其他用户的影响应当尽可能的少。

随着无线通信的不断普及，无线移动环境下的多址接入协议引起人们更多的关注。在此条件下，应当更关注协议的稳定性和鲁棒性。在无线移动环境中，多址接入协议面临如下挑战：

（1）隐终端问题。即两个或多个终端由于高山、高大的建筑物或其他物理遮挡而不在彼此的通信范围内，但却都在同一基站的通信范围内。

（2）远近效应问题。远端的用户要比近端的用户信号有更大的衰减。

（3）无线信道中的多径衰落和阴影衰落效应。

（4）由于相邻小区共用同一频率而导致的共道干扰问题。

对协议来说，同时处理好上述问题是比较困难的，甚至是相互冲突的。因此，只能在设计时进行折中处理。折中的程度取决于使用环境，以及特定的需求。

本章主要介绍无线通信中几种典型的协议，并通过仿真对性能进行考察。

11.2　多址接入协议分类

自从 1970 年 ALOHA 协议诞生以来，已经出现了大量的多址接入协议。对这些协议进行分类的方法也是各种各样。在此把多址接入协议分为三类：非竞争（调度）协议、竞争（随机接入）协议，以及 CDMA 协议。分类如图 11-1 所示。

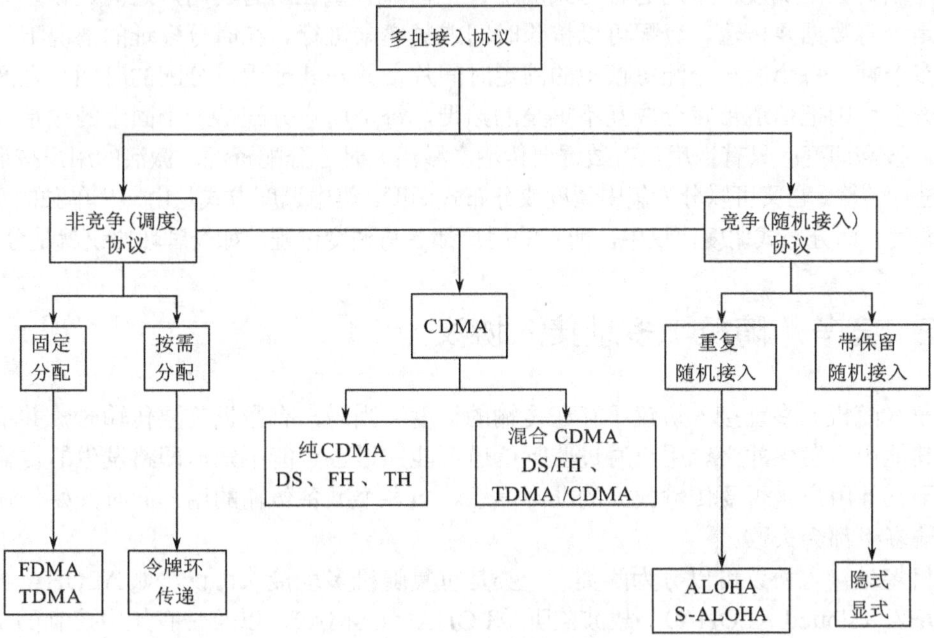

图 11-1　多址接入协议分类

非竞争（调度）协议通过调度要传输数据的用户来避免两个或两个以上用户同时接入信道。调度可分为固定分配方式和按需分配方式。在固定分配方式下，每个用户都会被分配给一定的传输容量，而按需分配则只有在用户有数据需要传输时才分配信道。

在竞争（随机接入）协议中，一个用户并不能保证传输的数据与其他用户不发生碰撞，因为有可能有两个或两个以上的用户同时请求传输数据。当碰撞发生时，协议需要对它们进行处理。竞争协议可以进一步分为重复随机接入协议和带保留的随机接入协议。对带保留的随机接入协议来说，用户初始接入到信道时采用随机接入方式，而用户一旦接入到信道中后，该用户的数据传输采用调度方式，直到该用户的数据传输完毕为止。带保留的随机接入又可分为隐式保留和显式保留。显式保留协议在调度时使用短的保留数据包来请求传输，而隐式保留协议则不需要任何保留数据包。

CDMA 协议既不属于非竞争协议也不属于竞争协议。实际上，它属于多个用户可以无冲突的同时传输数据的非竞争协议。但是，当同时传输的用户数增加到一定值时，就会产生竞争。CDMA 协议又可以分为纯 CDMA 协议和混合 CDMA 协议。关于 CDMA，本书的前一章已经给出相关实例，这里就不再赘述。

11.2.1 非竞争（调度）多址接入协议

非竞争（调度）多址接入协议通过调度要传输的用户来避免多个用户同时尝试访问同一物理信道。用户按照调度的先后顺序依次传输数据，这样就确保了每次传输都会成功。调度可以分为两种类型：

（1）固定分配调度：采用这种方式的协议把信道容量在所有的用户之间进行平分，而不管用户是否有数据要传输。分配可以按照时间或频率来进行。在时分多址的情况下，传输时间分成多个帧，每个用户分配每帧中的固定时间片，并与其他用户分配的时间片之间互不重叠。频分多址则把信道带宽分成互不重叠的频带，每个用户分配给一个固定的频带。

（2）按需调度：只有当用户有数据要传输（激活）时才分配资源。激活的用户按调度的顺序依次进行传输。它又可以分为集中调度或分布式调度。集中调度方式是由一个单独的实体对传输进行调度。而分布式调度协议中，所有的用户都参与调度过程，如令牌环协议就是分布式的。

11.2.2 竞争（随机）多址接入协议

竞争（随机）多址接入协议不存在传输的调度。当用户有数据需要传输时，并不知道是否会同其他用户发生冲突。用户通过监听信道可能知道也可能不知道即将发生的传输，因为没有关于其他用户是否要传输数据的准确信息。当多个准备传输的用户同时开始传输时，所有的传输多半都会失败。

随机多址接入协议可以分为两类：一类是重复随机多址接入协议，如 ALOHA 协议，时隙 ALOHA（slotted-ALOHA），载波监听 ALOHA（CSMA），以及带有集中控制的 ALOHA（ISMA）。另一类是带保留的随机接入协议，如带保留的 ALOHA（r-ALOHA），包保留的多址接入协议（PRMA）等。对第 1 类协议来说，传输就如前面的叙述，每次传输时可能会发生冲突。而对第 2 类协议来说，用户只有在第 1 次传输时才无法避免与其他用户发生碰撞，但是当用户成功的完成了它的第 1 次传输（第 1 次成功的接入到信道）后，后面的传输将经过调度以有序的方式进行，部分信道资源将分配给该用户，其他用户禁止使用这部分信道资源，这样就不会与其他用户发生竞争。而如果该用户在一段时间内，没有传送数据，系统将收回分配给它的那部分信道资源。

ALOHA 协议由于数据包之间的碰撞而导致性能下降，CSMA 协议能够提供较高的容量，但它应用于无线通信系统时，容易受到“隐终端”问题的影响。而 ISMA 协议通过中央基站控制移动终端的数据包传输，降低了数据包之间发生碰撞的概率，以及“隐终端”问题。

11.3 多址接入协议仿真模型

实际系统中的协议实现比较复杂，而目的是使用 MATLAB 来考察不同协议的性能，因此，需要建立相应的协议仿真模型。对不同协议来说，其基本结构相差不大，因此，可以建立一个统一的基本仿真模型，当仿真不同协议时，在基本模型的基础上进行相应的修改就可以。下面介绍基本仿真模型框架。

11.3.1 仿真系统模型

仿真系统模型是数据包通信系统，该系统中包含一个接入点，以及多个终端。其关系如图 11-2 所示。

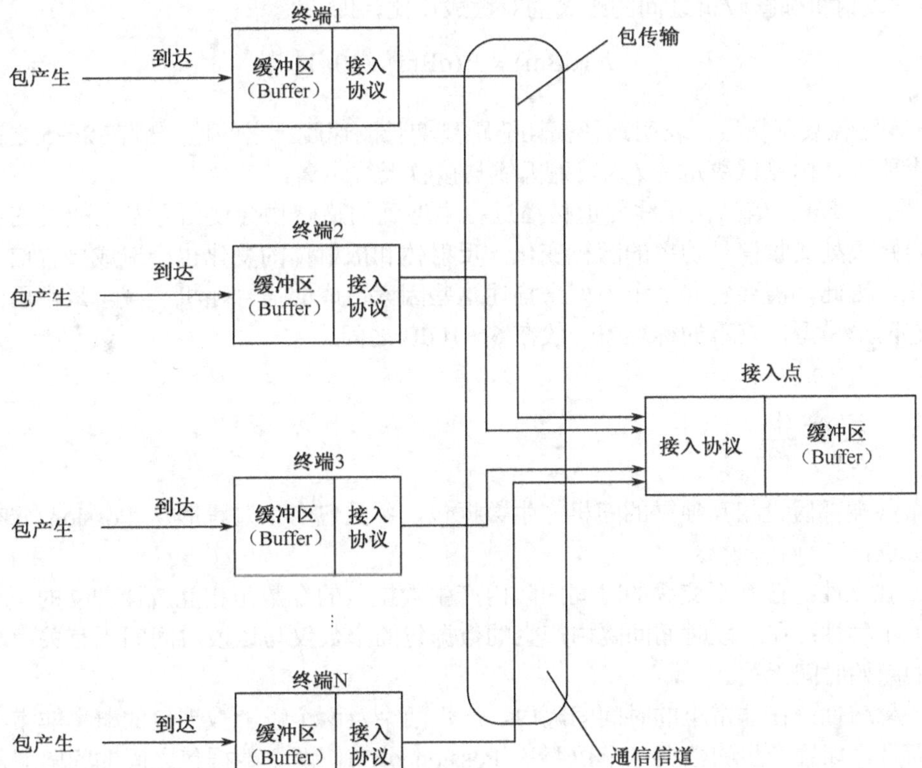

图 11-2 数据包通信系统

在仿真系统模型中，终端具有相同的性能，带有缓冲区，数据包产生后，首先存储在缓冲区中，并按照先进先出（FIFO）的原则进行传输。缓冲区的容量可以是无限的，也可以是有限的。当缓冲区容量有限时，在数据包充满缓冲区后，新产生的数据包将会被丢掉。这种情况称为阻塞，它与包传送失败是不同的。传送失败是指缓冲区中的数据包没有成功传输到接入点。另外，如果终端数是无限的，则称为无限呼叫源模型，而终端数有限的情况下则称为有限呼叫源模型。在理论分析中通常假设是有限呼叫源模型。

11.3.2 通信信道

对无线通信系统和有线通信系统，它们的信道建模是不同的。

（1）在有线通信系统中，信道是时不变的，假设不会发生传输差错，并且接入点接收到的各个终端的信号功率是相同的。这是用来评估接入协议最基本的假设。

（2）在无线通信系统中，信道是时变的。在本书的仿真中，主要考虑接入点与终端之间的距离造成的路径损耗，以及由于建筑物与其他障碍物的遮挡造成的阴影衰落。路径损耗与阴影衰落分别建模如下：

① 路径损耗：接收到的信号功率随着接入点与终端之间的距离增加而单调下降，称为路径损耗。基于理论和实际测量的传播模型都表明，室外或室内无线信道中，平均接收功率（dBm）与发射机和接收机之间的距离的对数成反比，即

$$P_r(\text{dBm}) = P_t(\text{dBm}) + 10n\lg\frac{d}{d_0} \tag{11-1}$$

式中，n 为路径衰落指数，表明路径损耗随距离增长的速度，它的值一般在 2～5 之间；d_0 为近地参考距离，由测试决定；d 为发射天线与接收天线距离。

② 阴影衰落：信号在无线信道传播过程中遇到的障碍物会使信号发生随机变化，从而造成给定距离处接收信号功率的随机变化，反射体和散射体的变化也会造成接收信号功率的随机变化。因此，需要建立一个模型来描述这些因素造成的信号随机衰减。最常用的模型是对数正态阴影模型，衰落的标准差一般在 6～10dB 之间。

11.3.3 包产生

每个终端都假设相互独立的随机产生数据包，并且包产生过程服从 Possion 分布，即满足如下特点：

（1）独立性：在互不交叠的时间间隔内产生数据包的个数是相互统计独立的。

（2）平稳性：在一段时间间隔内产生的数据包的个数仅与该段时间间隔有关而与该段时间间隔的起始时间无关。

（3）稀疏性：在非常小的时间间隔内，产生两个及两个以上数据包的概率非常小，可以忽略。而且，如果产生的数据包个数服从 Possion 分布，两个数据包之间的间隔服从负指数分布。

11.3.4 碰撞

当几个数据包在信道时同时传输时，便会发生碰撞，如图 11-3 所示。

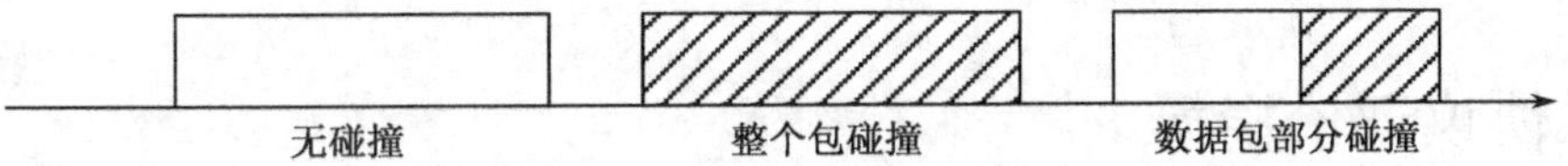

图 11-3 数据包的碰撞

在有线和无线通信系统中，对发生碰撞的数据包分别作如下处理：

（1）有线通信系统：所有碰撞的包都被丢弃，数据包作为发送失败处理，因为所有数据包的信号强弱都是一样的。如果没有发生碰撞，产生的数据包依次传送到目的地。

（2）无线通信系统：接收到的数据包的功率依赖于终端的位置，以及信道条件。因此，即使几个数据包发生碰撞，具有最大接收功率的数据包也可能被正确接收。一般把这种情况称为捕获效应。另外，即使没有发生碰撞，传输的包也可能发生错误，因为接入点接收到的信号功率有可能小于解调所要求的最小功率，这在信道条件较差的情况下经常发生。

在实际的通信系统中，接入点决定终端发送的数据包是否成功，并将结果反馈给终端。在数据包传输发生错误的情况下，经过一段时间间隔后，将会被再次传送到接入点。

11.3.5 产生的业务量

在本书中，单位时间内新产生的数据包和重传的数据包之和定义为产生的业务量，通过传输数据速率归一化的业务量记为G。如果数据传输速率为R (bps)，需要传输的数据比特数为T_t，则有

$$G = \frac{T_t}{R} \tag{11-2}$$

如果数据包为 0，则G=0。

11.3.6 吞吐量

吞吐量定义为单位时间内成功传输到接入点的数据包的总数。用数据传输速率归一化的吞吐量记为S。如果数据传输速率和每个数据包包含的信息比特数分别记为R (bps)和T，并且在单位时间内成功传输的数据包个数为n，则有

$$S = \frac{T \bullet n}{R} \tag{11-3}$$

如果没有数据包产生，或者所有传输的数据包由于碰撞而被丢弃，则吞吐量变为最小值 0。此外，在所有的单位时间内，如果所有的包都被正确传输，吞吐量为 1。

11.3.7 平均传输时延

数据包从终端产生到成功的传输到接入点的平均时间间隔称为平均传输时延。平均传输时延依赖于包的长度。因此，通过数据的包长度进行归一化，可以得到归一化后的平均传输时延D。

11.3.8 协议评价指标

评价协议性能的最基本的指标一般是产生的业务量 G，吞吐量 S 及平均传输时延 D。对一个理想的协议来说，吞吐量与业务量之间的关系为

$$S=\begin{cases}G, G<1\\1, G\geqslant 1\end{cases} \tag{11-4}$$

如图 11-4 所示，在业务量较少的情况下，吞吐量随着业务量的增加而增加，而当业务量大于一定的门限值后，吞吐量随着业务量的增加而下降。如果业务量大于 1，平均传输时延将随着业务量的增加而急剧增加，后面的仿真也将验证这一点。

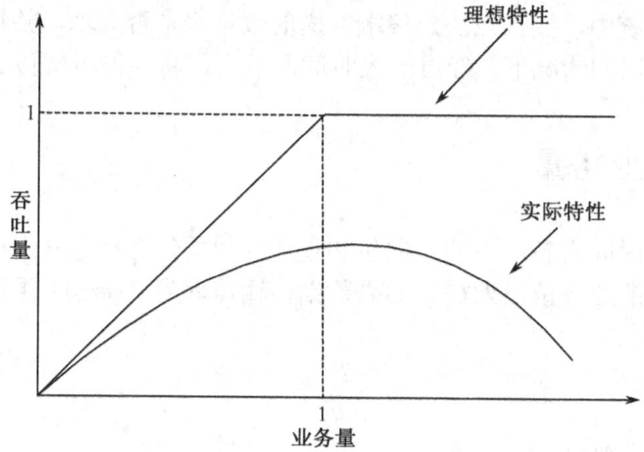

图 11-4 吞吐量与业务量之间的关系

11.4 ALOHA 协议仿真

ALOHA 协议原来是为计算机通信而设计的，最早采用是无线信道，接入点具有一个无线电收发信机，将信息传递给网内的所有终端，而每一终端都用地址来表示。终端也有同样频段的无线收发信机，因而也能收到来自接入点的信号。当需要向接入点发送信息时，就随机的用同一信道发出去，接入点收到后则应答。由于各终端均有可能发信息给接入点，所以，有可能发生碰撞。一旦发生碰撞，则两个或两个以上用户的信息就被破坏，接入点无法应答。各终端收不到应答，过一定时间，再随机的重发，直到接入点应答为止。

ALOHA 协议吞吐量 S 与业务量 G 之间的理论关系式为

$$S=Ge^{-2G} \tag{11-5}$$

在上述关系式中，假设是无限呼叫源模型，当 $G=0.5$ 时，最大吞吐量为 0.184。可以看出在这种通信方式下，因存在碰撞，所以，信道的利用率是很低的。

图 11-5 所示为 ALOHA 协议，以及其他协议仿真场景示意图。

在该仿真场景中，假设接入点位置坐标为（0,0,h），其中 h 为接入点距离地面的高度，终端则随机的分布在距离原点（0,0）为 *r* 的圆形平面内，也可以设定终端距离地面的距离不为 0。同时，把终端的坐标位置都归一化到整数点上。终端与接入点之间可以是有线信道，也可以是无线信道。

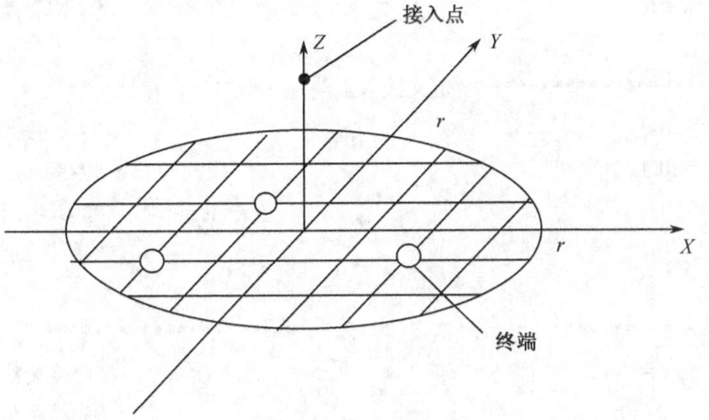

图 11-5　仿真场景

ALOHA 协议的实现代码如下所示。

```
%ALOHA 协议程序
function [Traffic,S,Delay]=aloha(capture)

%***********    输入参数   *******************
% capture:                是否考虑捕获效应 0:不考虑   1:考虑

%************* 输出参数 ******************
% Traffic:                实际产生的业务量
% S:                      吞吐量
% Delay:                  平均延迟

%****************定义终端状态常数以及仿真结束参数 *********************
STANDBY      = 0;                               %等待
TRANSMIT     = 1;                               %传输
COLLISION    = 2;                               %碰撞

TOTAL=10000;                                    %成功传输多少数据包后仿真结束

%*********************定义信道参数   *********************

brate = 6e6;                                    % 比特速率
Srate = 0.25e6;                                 % 符号速率
```

```
Plen   = 500;                                          % 包长（符号数）
Ttime = Plen / Srate;                                  % 每个数据包的传输时间
Dtime = 0.01;                                          % 归一化传播延迟
alfa   = 3;                                            % 路径损耗指数
sigma = 6;                                             % 阴影衰落标准差 [dB]

%**********************定义接入点信息 **********************
r      = 100;                                          % 服务区域半径 [m]
bxy = [0, 0, 5];                                       % 接入点位置坐标 (x,y,z)[m]
tcn = 10;                                              % 接入点进行正确信号解调
                                                       %所需要的最低信号功率 [dBm]

%**********************定义终端信息 **********************
Mnum    = 100;                                         % 终端数目
mcn      = 30;                                         % 终端在服务区域边缘时，接
                                                       % 入点接收到的信号功率[dBm]
mpow    = 10^(mcn/10) * sqrt(r^2+bxy(3)^2)^alfa;       % 终端的发射信号功率
h=0;                                                   % 终端高度
mxy = [randsrc(2,Mnum,[-r:r]); randsrc(1,Mnum,[0:h])]; % 随机生成终端坐标
while 1
      d=sqrt(sum(mxy(1:2,:).^2));                      % 判断终端与接入点的水平
                                                       % 距离是否超过 r
      [tmp,indx]=find(d>r);
      if length(indx) == 0
            break
      end
      mxy(:,indx)=[randsrc(2,length(indx),[-r:r]);mxy(3,indx)];  %超过 r 重新生成位置坐标
end
distance=sqrt(sum(((ones(Mnum,1)*bxy).'-mxy).^2));     % 终端距离接入点的距离
mrnd = randn(1,Mnum);                                  % 每个终端的阴影衰落

%**********************仿真参数 **********************

G=[0.1:0.1:1,1.2:0.2:2];                               % 理论业务量
for indx=1:length(G)

%**************** 初始化相关参数 ****************************
      Tint    = -Ttime / log(1-G(indx)/Mnum);          % 数据包产生间隔的期望值
      Rint    = Tint;                                  % 数据包重传间隔的期望值
```

```
    Spnum = 0;                                      % 成功传输的包个数
    Splen = 0;                                      % 成功传输的符号的个数
    Tplen = 0;                                      % 待传输的符号数
    Wtime = 0;                                      % 传输延迟时间(s)

    mgtime         = -Tint * log(1-rand(1,Mnum));   % 初始数据包产生时刻
    mtime          = mgtime;                        % 终端的状态改变时刻
    Mstate         = zeros(1,Mnum);                 % 终端状态
    Mplen(1:Mnum) = Plen;                           % 每个终端传输的数据包长
                                                    %  度大小
    now_time       = min(mtime);

%*********************** 仿真循环 ***************************************
    while 1

        idx = find(mtime= =now_time & Mstate= =TRANSMIT); % 成功传输数据包的终端 ID

        if length(idx) > 0
            Spnum         = Spnum + 1;
            Splen         = Splen + Mplen(idx);
            Wtime         = Wtime + now_time-mgtime(idx);
            Mstate(idx) = STANDBY;
            mgtime(idx) = now_time-Tint * log(1-rand);   % 下一个数据包产生时刻
            mtime(idx)    = mgtime(idx);                 % 下一个数据包传输时刻
        end

        idx = find(mtime= =now_time & Mstate= =COLLISION);   % 数据包传输失败的终端ID
        if length(idx) > 0
            Mstate(idx) = STANDBY;
          mtime(idx) = now_time - Rint * log(1-rand(1,length(idx))); % 重新发送时刻
        end

        idx = find(mtime= =now_time);                   % 开始传输数据包的终端 ID
        if length(idx) > 0
            Mstate(idx) = TRANSMIT;
            mtime(idx)    = now_time + Mplen(idx) / Srate;   % 数据包传输结束时刻
            Tplen         = Tplen + sum(Mplen(idx));
        end

```

```
        if Spnum >= TOTAL                                  % 如果成功传输的数据包达
                                                           % 到设定条件，仿真结束
            break
        end

        % 有数据包传输或发生碰撞的终端 ID
        idx = find(Mstate= =TRANSMIT | Mstate= =COLLISION);
        if capture = = 0                                   % 不考虑捕获效应
            if length(idx) > 1
                Mstate(idx) = COLLISION;                   %同时传输数据包的终端数大
                                                           % 于 1,发生碰撞
            end
        else                                               % 考虑捕获效应
            if length(idx) > 1
                dxy    = distance(idx);                    % 比较发生碰撞的终端的距离
                % 计算接入点接收到的各个终端信号功率
                pow    = mpow * dxy.^–alfa .* 10.^(sigma/10*mrnd(idx));
                [maxp no] = max(pow);
                if Mstate(idx(no)) = = TRANSMIT
                    if length(idx) = = 1
                        cn = 10 * log10(maxp);
                    else
                        cn = 10 * log10(maxp/(sum(pow)–maxp+1));
                    end
                    Mstate(idx) = COLLISION;
                    if cn >= tcn                           % 接收到的信号功率大于捕
                                                           % 获门限
                        Mstate(idx(no)) = TRANSMIT;        % 传输成功
                    end
                else
                    Mstate(idx) = COLLISION;
                end
            end
        end
        now_time = min(mtime);                             % 更新时刻
    end

    Traffic(indx) = Tplen / Srate / now_time;              % 统计实际产生的业务量
    S(indx) = Splen/Srate/now_time;                        % 统计吞吐量
```

```
        Delay(indx) = Wtime / TOTAL * Srate / Plen;          % 统计平均延迟

    end

```

说明：图 11-6 给出了系统的仿真流程图。

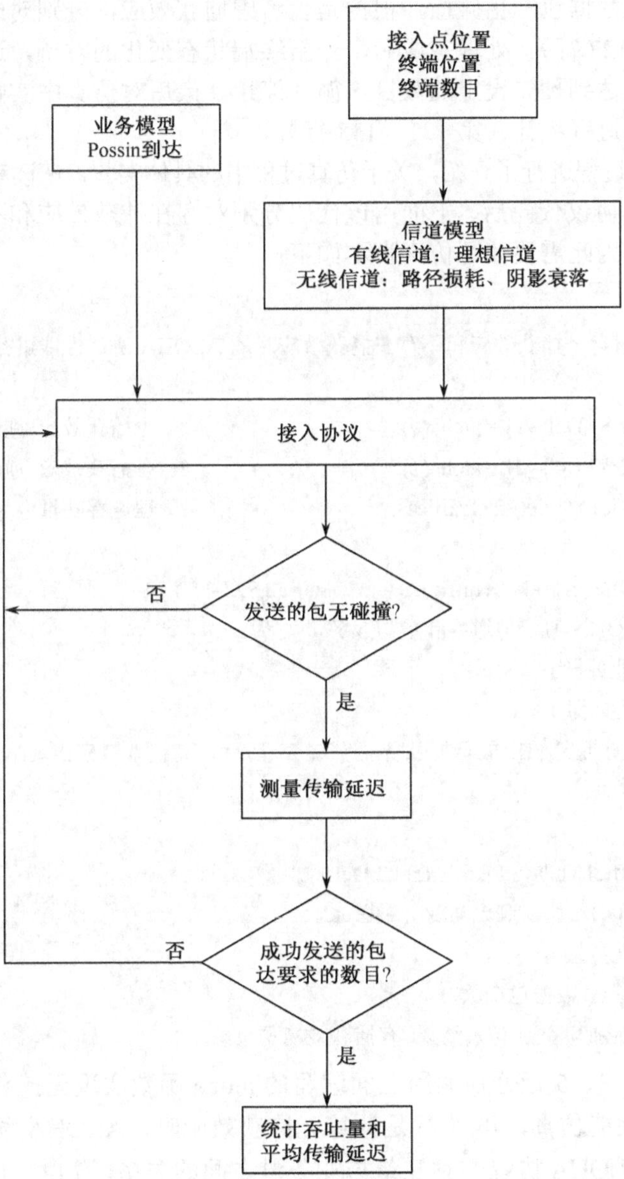

图 11-6　仿真流程图

为了便于考察存在捕获效应和不存在捕获效应情况下的协议性能，把协议实现程序作为一个函数。输入参数 capture 代表是否考虑捕获效应，0 表示不考虑，1 表示考虑。程序有三个输出参数，分别是仿真实际产生的业务量、统计的吞吐量与数据包的平均延迟。

程序第 13～17 行定义了表示终端状态的常数，以及仿真结束参数。第 21～27 行定义了相关的信道参数。第 30～32 行定义了接入点的相关参数信息。第 35～49 行定义了终端的相关参数信息。第 54～135 行是根据理论业务量大小进行协议仿真。在每次仿真时，首先要根据业务量的大小进行一些参数的初始化（第 57～68 行），然后根据终端数据包产生时刻，分别在相应的时间点上改变终端状态（第 73～95 行），随后判断是否有多个终端在同时发送数据，如果有，则认为数据包产生碰撞，根据是否考虑捕获效应，分别对碰撞的数据包进行不同的处理（第 102～127 行）。处理完成后，更新终端状态变化的时刻，进行下一轮循环，直到成功发送的数据包达到预先设定的数目，循环停止。最后对仿真中实际产生的业务量、吞吐量和平均延迟分别进行统计（第 131～133 行）。

以上对协议仿真过程进行了介绍，关于仿真过程中的具体实验，请读者参考程序中的注释。

实现了 ALOHA 协议代码后，下面用该代码分别对存在捕获效应和不存在捕获效应时的协议性能进行仿真，为此需要编写仿真脚本如下：

```
1.  %ex1.m
2.  %分别对存在捕获效应和不存在捕获效应时的 ALOHA 协议性能进行仿真。
3.  clear all
4.  [Traffic1,S1,Delay1] = aloha(0);                % 无捕获效应吞吐量
5.  [Traffic2,S2,Delay2] = aloha(1);                % 有捕获效应吞吐量
6.  S = Traffic1 .* exp(-2*Traffic1);               % 理论吞吐量
7.  
8.  plot(Traffic1,S1,'-ko',Traffic1,S,'-kv',Traffic2,S2,'-k*')
9.  title('ALOHA 协议信道吞吐量与业务量关系')
10. xlabel('业务量')
11. ylabel('吞吐量')
12. legend('无捕获效应仿真结果','无捕获效应理论值','有捕获效应仿真结果')
13. 
14. figure
15. plot(Traffic1,Delay1,'-ko',Traffic2,Delay2,'-k*')
16. title('ALOHA 协议延迟与业务量关系')
17. xlabel('业务量')
18. ylabel('延迟(数据包个数)')
19. legend('无捕获效应仿真结果','有捕获效应仿真结果')
```

说明：程序的第 4、5 行分别调用上面编写的 aloha 函数实现无捕获效应和有捕获效应时的 ALOHA 协议性能仿真，第 6 行是计算无捕获效应时，ALOHA 协议的理论吞吐量。第 8～12 行是画出 ALOHA 协议的吞吐量与业务量之间的关系，第 14～19 行是画出 ALOHA 协议的延迟与业务量之间的关系。

完成上述代码后，命名为 ex1.m，并与 aloha 函数放在同一目录下。运行脚本后，得到的仿真结果如图 11-7、图 11-8 所示。

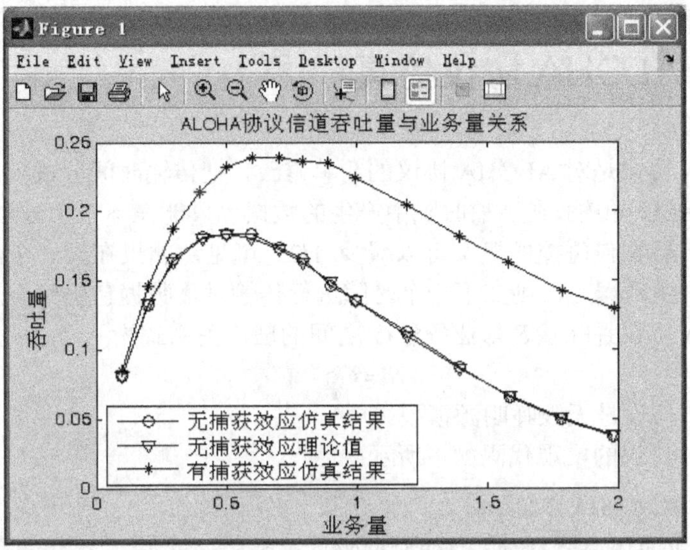

图 11-7 ALOHA 协议的吞吐量与业务量关系

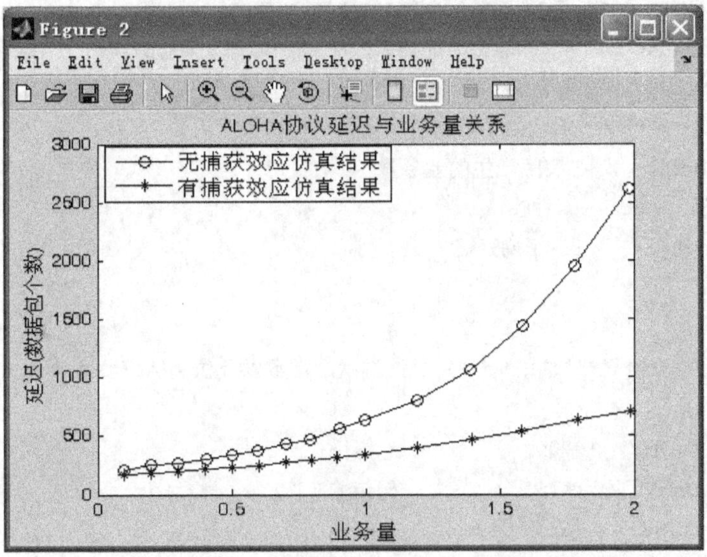

图 11-8 ALOHA 协议的延迟与业务量的关系

从图 11-7 可以看出，在无捕获效应时，ALOHA 协议的最大吞吐量为 0.184，仿真结果与理论值吻合的很好。在存在捕获效应时，最大吞吐量为 0.239。这是因为当不存在捕获效应时，只要数据包发生碰撞，则所有的数据包都被丢弃，而当存在捕获效应时，要比较数据包功率的相对大小，数据包功率最大，并且大于接收信号功率门限的数据包依然可以正确解调。

从图 11-8 可以看出，有捕获效应时的延迟随业务量的增加基本呈线性增加，而无捕获效应的延迟随业务量的增加呈指数增加。

综合以上结果可以看出，ALOHA 协议在业务量较少时，性能较好，而当业务量增大时，性能随业务量的增加而迅速恶化。

11.5 时隙 ALOHA 协议仿真

时隙 ALOHA 协议是对 ALOHA 协议的简单修改，把传输时间分成一个个时隙，数据包只能在时隙的开始进行传输。在当前时隙中产生的数据包只能在下一个时隙的开始进行传输。通过这样的修改，数据包碰撞的概率可以减少 1/2。可见，如果在同一个时隙中，有两个或两个以上的终端产生数据包，则在下一个时隙进行传输时，数据包仍然会发生碰撞。

时隙 ALOHA 协议吞吐量 S 与业务量 G 之间的理论关系式为

$$S = Ge^{-G} \tag{11-6}$$

在上述关系式中，假设是无限呼叫源模型。

时隙 ALOHA 协议的实现代码如下所示：

```
%时隙 ALOHA 协议程序
function [Traffic,S,Delay]=saloha(capture)

%***********   输入参数   ******************
% capture:              是否考虑捕获效应 0:不考虑   1:考虑

%************* 输出参数 *****************
% Traffic:          实际产生的业务量
% S:                 吞吐量
% Delay:              平均延迟


%*********************定义终端状态常数以及仿真结束参数 *********************

STANDBY      = 0;                 %等待
TRANSMIT     = 1;                 %传输
COLLISION    = 2;                 %碰撞
TOTAL=20000;                      % 成功传输多少数据包后仿真结束
%*********************定义信道参数    *********************

brate = 6e6;                      %比特速率
Srate = 0.25e6;                   % 符号速率
Plen    = 500;                    % 包长（符号数）
Ttime = Plen / Srate;             % 每个数据包的传输时间
Dtime = 0.01;                     % 归一化传播延迟
alfa    = 3;                      % 路径损耗指数
sigma = 6;                        % 阴影衰落标准差  [dB]
```

```

%***********************定义接入点信息 ***********************

r     = 100;                    % 服务区域半径 [m]
bxy = [0, 0, 5];                % 接入点位置坐标 (x,y,z)[m]
tcn = 10;                       % 接入点进行正确信号解调所需要的最低信号功率 [dBm]

%***********************定义终端信息 ***********************

Mnum    = 100;                                              % 终端数目
mcn     = 30;                                               % 终端在服务区域边缘时，接
                                                            % 入点接收到的信号功率[dBm]
mpow    = 10^(mcn/10) * sqrt(r^2+bxy(3)^2)^alfa;            % 终端的发射信号功率
h=0;                                                        % 终端高度
mxy = [randsrc(2,Mnum,[-r:r]); randsrc(1,Mnum,[0:h])];      % 随机生成终端坐标
while 1
    d=sqrt(sum(mxy(1:2,:).^2));                             % 判断终端与接入点的水平
                                                            % 距离是否超过 r
    [tmp,indx]=find(d>r);
    if length(indx) == 0
        break
    end
    mxy(:,indx)=[randsrc(2,length(indx),[-r:r]);mxy(3,indx)];  %超过 r 重新生成位置坐标
end
distance=sqrt(sum(((ones(Mnum,1)*bxy).'-mxy).^2));          %终端距离接入点的距离
mrnd = randn(1,Mnum);                                       % 每个终端的阴影衰落

G=[0.1:0.1:1,1.2:0.2:4];                                    % 理论业务量
for indx=1:length(G)

%***************** 初始化相关参数 ********************************
    Tint    = -Ttime / log(1-G(indx)/Mnum);                 % 数据包产生间隔的期望值
    Rint    = Tint;                                         % 数据包重传间隔的期望值
    Spnum = 0;                                              % 成功传输的包个数
    Splen = 0;                                              % 成功传输的符号的个数
    Tplen = 0;                                              % 待传输的符号数
    Wtime = 0;                                              % 传输延迟时间(s)

    slot    = Plen / Srate;                                 % 时隙长度
```

```
        mgtime = -Tint * log(1-rand(1,Mnum));                    % 初始数据包产生时刻
        mtime = (fix(mgtime/slot)+1) * slot;                     % 数据包传输时刻
        Mstate = zeros(1,Mnum);                                  % 终端状态
        Mplen(1:Mnum) = Plen;                                    % 每个终端传输的数据
                                                                 % 包长度大小
        now_time        = min(mtime);

%********************** 仿真循环 **************************************
        while 1

            idx = find(mtime= =now_time & Mstate= =TRANSMIT);        % 成功传输数据包的终端ID

              if length(idx) > 0
                  Spnum          = Spnum + 1;
                  Splen          = Splen + Mplen(idx);
                  Wtime          = Wtime + now_time - mgtime(idx);
                  Mstate(idx) = STANDBY;
                 mgtime(idx) = now_time - Tint * log(1-rand);            % 下一个数据包产生时刻
                  mtime(idx)    = (fix(mgtime(idx)/slot)+1) * slot;      %下一个数据包传输时刻
              end

             idx = find(mtime= =now_time & Mstate= =COLLISION);      % 数据包传输失败的终端ID
              if length(idx) > 0
                  Mstate(idx) = STANDBY;
                  mtime(idx)    = now_time - Rint * log(1-rand(1,length(idx)));  %重传等待时间
                  mtime(idx)    = (fix(mtime(idx)/slot)+1) * slot;       % 重新发送时刻
              end

            idx = find(mtime= =now_time);                            % 开始传输数据包的终端ID
              if length(idx) > 0
                  Mstate(idx) = TRANSMIT;
                  mtime(idx)    = now_time + Mplen(idx) / Srate;         % 数据包传输结束时刻
                  mtime(idx)    = round(mtime(idx)/slot) * slot;
                  Tplen          = Tplen + sum(Mplen(idx));
              end

               if Spnum >= TOTAL                                     % 如果成功传输的数据包
                                                                     % 达到设定条件，仿真结束
                   break
```

```
102.        end
103.        % 有数据包传输或发生碰撞的终端 ID
104.        idx = find(Mstate= =TRANSMIT | Mstate= =COLLISION);
105.        if capture = = 0                                          %不考虑捕获效应
106.            if length(idx) > 1
107.                Mstate(idx) = COLLISION;                          % 同时传输数据包的终端
                                                                      % 数大于 1,发生碰撞
108.            end
109.        else                                                      %考虑捕获效应
110.            if length(idx) > 1
111.                dxy    = distance(idx);                           % 比较发生碰撞的终端的距离
112.                % 计算接入点接收到的各个终端信号功率，其中考虑了阴影衰落的影响
113.                pow    = mpow * dxy.^–alfa .* 10.^(sigma/10*mrnd(idx));
114.                [maxp no] = max(pow);
115.                if Mstate(idx(no)) = = TRANSMIT
116.                    if length(idx) = = 1
117.                        cn = 10 * log10(maxp);
118.                    else
119.                        cn = 10 * log10(maxp/(sum(pow)–maxp+1));
120.                    end
121.                    Mstate(idx) = COLLISION;
122.                    if cn >= tcn                                  % 接收到的信号功率大于捕
                                                                      % 获门限
123.                        Mstate(idx(no)) = TRANSMIT;               % 传输成功
124.                    end
125.                else
126.                    Mstate(idx) = COLLISION;
127.                end
128.            end
129.        end
130.        now_time = min(mtime);                                    % 更新时刻
131.    end
132.
133.    Traffic(indx) = Tplen / Srate / now_time;                     % 计算实际产生的业务量
134.    S(indx) = Splen/Srate/now_time;                               % 计算吞吐量
135.    Delay(indx) = Wtime / TOTAL * Srate / Plen;                   % 计算平均延迟
136.
137. end
```

说明：程序代码与 aloha 程序代码基本相同，所不同的是第 64 行增加了时隙长度的定

义，第 82、89、96 行数据包传输时刻与数据包产生时刻不再相同，而是要在时隙开始的时刻进行传输。其他方面请参考 aloha 程序的说明。

实现了时隙 ALOHA 协议代码后，下面用该代码分别对存在捕获效应和不存在捕获效应时的协议性能进行仿真，为此需要编写仿真脚本如下：

```
%ex2.m
%分别对存在捕获效应和不存在捕获效应时的时隙 ALOHA 协议性能进行仿真。
clear all
[Traffic1,S1,Delay1] = saloha(0);                    % 无捕获效应吞吐量
[Traffic2,S2,Delay2] = saloha(1);                    % 有捕获效应吞吐量
S = Traffic1 .* exp(-Traffic1);                      % 理论吞吐量

plot(Traffic1,S1,'-ko',Traffic1,S,'-kv',Traffic2,S2,'-k*')
title('时隙 ALOHA 协议信道吞吐量与业务量关系')
xlabel('业务量')
ylabel('吞吐量')
legend('无捕获效应仿真结果','无捕获效应理论值','有捕获效应仿真结果')

figure
plot(Traffic1,Delay1,'-ko',Traffic2,Delay2,'-k*')
title('时隙 ALOHA 协议延迟与业务量关系')
xlabel('业务量')
ylabel('延迟(数据包个数)')
legend('无捕获效应仿真结果','有捕获效应仿真结果')
```

程序与 ex1.m 类似，在此就不再说明。

完成上述代码后，命名为 ex2.m，并与 saloha 函数放在同一目录下。运行脚本后，得到的仿真结果如图 11-9、图 11-10 所示。

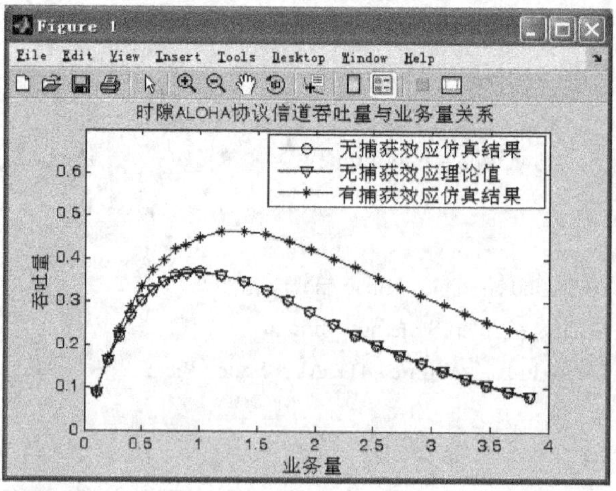

图 11-9　时隙 ALOHA 协议的吞吐量与业务量关系

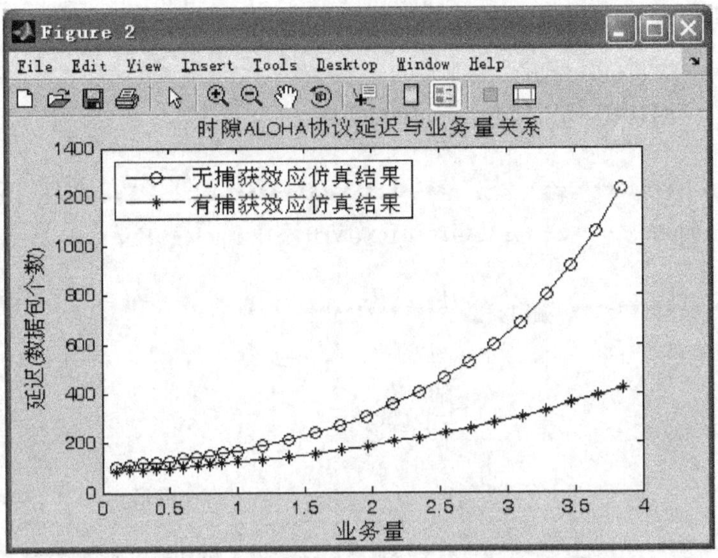

图 11-10　时隙 ALOHA 协议的延迟与业务量的关系

从图 11-9 和图 11-10 可以看出，时隙 ALOHA 协议的吞吐量和延迟性能都要优于 ALOHA 协议。

11.6　非持续性载波监听（np-CSMA）协议仿真

载波监听协议是指每个终端在传输数据包之前，先检测信道上是否有其他终端在进行数据传输，如果其他终端正在进行数据传输，则信道状态忙，否则信道状态空闲。只有在信道状态空闲时，终端才进行数据传输。非持续性 CSMA 是一种冲突避免的 CSMA 协议，如果终端检测到信道状态空闲，则立即进行数据传输，而信道状态忙，则停止载波监听，并随机的等待一段时间后再进行载波监听。等待时间是实现高吞吐量的关键因素。

在 CSMA 协议中，虽然每个终端都进行载波监听，但仍然会发生数据包的碰撞。原因之一是传播延迟。在实际的通信系统中，当一个终端传输数据时，其他终端只能在延迟一定时间之后才检测到信道状态忙，如果其他终端在延迟之前也传送数据，则碰撞不可避免。传播延迟依赖于终端之间的距离。在大多数情况下，都假设每个终端的传播延迟都相同，并用数据包传输时间进行归一化。此外，在无线通信系统中，一些终端在传输数据时，其他终端可能监听不到。这是由于终端之间距离较远，并且被障碍物阻挡所致。这个问题被称为“隐终端”问题。

CSMA 协议吞吐量 S 与业务量 G 之间的理论关系式为

$$S = \frac{G\mathrm{e}^{-aG}}{G(1+2a)+\mathrm{e}^{-aG}} \tag{11-7}$$

式中，a 为归一化传播时延。在上述关系式中，假设是无限呼叫源模型，并且信道是理想有线信道，不存在“隐终端”问题。

np-CSMA 协议的实现代码如下所示：

```
%np–CSMA 协议程序
function [Traffic,S,Delay]=npcsma(capture)

%***********   输入参数   *******************
% capture:              是否考虑捕获效应  0:不考虑    1:考虑

%*************  输出参数  ******************
% Traffic:              实际产生的业务量
% S:                    吞吐量
% Delay:                平均延迟


%**********************定义终端状态常数以及仿真结束参数 **********************

STANDBY      = 0;                           %等待
TRANSMIT     = 1;                           %传输
COLLISION    = 2;                           %碰撞
TOTAL=5000;                                 % 成功传输多少数据包后仿真结束
%*********************定义信道参数  *********************

brate = 6e6;                                % 比特速率
Srate = 0.25e6;                             % 符号速率
Plen    = 500;                              % 包长(符号数)
Ttime = Plen / Srate;                       % 每个数据包的传输时间
Dtime = 0.1;                                % 归一化传播延迟
delay = Dtime * Ttime;                      % 实际延迟
alfa    = 3;                                % 路径损耗指数
sigma = 6;                                  % 阴影衰落标准差  [dB]

%*********************定义接入点信息  *********************

r       = 100;                              % 服务区域半径  [m]
bxy = [0, 0, 5];                            % 接入点位置坐标  (x,y,z)[m]
tcn = 10;                                   % 接入点进行正确信号解调
                                            % 所需要的最低信号功率  [dBm]

%********************定义终端信息 ********************

```

```
Mnum    = 100;                                                    % 终端数目
mcn     = 30;                                                     % 终端在服务区域边缘时，接
                                                                  % 入点接收到的信号功率 [dBm]
mpow    = 10^(mcn/10) * sqrt(r^2+bxy(3)^2)^alfa;                  % 终端的发射信号功率
h=0;                                                              % 终端高度
mxy = [randsrc(2,Mnum,[-r:r]); randsrc(1,Mnum,[0:h])];            % 随机生成终端坐标
while 1
        d=sqrt(sum(mxy(1:2,:).^2));                               % 判断终端与接入点的水平
                                                                  % 距离是否超过 r
        [tmp,indx]=find(d>r);
        if length(indx) = = 0
              break
        end
        mxy(:,indx)=[randsrc(2,length(indx),[-r:r]);mxy(3,indx)]; % 超过 r 重新生成位置坐标
end
distance=sqrt(sum(((ones(Mnum,1)*bxy).'-mxy).^2));                % 终端距离接入点的距离
mrnd = randn(1,Mnum);                                             % 每个终端的阴影衰落
G=[0.1:0.1:1,2:10,20:20:40];                                      % 理论业务量
for indx=1:length(G)
%**************** 初始化相关参数 ******************************
        Tint    = -Ttime / log(1-G(indx)/Mnum);                   % 数据包产生间隔的期望值
        Rint    = Tint;                                           % 数据包重传间隔的期望值
        Spnum = 0;                                                % 成功传输的包个数
        Splen = 0;                                                % 成功传输的符号的个数
        Tplen = 0;                                                % 待传输的符号数
        Wtime = 0;                                                % 传输延迟时间(s)
        mgtime          = -Tint * log(1-rand(1,Mnum));            % 初始数据包产生时刻
        Mstime          = zeros(1,Mnum) - inf;                    % 数据包传输时刻
        mtime           = mgtime;                                 % 终端状态改变传输时刻
        Mstate          = zeros(1,Mnum);                          % 终端状态
        Mplen(1:Mnum) = Plen;                                     % 每个终端传输的数据
                                                                  % 包长度大小
        now_time        = min(mtime);
%********************** 仿真循环 **************************************
        while 1
```

```

        idx = find(mtime= =now_time & Mstate= =TRANSMIT);            % 成功传输数据包的终端ID

        if length(idx) > 0
            Spnum          = Spnum + 1;
            Splen          = Splen + Mplen(idx);
            Wtime          = Wtime + now_time−mgtime(idx);
            Mstate(idx) = STANDBY;
           mgtime(idx) = now_time−Tint * log(1−rand);                % 下一个数据包产生时刻
            mtime(idx)   = mgtime(idx);                             % 下一次状态改变时刻
       end

      idx = find(mtime= =now_time & Mstate= =COLLISION);            % 数据包传输失败的终端ID
        if length(idx) > 0
            Mstate(idx) = STANDBY;
            mtime(idx)   = now_time −Rint * log(1−rand(1,length(idx)));  % 重传等待时间
        end

       idx = find(mtime= =now_time & Mstate= =STANDBY);             % 开始传输数据包的
                                                                    % 终端ID
       if length(idx) > 0
        Tplen = Tplen + sum(Mplen(idx));
            for ii=1:length(idx)
                jj = idx(ii);
                %载波监听
                idx1 = find((Mstime+delay)<=now_time & now_time<=(Mstime+delay+Ttime));
                if length(idx1) = = 0                           % 信道空闲
                    Mstate(jj) = TRANSMIT;                      % 传输数据包
                    Mstime(jj) = now_time;                      % 数据包开始传输时间
                    mtime(jj)   = now_time + Mplen(jj) / Srate; % 数据包传输结束时间
                 else                                           % 信道忙
             mtime(jj) = now_time−Rint * log(1−rand);           % 等待一段时间再进行监听
                 end
              end
          end

          if Spnum >= TOTAL                                     % 如果成功传输的数据包达
                                                                % 到设定条件,仿真结束
              break
          end
```

```
112.         % 有数据包传输或发生碰撞的终端 ID
113.         idx = find(Mstate= =TRANSMIT | Mstate= =COLLISION);
114.         if capture = = 0                                % 不考虑捕获效应
115.             if length(idx) > 1
116.                 Mstate(idx) = COLLISION;                % 同时传输数据包的终端数大
                                                             % 于 1,发生碰撞
117.             end
118.         else                                            % 考虑捕获效应
119.             if length(idx) > 1
120.                 dxy   = distance(idx);                  % 比较发生碰撞的终端的距离
121.                 % 计算接入点接收到的各个终端信号功率，其中考虑了阴影衰落的影响
122.                 pow   = mpow * dxy.^-alfa .* 10.^(sigma/10*mrnd(idx));
123.                 [maxp no] = max(pow);
124.                 if Mstate(idx(no)) = = TRANSMIT
125.                     if length(idx) = = 1
126.                         cn = 10 * log10(maxp);
127.                     else
128.                         cn = 10 * log10(maxp/(sum(pow)-maxp+1));
129.                     end
130.                     Mstate(idx) = COLLISION;
131.                     if cn >= tcn                        % 接收到的信号功率大于捕获门限
132.                         Mstate(idx(no)) = TRANSMIT;     % 传输成功
133.                     end
134.                 else
135.                     Mstate(idx) = COLLISION;
136.                 end
137.             end
138.         end
139.         now_time = min(mtime);                          % 更新时刻
140.     end
141.
142.     Traffic(indx) = Tplen / Srate / now_time;           % 计算实际产生的业务量
143.     S(indx) = Splen/Srate/now_time;                     % 计算吞吐量
144.     Delay(indx) = Wtime / TOTAL * Srate / Plen;         % 计算平均延迟
145.
146. end
```

说明：程序代码与 aloha 程序代码基本相同，所不同的是第 92～106 行增加了载波监听的的过程，当终端有数据包要传输时，首先进行载波监听（第 98 行），在此，假设所有的终端都能监测到其他终端的信号传输，如果信道空闲，则开始数据传输，否则间隔一段时间后

再进行载波监听（第 99～105 行）。此外，与 aloha 协议程序不同的是，在此程序中，归一化传播时延为 0.1（第 25 行），这样可以更好的看出传播时延对 np-CSMA 协议的影响。

实现了 np-CSMA 协议代码后，下面用该代码分别对存在捕获效应和不存在捕获效应时的协议性能进行仿真，为此需要编写仿真脚本如下：

```
%ex3.m
%分别对存在捕获效应和不存在捕获效应时的 np-CSMA 协议性能进行仿真。
clear all
[Traffic1,S1,Delay1] = npcsma(0);                                   % 无捕获效应吞吐量
[Traffic2,S2,Delay2] = npcsma(1);                                   % 有捕获效应吞吐量
S = Traffic1 .* exp(-0.1*Traffic1) ./(Traffic1*(1+2*0.1)+exp(-0.1*Traffic1));% 理论吞吐量

semilogx(Traffic1,S1,'-ko',Traffic1,S,'-kv',Traffic2,S2,'-k*')
title('np-CSMA 协议信道吞吐量与业务量关系')
xlabel('业务量')
ylabel('吞吐量')
legend('无捕获效应仿真结果','无捕获效应理论值','有捕获效应仿真结果')

figure
semilogx(Traffic1,Delay1,'-ko',Traffic2,Delay2,'-k*')
title('np-CSMA 协议延迟与业务量关系')
xlabel('业务量')
ylabel('延迟(数据包个数)')
legend('无捕获效应仿真结果','有捕获效应仿真结果')
```

程序与 ex1.m 类似，在此就不再说明。

完成上述代码后，命名为 ex3.m，并与 npcsma 函数放在同一目录下。运行脚本后，得到的仿真结果如图 11-11、图 11-12 所示。

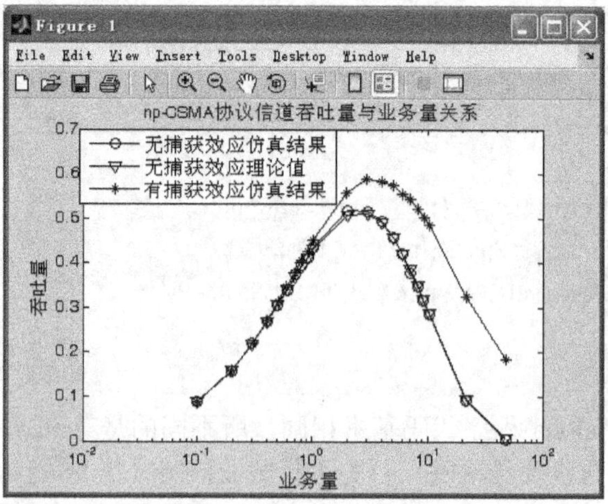

图 11-11　np-CSMA 协议的吞吐量与业务量关系

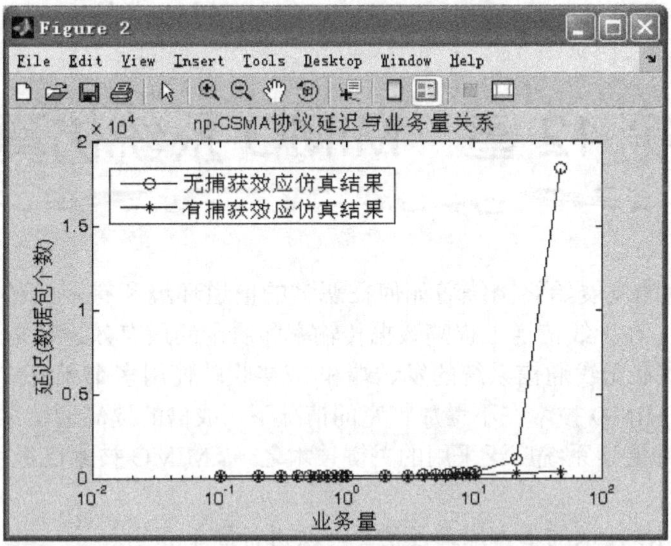

图 11-12　np-CSMA 协议的延迟与业务量的关系

从图 11-11、图 11-12 可以看出，np-CSMA 协议比 ALOHA 和时隙 ALOHA 协议性能好很多，即使在系统业务量很大时，np-CSMA 协议也能提供很高的吞吐量和相对较低的延时。因此，np-CSMA 协议中在实际的以太网中得到了应用。

以上介绍了三种不同协议的仿真方法，读者可以在此基础上，研究其他协议的实现并评估它们的性能。

小　结

本章介绍了通信协议的仿真方法。首先介绍了网络通信中的多址接入协议基本原理，然后介绍了多址接入协议的仿真模型，最后给出了三种不同协议的仿真实例。希望读者掌握协议仿真的方法，并在此基础上，研究更复杂的协议。

第 12 章　MIMO 系统仿真

无线通信技术的发展始终围绕着如何在恶劣的信道环境和有限的带宽内提高传输速率和质量。已经证明，在无线信道上提高数据传输率和质量的最有效途径是采用多输入/多输出（MIMO）技术，即在无线通信系统的发送端和/或接收端使用多个天线或者天线阵列来进行信息传输的技术。MIMO 技术在不增加带宽的情况下，成倍的提高通信系统的容量和频谱利用率，是新一代无线通信系统广泛采用的关键技术之一。MIMO 技术已经用于 WiMAX 和 4G 等无线通信系统中。

本章将对 MIMO 技术的基本原理及仿真方法进行简单介绍。

12.1　MIMO 系统概述

在无线信道上实现可靠通信的有效技术是分集，即尽量给接收机提供发送信号的多个独立衰落副本，以期至少有一个副本能被正确接收。分集可以采用不同的方法来实现，例如，频率分集、时间分集、天线分集和调制分集等。发射或接收天线分集，也称为空间分集，代表了对抗衰落有害影响的一种强有力的途径。具有多个天线的系统也称为多输入/多输出（Multiple-input multiple-output，MIMO）系统。MIMO 系统一个主要优点是信道容量的提高，从而直接转化为高的数据吞吐量。另外一个优点是显著的提高了数据传输的可靠性，即降低了误码率。这些优点的获得是不需要以增加信号带宽或者提高信号发射功率为代价。

结合不同的分集技术可以进一步提高系统在无线环境中的性能。例如，可以将通过发射和接收天线实现的空间分集与信道编码结合起来，把这种方法称为空时编码，这种系统称为编码的 MIMO 系统。研究证明，编码与空间分集的结合可以提供在实现可靠高速率无线通信链路中面临挑战的有效解决方法。

在 MIMO 通信系统中有许多可利用多个天线的方式。例如，为了实现最好传输可靠性，应当采用多个发射天线，从而实现发射分集。在这种方式下获得的传输速率通常与单输入/单输出系统的传输速率相当，即 MIMO 信道中的所有的自由度均用于提高传输可靠性而不是传输速率。另外一种方式是用发射天线来最大化传输速率。此时，不同的发射天线发送独立的信号，即不同的发射天线发送的信号之间是不相关的。虽然该方法提高了传输速率，但是可靠性较差。上述两种方式的结合也是有可能的，即可以用传输速率换可靠性，反之亦然。获得最佳空间分集的编码方式是空时分组码（Space Time Block Codes，STBC）和空时网格码（Space Time Trellis Codes，STTC），而 Bell 实验室的分层空时编码使得传输速率最大化。这两种空时编码方式代表了两种极端，其中一种实现了最佳的可靠性，而另外一种实现了最大的传输速率。此外，还有在分集与速率之间进行折中的其他空时编码方案。

12.2　频率平坦衰落 MIMO 信道

考虑发射机具有 N_t 个天线，接收机具有 N_r 个天线的这样一个系统。在本节中，假设发射信号的带宽非常的小，于是没有码间干扰（ISI），或者说每条信号的路径都可以用一个复增益因子来描述（即子信道是平坦衰落的）。MIMO 信道的输入和输出的关系为

$$\boldsymbol{y} = \boldsymbol{x}\boldsymbol{H} + \boldsymbol{e} \tag{12-1}$$

式中，$\boldsymbol{x} = [x_1, \cdots, x_{n_t}]$ 是 $1 \times N_t$ 发射信号矢量（其元素为复数）

$$\boldsymbol{H} = \begin{bmatrix} h_{1,1} \cdots & h_{1,n_r} \\ \vdots & \vdots \\ h_{n_t,1} \cdots & h_{n_t,n_r} \end{bmatrix} \tag{12-2}$$

为 $N_t \times N_r$ 矩阵，表示每个发射和接收天线对之间的信道增益；$\boldsymbol{e} = [e_1, \cdots e_{n_r}]^{\mathrm{T}}$ 为 $1 \times N_r$ 零均值独立复高斯噪声矢量。

12.3　空时分组码

在无线通信系统中，空间可以被当成一种能有效的提供分集的资源。假设接收机具有多个天线，每个天线选择接收的信号是发射信号的不同副本。如果接收机天线的间距足够大（在均匀散射环境中，大于半个波长即可），接收信号将会经历不同的信道衰落，从而提供空间分集。此外，也可以采用发射分集方案。当其他分集方式可能受限或不存在时，空时分组码是实现发射分集的一种简单但是非常有效的方法，这种编码也可以轻易的推广到多个接收天线的情形，从而除了发射分集外还可以实现接收分集。

12.3.1　Alamouti 空时编码

Alamouti 方案是适合双发射天线的简单发射分集方法。考虑某个时刻的两个符号 s_1 和 s_2，在两个连续的时隙被发射。在第一个时隙，s_1 从第一个天线发射，s_2 从第二个天线发射；在第二个时隙，$-s_2^*$ 从第一个天线发射，s_1^* 从第二个天线发射。由于在两个时隙中发射了两个符号，所以，总的符号传输率为 1 符号/信道。记作

$$\boldsymbol{X} = \begin{bmatrix} s_1 & -s_2^* \\ s_2 & s_1^* \end{bmatrix} \tag{12-3}$$

式中，$\boldsymbol{X}$ 的列表示在每个时隙上，第 1 个天线和第 2 个天线上的发射数据。

考虑到单个接收天线的情况，在第一个时隙接收信号可以表示为

$$y_1(1) = h_{1,1}s_1 + h_{2,1}s_2 + e_1(1) \tag{12-4}$$

而在第二个时隙的接收信号为

$$y_1(2) = -h_{1,1}s_2^* + h_{2,1}s_1^* + e_1(2) \tag{12-5}$$

假设信道是瑞利衰落的，即 $h_{1,1}$ 和 $h_{2,1}$ 是具有零均值和单位方差的复高斯随机变量，并且在连续两个时间间隔内保持不变。$e_1(1)$ 和 $e_1(2)$ 是方差为 σ^2 的复数加性高斯白噪声。假设接收机可以获得理想的信道状态信息，则最佳接收机选择 $\hat{s}_1$ 和 $\hat{s}_2$ 使得错误概率最小，即

$$(\hat{s}_1，\ \hat{s}_2) = \arg\max_{(s_1,s_2)} P(s_1, s_2 \mid \boldsymbol{y}, h_{1,1}, h_{2,1}) \tag{12-6}$$

也可以表示为

$$(\hat{s}_1，\ \hat{s}_2) = \arg\max_{(s_1,s_2)} P(s_1, s_2 \mid \boldsymbol{H}^H \boldsymbol{y}, h_{1,1}, h_{2,1}) \tag{12-7}$$

式中

$$\boldsymbol{H} = \begin{bmatrix} h_{1,1} & h_{2,1} \\ h_{2,1}^* & -h_{1,1}^* \end{bmatrix} \tag{12-8}$$

在上述的推导中，用了 $\boldsymbol{H}^H \boldsymbol{y}$ 为一一对应的变换性质。假设所有的输入符号对是等概率的，应用贝叶斯准则，最佳译码符号同样可以表示为

$$(\hat{s}_1，\ \hat{s}_2) = \arg\max_{(s_1,s_2)} P(\boldsymbol{H}^H \boldsymbol{y} \mid s_1, s_2, h_{1,1}, h_{2,1}) \tag{12-9}$$

注意到

$$\boldsymbol{H}^H \boldsymbol{y} = \begin{bmatrix} |h_{1,1}|^2 + |h_{2,1}|^2 & 0 \\ 0 & |h_{1,1}|^2 + |h_{2,1}|^2 \end{bmatrix} \begin{bmatrix} s_1 \\ s_2 \end{bmatrix} + \begin{bmatrix} e_1'(1) \\ e_1'(2) \end{bmatrix} \tag{12-10}$$

式中，新的噪声项由下式给出

$$\begin{bmatrix} e_1'(1) \\ e_1'(2) \end{bmatrix} = \begin{bmatrix} h_{1,1}^* & h_{2,1} \\ h_{2,1}^* & -h_{1,1} \end{bmatrix} \begin{bmatrix} e_1(1) \\ e_1^*(2) \end{bmatrix} \tag{12-11}$$

显然，由于是联合高斯随机变量的线性组合，$e_1'(1)$ 和 $e_1'(2)$ 也是联合高斯分布的，又由于它们是不相关的，所以是相互独立的，并且其均值为 0。

因此，求解最佳判决 $\hat{s}_1$ 和 $\hat{s}_2$ 简化为使得可能的传输符号和矢量 $\boldsymbol{H}^H \boldsymbol{y}$ 对应元素之间的欧氏距离最小化，即

$$\hat{s}_1 = \arg\min_{s_1} \left| h_{1,1}^* y_1(1) + h_{2,1} y_1^*(2) - (|h_{1,1}|^2 + |h_{2,1}|^2) s_1 \right| \tag{12-12}$$

$$\hat{s}_2 = \arg\min_{s_2} \left| h_{2,1}^* y_1(1) - h_{1,1} y_1^*(2) - (|h_{1,1}|^2 + |h_{2,1}|^2) s_2 \right| \tag{12-13}$$

上述的译码准则是非常有用的，从而使得 Alamouti 方案受到欢迎，这是因为最佳判决的解显著的减少了选择最佳发射符号的搜索空间，从而大幅度的简化了接收机的结构。

下面给出 Alamouti 方案在瑞利衰落信道下的仿真程序。

例 12.1 仿真两根发射天线、一根接收天线，采用 Alamouti 方案编码的无线传输系统在瑞利平衰落信道下的误码率性能，并分别与 AWGN 信道，以及瑞利平衰落信道下的单天线传输系统的性能进行比较。假设系统采用 QPSK 调制。

程序代码如下：

```
1.  %ex1.m
2.  %仿真 Alamouti 2 发 1 收空时编码性能，调制方式为 QPSK
3.  clear all
4.  datasize=100000;                              % 仿真的符号数
5.  EbNo=0:2:20;                                  % 信噪比
6.  M=4;                                          % QPSK modulation
7.  x=randsrc(2,datasize/2,[0:3]);                % 数据源符号
8.  x1=pskmod(x,M,pi/4);
9.  h=randn(2,datasize/2)+j*randn(2,datasize/2);  %Rayleigh 平衰落信道
10. h=h./sqrt(2);
11. for indx=1:length(EbNo)
12.     sigma1=sqrt(1/(4*10.^(EbNo(indx)/10))); % SISO 信道高斯白噪声标准差
13.     n=sigma1*(randn(2,datasize/2)+j*randn(2,datasize/2));
14.     y=x1+n;                                   % 通过 AWGN 信道
15.     y1=x1+n./h;                               % 通过 SISO 瑞利衰落信道后的判决变量
16.     x2=pskdemod(y,M,pi/4);                    % QPSK 解调
17.     x3=pskdemod(y1,M,pi/4);
18.     sigma2=sqrt(1/(2*10.^(EbNo(indx)/10))); % Alamouti 方案每个子信道高斯白噪声标准差
19.     n=sigma2*(randn(2,datasize/2)+j*randn(2,datasize/2));
20.      % Alamouti 方案判决变量中的噪声项
21.     n1(1,:)=(conj(h(1,:)).*n(1,:)+h(2,:).*conj(n(2,:)))./(sum(abs(h).^2));
22.     n1(2,:)=(conj(h(2,:)).*n(2,:)-h(1,:).*conj(n(2,:)))./(sum(abs(h).^2));
23.     y3=x1+n1;                                 % Alamouti 方案判决变量
24.     x4=pskdemod(y3,M,pi/4);                   % QPSK 解调
25.     [temp,ber1(indx)]=biterr(x,x2,log2(M));   % 统计误码率
26.     [temp,ber2(indx)]=biterr(x,x3,log2(M));
27.     [temp,ber3(indx)]=biterr(x,x4,log2(M));
28.
29. end
30. semilogy(EbNo,ber1,'-k*',EbNo,ber2,'-ko',EbNo,ber3,'-kd')
31. grid on
32. legend('AWGN 信道','SISO 瑞利衰落信道','2 发 1 收 Alamouti 方案')
33. xlabel('信噪比 EbNo(dB)')
34. ylabel('误比特率(BER)')
35. title('2 发 1 收 Alamouti 方案在瑞利衰落信道下的性能')
```

说明：程序的开始是初始化一些参数（第 4～6 行），第 7～8 行是生成信源数据，并进行 QPSK 调制，第 9～10 行是生成 Rayleigh 平衰落信道的系数，第 12～13 行是生成 AWGN 信道，以及 SISO 信道下的高斯白噪声标准差，第 14～15 行分别是信号通过 AWGN 信道，

以及 SISO 瑞利衰落信道下的判决变量。第 16～17 行是对通过 AWGN 信道，以及 SISO 信道后的信号进行 QPSK 解调，第 18～24 行是对 Alamouti 方案的信号进行解调。需要注意的是，因为在 Alamouti 方案中，是通过两根天线进行发送，所以，在每个天线上以单天线系统信号功率的一半进行发送，这样总的信号功率与单天线系统相同。相应的 Alamouti 方案中每个子信道的信噪比是单天线系统的 1/2。第 25～27 分别是统计三种情况下的误比特率。第 30～35 行是画出相应的结果。

程序运行结果如图 12-1 所示。

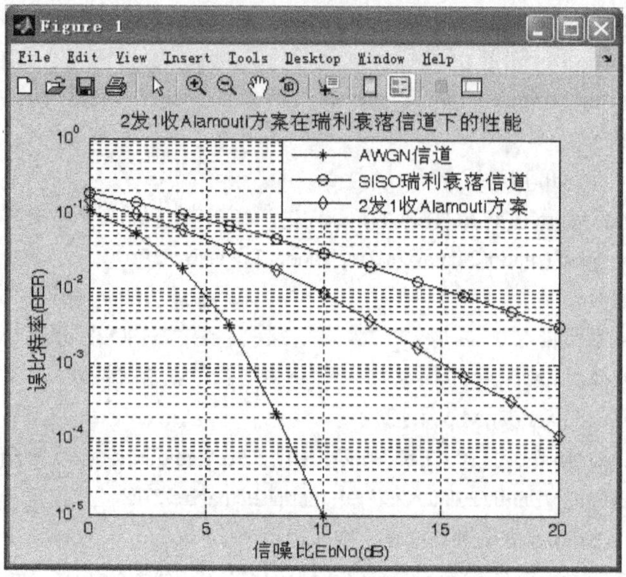

图 12-1　例 12.1 程序运行结果

从图 12-1 可以看出，与未采用发射分集的系统相比，Alamouti 方案取得的分集优势是明显的。在瑞利衰落信道情况下，如果有 L 个有效的独立子信道，如果差错概率与平均信噪比的 L 次方成反比，这样的系统被称为提供了阶数为 L 的分集。理论分析表明，对于 2 发 1 收系统，Alamouti 方案取得的分集度为 2。

12.3.2　多接收天线系统

Alamouti 方案也可以轻易的扩展到多接收天线系统，从而在实现发射分集的同时接收分集。在这种情况下，可以获得的分集度是接收天线数目的两倍。同样，用简单的线性接收机就可以获得此分集度。

假设位于第 j 个接收天线上第 k 个时隙的接收信号为 $y_j(k)$，其中，$k=1,2, j=1,2,\cdots,N_r$。从第 i 个发射天线到第 j 个接收天线的信道因子表示为 $h_{i,j}$，则第一个时隙的接收信号为

$$y_j(1)=(h_{1,j}s_1+h_{2,j}s_2)+n_j(1) \tag{12-14}$$

第二个时隙的接收信号为

$$y_j(2)=(-h_{1,j}s_2^*+h_{2,j}s_1^*)+n_j(2) \tag{12-15}$$

式中，$n_j(k)$ 代表位于第 j 个接收天线第 k 个时隙的 AWGN 项。与 12.2.1 节的推导同理，对所有的接收天线上的信号进行线性合并并且乘以因子 $1/\sqrt{|h_{1,j}|^2+|h_{2,j}|^2}$ 后，可以得到最佳接收机的充分统计量为

$$y_j(1)=\sqrt{|h_{1,j}|^2+|h_{2,j}|^2}\,s_1+n_j''(1) \tag{12-16}$$

$$y_j(2)=\sqrt{|h_{1,j}|^2+|h_{2,j}|^2}\,s_2+n_j''(2) \tag{12-17}$$

式中，$j=1,2,\cdots,N_r$，所有的噪声项 $n_j''(k),k=1,2$，$j=1,2,\cdots,N_r$ 为独立的高斯随机变量。采用最大比合并算法是合并这些信号以对发射符号进行判决的最佳方法，即每个信号乘以其信道增益，并将其求和可以得到两个发射符号的判决变量，即

$$y(k)=\sum_{j=1}^{N_r}\sqrt{|h_{1,j}|^2+|h_{2,j}|^2}\,y_j(k)\text{，}\quad k=1,2 \tag{12-18}$$

然后，这些判决变量与可能发射的符号进行比较，在欧氏距离 $y(k)$最近的信号即为最佳者。因此，判决准则可以简单的表示为

$$\hat{s}_1=\arg\min_{s_1}\left|\sum_{j=1}^{N_r}h_{1,j}^*y_j(1)+h_{2,j}y_j^*(2)-(|h_{1,j}|^2+|h_{2,j}|^2\ )s_1\right| \tag{12-19}$$

$$\hat{s}_2=\arg\min_{s_1}\left|\sum_{j=1}^{N_r}h_{2,j}^*y_j(1)-h_{1,j}y_j^*(2)-(|h_{1,j}|^2+|h_{2,j}|^2\ )s_2\right| \tag{12-20}$$

从上面的两个式子可以清楚的看到，两个发射符号的判决被分开了，在可能的星座图符号之间求最小化可以单独的进行。

当 N_r=1 时，上述准则完全等于 12.2.1 节中只有一个接收天线时的判决准则。

例 12.2 仿真两根发射天线、两根接收天线，采用 Alamouti 方案编码的无线传输系统在瑞利平衰落信道下的误码率性能，并与例 12.1 的结果进行比较。系统同样采用 QPSK 调制。

程序代码如下：

```
%ex2.m
%仿真 Alamouti 2 发 2 收空时编码性能，调制方式为 QPSK
clear all
datasize=100000;                                    % 仿真的符号数
EbNo=0:2:20;                                        % 信噪比
M=4;                                                % QPSK modulation
x=randsrc(2,datasize/2,[0:3]);                      % 数据源符号
x1=pskmod(x,M,pi/4);
h=randn(4,datasize/2)+j*randn(4,datasize/2);        %Rayleigh 平衰落信道
h=h./sqrt(2);
for indx=1:length(EbNo)
    sigma1=sqrt(1/(4*10.^(EbNo(indx)/10)));         % SISO 信道高斯白噪声标准差
    n=sigma1*(randn(2,datasize/2)+j*randn(2,datasize/2));
```

```
14.     y=x1+n;                                  % 通过 AWGN 信道
15.     y1=x1+n./h(1:2,:);                       % 通过 SISO 瑞利衰落信道后的判决变量
16.     x2=pskdemod(y,M,pi/4);
17.     x3=pskdemod(y1,M,pi/4);
18.     sigma2=sqrt(1/(2*10.^(EbNo(indx)/10))); % Alamouti 方案每个子信道高斯白噪声标准差
19.     n=sigma2*(randn(4,datasize/2)+j*randn(4,datasize/2));
20.     % 2 发 1 收 Alamouti 方案判决变量中的噪声项
21.     n1(1,:)=(conj(h(1,:)).*n(1,:)+h(2,:).*conj(n(2,:)))./(sum(abs(h(1:2,:)).^2));
22.     n1(2,:)=(conj(h(2,:)).*n(1,:)–h(1,:).*conj(n(2,:)))./(sum(abs(h(1:2,:)).^2));
23.     y=x1+n1;
24.     x4=pskdemod(y,M,pi/4);
25.     % 2 发 2 收 Alamouti 方案判决变量中的噪声项
26.     n2(1,:)=(conj(h(1,:)).*n(1,:)+h(2,:).*conj(n(2,:))+ ...
27.         conj(h(3,:)).*n(3,:)+h(4,:).*conj(n(4,:)))./(sum(abs(h).^2));
28.     n2(2,:)=(conj(h(2,:)).*n(1,:)–h(1,:).*conj(n(2,:))+ ...
29.         conj(h(4,:)).*n(3,:)–h(3,:).*conj(n(4,:)))./(sum(abs(h).^2));
30      y1=x1+n2;
31.     x5=pskdemod(y1,M,pi/4);
32.     [temp,ber1(indx)]=biterr(x,x2,log2(M));
33.     [temp,ber2(indx)]=biterr(x,x3,log2(M));
34.      [temp,ber3(indx)]=biterr(x,x4,log2(M));
35.      [temp,ber4(indx)]=biterr(x,x5,log2(M));
36.
37. end
38. emilogy(EbNo,ber1,'–k*',EbNo,ber2,'–ko',EbNo,ber3,'–kd',EbNo,ber4,'–k.')
39. grid on
40. legend('AWGN 信道','SISO 瑞利衰落信道','2 发 1 收 Alamouti 方案','2 发 2 收 Alamouti 方案')
41. xlabel('信噪比 EbNo(dB)')
42. ylabel('误比特率(BER)')
43. title('Alamouti 方案在瑞利衰落信道下的性能')
```

说明：程序在例 1 的基础上加上了 2 发 2 收的信号接收与检测部分（第 26～31 行），其他部分说明请参考例 1 程序。

程序的运行结果如图 12-2 所示。

从图 12-2 可以看到，双接收天线系统性能要比单接收天线性能更好，在低信噪比时，双接收天线系统的性能甚至要优于AWGN 信道下的性能。这是因为双接收天线系统不仅存在发射分集，而且存在接收分集，取得了 2×2 天线系统下的最大分集度 4。

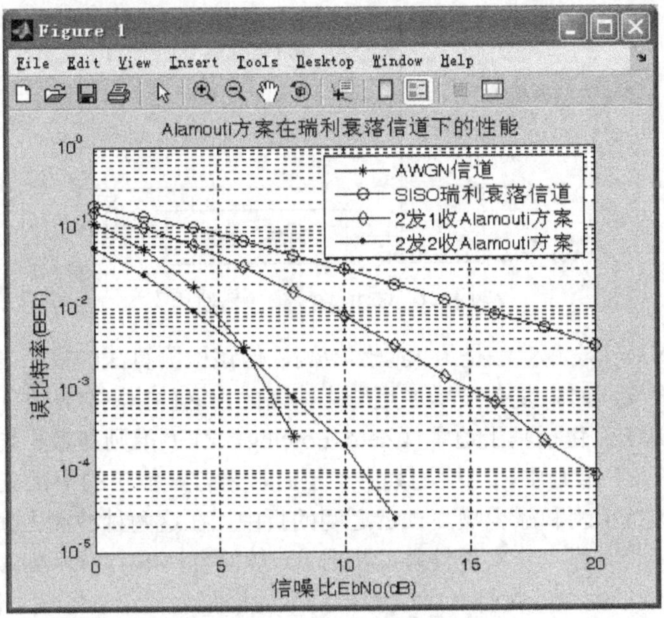

图 12-2 例 12.2 程序运行结果

12.4 空分复用和 BLAST 结构

在上一小节中，讨论了空时分组码，在准静态衰落信道下可以达到 N_tN_r 的分集度，因此，空时分组码在对抗衰落的不利影响方面非常有效。但是，这些编码方案所能达到的空间速率通常小于等于 1，即在 N_t 个发送天线上每个符号周期发送一个或更少的独立符号。本节考虑空间复用。空分复用的基本思想是利用空间维数，在每个码元周期内发送 N_t 个独立的符号。为了获得满分集阶数，必须要将已编码的数据流在所有 N_t 个天线上发送。下面主要介绍贝尔实验室垂直分层空时结构（V-BLAST），以及检测算法。

12.4.1 V-BLAST 结构

图 12-3 给出了 V-BLAST 编码器结构。如图所示，二进制信息比特流首先被分为 N_t 个独立的子数据流，每个子数据流经过调制、交织，然后分配给发射天线。因此，层的数目为 N_t。由于每一层与一根固定的发射天线相关，因此，V-BLAST 结构能提供不同数据速率或不同用户的应用。这个过程可以看成是将串行的数据流编码为垂直矢量，故又称垂直编码或 V-BLAST。该结构所能实现的空间分集在 1 和 N_r 之间变化，它取决于接收机端所采用的检测方案。例如，当接收机使用了干扰消除和抑制算法时，检测的第 1 层空间分集为 N_r-N_t+1，而检测的最后一层具有的空间分集为 N_r。

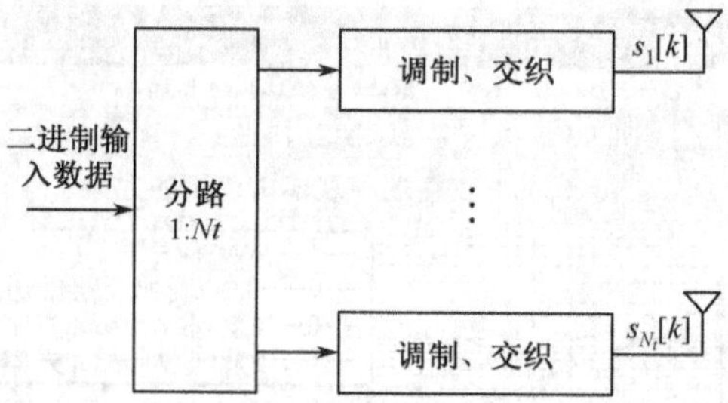

图 12-3　V-BLAST 编码器结构

BLAST 结构的最佳检测算法是最大似然检测。但该检测算法的复杂度随发射天线的数目呈指数增长，当存在交织时，复杂度增加更厉害，因此，这种检测算法并不实用。实际中常用的是一些次优检测算法，包括基于迫零（Zero Forcing，ZF）准则和最小均方误差（MMSE）准则的检测算法。在 ZF 准则中，当检测其中一层时，来自其他层的干扰被抑制；而在 MMSE 准则中，可以实现干扰抑制和减少噪声二者之间的折中。在这两种检测方案中，可以采用干扰抑制和干扰消除的组合来进一步实现性能的提升。一般而言，ZF 算法不如 MMSE 算法的性能，因为，ZF 算法所实现的完全干扰抑制是以噪声功率的增强为代价，导致了性能的下降。此外，在 ZF 检测算法中还要求 $N_r \geqslant N_t$，而在 MMSE 检测器中对此要求可以放宽。

12.4.2　V-BLAST 结构的迫零（ZF）检测算法

这一节介绍 ZF 检测算法，下一节介绍 MMSE 检测算法。

令 $s_i[k]$ 表示时刻 k 从第 i 根天线上发射的信号，从所有发射天线发射的子流可以用矩阵表示为

$$\boldsymbol{S}=\begin{bmatrix} s_1(1) & s_2(1)\cdots & s_{N_t}(1) \\ s_1(2) & s_2(2)\cdots & s_{N_t}(2) \\ \vdots & \vdots & \vdots \\ s_1(L) & s_2(L)\cdots & s_{N_t}(L) \end{bmatrix} \tag{12-21}$$

式中，L 表示每根发射天线序列的长度。

接收信号可以用矩阵表示为

$$\boldsymbol{Y}=\boldsymbol{SH}+\boldsymbol{N} \tag{12-22}$$

式中，$\boldsymbol{H}$ 是 $N_t \times N_r$ 的矩阵，其第 (i,j) 个元素表示第 i 根发射天线与第 j 根接收天线之间的衰落系数，它是复独立同分布、均值为 0、方差为 1/2 的高斯随机变量；$\boldsymbol{N}$ 是 $L \times N_r$ 的高斯白噪声。

假设信道是准静态的，并且 $N_r \geqslant N_t$，利用矩阵的 QR 分解，$\boldsymbol{H}$ 可以表示为

$$\boldsymbol{H}=\boldsymbol{RQ} \tag{12-23}$$

式中，$\boldsymbol{R}$ 是 $N_t \times N_t$ 的下三角矩阵式；$\boldsymbol{Q}$ 是 $N_t \times N_r$ 的酉矩阵。并且行与行之间是相互正交的，因此，$\boldsymbol{Q}$ 满足 $\boldsymbol{QQ}^{\mathrm{H}}=\boldsymbol{1}_{N_t}$，$\boldsymbol{1}_{N_t}$ 是 $N_t \times N_t$ 的单位矩阵。若 $\boldsymbol{H}$ 是非退化矩阵，这也是一般 Rayleigh 衰落信道的情况，则 $\boldsymbol{R}$ 的对角元素都是正的。

将式（12-22）中的 $\boldsymbol{Y}$ 右乘以 $\boldsymbol{Q}^{\mathrm{H}}$，用 $\breve{\boldsymbol{Y}}$ 表示 $\boldsymbol{YQ}^{\mathrm{H}}$，则有

$$\breve{\boldsymbol{Y}} = \boldsymbol{SHQ}^{\mathrm{H}} + \boldsymbol{NQ}^{\mathrm{H}} = \boldsymbol{SR} + \breve{\boldsymbol{N}} \tag{12-24}$$

式中，$\breve{\boldsymbol{N}} = \boldsymbol{NQ}^{\mathrm{H}}$。

$\breve{\boldsymbol{Y}}$ 的第（k,i）个元素用 $\breve{y}_i(k)$ 表示，代表了相应于时刻 k，从第 i 根发射天线发射信号的接收信号，可以表示为

$$\begin{aligned}\breve{y}_i(k) &= \sum_{j=i}^{N_t} r_{j,i} s_j(k) + \breve{n}_i(k) \\ &= r_{i,i} s_i(k) + \sum_{j=i+1}^{N_t} r_{j,i} s_j(k) + \breve{n}_i(k)\end{aligned} \tag{12-25}$$

式中，$r_{j,i}$ 是 $\boldsymbol{R}$ 的第（j,i）个元素；$s_j(k)$ 是 $\boldsymbol{S}$ 的第（k,j）个元素；$\breve{n}_i(k)$ 是 $\breve{\boldsymbol{N}}$ 的第（k,i）个元素。因为 $\boldsymbol{R}$ 是下三角矩阵，即 $r_{j,i} = 0, j = 1,2,\cdots,i-1$。因此，由式（12-25）可知，源自层 $1,\cdots,i-1$ 的干扰得到了抑制。源自剩余层的干扰式（12-25）中的中间一项，由于这些层已经得到了检测，所以干扰很容易被消除。

由上面的讨论可知，检测应该从层 N_t 开始，在这种情况下，$\breve{y}_{N_t}(k)$ 可以表示为

$$\breve{y}_{N_t}(k) = r_{N_t,N_t} s_{N_t}(k) + \breve{n}_{N_t}(k) \tag{12-26}$$

可见，此时没有其他层中的干扰，因此，可以获得相应于该层的信号估计，用 $\hat{s}_{N_t}(k)$ 表示。接下来，对 N_t-1 层进行检测，这要涉及到抑制层 $j = 1,2,\cdots,N_t-2$ 的干扰，以及消除层 N_t 的干扰，这个过程一直持续到检测到最后一层。一般来说，当检测层 i 的时候，层 $j = 1,2,\cdots,i-1$ 的干扰就会得到抑制；而层 $j = i+1,i+2,\cdots,N_t$ 的干扰会被消除。层 i 要消除的干扰可以表示为 $\sum_{j=i+1}^{N_t} r_{j,i}\hat{s}_j(k)$，因此，对第 i 层的软判决统计特性，即 $\breve{y}_i(k)$ 可以表示为

$$\breve{y}_i(k) = r_{i,i} s_i(k) + \sum_{j=i+1}^{N_t} r_{j,i}\left(s_j(k) - \hat{s}_j(k)\right) + \breve{n}_i(k) \tag{12-27}$$

式（12-27）表明，当前面所有的层判决都正确时，待检测的下一层是不会受到干扰的。

由式（12-27）还可以发现，不同层的数据检测可靠性程度是不同的。首先被检测的层具有最低的可靠性，它获得的分集度为 $N_r - N_t + 1$，因为，所有来自其他层的贡献在对该层检测时会受到抑制；而最后一个被检测的层具有最高的可靠性，它的分集度为 N_r，这是由于消除了来自前面所有其他已检测层的干扰。对第 i 层来说，它的分集度为 $N_r - N_t + i$。

例 12.3 仿真 V-BLAST 结构 ZF 检测算法的性能，分别给出无干扰消除和有干扰消除时的系统性能。假设 $N_t = N_r = 4$，系统调制方式为 QPSK，信道为准静态衰落信道，衰落系数在以每 10 个符号的一帧中保持不变，帧与帧之间独立变化。

程序代码如下：

```
%ex3.m
%仿真 V-BALST 结构 ZF 检测算法性能，调制方式为 QPSK

clear all
```

```
Nt=4;                                              % 发射天线数
Nr=4;                                              % 接收天线数
N=10;                                              % 每帧的长度
L=10000;                                           % 仿真的总帧数
EbNo=0:2:20;                                       % 信噪比
M=4;                                               % QPSK 调制方式
x=randint(N*L,Nt,M);                               % 信源数据
s=pskmod(x,M,pi/4);                                % QPSK 调制

or indx=1:length(EbNo)
    s1=[];
    s2=[];
    for indx1=1:L
        h=randn(Nt,Nr)+j*randn(Nt,Nr);             % Rayleigh 衰落信道系数
        h=h./sqrt(2);                              % 信道系数归一化
        [q1,r1]=qr(h');                            % 信道系数矩阵 QR 分解
        r=r1(1:Nt,:)';                             % 矩阵 R
        q=q1(:,1:Nt)';                             % 矩阵 Q

        sigma1=sqrt(1/(10.^(EbNo(indx)/10)));      % 每根接收天线的高斯白噪声标准差
        n=sigma1*(randn(N,Nr)+j*randn(N,Nr));      % 每根接收天线的高斯白噪声

        y=s((indx1-1)*N+1:indx1*N,:)*h*q'+n*q';    % 信号通过信道

        y1=y*inv(r);                               % 无干扰消除时的 ZF 检测
        s1=[s1;pskdemod(y1,M,pi/4)];

        % 有干扰消除时的 ZF 检测
        y(:,Nt)=y(:,Nt)./(r(Nt,Nt));               % 检测第 Nt 层
        y1(:,Nt)=pskdemod(y(:,Nt),M,pi/4);         % 解调第 Nt 层
        y(:,Nt)=pskmod(y1(:,Nt),M,pi/4);           % 对第 Nt 层解调结果重新进行调制
        y2=y;
        y3=y1;
        for jj=Nt-1: -1:1                          % 检测第 Nt-1：1 层
            for kk=jj+1:Nt
                y(:,jj)=y(:,jj) -r(kk,jj).*y(:,kk);    % 非理想干扰消除
                y2(:,jj)=y2(:,jj) -r(kk,jj).*s((indx1-1)*N+1:indx1*N,kk);
                                                   %理想干扰消除
            end
            y(:,jj)=y(:,jj)./r(jj,jj);
            y2(:,jj)=y2(:,jj)./r(jj,jj);           % 第 jj 层判决变量
```

```
                y1(:,jj)=pskdemod(y(:,jj),M,pi/4);              % 对第 jj 层进行解调
                y3(:,jj)=pskdemod(y2(:,jj),M,pi/4);
                y(:,jj)=pskmod(y1(:,jj),M,pi/4);                % 对第 jj 层解调结果重新进行调制
                y2(:,jj)=pskmod(y3(:,jj),M,pi/4);
            end
            s2=[s2;y1];
            s3=[s3;y3];
        end

        [temp,ber1(indx)]=biterr(x,s1,log2(M));                 % 无干扰消除时的系统误码率
        [temp,ber2(indx)]=biterr(x,s2,log2(M));                 % 非理想干扰消除时系统总的误码率
        [temp,ber3(indx)]=biterr(x,s3,log2(M));                 % 理想干扰消除时系统总的误码率

        [temp,ber24(indx)]=biterr(x(:,1),s2(:,1),log2(M));      % 非理想干扰消除时第 4 层的误码率
        [temp,ber23(indx)]=biterr(x(:,2),s2(:,2),log2(M));      % 非理想干扰消除时第 3 层的误码率
        [temp,ber22(indx)]=biterr(x(:,3),s2(:,3),log2(M));      % 非理想干扰消除时第 2 层的误码率
        [temp,ber21(indx)]=biterr(x(:,4),s2(:,4),log2(M));      % 非理想干扰消除时第 1 层的误码率

        [temp,ber34(indx)]=biterr(x(:,1),s3(:,1),log2(M));      % 理想干扰消除时第 4 层的误码率
        [temp,ber33(indx)]=biterr(x(:,2),s3(:,2),log2(M));      % 理想干扰消除时第 3 层的误码率
        [temp,ber32(indx)]=biterr(x(:,3),s3(:,3),log2(M));      % 理想干扰消除时第 2 层的误码率
        [temp,ber31(indx)]=biterr(x(:,4),s3(:,4),log2(M));      % 理想干扰消除时第 1 层的误码率
end

semilogy(EbNo,ber1,'-k*',EbNo,ber2,'-ko',EbNo,ber3,'-kd')
title('V-BLAST 结构 ZF 检测算法性能')
legend('无干扰消除','非理想干扰消除','理想干扰消除')
xlabel('EbNo(dB)')
ylabel('BER')

figure
semilogy(EbNo,ber34,'-k*',EbNo,ber33,'-ko',EbNo,ber32,'-kd',EbNo,ber31,'-k^')
title('理想干扰消除时 ZF 检测算法各层性能')
legend('第 1 层','第 2 层','第 3 层','第 4 层')
xlabel('EbNo(dB)')
ylabel('BER')

figure
semilogy(EbNo,ber24,'-k*',EbNo,ber23,'-ko',EbNo,ber22,'-kd',EbNo,ber21,'-k^')
```

```
84. title('非理想干扰消除时 ZF 检测算法各层性能')
85. legend('第 1 层','第 2 层','第 3 层','第 4 层')
86. xlabel('EbNo(dB)')
87. ylabel('BER')
```

说明：程序的第 5～10 行是设置相关参数，第 11～12 行是产生信源数据并对其进行 QPSK 调制，第 18～22 行是产生每一帧的信道衰落系数矩阵，并求其 $\boldsymbol{Q}$ 矩阵和 $\boldsymbol{R}$ 矩阵，第 24～25 行是产生每根接收天线的高斯白噪声，在产生时要注意到每根发射天线上的符号能量归一化为 $1/N_t$，这样同一时刻所有天线上发射符号能量为 1。第 27 行是信号通过信道，第 29～30 行是进行无干扰消除的 ZF 检测，第 33～51 行是分别进行理想干扰消除和非理想干扰消除的 ZF 检测。其中，非理想干扰消除是用实时解调的结果，而理想干扰消除则是用完全正确的结果。第 54～67 行是得到相应的误码率性能。第 69～73 行是分别画出无干扰消除、非理想干扰消除，以及理想干扰消除时误码率性能，第 75～80 行是画出理想干扰消除时，各层的误码率性能，第 82～87 行是画出非理想干扰消除时，各层的误码率性能。

程序运行结果分别如图 12-4、图 12-5 和图 12-6 所示。

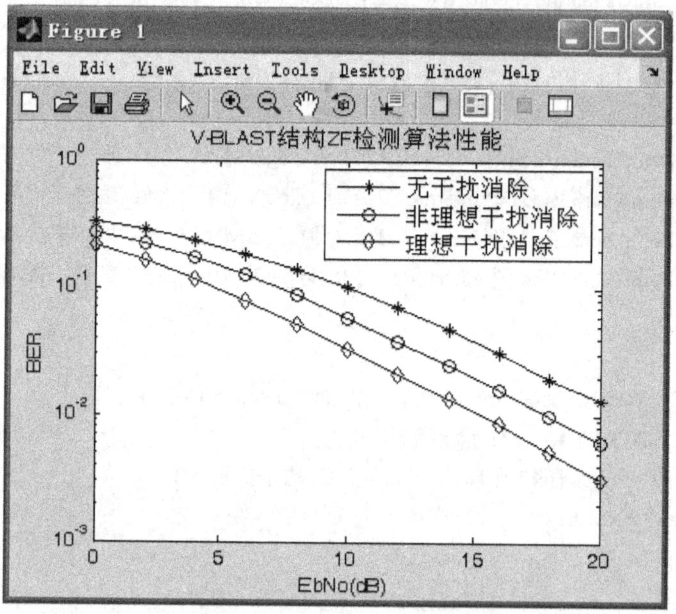

图 12-4　ZF 检测算法性能

从图 12-4 可以看出，当进行干扰消除时，可以获得一定的性能提升。理想干扰消除的性能最好，非理性干扰消除的性能要稍差一些。这是由于非理想干扰消除采用了实时解调的结果，而解调后的结果不一定都是正确的，因此导致了一定的性能损失，从图 12-5 和图 12-6 也可以看出。

从图 12-5 可以看出，在理想情况下，各个检测层的分集度是逐渐增加的，第 4 层是第 1 检测层，分集度为 1，第 3、2 和 1 层的分集度分别为 2、3、4。而从图 12-6 可以看出，在非理想情况下，由于错误解调的存在，第 3、2 和 1 层的分集度要小于理论值。尽管如此，采用了干扰消除后，各个检测层的误码率还是逐渐下降的。

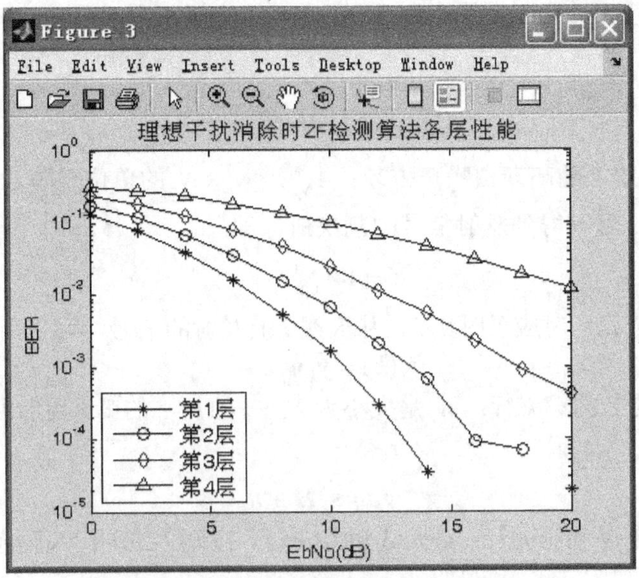

图 12-5 理想干扰消除时 ZF 检测算法各层性能

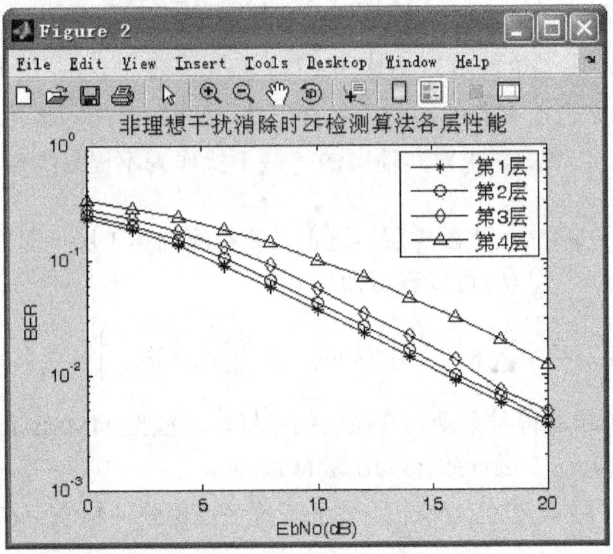

图 12-6 非理想干扰消除时 ZF 检测算法各层性能

12.4.3 V-BLAST 结构的最小均方误差（MMSE）检测算法

最小均方误差（MMSE）准则是指使发射信号和接收信号的线性组合间的均方误差的期望值最小，即

$$D = \min_{\boldsymbol{W}} E\left\{\left\|\boldsymbol{YW} - \boldsymbol{X}\right\|^2\right\} \tag{12-28}$$

式中，$\|\bullet\|^2$ 为矩阵的 Frobenius 范数；$\boldsymbol{W}$ 为 $N_r \times N_t$ 的能使 D 最小化的矩阵。式（12-28）的最优解 $\boldsymbol{W}_{\text{opt}}$ 是维纳解，即

$$\boldsymbol{W}_{\text{opt}} = \boldsymbol{H}^{\text{H}}\left[\boldsymbol{H}\boldsymbol{H}^{\text{H}} + \sigma^2 \boldsymbol{I}_{N_t}\right]^{-1} \tag{12-29}$$

式中，σ^2 是接收天线上的高斯白噪声方差；$\mathbf{1}_{N_t}$ 是 $N_t \times N_t$ 的单位矩阵。

将 $\boldsymbol{Y}$ 右乘以 $\boldsymbol{W}_{\text{opt}}$ 可以得到发射信号的判决值，即

$$\breve{\boldsymbol{Y}} = \boldsymbol{Y}\boldsymbol{W}_{\text{opt}} \tag{12-30}$$

$\breve{\boldsymbol{Y}}$ 的第（k,i）个元素对应于时刻 k，从天线 i 上发射的信号，可以用矢量符号表示为

$$\breve{y}_i(k) = \boldsymbol{y}_k \boldsymbol{w}_i \tag{12-31}$$

式中，$\boldsymbol{y}_k$ 是 $1 \times N_r$ 的 $\boldsymbol{Y}$ 的第 k 行；$\boldsymbol{w}_i$ 是大小为 $N_r \times 1$ 的 $\boldsymbol{W}_{\text{opt}}$ 的第 i 列，由式（12-22），$\boldsymbol{y}_k$ 可以表示为

$$\boldsymbol{y}_k = \mathbf{s}_k \boldsymbol{H} + \boldsymbol{n}_k \tag{12-32}$$

式中，$\boldsymbol{n}_k$ 是噪声矩阵 $\boldsymbol{N}$ 的第 k 行；$\boldsymbol{s}_k$ 是 $\boldsymbol{S}$ 的第 k 行，将（12-32）代入到式（12-31）中，$\breve{y}_i(k)$ 可以写为

$$\breve{y}_i(k) = \sum_{j=1}^{Nr} w_{j,i}\left(\boldsymbol{s}_k \boldsymbol{h}_j\right) + \breve{n}_i(k) \tag{12-33}$$

式中，$\boldsymbol{h}_j$ 是 $\boldsymbol{H}$ 的第 j 列，由于 $\breve{y}_i(k)$ 对应于 $s_i(k)$，是时刻 k 第 i 层的元素。由式（12-33）可以很明显的看出，来自所有其他层的符号会干扰 $s_i(k)$。但是，这并不表示没有干扰受到抑制，而是根据 MMSE 准则，来自其他层的一些干扰作为不提高噪声功率的一种折中，这与 ZF 准则是不同的。

不失一般性，假设首先检测第 N_t 层，这也是要检测的第 1 层，即层 $1,2,\cdots,N_t-1$ 还没有检测，根据式（12-33），$\breve{y}_{N_t}(k)$ 可以表示为

$$\breve{y}_{N_t}(k) = \sum_{j=1}^{Nr} w_{j,N_t}\left(s_{N_t}(k)h_{N_t,j} + \sum_{n=1}^{N_t-1} s_n(k)h_{n,j}\right) + \breve{n}_{N_t}(k) \tag{12-34}$$

式（12-34）表明第 N_t 层的符号会受到其他层的干扰，但根据 MMSE 准则，该干扰可以最小化。对 $s_{N_t}(k)$，$k=1,2,\cdots,L$ 进行估计，用 $\breve{s}_{N_t}(k)$ 表示。

然后，检测层 N_t-1，此时，源自层 N_t 的干扰可以消除，将 $\breve{y}_{N_t-1}(k)$ 表示为

$$\breve{y}_{N_t-1}(k) = \sum_{j=1}^{Nr} w_{j,N_t-1}\left[\left(\sum_{n=1}^{N_t-2} s_n(k)h_{n,j}\right) + s_{N_t-1}(k)h_{N_t-1,j} + s_{N_t}(k)h_{N_t,j}\right] + \breve{n}_{N_t}(k) \tag{12-35}$$

式（12-35）中的中括号中的第一项代表来自未检测层的干扰，中间项表示待检测的第 N_t-1 层的信号，最后一项表示已被检测出的来自于层 N_t 的干扰，这样，来自层 N_t 的干扰可以表示为

$$\boldsymbol{s}_{N_t}\boldsymbol{h}_{N_t} = \begin{bmatrix} s_{N_t}(1) \\ s_{N_t}(2) \\ \vdots \\ s_{N_t}(L) \end{bmatrix}\left[h_{N_t,1} \;\; h_{N_t,2} \cdots h_{N_t,N_r}\right] \tag{12-36}$$

式中，$\boldsymbol{h}_{N_t}$ 表示 $\boldsymbol{H}$ 的第 N_t 行。这样，来自层 N_t 的干扰可以在检测层 N_t-1 之前消除，该干扰消除涉及到接收矩阵的 $\boldsymbol{Y}$ 的更新。

令 $\boldsymbol{Y}^{N_t}$ 表示由式（12-22）表示定义的，没有发生任何干扰消除过程的接收信号矩阵，当要检测层 N_t-1 时，相应的接收信号矩阵，以 $\boldsymbol{Y}^{N_t-1}$ 表示，可更新为

$$\boldsymbol{Y}^{N_t-1}=\boldsymbol{Y}^{N_t}-\breve{\boldsymbol{s}}_{N_t}\boldsymbol{h}_{N_t} \tag{12-37}$$

通常，在减去层 i 的干扰之后，对层 $i-1$ 的检测也就完成了，即

$$\boldsymbol{Y}^{i-1}=\boldsymbol{Y}^{i}-\breve{\boldsymbol{s}}_{i}\boldsymbol{h}_{i} \tag{12-38}$$

在这里需要注意的是，由式（12-29）定义的 $\boldsymbol{W}_{\rm opt}$ 必须每次在消除一层后都要重新进行计算，这涉及到对 $\boldsymbol{H}$ 的更新，即删除其第 i 行 $\boldsymbol{h}_i$ 。其他层的检测过程以完全相同的方式重复进行，直到检测到最后一层。对于任意给定层，干扰消除是以递归的方式进行的，即对前面已检测层的干扰进行了消除。与 ZF 算法类似，MMSE 检测不同的层也具有不同的可靠性。

例 12.4 仿真 V-BLAST 结构 MMSE 检测算法的性能，分别给出无干扰消除和有干扰消除时的系统性能。假设 $N_t=N_r=4$ ，系统调制方式为 QPSK，信道为准静态衰落信道，衰落系数在以每 10 个符号的一帧中保持不变，帧与帧之间独立变化。

程序代码如下：

```
%ex4.m
%仿真 V-BALST 结构 MMSE 检测算法性能，调制方式为 QPSK
clear all
Nt=4;                                               % 发射天线数
Nr=4;                                               % 接收天线数
N=10;                                               % 每帧的长度
L=10000;                                            % 仿真的总帧数
EbNo=0:2:20;                                        % 信噪比
M=4;                                                % QPSK 调制方式
x=randint(N*L,Nt,M);                                % 信源数据
s=pskmod(x,M,pi/4);                                 % QPSK 调制

for indx=1:length(EbNo)
    x1=[];
    x2=[];
    x3=[];
    for indx1=1:L
        h=randn(Nt,Nr)+j*randn(Nt,Nr);              % Rayleigh 衰落信道
        h=h./sqrt(2);                               % 信道系数归一化

        sigma1=sqrt(1/(10.^(EbNo(indx)/10)));       % 每根接收天线的高斯白噪声标准差
        n=sigma1*(randn(N,Nr)+j*randn(N,Nr));       % 每根接收天线的高斯白噪声
        w=h'*inv(h*h'+2*sigma1.^2*diag(ones(1,Nt)));  % w 的最优解
```

```
        y=s((indx1-1)*N+1:indx1*N,:)*h+n;                % 信号通过信道
        yy=y;
        y1=y*w;                                          % 无干扰消除时的 MMSE 检测
        temp1=pskdemod(y1,M,pi/4);                       % 无干扰消除时的解调
        x1=[x1;temp1];                                   % 无干扰消除时的解调结果

        temp2(:,Nt)=temp1(:,Nt);
        y=y-pskmod(temp2(:,Nt),4,pi/4)*h(Nt,:);          % 非理想干扰消除时，接收信号矩阵
                                                         % 的更新

        temp3(:,Nt)=temp1(:,Nt);
       yy=yy-s((indx1-1)*N+1:indx1*N,Nt)*h(Nt,:);        % 理想干扰消除时，接收信号矩阵的更新

        h=h(1:Nt-1,:);                                   % 信道矩阵更新

        for ii=Nt-1:-1:1
            w=h'*inv(h*h'++2*sigma1.^2*diag(ones(1,ii))); % 信道矩阵更新后的 w

            y1=y*w;                                      % 非理想干扰消除的检测与解调
            temp2(:,ii)=pskdemod(y1(:,ii),M,pi/4);
            y=y-pskmod(temp2(:,ii),4,pi/4)*h(ii,:);

            yy1=yy*w;                                    % 理想干扰消除的检测与解调
            temp3(:,ii)=pskdemod(yy1(:,ii),M,pi/4);
            yy=yy-s((indx1-1)*N+1:indx1*N,ii)*h(ii,:);

            h=h(1:ii-1,:);
        end

        x2=[x2;temp2];                                   % 非理想干扰消除的解调结果
        x3=[x3;temp3];                                   % 理想干扰消除的解调结果
    end

    [temp,ber1(indx)]=biterr(x,x1,log2(M));              % 无干扰消除时的系统误码率
   [temp,ber2(indx)]=biterr(x,x2,log2(M));               % 非理想干扰消除时系统总的误码率
    [temp,ber3(indx)]=biterr(x,x3,log2(M));              % 理想干扰消除时系统总的误码率

   [temp,ber24(indx)]=biterr(x(:,1),x2(:,1),log2(M));    % 非理想干扰消除时第 4 层的误码率
```

```
62.         [temp,ber23(indx)]=biterr(x(:,2),x2(:,2),log2(M));          % 非理想干扰消除时第 3 层的误码率
63.         [temp,ber22(indx)]=biterr(x(:,3),x2(:,3),log2(M));          % 非理想干扰消除时第 2 层的误码率
64.         [temp,ber21(indx)]=biterr(x(:,4),x2(:,4),log2(M));          % 非理想干扰消除时第 1 层的误码率
65.
66.         [temp,ber34(indx)]=biterr(x(:,1),x3(:,1),log2(M));          % 理想干扰消除时第 4 层的误码率
67.         [temp,ber33(indx)]=biterr(x(:,2),x3(:,2),log2(M));          % 理想干扰消除时第 3 层的误码率
68.         [temp,ber32(indx)]=biterr(x(:,3),x3(:,3),log2(M));          % 理想干扰消除时第 2 层的误码率
69.         [temp,ber31(indx)]=biterr(x(:,4),x3(:,4),log2(M));          % 理想干扰消除时第 1 层的误码率
70.
71.
72.
73. end
74. semilogy(EbNo,ber1,'-k*',EbNo,ber2,'-ko',EbNo,ber3,'-kd')
75. title('V-BLAST 结构 MMSE 检测算法性能')
76. legend('无干扰消除','非理想干扰消除','理想干扰消除')
77. xlabel('EbNo(dB)')
78. ylabel('BER')
79.
80. figure
81. semilogy(EbNo,ber34,'-k*',EbNo,ber33,'-ko',EbNo,ber32,'-kd',EbNo,ber31,'-k^')
82. title('理想干扰消除时 MMSE 检测算法各层性能')
83. legend('第 1 层','第 2 层','第 3 层','第 4 层')
84. xlabel('EbNo(dB)')
85. ylabel('BER')
86.
87. figure
88. semilogy(EbNo,ber24,'-k*',EbNo,ber23,'-ko',EbNo,ber22,'-kd',EbNo,ber21,'-k^')
89. title('非理想干扰消除时 MMSE 检测算法各层性能')
90. legend('第 1 层','第 2 层','第 3 层','第 4 层')
91. xlabel('EbNo(dB)')
92. ylabel('BER')
```

说明：程序与例 3 基本结构一致，第 23 行是求最优解 $\boldsymbol{W}_{\mathrm{opt}}$，第 27 行是无干扰消除时的 MMSE 检测，第 28 行是对无干扰消除的检测结果进行解调，第 31、34 行是得到干扰消除情况下第 N_t 层的解调结果，它们与无干扰消除情况下的结果是一样的。第 32 行、35 行分别是非理想干扰消除有理想干扰消除情况下的接收信号矩阵更新。第 39～51 行是根据干扰消除算法，分别在非理想干扰消除和理想干扰消除情况下，进行 MMSE 检测并解调。第 53、54 行是获得解调结果。其他部分代码与例 12.3 基本相同，请读者参考例 12.3 程序的说明，此处就不再赘述。

程序运行结果分别如图 12-7、图 12-8 和图 12-9 所示。

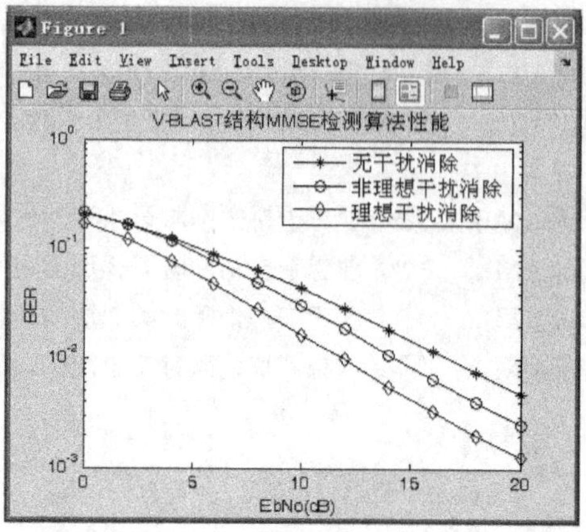

图 12-7　MMSE 检测算法性能

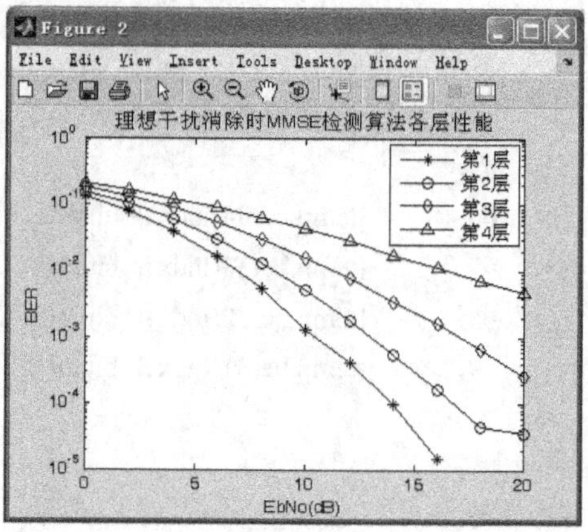

图 12-8　理想干扰消除时 MMSE 检测算法各层性能

从图 12-7 可以看出，与 ZF 算法一样，采用了干扰消除后，可以获得一定的性能提升。理想干扰消除的性能最好，非理性干扰消除的性能要稍差一些。同时比较图 12-4 和图 12-7 也可发现 MMSE 算法性能要优于 ZF 算法性能，原因前面已经提到过，ZF 算法会提高噪声功率，因而造成性能下降。

从图 12-8、图 12-9 可以看出，理想干扰消除的性能要优于非理想干扰消除。比较图 12-5、图 12-6 同样可以看出，MMSE 算法性能要优于 ZF 算法。

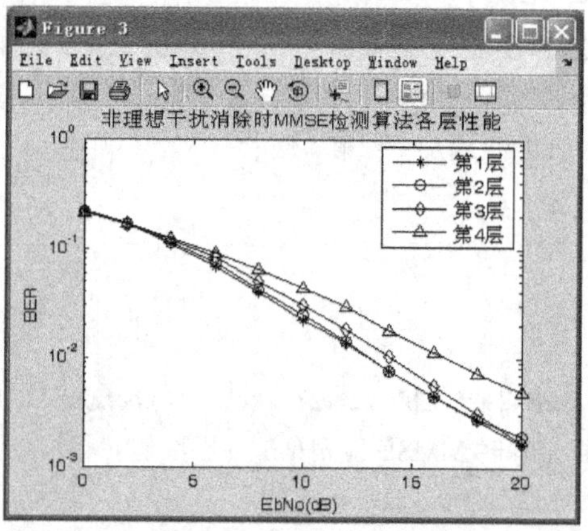

图 12-9　非理想干扰消除时 ZF 检测算法各层性能

小　结

在未来的宽带无线通信系统中，MIMO 技术被认为是核心物理层技术之一。本章简单介绍了 MIMO 系统，以及它的仿真方法。首先讨论了作为提高传输可靠性的空时分组码，其次介绍了作为提高传输速率的空分复用方法，给出了在准静态 Rayleigh 衰落信道下的仿真代码。读者可以在此基础上，很好地理解 MIMO 系统的特点和仿真原理，并进行深入的研究。